国家出版基金项目
NATIONAL PUBLICATION FOUNDATION

"十三五"国家重点图书出版规划项目
中国河口海湾水生生物资源与环境出版工程
庄 平 主编

珠江口人工鱼礁场
生态效应

陈丕茂　秦传新　舒黎明　主编

中国农业出版社
北 京

图书在版编目（CIP）数据

珠江口人工鱼礁场生态效应／陈丕茂，秦传新，舒黎明主编．—北京：中国农业出版社，2018.12
中国河口海湾水生生物资源与环境出版工程／庄平主编
ISBN 978-7-109-24856-4

Ⅰ.①珠⋯　Ⅱ.①陈⋯②秦⋯③舒⋯　Ⅲ.①珠江—河口—鱼礁—人工方式—生态效应—研究　Ⅳ.①S953.1

中国版本图书馆CIP数据核字（2018）第258690号

中国农业出版社出版
（北京市朝阳区麦子店街18号楼）
（邮政编码100125）
策划编辑　郑　珂　黄向阳
责任编辑　王金环　郭永立

北京通州皇家印刷厂印刷　新华书店北京发行所发行
2018年12月第1版　2018年12月北京第1次印刷

开本：787mm×1092mm　1/16　印张：22
字数：450千字
定价：150.00元
（凡本版图书出现印刷、装订错误，请向出版社发行部调换）

内容简介

　　本书以 2002—2016 年珠江口的人工鱼礁区海域资源环境本底调查、人工鱼礁建设技术研究、人工鱼礁建设后效果跟踪调查为基础，介绍了珠江口人工鱼礁建设研究概况及其海洋资源环境修复情况。本书共五章，第一章介绍珠江口海域基本状况；第二章论述国内外河口人工鱼礁主要研究进展；第三章介绍珠江口人工鱼礁建设关键技术研究情况；第四章叙述珠江口人工鱼礁建设现状；第五章评估珠江口人工鱼礁修复效果。

　　本书可供海洋渔业科研人员、海洋水产院校师生、渔业渔政管理人员、渔业爱好者和广大渔民参考。

丛书编委会

科学顾问　唐启升　中国水产科学研究院黄海水产研究所　中国工程院院士

　　　　　　曹文宣　中国科学院水生生物研究所　中国科学院院士

　　　　　　陈吉余　华东师范大学　中国工程院院士

　　　　　　管华诗　中国海洋大学　中国工程院院士

　　　　　　潘德炉　自然资源部第二海洋研究所　中国工程院院士

　　　　　　麦康森　中国海洋大学　中国工程院院士

　　　　　　桂建芳　中国科学院水生生物研究所　中国科学院院士

　　　　　　张　偲　中国科学院南海海洋研究所　中国工程院院士

主　　编　庄平

副主编　李纯厚　赵立山　陈立侨　王　俊　乔秀亭

　　　　　　郭玉清　李桂峰

编　　委（按姓氏笔画排序）

　　　　　　王云龙　方　辉　冯广朋　任一平　刘鉴毅

　　　　　　李　军　李　磊　沈盎绿　张　涛　张士华

　　　　　　张继红　陈丕茂　周　进　赵　峰　赵　斌

　　　　　　姜作发　晁　敏　黄良敏　康　斌　章龙珍

　　　　　　章守宇　董　婧　赖子尼　霍堂斌

本书编写人员

主　编　陈丕茂　秦传新　舒黎明

副主编　李辉权　余　景　黄泽强

参　编　袁华荣　洪洁漳　黎小国　马胜伟

　　　　李　勇　周艳波　唐振朝　于　杰

　　　　冯　雪　聂永康　佟　飞

丛书序

中国大陆海岸线长度居世界前列，约 18 000 km，其间分布着众多具全球代表性的河口和海湾。河口和海湾蕴藏丰富的资源，地理位置优越，自然环境独特，是联系陆地和海洋的纽带，是地球生态系统的重要组成部分，在维系全球生态平衡和调节气候变化中有不可替代的作用。河口海湾也是人们认识海洋、利用海洋、保护海洋和管理海洋的前沿，是当今关注和研究的热点。

以河口海湾为核心构成的海岸带是我国重要的生态屏障，广袤的滩涂湿地生态系统既承担了"地球之肾"的角色，分解和转化了由陆地转移来的巨量污染物质，也起到了"缓冲器"的作用，抵御和消减了台风等自然灾害对内陆的影响。河口海湾还是我们建设海洋强国的前哨和起点，古代海上丝绸之路的重要节点均位于河口海湾，这里同样也是当今建设"21 世纪海上丝绸之路"的战略要地。加强对河口海湾区域的研究是落实党中央提出的生态文明建设、海洋强国战略和实现中华民族伟大复兴的重要行动。

最近 20 多年是我国社会经济空前高速发展的时期，河口海湾的生物资源和生态环境发生了巨大的变化，亟待深入研究河口海湾生物资源与生态环境的现状，摸清家底，制定可持续发展对策。庄平研究员任主编的"中国河口海湾水生生物资源与环境出版工程"经过多年酝酿和专家论证，被遴选列入国家新闻出版广电总局"十三五"国家重点图书出版规划，并且获得国家出版基金资助，是我国河口海湾生物资源和生态环境研究进展的最新展示。

　　该出版工程组织了全国 20 余家大专院校和科研机构的一批长期从事河口海湾生物资源和生态环境研究的专家学者，编撰专著 28 部，系统总结了我国最近 20 多年来在河口海湾生物资源和生态环境领域的最新研究成果。北起辽河口，南至珠江口，选取了代表性强、生态价值高、对社会经济发展意义重大的 10 余个典型河口和海湾，论述了这些水域水生生物资源和生态环境的现状和面临的问题，总结了资源养护和环境修复的技术进展，提出了今后的发展方向。这些著作填补了河口海湾研究基础数据资料的一些空白，丰富了科学知识，促进了文化传承，将为科技工作者提供参考资料，为政府部门提供决策依据，为广大读者提供科普知识，具有学术和实用双重价值。

中国工程院院士　唐启升

2018 年 12 月

前　言

　　人工鱼礁是用于修复和优化海域生态环境、建设海洋生物栖息地的人工设施。建设人工鱼礁已成为我国修复海洋生物栖息地、养护渔业资源的重要举措。经过多年努力，我国在人工鱼礁建设规模、产出效果、技术水平等方面已取得巨大进步。珠江口位于广东省中部沿海，有我国第二大群岛——万山群岛，是多种鱼类、虾类、蟹类、贝类和藻类的产卵场、繁殖场、索饵场及洄游通道，也是多种珍稀濒危水生生物的栖息地。珠江口万山群岛海域是广东省人工鱼礁建设的重点海域之一，开展该海域人工鱼礁的系统研究，有其必要性和迫切性。

　　本书是在海洋公益性行业科研专项子任务"珠江口人工水下构筑物生物栖息地修复重建技术研究与示范（201005013-4）"，中国水产科学研究院南海水产研究所中央级公益性科研院所基本科研业务费专项项目"人工鱼礁对浅海生态系统结构和功能的效应（2007ZD03）""波流作用下人工鱼礁的稳定性与泥沙迁移研究（2007TS22）""人工鱼礁调控区生态系统动力学研究（2009TS19）"以及广东省海洋与渔业厅项目"广东省人工鱼礁本底与跟踪调查"等项目研究工作的基础上，对2002—2016年珠江口人工鱼礁建设研究及其修复效果评估相关的数据资料进行整理、提炼而成。本书概述了珠江口海域的基本情况和国内外河口人工鱼礁的研究现状以及珠江口人工鱼礁的关键技术，重点介绍了珠江口人工鱼礁的建设现状，在此基础上从海水水质、沉积物环境质量、生物资源、生态系统服务功能价值等多个角度系统地评估了珠江口人工鱼礁场的生态效应。书中数据详实，资料丰富，可为今后

人工鱼礁规划建设、效果评估以及管理提供参考借鉴。

　　本书的编写出版工作得到了相关主管部门、科研机构、专家学者的支持和帮助。书中引用了国内外诸多学者的研究成果，在此一并表示诚挚的谢意！

　　由于水平所限，书中难免有疏漏和不足之处，敬请读者批评指正。

编　者

2018 年 6 月

目　录

第一章
珠江口海域
基本情况

第一节　海域自然状况

一、地理位置和范围

珠江口是三角洲网河和残留河口湾并存的河口。珠江水系干流包括西江、北江和东江，以及增江、流溪河和潭江。珠江入海口从东向西有虎门、蕉门、洪奇沥（门）、横门、磨刀门、鸡啼门、虎跳门和崖门共 8 大口门；其中虎门、蕉门、洪奇沥（门）、横门水道注入伶仃洋河口湾，其余 4 个口门水道注入珠海西区一带沿岸水域。从西江羚羊峡、北江芦苞、东江铁岗、流溪河蚌湖和潭江三埠等地以下至三水、石龙、石咀等地为近口段，至各分流水道的口门为河口段，另有伶仃洋和黄茅海两个河口湾。从口门向外至 45 m 等深线附近为口外海滨。

河口区多陆屿和岛屿，形成总体以中部珠江三角洲为主体，以伶仃洋和黄茅海为两翼的格局。珠江三角洲的面积为 8 601 km²，其中松散堆积的面积为 7 651 km²。三角洲区堆积层一般厚 20～30 m，口外最厚超过 100 m。有 160 个陆屿突露于三角洲平原上，200 多个岛屿分布在口外海滨，这些陆屿和岛屿受新华夏构造线控制，多呈 NE - SW 向展布。

珠江口外群岛——万山群岛属珠海市管辖。珠海市大陆岸线东起下栅检查站，西至虎跳门出海口，全长 224.5 km。领海基线内海域面积约 6 000 km²（因市、县海域尚未划界，海域的准确面积数据待国家公布）。珠海市有大小海岛 218 个，面积共计 314.394 6 km²，岛岸线长共 603.94 km，另有干出礁 67 个；其中，面积大于 500 m² 的海岛 128 个，面积共计 174.327 2 km²。

二、气候特征

1. 气温

珠江口区域处于北回归线以南，属亚热带海洋性气候，常年冬无严寒、夏无酷暑。夏半年炎热多雨，气温较高；冬半年温暖少雨，气温较低。根据珠海市气象台（22°16′31″N、113°34′2″E）1980—2003 年的统计资料，珠海万山海域多年平均气温为 22.4 ℃，历年最高气温为 38.7 ℃，历年最低气温为 2.5 ℃，多年月平均气温为 28.6 ℃。每年最高气温出现在 7 月，日平均气温高达 28.8 ℃；1 月日平均气温较低，为 14.1 ℃，气温日较差为 5.3 ℃。

2. 雾和能见度

珠江口是华南沿海 4 个多雾中心之一。每年 12 月至翌年 5 月为雾季，年平均雾日（能见度小于 1 000 m）有 28 d，澳门、香港和珠海分别为 19.3 d、5.9 d 和 9.7 d。其中 3 月雾日最多，月平均雾日为 7.9 d，最多达 13 d；10 月、11 月雾日最少。雾日一般持续 2～3 d。能见度小于 4 000 m 的年平均雾日有 38 d，其中 3 月多达 12 d。影响本海区能见度的因素除了雾以外主要是降水，在暴雨期间海面上能见度一般只有 1 000 m 左右。

三、主要海洋自然灾害

1. 赤潮

近 10 年来，珠江口海域年均发现 3 起左右赤潮事件，赤潮事件主要发生在珠江河口、内湾，但大规模、有危害的赤潮发生次数相对较少。根据《2013 年广东省海洋环境状况公报》，2013 年珠江口发现的两起赤潮事件分别出现在珠海高栏港水域和珠海香洲渔港外水域，累计面积约 10.9 km²，但赤潮对渔业生产和生态资源的影响受到控制，未发生因食用含有贝毒的海产品而引起中毒的事件。

2. 大风

在珠江口登陆的台风平均每年有 1 次，个别年份 4～5 次。受台风和热带低压的影响，河口增水现象显著，最大增水值达 1.58 m（黄金站）。口外海滨，每年 10 月至翌年 3 月以 NE 向风浪为主，5—8 月多 S、SW 向风浪，平均波高 0.9～1.9 m。香港横栏岛在台风期间实测最大波高达 10.4 m。

根据 1949—2011 年热带气旋路径资料，秦鹏等（2013）统计分析了影响珠江口海域的热带气旋气候特征及最大风速。结果表明，在此 63 年间共有 75 个热带气旋影响珠江口海域，有 3 个年份出现多达 4 个热带气旋影响该海域；出现 12 级以上强风的台风样本约占总数的三成；热带气旋的移动方向以 NW 和偏 W 向为主，约占总数的七成。影响珠江口海域的热带气旋最大风速服从 Poisson-Gumbul 复合极值分布，得到的 50 年一遇10 min 平均风速为 51.1 m/s，100 年一遇 10 min 平均风速为 56.88 m/s。

根据珠海气象台的统计资料，湾口海域的珠海万山海域受大风影响为冬季偏北大风与热带气旋。其中，热带气旋影响是珠江口地区最为严重的灾害。热带气旋登陆或影响深圳市赤湾海洋站海域的最早时间是 5 月 2 日，最晚时间是 12 月 2 日。热带气旋登陆或影响最多的月份是 9 月，占 33%；其次是 7 月，占 23%；8 月和 6 月较少，分别占 20% 和 10%。1949—2007 年，登陆或影响珠江口海域的热带气旋（不含热带低气压）共有 64 个，登陆时达到台风强度的有 41 个，强热带风暴 19 个。

3. 地震

珠江口海域是华南沿海一条较强的地震活动带，分布在沿海岛链的外侧，位于水深

50 m 以浅的地区。南海北部沿海自 1067 年以来，4.75 级以上的地震共发生了百余次，其中 8.0 级 1 次，7.75 级 2 次，6.75～7.0 级 6 次，6.0～6.5 级 12 次，5.5～5.75 级 14 次，4.75～5.25 级 65 次。广东省地震局在综合研究了南海海陆地震资料后指出，担杆岛南面海域是发生地震的危险区，预测震中烈度可达 X 度，影响香港、深圳、大亚湾的烈度可达 Ⅶ 度。

四、水文特征

1. 潮汐潮流

珠江口为弱潮河口，潮汐属不正规半日潮型。平均潮差以磨刀门最小，为 0.86 m，东西两侧略大。伶仃洋湾头为 1.35 m，崖门为 1.24 m。潮差从河口湾的湾口向湾头增加，从各分流水道口门向上游递减。枯水期潮区界距口门 100～300 km，西江可达梧州—德庆，北江达芦苞—马房，东江达铁岗；洪水期潮区界距口门 40～70 km。潮流一般为往复流，枯水期潮流界距口门 60～160 km，西江达三榕峡，北江至马房，东江至石龙；洪水期潮流界一般在口门附近，惟虎门水道可达广州。口外海滨涨潮流向西北，落潮流向东南，流速为 0.5 m/s 左右。伶仃洋的涨落潮流轴线明显分异，落潮流路偏西，涨潮流路偏东。

在湾口海域的珠海万山海域潮汐性质系数（主要分潮流振幅的比值）在 1.30～1.57，潮汐类型属于不正规半日潮。平均潮差在 0.85～1.70 m，最大潮差在 2.30～3.20 m，最小潮差在 0.04～0.13 m，平均潮差、最大潮差和最小潮差变化均由南向北逐渐增大。海区涨、落潮历时不等，涨潮历时由南向北递减，落潮历时则由南向北递增。潮流系数变化自北向南逐渐递增。潮流运动形式多以往复流为主，局部（大万山群岛、担杆列岛、淇澳岛和大濠岛附近海域）受岛屿及弯曲地形影响，潮流运动形式略带旋转流性质。因受到珠江沿岸强大的入海径流和狭长的潮汐通道影响，珠海万山海域涨、落潮流流速普遍都比较大，是华南沿海较强的潮流区之一。不论是大潮或小潮期、落潮或涨潮时刻，表层潮流流速均大于底层潮流流速。平均落潮流流速为 0.47～0.84 m/s，平均涨潮流流速为 0.32～0.46 m/s。大潮期，表层最大落潮流流速为 1.02～1.37 m/s，而且最大潮流流速多出现在落潮时的落急时刻。另外，珠海万山海域的波浪形成主要由季风和台风引起。海区内的波浪主要是风浪，涌浪居次。在台风的影响下，每年 6—9 月该海区常有巨浪发生，台风过程中最多浪向为 E-SE 向，以 ESE 向居多，平均出现频率为 31%。根据澳门路环岛九澳角的九澳波浪观测站 1986—2001 年的资料统计，珠海万山海域常浪向为 SE、ESE 和 S 向，出现频率分别为 20.024%、18.693% 和 16.907%；强浪向为 ESE-S 向，有效波高大于 1 m 的波出现频率为 4.96%。该站实测最大有效波高为 2.86 m，周期为 10.1 s，波向为 SE 向，出现于 1989 年 7 月 18 日 8908 号（Gordon）台风期间。

2. 咸淡水变动

珠江口各分流水道口门附近的盐淡水混合一般为缓混合型，枯水期有强混合型，洪水期为高度成层型，有明显的盐水楔现象。枯水期咸水沿虎门和崖门水道上溯较远。

河口淡水向外海扩散，存在两个轴向：其一，垂直于海岸指向东南，夏季因受西南季风的影响向东北漂移，洪水时能扩展到离香港百余千米之遥，冬春季节则明显地向岸收缩；其二，平行于海岸，终年沿海岸指向西南，洪水期口外海滨表层冲淡水向外海扩散的同时，有外海的深层陆架水沿海底向陆做补偿运动。

第二节　海洋生物资源现状

珠江口及其邻近海域是多种重要生物的栖息地（产卵场、索饵场和重要洄游通道），珠江口渔场也因此成为我国最重要的渔场之一，具有极其重要的渔业地位和生态保护价值。受人类活动等影响，珠江口海域存在生态环境恶化、海洋生物栖息地退化、生态荒漠化日趋严重、生物资源严重衰退等问题。根据 2016 年珠江口调查数据，并结合以往调查资料分析海洋生物资源现状。

2016 年 11 月珠江口附近海域调查站位见表 1-1。

表 1-1　2016 年珠江口附近海域调查站位

海岛名称	浮游植物、浮游动物、鱼卵和仔稚鱼、底栖生物、游泳生物调查站位	潮间带生物调查站位
担杆岛	S1 S2	C1
二洲岛	—	C2
直湾岛	—	C3
庙湾岛	S3 S4	C4 C5
横岗岛	—	C6
外伶仃岛	S5	C7
大蜘洲	—	C8
三门岛	—	C9
小蜘洲	—	C10
桂山岛	S6	C11
三角岛	S7	C12
大万山岛	S8	C13 C14
竹洲	S9	C15

（续）

海岛名称	浮游植物、浮游动物、鱼卵和仔稚鱼、底栖生物、游泳生物调查站位	潮间带生物调查站位
白沥岛	—	C16 C17
隘洲	—	C18
小万山岛	—	C19 C20
东澳岛	S10	C21
青洲	—	C22
黄茅岛	—	C23

注：样品采集和分析均按《海洋监测规范》（GB 17378—2007）和《海洋调查规范——海洋生物调查》（GB 12763.6—2007）中规定的方法进行。

一、浮游植物

统计多年珠江口海域调查的历史资料（1986—2013 年）表明，区域浮游植物种类繁多，有 287 种（包括变种、变型及个别属的未定种），包括硅藻、甲藻、金藻、蓝藻、黄藻、绿藻等。除大量海生种类（273 种，占 95.1%）外，兼有少数咸淡水种和淡水种（14 种，占 4.9%）。优势种均为海生硅藻类，春、秋具有显著的季节交替现象。密度具明显的季节变化。春季，浮游植物平均密度为 118×10^4 个/m^3，主要分布于淇澳岛—大屿山连线以南与蒲台岛—大万山岛连线以北的区域内，密度在 $62 \times 10^4 \sim 595 \times 10^4$ 个/m^3。秋季浮游植物密度高于春季，平均值为 $4\,080 \times 10^4$ 个/m^3，主要密集分布于大屿山南部与东澳岛东部的调查区域内，密度在 $919 \times 10^4 \sim 27\,912 \times 10^4$ 个/m^3。其中以桂山附近密度最高（$27\,912 \times 10^4$ 个/m^3），其余密度较低。

根据 2016 年 11 月在珠江口的调查，区域浮游植物有硅藻、甲藻和蓝藻共 3 门 13 科 69 种（包括变种、变型及个别属的未定种）。其中，硅藻门的种类最多，有 7 科 54 种，占总种类数的 78.26%；其次是甲藻门，有 5 科 13 种，占总种类数的 18.84%；蓝藻类有 1 科 2 种，占总种类数的 2.90%。属的种类组成中，硅藻门的角毛藻属种类最多，有 13 种；其次是甲藻类的角藻属和硅藻门的根管藻属，分别各有 7 种。调查监测结果显示，浮游植物的密度属一般水平，平均密度为 133.05×10^4 个/m^3。浮游植物密度以硅藻类占绝对优势，密度为 123.42×10^4 个/m^3，占总密度的 92.76%；其次为甲藻类，密度为 8.12×10^4 个/m^3，占总密度的 6.10%；居第三的为蓝藻类，密度为 1.51×10^4 个/m^3，占总密度的 1.14%。最高密度出现在 S9 号站，其次为 S6 号站，最低则出现在 S1 号站。优势度最高的种类是尖刺菱形藻，其次为中肋骨条藻，第三的是旋链角毛藻和伏氏海毛藻。调查海域浮游植物平均出现种类数为 20 种；种类多样性指数范围在 2.38～3.34，平

均为 2.95，最高出现在 S5 号站，其次为 S2 号站，最低出现在 S3 号站；种类均匀度的分布趋势与多样性指数相似，其范围在 0.60～0.77，平均为 0.69。

二、浮游动物

统计多年珠江口海域调查的历史资料（1986—2013 年）表明，由于本水域处在咸淡水交汇区，水域北部和南部的浮游动物的种群结构有较大差别，春、秋之间截然不同。北部内伶仃岛至桂山、蜘蛛洲一带，以低盐河口种类为主，秋季桡足类占浮游动物总生物量的 53%，春季桡足类占浮游动物总生物量的 77%。以低盐沿岸种和对盐度要求偏高的沿岸种为主。南部万山至担杆一带水域，春、秋出现近海种较多，偶尔出现少量高盐外海种。浮游动物平均生物量为 363.89 mg/m³，生物量的变化幅度为 200～600 mg/m³。北部和东部的浮游动物生物量明显高于南部万山、担杆水域。北部区域平均生物量春季为284 mg/m³，秋季为 127 mg/m³，平均为 206 mg/m³；南部春季为 102 mg/m³，秋季为54 mg/m³，平均为 78 mg/m³。

根据 2016 年 11 月在珠江口的调查，浮游动物经鉴定有 9 个生物类群，共 32 种。其中以桡足类的种类最多，其次是浮游幼虫类。浮游动物平均密度为 84.70 个/m³，最高密度出现在 S9 号站，其次为 S3 号站，最低出现在 S4 号站。Shannon-Weiner 多样性指数范围为 3.25～4.22，平均为 3.72；均匀度范围为 0.85～0.95，平均为 0.89。排名第一的优势种是桡足类小拟哲水蚤，优势地位突出；其次是桡足类幼虫和驼背隆哲水蚤，优势特征十分明显。

三、鱼卵和仔稚鱼

统计多年珠江口海域调查的历史资料（1986—2013 年）表明，在珠江口及其近海已鉴定到种的鱼卵和仔稚鱼共 43 种，隶属 28 科。9 月鱼卵出现数量最多的种类是鲾科，占总数的 38.0%；其次为鳀科，占 8.0%；此外舌鳎科占 7.5%，鲻科占 1.8%，大眼鲷科占 1.4%。仔稚鱼出现数量最多的种类为鰕虎鱼科，占总数的 32.0%；其次为天竺鲷科，占 17.7%；此外鳀科占 15.1%，鲾科占 7.9%，舌鳎科占 6.9%，石首鱼科占 3.6%，鲱科占 2.7%，鲥科和羊鱼科各占 1.5%，鲻科和鳝科各占 1.3%。

由于珠江口海域是南海海区多种鱼类集群产卵的场所，同时许多鱼类都有产卵期长和多次产卵的繁殖习性，因此在珠江口海域全年都有鱼类产卵。所谓春季的繁殖高峰期只是相对而言。根据 1990 年 9 月和 1991 年 3 月珠江口海岛海域的调查结果，鱼卵和仔稚鱼的密度很高，最高鱼卵采获量为 22 441 枚/网，最大仔稚鱼的采获量为 508 尾/网；3 月鱼卵高密度区位于桂山至大屿山之间，仔稚鱼高密度区位于内伶仃岛附近。2012 年 11 月和 2013 年 3 月在万山群岛及附近海域的调查结果显示，最高鱼卵采获量为 230 枚/网，最高仔稚鱼采获量为 29 尾/网。

根据 2016 年 11 月在珠江口的调查，共采获鱼卵 368 枚、仔稚鱼 41 尾，经鉴定隶属于 1 门 11 科 16 种。采获的鱼卵和仔稚鱼基本上属于沿岸浅海性鱼类，主要是鳀科、狗母鱼科、石首鱼科、鲹科、马鲅科、龙头鱼科、鲱科、鲷科、鲷科、金线鱼科、舌鳎科。整个调查海区鱼卵采获数量范围为 5～117 枚/网，平均为 36.80 枚/网；密度变化范围为 $81 \times 10^{-3} \sim 1\,895 \times 10^{-3}$ 枚/m³，最高出现在 S3 号站，平均为 596×10^{-3} 枚/m³。整个调查海区仔稚鱼采获数量范围为 0～11 尾/网，平均为 4.10 尾/网；密度范围为 $0 \sim 178 \times 10^{-3}$ 尾/m³，平均为 66×10^{-3} 尾/m³。整个调查海区鱼卵、仔稚鱼总采获数量范围为 8～120 枚（尾）/网，平均为 40.90 枚（尾）/网；密度范围为 $130 \times 10^{-3} \sim 1\,944 \times 10^{-3}$ 枚（尾）/m³，最高出现在 S2 号站，最低出现在 S7 号站，平均为 663×10^{-3} 枚（尾）/m³。

四、底栖生物

根据 2016 年 11 月在珠江口的调查，共出现底栖生物 8 门 30 科 37 种。其中，软体动物 10 科 13 种，占总种类数的 35.14%；环节动物 8 科 12 种，占总种类数的 32.43%；节肢动物 5 科 5 种，占总种类数的 13.51%；脊索动物和棘皮动物各 2 科 2 种，各占总种类数的 5.41%；刺胞动物、纽形动物、半索动物各 1 科 1 种，各占总种类数的 2.70%。

调查共出现 37 种底栖生物，优势度在 0.02 以上的优势种有 3 种，分别为独齿围沙蚕、双齿围沙蚕和光滑倍棘蛇尾，这 3 种底栖生物出现站位数和数量范围分别为 4 站和 4～6 个，优势度范围为 0.023 9～0.358 0。其他 34 种底栖生物出现站位数和数量范围分别为 1～2 站和 1～4 个，优势度均在 0.02 以下。

底栖生物的总平均生物量为 19.99 g/m²，平均栖息密度为 67.00 个/m²。生物量的组成中，软体动物占比相对较高，占总生物量的 48.47%；其次为节肢动物、环节动物和刺胞动物，分别占总生物量的 15.86%、13.86% 和 11.86%；其他底栖生物的生物量相对较低，均未超过总生物量的 5.00%。栖息密度的组成以环节动物最高，占总栖息密度的 41.79%；其次为软体动物和节肢动物，分别占总栖息密度的 23.88% 和 11.94%；其他底栖生物的栖息密度相对较低，均未超过总栖息密度的 8.00%。

调查海区内各站位底栖生物的生物量差异较大，最高生物量出现在 S1 号站，为 61.70 g/m²；其次为 S3 号站，为 35.20 g/m²；最低生物量出现在 S7 号站，仅为 1.30 g/m²。栖息密度方面，最高出现在 S3 和 S2 号站，均为 110.00 个/m²；其次为 S1 号站，为 90.00 个/m²；最低出现在 S5、S7 和 S9 号站，均为 40.00 个/m²。

底栖生物多样性指数变化范围较大，为 1.500 0～3.169 9，平均为 2.332 6，多样性指数最高出现在 S1 号站；均匀度分布范围在 0.946 4～1.000 0，整个海区均匀度的平均

值为 0.975 5。

五、潮间带生物

根据 2016 年 11 月在珠江口的调查，潮间带生物包括刺胞动物、纽形动物、环节动物、星虫动物、软体动物、节肢动物、棘皮动物、脊索动物，共 8 门 43 科 67 种。其中，软体动物 23 科 44 种，占总种类数的 65.67%；节肢动物 12 科 14 种，占总种类数的 20.90%；棘皮动物和刺胞动物各 2 科 2 种，各占总种类数的 2.99%；环节动物 1 科 2 种，占总种类数的 2.99%；纽形动物、星虫动物和脊索动物门各 1 科 1 种，各占总种类数的 1.49%。

67 种潮间带生物中，优势度在 0.02 以上的有 5 种，分别为疣荔枝螺、粒结节滨螺、鳞笠藤壶、平轴螺和龟足，这 5 种生物出现站位数和数量范围分别为 17～43 站和 158～373 个，优势度范围为 0.022 3～0.087 0。除这 5 种生物以外的 62 种生物的出现站位数和数量范围为 1～25 站和 1～146 个，优势度均小于 0.02。

潮间带生物平均生物量为 571.15 g/m²，平均栖息密度为 154.84 个/m²。在潮间带生物的生物量组成中，软体动物占较大优势，为 465.67 g/m²，占总生物量的 81.53%；其次为节肢动物，为 102.98 g/m²，占总生物量的 18.03%；其他生物的生物量较低，均未超过总生物量的 1.00%。栖息密度的类群组成方面，以软体动物最高，为 123.48 个/m²，占总栖息密度的 79.75%；其次为节肢动物，为 26.78 个/m²，占总栖息密度的 17.30%；其他生物的栖息密度较低，均未超过总栖息密度的 2.00%。

生物量方面，C3 号断面的低潮区最高，为 1 860.76 g/m²；其次是 C20 号断面的低潮区，为 1 473.56 g/m²；C10 号断面的高潮区最低，为 4.12 g/m²。栖息密度以 C6 和 C17 号断面的中潮区最高，栖息密度均为 452.00 个/m²；其次是 C17 号断面的低潮区，栖息密度为 428.00 个/m²；C10 号断面的高潮区栖息密度最低，为 20.00 个/m²。

在调查断面中，生物量大小排序为 C3 号断面＞C6 号断面＞C20 号断面＞C19 号断面＞C17 号断面＞C8 号断面＞C16 号断面＞C23 号断面＞C22 号断面＞C5 号断面＞C2 号断面＞C15 号断面＞C12 号断面＞C7 号断面＞C4 号断面＞C1 号断面＞C14 号断面＞C21 号断面＞C11 号断面＞C13 号断面＞C10 号断面＞C18 号断面＞C9 号断面；栖息密度大小排序为 C17 号断面＞C6 号断面＞C8 号断面＞C4 号断面＞C1 号断面＞C22 号断面＞C20 号断面＞C13 号断面＞C19 号断面＞C12 号断面＞C9 号断面＞C14 号断面＞C7 号断面＞C11 号断面＞C3 号断面＞C21 号断面＞C15 号断面＞C18 号断面＞C2 号断面＞C5 号断面＞C16 号断面＞C23 号断面＞C10 号断面。在垂直分布上，生物量为低潮区＞中潮区＞高潮区；栖息密度为中潮区＞低潮区＞高潮区。

多样性指数的变化范围在 0.362 1～3.631 5，平均值为 2.099 3；均匀度的变化范围为 0.362 1～0.997 5，平均值为 0.781 6。

六、渔业资源

（一）渔业资源概况

统计多年珠江口海域调查的历史资料（1986—2013 年）表明，珠海万山海域所在的珠江口咸淡水交界处属亚热带浅海区域，环境复杂多变，水生生物种类多，海产十分丰富，鱼虾类区系的生态类型纷繁多样，分布有 200 多种经济鱼类，是多种经济虾类、蟹类、虾蛄类、头足类和贝类的栖息地与产卵繁育场所，大型海藻类种类也十分丰富，在渔业中占有极其重要的地位。

从适温性来看，本水域的鱼类以暖水性种类为主，占 79.08%；温水性种类较少，占20.92%；虾类全部为暖水性种类。从适盐性来看，本水域的鱼类主要由海水鱼类和咸淡水鱼类两大类型构成。其中海水鱼类占比超过 60%。这一类型的鱼类大多分布较广，既出现在近外海，也出现在河口、浅海水域，产卵场多数分布在盐度较低的浅海或近海。这些鱼类在其稚幼鱼阶段可以进入低盐度的河口区索饵，常见的有石斑鱼、紫红笛鲷、红笛鲷、真鲷、黑鲷、平鲷、黄鳍鲷、胡椒鲷、银鲳、大黄鱼、叫姑鱼、鳓、灰鲳、乌鲳、大甲鲹和竹筴鱼等。咸淡水鱼类的种类较少，占 35.95%。这一类型的鱼类主要是一些在河口、浅海索饵产卵的沿岸性小型鱼类，常见的有凤鲚、七丝鲚、棘头梅童鱼、红狼牙鰕虎鱼、孔鰕虎鱼、康氏小公鱼、黄吻棱鳀、赤鼻棱鳀、中华海鲇、短吻鲾等，其中有些种类（如七丝鲚、棘头梅童鱼、中华海鲇、红狼牙鰕虎鱼、鲻、鲈等）甚至上溯到莲花山—虎门河道的淡水区索饵产卵。此外，还有进行较长距离溯河或降河产卵洄游的种类，如鲥和鳗鲡，这是本水域中两种较为名贵的种类。虾类则大多属于浅海、河口区的沿岸性种类。从分布的水层和食性来看，本水域以底层、近底层鱼类占优势。这一类型的鱼类大多以底栖生物及小型鱼虾为主要饵料，占本水域鱼类种类数的 74.51%。其中以鳗鲡目、鲽形目、鲀形目及鲈形目中的鰕虎鱼科、石首鱼科的种类最多，约占这一类型种类数的一半。中上层鱼类的种数较少，占总种类数的 25.49%。其中以鲱形目、鲻形目及鲈形目中的鳀科、鲻科和鲳科的种类最多，全部属于浮游生物食性的鱼类。虾类大多分布在底层、近底层，以底栖生物为主要饵料。

本水域的游泳生物，无论在种类上还是在数量上，均以短寿命的小型经济鱼虾类占优势。这一类型的种类具有生长快、成熟早、世代周转率高，能忍受较大的捕捞强度等特点，可以在加强对其幼体保护的前提下进一步利用。中型的种类和数量比较少，但多是一些优质的鱼类，主要是银鲳、大黄鱼、鳓等，其稚幼鱼常在秋末春初大量进入伶仃洋水域育肥。

适宜开发游钓休闲渔业的高值物种包括魟鳐、海鳗、海鳝、海鲇、鰤、油鲆、四指马鲅、鲈、大眼鲷、高体若鲹、卵形鲳鲹、鲕、乌鲳、牙鲆、黄姑鱼、白姑鱼、叫姑鱼、大黄鱼、棘头梅童鱼、石斑鱼、紫鱼、笛鲷、真鲷、二长棘鲷、平鲷、黑鲷、黄鳍鲷、金线鱼、胡椒鲷、篮子鱼、鸡笼鲳、金钱鱼、带鱼、银鲳、灰鲳、鲬、斑鰶、舌鳎等。

根据 2016 年 11 月在珠江口的调查，共捕获渔业资源类游泳生物 116 种，隶属于 16 目 54 科 79 属。其中鱼类的种类最多，为 73 种，其次是蟹类 19 种，虾类 12 种，头足类 7 种，虾蛄类 5 种。游泳生物的多样性指数范围为 3.005～4.379，平均为 3.786；均匀度范围为 0.632～0.903，平均为 0.753。总渔获量为 130.260 kg、7 005 尾，各站平均渔获率为 24.960 kg/h，各站平均数量渔获率为 1 356.5 尾/h；总平均生物量资源密度为 612.180 kg/km²，总平均数量资源密度为 33 172.5 尾/km²。鱼类渔获量共 46.619 kg、2 501 尾；各站平均渔获率为 8.446 kg/h，各站平均数量渔获率为 479.5 尾/h；鱼类各站平均生物量资源密度为 206.463 kg/km²，各站平均数量资源密度为 11 758.5 尾/km²。虾类总渔获量为 18.417 kg、2 354 尾；各站平均渔获率为 3.635 kg/h，各站平均数量渔获率为 459.5 尾/h；虾类各站平均生物量资源密度为 89.032 kg/km²，各站平均数量资源密度为 11 233.8 尾/km²。蟹类总渔获量为 45.901 kg、1 527 尾；各站平均渔获率为 9.128 kg/h，各站平均数量渔获率为 300.1 尾/h；蟹类各站平均生物量资源密度为 225.071 kg/km²，各站平均数量资源密度为 7 315.0 尾/km²。虾蛄类总渔获量为 5.149 kg、293 尾；各站平均渔获率为 0.938 kg/h，各站平均数量渔获率为 55.5 尾/h；虾蛄类各站平均生物量资源密度为 22.841 kg/km²，各站平均数量资源密度为 1 349.4 尾/km²。头足类总渔获量为 14.174 kg、330 尾；各站平均渔获率为 2.809 kg/h，各站平均数量渔获率为 61.9 尾/h；头足类各站平均生物量资源密度为 68.774 kg/km²，各站平均数量资源密度为 1 515.8 尾/km²。游泳生物中主要经济种类为红星梭子蟹、近缘新对虾、鹿斑鲾、曼氏无针乌贼、锈斑蟳、海鳗、三疣梭子蟹、短蛸、日本金线鱼、宽突赤虾等。列举的上述 10 种游泳生物的平均生物量资源密度合计为 312.629 kg/km²，占总平均生物量资源密度的 51.068%；平均数量资源密度合计为 14 103.7 尾/km²，占总平均数量资源密度的 42.516%。

（二）渔业资源结构特征

（1）**资源结构复杂** 珠江口的渔业资源包括鱼、虾、蟹、贝类等多种类型。每一种类型都有相当数量经常出现的种类。资源量以鱼类和贝类为主。资源结构复杂，生物多样性明显。

（2）**地方性种群为主** 由于河口区域的水文状况年变幅大，出现的鱼类种类丰富，其中包括地方性的种群和季节性地从大陆架洄游到河口区域的种群。前者主要有棘头梅童鱼、七丝鲚、鳓、斑鰶、马鲅、小公鱼、棱鳀、白姑鱼、黄姑鱼、黄鳍鲷、舌鳎、鲈、鲻等；后者主要有蓝圆鲹、竹筴鱼、乌鲳、鲐、马鲛、银鲳等。长年可捕获到的地方性种类的产量占鱼类总渔获量一半以上。

（3）**种类多、个体小、群体不大** 在珠江口近海拖网作业时，每网次渔获一般都出现 10~20 种鱼类，但多为个体较小的小型鱼类，体长在 100~200 mm 者居多，而且任何季节都可捕到头足类幼体和鱼类的幼鱼；优势种群不明显，少有占渔获总量 20% 以上的鱼种。在万山春汛繁荣时期，围网渔获物的优势种非常明显，最多的为蓝圆鲹，渔获量占总量的 50% 以上，多者达 95% 以上；其次为中华小沙丁鱼、鲐和羽鳃鲐等（3~4 种）。但是近十多年以来，万山海域已形不成渔汛。根据近年来的所谓"万山春汛"统计资料，出现的鱼类多达二十种，很大部分是一些小型鱼类和幼鱼，这些常被称为"下杂鱼"。从本质上来说，这些统计资料既反映了珠江口渔业资源种类多、个体小和群体不大的特点，也反映出目前鱼类滥捕和渔业资源衰退的状况。

（4）**幼鱼、幼虾为主体** 珠江口的渔业资源以幼鱼、幼虾为主，珠江口及其近海的幼鱼、幼虾资源总量有几万亿尾，伶仃洋被划为经济鱼类繁育场保护区。

第三节 社会经济状况

一、社会经济现状

1980 年 8 月珠海设立经济特区，面积 6.8 km²，特区面积先后经过 1983 年、1988 年两次扩大，2009 年横琴岛又被纳入珠海经济特区范围，珠海经济特区总面积扩大为227.46 km²，占全市陆域面积的 12%。2006 年珠海入选"中国十佳金融生态城市"。2008 年，国务院批复实施《珠江三角洲地区改革发展规划纲要（2008—2020）》（国函[2008] 129 号），明确珠海为珠江口西岸的核心城市。2010 年，经国务院批准，珠海经济特区范围再次扩大到全市。珠海市海域广阔，岛屿众多，海域面积和海岛数量分列广东省沿海各市、县之首。

珠江口万山群岛属珠海万山海洋开发试验区管辖。珠海万山海洋开发试验区的前身是珠海万山管理区，1988 年珠海市委、市政府为实施"东西两翼发展战略"设立了万山管理区。1998 年，广东省政府为实施全省"海洋综合开发战略"，在万山管理区的基础上批准设立珠海万山海洋开发试验区，该区成为广东省第一个地方性海洋综合开发试验区。珠海万山海洋开发试验区地处珠江入海口，东邻香港，西接澳门，下辖桂山镇、担杆镇、万山镇 3 个建制镇及东澳旅游综合开发试验区，拥有大小岛屿 106 个，所辖海岛陆地面积 80 km² 以上，海域面积 3 200 km²，是珠三角乃至华南腹地出入南海、通向世界的咽喉要道。

2017 年，珠海全市实现地区生产总值（GDP）2 564.73 亿元，同比增长 9.2%。其中，第一产业增加值为 45.53 亿元，增长 4.1%，对 GDP 增长的贡献率为 0.8%；第二产业增加值为 1 288.75 亿元，增长 11.6%，对 GDP 增长的贡献率为 63.2%；第三产业增加值为 1 230.45 亿元，增长 6.9%，对 GDP 增长的贡献率为 36.0%。一二三产业的比例为 1.8∶50.2∶48.0。在服务业中，现代服务业增加值为 741.74 亿元，增长 6.2%，占 GDP 的 28.9%。在第三产业中，批发和零售业增长 6.4%，住宿和餐饮业增长 4.1%，金融业增长 11.9%，房地产业下降 15.0%。民营经济增加值为 886.92 亿元，增长 9.1%，占 GDP 的 34.6%。2017 年，珠海市人均 GDP 达 14.91 万元，按平均汇率折算为 2.21 万美元。2017 年全年渔业产值为 54.14 亿元，增长 5.0%。2017 年，全年接待入境旅游人数 499.46 万人次，增长 1.5%；实现旅游总收入 367.7 亿元，增长 16.0%。

二、海洋捕捞生产基本情况

珠海万山群岛海域属珠江口咸淡水交汇水域，分布有种类繁多的咸淡水鱼虾类。渔业生产作业方式主要有单拖网、双拖网、虾拖网、围网、流刺网、定置网、装笼、下钓等，在该海域作业的主要是广州、深圳、珠海、中山、东莞 5 市的小型海洋捕捞渔船。掺缯网、虾拖网、流刺网、下钓等作业方式因受海底底质影响较小，基本上是在靠岸水浅的海域作业。主要捕捞品种有蓝圆鲹、鲳、带鱼、金线鱼、石斑鱼、鳗、鲥、白姑鱼、叫姑鱼、毛虾、远海梭子蟹等。

据《广东省 2016 年渔业统计年报》，珠海市捕捞生产渔船总数为 1 595 艘，其中拖网船 64 艘、围网船 10 艘、刺网船 1 313 艘、张网船 36 艘、钓业船 50 艘、其他类型作业船 122 艘。海洋捕捞总产量 10 950 t，其中鱼类 8 075 t、虾类 1 061 t、蟹类 639 t、头足类 302 t、贝类 667 t、海藻 145 t、其他 61 t。

三、海水养殖基本情况

珠江口水域为河口咸淡水交汇水域，渔业资源丰富。河口的内湾、浅滩和潮间带湿地都是适宜发展海水养殖的水域。海水养殖是珠江口沿海渔民的传统产业，主要养殖方式包括网箱养殖、筏式养殖、吊笼养殖、滩涂养殖、工厂化养殖、底播等，养殖品种主要有鲈、大黄鱼、军曹鱼、鲷科鱼类、石斑鱼、锯缘青蟹、扇贝、鲍以及螺、贻贝等。

据《广东省 2016 年渔业统计年报》，珠海市海水养殖总面积为 13 435.3 hm²，海水养殖总产量为 60 720 t，其中鱼类 36 676 t、虾类 7 693 t、蟹类 1 458 t、贝类 14 584 t、海藻 140 t、其他（如海胆等种类）169 t。

四、海洋渔业人口与从业人员基本情况

据《广东省 2016 年渔业统计年报》，珠海市海洋渔业人口 9 931 人，其中，传统渔民 7 221 人。海洋渔业从业人员 10 106 人。海洋渔业从业人员包括专业从业人员 8 166 人，兼业从业人员 1 585 人，临时从业人员 355 人；专业从业人员中，从事捕捞业 2 777 人，从事养殖业 4 606 人，从事其他工作 783 人。

第四节 海洋交通旅游发展现状

一、港口资源

珠江三角洲地区有港口 10 个，拥有码头泊位 767 个，其中深水泊位 77 个。珠三角港口主要有广州港、深圳港西部港区、珠海港、香港港口、澳门港，以及中山、江门、肇庆、佛山等港。

二、航道资源

珠江口水域分布众多航道、水道，在珠江河口和口外海滨处，南北向航道主要有大濠水道、枕箱水道、榕树头航道、伶仃西航道、铜鼓水道、暗士敦水道、青洲水道、九洲航道以及澳门的内港航道、外港航道等。其中大濠水道、枕箱水道、榕树头航道、伶仃西航道、暗士敦水道等天然深水航道（水道）集中在珠江口东部水域，是广州港、深圳西部港区、虎门港等到港万吨级以上船舶的进出通道；中、西部水域的青洲水道、九洲航道、澳门航道为 5 000 t 级及以下船舶的航道。

三、旅游资源

珠海万山海洋开发试验区滨海旅游资源丰富。近年来，"粤港澳大三角旅游"吸引着无数海内外游客。珠海市是一座海滨城市，海洋旅游资源丰富，众多的海岛与海湾、沙

滩，连同陆上、岛上的娱乐区、生态区等，形成别具风格的南亚热带海洋风光旅游胜地。

东澳岛位于万山群岛中部，面积 4.62 km²，四周海域水质清澈，无污染。冲浪、潜水、风帆等是这里的主要旅游项目。岛上有住宿服务，海鲜更是这里的特色美食。岛的东部有建于清朝乾隆年间的古堡铳城，密林中隐藏"万海平波"等石刻；中部有汉白玉送子观音像及送子仙泉；南部有水清沙幼的南沙滩；沿通天古道直上斧担山顶，可观日月海。东澳岛有南沙湾、大竹湾、小竹湾三个沙滩，尤以南沙湾为好，享有"钻石沙滩"的美誉。南沙湾的沙滩沙质洁白细腻，海水清澈见底，海浪多而不大，为冲浪、海浴的好去处。东澳岛"丽岛银滩"已被评为珠海十景之一。据资料，东澳岛在明清时期曾是万山群岛中最为繁华的海岛，岛上有 3 000 多居民，农、牧、渔、商各业兼有，只是由于战乱频频、人口内迁，才逐渐失去往日的光彩。现在岛上还留有明末守岛军民抵御外侮而构筑的铁城、烽火台等。此外，岛上还有日军侵华时日军飞机场旧址及一些废弃的军事坑道等。陆地交通线路：由香洲北堤客运站乘船。

外伶仃岛位于香港之南，是珠海市东区下辖的一个海岛镇，因处于伶仃洋外围而得名。外伶仃岛面积为 4.23 km²，西距珠海市区 27.5 n mile；北距深圳 35 n mile 左右；距香港长洲 6 n mile、九龙尖沙咀港 11 n mile，每天有高速船及游艇往来。外伶仃岛在星罗棋布的万山群岛中风格独特，岛不大而绮丽，山不高而峻峭，尤以水清石奇为人称道。岛上主峰伶仃峰高 311.8 m，从半山起有通天洞直达顶峰。伶仃湾、塔湾、大东湾沙滩的沙质细腻，海水清澈见底，是垂钓、游泳、冲浪的好去处。外伶仃岛现在已有伶仃洋酒店、俄罗斯山庄度假屋等旅游设施。主要景点：大东湾沙滩游乐场、石头公园风景区、摩崖石刻、香江海市、北帝晨钟、伶峰览胜。外伶仃岛目前已开通至深圳、广州的直达航线，在市内可在九洲港、香洲码头乘船，每天有班船往返。

万山镇位于万山群岛南面，是一个以渔业为主的海岛镇，环抱万山岛的是浩瀚深邃的大海，这里不仅风光秀丽、空气清新，还是万山群岛人居历史最长的岛屿，形成了特有的海岛文化，渔民们过着朝迎旭日张帆、晚伴夕阳下网的生活，别有一番渔家风情。近年来掀起了文化旅游的热潮，体验海岛渔家风情为主题的休闲旅游越来越受到城市人的青睐。做一天渔民，跟渔船出海，撒网捕鱼，深海垂钓，吃渔家饭，以渔船为载体感受淳朴的渔民生活，成为城市人紧张工作后优选的休闲方式。开发商利用岛上现有的渔业生产基地、渔船渔具、渔业产品、渔民的传统文化活动等，开发以"进渔村、当渔民、驾渔船、唱渔歌、钓海鱼、吃渔家饭"为主要内容的渔家乐休闲旅游项目。万山镇被评为"广东省旅游特色镇"。

第二章
国内外河口人工鱼礁研究进展

第一节　人工鱼礁水动力学研究

一、国外研究进展

世界渔业发达国家，包括美国、日本、韩国、澳大利亚、新西兰，以及欧洲和东南亚的一些国家，在开发与利用人工鱼礁技术方面做了大量的工作，积累了大量的经验，并从水动力学、生物学和空间几何学等方面对人工鱼礁功能、特性等开展了基础和应用技术研究。目前，日本是世界上人工鱼礁发展技术最快、建设规模最大的国家之一，从20 世纪 60 年代开始，日本学者就较为系统地开始研究人工鱼礁的水动力学特性。如黑木敏郎等（1964）对鱼礁周围的流态进行了研究，并将流态分为 3 级：设置鱼礁前的流态；设置鱼礁后形成的上升流和侧流，流向由鱼礁的上方流向后下方；流速为 0 或反流的流态。中村充（1979）和佐藤修（1984）等通过对角形、圆筒形和四角形鱼礁单体的水槽试验，定量研究和分析了礁体模型周围流场的变化及其影响范围。影山芳郎等（1980）通过水槽和风洞试验，对多孔立方体鱼礁进行流场分析研究，得出开口及开口比的概念：开口即鱼礁上的孔洞，开口比则为礁面上开口部分的投影面积与礁面的全投影面积之比。佐久田博司等（1981）通过多次对立方体鱼礁模型进行水动力学试验，得出了当雷诺数为 3×10^{-4} 时，立方体鱼礁的阻力系数在 1.7 以下的结论。铃木连雄等（1992）通过可视化水槽试验，较清晰地显示了鱼礁周围的流态分布，通过照片展示了鱼礁迎流面水槽底部的涡管以及背流面的涡动。Kim et al（1995）通过试验研究了浅水区域鱼礁受波浪影响时的局部抗冲刷能力和下陷程度，并提出了人工鱼礁的稳定性设计及海流特征对其影响的重要性。Seaman et al（2000）的研究表明，在鱼礁的阻流作用下，鱼礁下游的流场根据紊动程度可分为 3 个区域：紊流区、过渡区和未受扰动区；通透性礁体和非通透性礁体所产生的紊流区长度比和高度比均不同，通透性礁体的高度比小于 1，长度比小于 4；而非通透性礁体的高度比一般要大于 1 而略小于 2，而长度比小于 14。野添学等（2000）通过物理模型试验和数值试验，分别采用移流项 CIP 法、非定常项向前差分和黏性项中心差分等差分方法，研究分析了底层营养盐受鱼礁影响引起的流场垂向变动和水平变动，得出结论：在实际海域鱼礁所产生的流场影响范围在水平尺度上一般不超过鱼礁规模的50 倍。Miao et al（2007）根据波浪理论推导并模拟了在规则波和非规则波的条件下，水深对人工鱼礁水动力的影响，研究表明，水深对人工鱼礁的水动力有重要的影响，在浅水区域，随着水深的减少，水动力增加，特别是在极浅的水域，受力增加非常显著。

二、国内研究现状

在国内，对鱼礁的基础研究仍较薄弱，但随着人工鱼礁建设规模的扩大，人工鱼礁的相关研究得到了重视。有关鱼礁水动力学的研究报道直到20世纪末仍然较少，到21世纪初相关研究才开始有了较大进展。刘同渝（2003）通过水槽和烟风洞试验，针对梯形、三角锥体、半球形、堆叠式鱼礁模型进行了相关研究。结果表明，人工鱼礁所受的波浪力是影响其在海洋风浪中稳定性的关键因素。吴子岳等（2003）针对连云港投放礁体海域的波流状况、水深等设计了十字型礁体，并根据波流动力学理论计算了此礁体受到的最大作用力，校核验证了礁体在海底的稳定性条件。虞聪达等（2004）通过数值模型方法，针对人工船礁水动力学特征及优化组合方式进行了相关研究，探讨了人工船礁的不同组合及其规模大小对于形成上升流与背涡流的效果、促进海水的上下混合与交换的影响，并提出了人工船礁铺设方式的优选模式。潘灵芝等（2005）通过数值试验方法，模拟了铅直二维定常流中实心方体鱼礁的流场情况，并指出鱼礁迎流面产生上升流、背流面产生涡流，且上升流域的规模、强度随着礁高的增大而增大。史红卫等（2006）采用水槽试验研究，设计出有盖鱼礁和无盖鱼礁2种礁体形式，并且对来流水流与正方体人工鱼礁呈不同角度时的受力状况进行了研究分析，得到了方型鱼礁的"自动模型区域"，计算了鱼礁在实际海水流速下所受到的阻力。唐衍力等（2007）通过水槽试验，对2种方型人工鱼礁模型的不同迎流状态进行了研究，找出了礁体的"自动模型区域"，得到了礁体的阻力值，并认为，同一种礁体模型在不同迎流方式下所受的阻力不同，在相同的迎流方式下，有盖礁体所受的阻力比无盖礁体大。陶峰等（2009）通过水槽试验，对深圳杨梅坑海域投放的8种礁体在纯流、纯波及波流共同作用下的礁体受力情况进行了研究，对礁体的稳定性进行计算，比较了各种礁体的安全性。张硕等（2008a）在水槽中对6种鱼礁模型的背涡流特性进行了研究，结果表明：3种来流速度下，6种模型礁的背涡流高度、长度和面积均随礁高的增加而增加，而背涡流相对值均随礁高的增加而呈下降趋势，模型礁背涡流高度为礁高的1.06~1.70倍，长度为礁高的2.02~3.73倍，面积为迎流面积的2.45~4.80倍。刘洪生等（2009）针对正方体、三棱柱及金字塔型人工鱼礁实体模型，分别利用风洞试验和数值模拟研究了人工鱼礁周围的流场。李珺等（2010）通过三维数值模拟方法，采用LES（大涡模拟）紊流模式，对定常来流速度下人工鱼礁单体附近流场进行了相关研究，指出了礁体结构的通透系数与礁体产生流场变化的关系。崔勇等（2011）利用基于CFD原理的数值模拟方法，在不同流速和布设间距的情况下，模拟分析了星体型鱼礁和方型礁体所产生的流场效应，结果表明：数值模拟较好地反映了人工鱼礁周围上升流和背涡流的分布情况：当两礁体布设间距为1.50倍礁体尺寸时，所产生的上升流高度达到最大值；当布设间距为1倍时，其上升流的影响面积为最大；当布设间距为1.50倍时，所产生的背涡流效果最好；两礁体的最佳布设间距应为礁体尺寸的1.00～1.50倍，且数值模拟结果与风洞试验结果基本相符。付东伟等（2012）采用基于计算流体动力学模型的方法对人工鱼礁流场效应进行数值模拟，选取单体人工鱼礁模拟近岸海域的鱼礁流场，对其附近流场进行三维数值模拟，在此基础上应用双因素方差分析法分析了人工鱼礁开口比和迎流面形状对流场效应的影响，结果表明：人工鱼礁开口比是鱼礁流场效应的主要影响因素，开口比越小，水流受鱼礁阻隔程度越大，礁前上升流流速越大，背涡流紊流区域越明显，背涡流区域就越长；鱼礁迎流面形状对流场效应的影响次之。黄远东等（2012）采用CFD技术，定量研究了多孔方型人工鱼礁在不同来流速度下周围的水流场，结果表明：垂直方向上，上升流的最大速度和平均速度分别为来流速度的0.74倍和0.12倍，上升流最大高度为礁体高度的2.60～2.70倍，背涡区的长度和高度分别为礁体高度的4倍和1.25倍，在靠近礁体背流面形成水流方向与来流方向相一致的透水区；水平方向上，不同来流速度下，背涡区的长度和宽度分别为礁体宽度的4.00倍和1.80倍，在鱼礁内部形成水流方向杂乱的漩涡区。高潮等（2012）利用水流力公式推导出不同形状礁体迎流面水压力和最大压强值特征，利用FLUENT数值模拟技术计算验证，结果表明：理论推导与数值模拟结果相符合。李晓磊等（2013）以立方体人工鱼礁为例，应用CFD软件对其在定常流作用下的三维流场进行了数值模拟试验，以揭示立方体人工鱼礁背涡流的三维涡结构。结果表明：流过礁体侧面的水体在礁体后方形成两个对称的旋转方向相反的展向涡，流经礁体上表面的水体脱落后形成一个尺寸与礁体尺寸相当的流向涡，展向涡和流向涡长度近似相等，两者的长度共同决定背涡流流场的长度。郑延璇等（2012）通过CFD数值模拟，采用RNG k-ε湍流模型，模拟了不同流速及布局方式对星体型人工鱼礁流场的影响，分析了人工鱼礁周围上升流和背涡流特征。邓济通等（2013）利用CFD技术研究了不同布设间距下形状为三棱柱形的人工鱼礁周围的水流运动规律，研究结果显示：布设间距越大，礁体之间的涡旋越大，增大到一定程度有可能产生2个涡旋；布设间距对第二个鱼礁的尾涡不产生影响，并且来流速度对这两个漩涡的大小不产生影响；布设间距内速度分布规律为由中心向四周速度越来越小，但不会超过鱼礁高度，来流速度对此规律不产生影响。林军等（2013）基于FLU-ENT采用大涡模拟法的湍流模型进行数值水槽建模，定量分析了不同单位鱼礁组合方案流场效应的差异和优劣，结果表明：边长3m的正方体鱼礁，以20～30个单礁、1～2倍礁距进行五点式、对称型单位鱼礁组合投放为宜，这样既能发挥礁体的协同效应，又能使单位鱼礁的调控范围达到最大化。何文荣等（2013）采用CFD技术，针对不同来流速度下金字塔型人工鱼礁的流场进行了模拟研究，定量分析了上升流最大高度、上升流最大速度、上升流平均速度以及背涡区尺度等流场效应参数，揭示了礁体周围涡量和压力的分布特征，并得到了水动力大小和阻力系数。钟术求等（2006）通过调研台州大陈海域的实际波流状况和水深情况，设计出了钢制四方台型礁体，并且根据波流动力学理论

和实际波浪力作用对礁体投放海域所受到的最大作用力、抗漂移系数以及抗倾覆系数等进行了验证性计算。

以上的研究大部分基于数值模拟和试验，但实际海况的变动远比试验或者模拟复杂，因而，需要进一步开展实际调查研究和验证。

第二节　人工鱼礁生物聚集功能研究

一、国外研究进展

日本学者通过水下摄像和潜水方式，对斑鳍光鳃鱼、黑鳃梅童鱼、真鲷和牙鲆等鱼类在人工礁体中的行为特性进行了观察，结果显示：不同构造和形状的礁体其诱集的鱼类存在差异性，形成小空间的礁体中小型鱼类较多；礁体的构造越复杂，其诱集鱼类的种数和生物量越多。

小川良德（1966，1967）通过水槽试验研究了不同规模的模型礁对试验鱼的影响，分析了鱼类在礁区的昼夜活动行为规律，发现模型礁对条石鲷、三线矶鲈和鲈都有诱集效果。鲈白天对鱼礁的反应较强，而褐菖鲉则喜欢在夜间活动，白尾虎鲉更多地聚集在水槽的阴影处而非礁区；另外，相比鱼礁区域面积，鱼礁高度的变化对三线矶鲈的影响更大。安永义畅等（1984，1985，1987，1991）通过水槽试验研究了人工鱼礁对真鲷和竹筴鱼等的趋流性的影响。今井义弘等（1998）在回流水槽中研究了远东多线鱼和六线鱼等的趋流性和耐流性。森口朗彦等（2003）对鱼礁渔场的鱼类生态进行了研究，认为鱼礁周围鱼的行为主要取决于饵料密度、可庇护空间以及鱼类的索饵能力。田中惯等（1985，1987）采用鱼探仪对鱼礁区和非鱼礁区的鱼群进行了探测，结果显示，鱼礁区的聚鱼量是非鱼礁区的2.6倍。角田俊平等（1981）通过底刺网作业对日本高松市海域的人工鱼礁区资源进行了调查，对比非礁区，鱼礁区的渔获数量是非鱼礁区的2.9倍，重量是2.6倍，产值是3.5倍，礁区表现出明显的优势。北川大二等（1991）对日本岩手县沿岸人工鱼礁密度和优势种鳕捕捞量之间的关系进行了研究，发现当鱼礁密度为每平方米海域 0.037 m³ 时，鳕的捕捞率最高。高木仪昌等（2002）通过潜水和渔获调查等对设置在日本山口县海域的 30 m 高的大型鱼礁进行了调查，结果显示，该种鱼礁的渔获效果明显好于现有的鱼礁，同时发现渔获量增大的主要原因是小型生物资源的增加。小岛隆人等（1994）用鲫、宽鳍鱲等淡水鱼研究了人工鱼礁设置对鱼在垂直方向上的影响，发现鱼礁设置后，试验鱼游泳的时间和上下游动的频率减少了，底部礁区的聚集率高于中层。

Spieler et al（2001）认为鱼类数量以及物种的多样性与礁体结构的复杂性存在正相关关系。

二、国内研究现状

何大仁等（1995a，1995b）通过水池试验，分别对赤点石斑鱼、黑鲷在三种不同口径鱼礁模型下的行为进行了相关研究，指出鱼礁对这些鱼类有明显诱集效果，并揭示了模型口径与试验鱼的趋集反应关系，为鱼礁的聚鱼效果提供了重要科学依据。吴静等（2004）通过试验研究了牙鲆对六种不同结构的立方体模型礁的行为反应，并对模型礁的诱集效果进行了比较，结果表明，在自然光照条件下及未投放礁时，牙鲆在水槽中的分布没有选择性，呈随机分布；而投礁后各礁均能对牙鲆产生诱集效果，牙鲆在鱼礁标志区的分布率从7％提高到14％～26％，其中以顶部不开孔、四周开孔较小的 D 型礁的诱集效果最好；在 40 W 日光灯下，牙鲆在鱼礁标志区的平均分布率由23％提高到27％。陈勇等（2006a）在无模型礁和有模型礁状况下，探讨了适合幼鲍、幼海胆栖息的模型礁的结构与形状，并统计分析了 4 种不同结构的 PVC 模型礁对幼鲍、幼海胆的聚集率，结果表明，模型礁对水槽内幼鲍、幼海胆的分布均有影响，Ⅰ型和Ⅳ型模型礁对幼鲍的聚集效果较好，最高聚集率可分别达60％和53％；Ⅰ型模型礁对幼海胆的聚集效果较好，最高聚集率可达53％。陈勇等（2006b）通过观测试验水槽，采用鱼类行为学方法，分别对许氏平鲉幼鱼、幼鲍和幼海胆进行研究，观测它们在水槽内无模型礁和有模型礁条件下的行为反应，结果表明，鱼礁模型对选取的试验品种均有聚集作用。张硕等（2008b）在水槽内观测了许氏平鲉与大泷六线鱼幼鱼对两种不同结构 PVC 材料模型礁的行为反应，并对模型礁的集鱼效果进行了统计分析。唐衍力等（2009）采用鱼类行为学方法，观测了短蛸对同为 PVC 材质的 3 种形状的有孔和无孔模型礁以及对同为管状的 3 种不同材料的单体和叠加模型礁的行为反应，并对各组内模型礁的诱集效果进行了比较，发现短蛸的领域行为对鱼礁模型的诱集效果影响较大。崔勇等（2010）针对刺参人工鱼礁进行了增殖试验研究，观测了无模型礁与有模型礁的对比试验，同种材料、不同形状模型礁以及不同材料的三角形孔洞、长方体礁对比试验，其结果表明，各种形状的模型礁投入到养殖试验池中后对刺参的平均聚集率与不投放模型礁相比差异极显著，水泥制圆管形模型礁对刺参的平均聚集率最高，水泥制模型礁平均聚集率高于大理石制横型礁，利用石块造礁对刺参也具有一定的聚集效果。王森等（2010）试验利用特征礁体的不同组合来模拟人工鱼礁矩形间隙的大小，在来流速度分别为 19.1 cm/s、23.4 cm/s 和27.7 cm/s的情况下，探讨了不同礁体矩形间隙（水平、垂直）的大小对黑鲷幼鱼行为产生的影响，总结出了黑鲷幼鱼的喜好流速范围。张俊波等（2011）采用行为学方法，对体长 2～7 cm、重量 2～30 g 的刺参在试验水槽中自然光照下的行为特性进行观察，分别记录了刺参在水槽中无礁和有礁区域的分布情况，并分析了不同形状、材料及距水槽底部不同空隙的人工参礁对刺参的诱集效果。林超等（2013）在试验水槽中观察了人工鱼礁模型配置不同光色时褐菖鲉和日本黄姑鱼在水槽中的分布情况，结果表明，褐菖鲉在自然组的礁区聚集率高于有光组，不同光色对褐菖鲉的礁区聚集率有显著影响。田方等（2012）观察了真鲷对 4 种不同结构模型礁的行为反应，并对不同结构模型礁的诱集效果进行了比较，进而选择诱集效果最好的一种模型礁，并研究该模型礁在不同光强下诱集效果的差异。其试验结果表明，未投放礁时，真鲷在水槽中的分布无选择性，呈随机分布；而投礁后各种模型礁均能对真鲷产生诱集效果，真鲷在鱼礁标志区的分布率从 6％提高到 17.89％～21.50％，其中以表面积大且无孔的 D 型模型礁的诱集效果最好；双模型礁投放后对真鲷的聚集率均在 20％以上，其中表面积大且有孔的两个模型礁聚集率最高；随光强增强，真鲷的聚集率不断下降，研究发现这可能与真鲷的领域行为有很大关系。

王宏等（2008）在 2003 年和 2007 年分别对澄海莱芜人工鱼礁区进行了投礁前的本底调查和投礁后的跟踪调查，结果表明，投礁后礁区海域游泳生物的生物量资源密度明显比投礁前高，增加了 25.63 倍；礁区海域各类资源种类均比投礁前丰富，总种类数由投礁前的 23 种增加至投礁后的 41 种，其中，蟹类种数增加最多，增加了 1.75 倍；在本底调查中没有出现的经济种类龙头鱼和红星梭子蟹在跟踪调查中已成为主要优势种；Shannon-Weiner 多样性指数在礁区和对比区均比投礁前有所增加。上述结果表明鱼礁投放后，鱼礁区集鱼效果和群落结构明显改善，人工鱼礁建设取得了明显的生态效益和经济效益。

江艳娥等（2013）对比了不同材料人工鱼礁的生物诱集效果，认为不同材料类型人工鱼礁的生物诱集效果存在差异：水泥类人工鱼礁的生物诱集效果高于天然礁区的比率为 71.43％；油井类人工鱼礁的生物诱集效果高于天然礁区的比率为 50.00％；舰船类人工鱼礁的生物诱集效果高于天然礁区的比率为 100.00％；其他类人工鱼礁的生物诱集效果高于天然礁区的比率为 80.00％。研究资料分析表明，人工鱼礁的建设，需要更多地结合海洋物理、海洋化学、海洋生物等方面的知识，以提高人工鱼礁对海洋生物的增殖效果，促进其生态效益、经济效益和社会效益共同提高。

中国水产科学研究院南海水产研究所在相关研究的基础上进行了人工鱼礁生态诱集试验，试验了不同人工鱼礁模型对花尾胡椒鲷（周艳波，2010a）、褐菖鲉（周艳波，2011a）、黑鲷幼鱼（周艳波，2011b）的诱集效果，试验了不同鱼礁组合对鱼类的诱集效应（周艳波，2012），试验了自然光照条件以及不同光照条件下鱼礁模型的诱集效应（周艳波，2010b；贾晓平，2011）。研究结果表明，礁体模型对各种生物的诱集效果明显，不同材料、不同模型、不同组合、不同光照对不同生物的诱集效果存在差异。

以上结论大部分基于实验室条件下进行的人工鱼礁模型对生物的诱集效果研究，与实际情况存在一定差距，应进一步结合潜水、实际采样调查等技术手段对实际投放礁体的集鱼效果进行观察对比。

第三节　人工鱼礁生物附着效应研究

一、国外研究进展

人工鱼礁投放后，受海水环境和气候等环境因素的影响，礁体表面通常会附着生物，而附着生物群落的种类组成和数量的变动都会随时空的变化出现明显的变化。

Fitzhardinge et al（1989）、Shao et al（1992）研究认为混凝土、煤灰和铁板材料在人工鱼礁建设中较为适宜。Menon et al（1971）、Callow et al（1984）研究表明附着生物的种类随季节和温度而变化。Menon et al（1971）、Gradinger et al（1999）、Nozais et al（2001）研究表明不同空间位置附着生物的种类不同。宇都宫正（1957）和安永义幅等（1989）研究指出，由于附着生物的着生量受水深、透明度、种类等因素的影响，一般在水深较浅的水域中存在较多附着生物，且着生量较集中于鱼礁上面和侧面的上部；附着动物的着生量通常在透明度高、底质较粗和流速较快的水域中较多。

二、国内研究现状

黄宗国等（1990）、曾地刚等（1999）研究表明附着生物与盐度存在相关性。黄宗国等（1982）、李传燕等（1996）、黄梓荣等（2006）研究表明附着生物与温度存在相关性。陈翔峰等（2011）认为水温是决定海洋生物的生存区域、物种丰度及其变化的最主要环境因素。张伟等（2015）研究认为，不同类型生物的附着期主要是由生物本身内在的繁殖周期决定，而这种周期变化与环境的水温关系最密切。

黄梓荣等（2006）、张伟等（2010）研究表明混凝土礁体比铁制礁体附着生物量高。李真真等（2016，2017）研究了 5 种不同水泥类型混凝土人工鱼礁的附着效果，结果表明，铝酸盐水泥及粉煤灰硅酸盐水泥人工鱼礁的生物附着效果好，复合硅酸盐水泥生物附着效果较差。

张汉华等（2003）通过对大亚湾污损生物的定量分析，揭示了附着生物的着生量随着水深的增加而呈递减的趋势。因此，在礁体设计的过程中应当充分考虑礁体的复杂性，也应当考虑礁体的形状所引起的水流改变。

以上研究取得了一定的结果，但仍然处于初级阶段，受经费以及环境等多重影响，缺少多年系统的量化研究。在研究方法上，目前尚缺少统一的有效方法，从而导致结果不够严谨和对比性不够科学，如有的调查考虑了藻类等植物，但有的未加考虑；有的调查方式是在礁区上层采集，有的是在中层采集；有的采样面积较大，有的较小；有的采样的部分为生物集中的部位，有的为稀疏的部位，等等。以上这些均会导致结果的偏差甚至错误，因而有必要进行调查方法的标准化以及调查队伍的培训，也有必要在多年积累的基础上剔除方法和人为因素导致的误差，之后对人工鱼礁附着生物进行科学的量化分析。

第三章
珠江口人工鱼礁
关键技术研究

第一节　人工鱼礁单体流场造成功能研究

一、流场造成功能原理

由于阻流作用，礁体迎流面和背流面会分别产生上升流和背涡流。上升流域和背涡流域的规模及强度是评价人工鱼礁流场造成功能的重要指标。已有研究结果表明，上升流域的规模、强度随着礁体增高而增大；背涡流域的规模也随着礁体增高而增大。有研究表明礁体和主轴流（优势流）的相互作用往往在礁体下游形成一个充满漩涡的背涡流区。当礁体厚度或宽度与礁体周围流速的乘积超过一定数值时，漩涡从礁体上脱落，某些鱼类将被吸引到礁体后的背涡流区中，背涡流区也可观察到明显的底质和营养盐的沉积。在确定海域的优势流后，可对礁体的结构及布局进行优化设计，以产生预期的背涡流区。因此，本节将主要围绕上升流和背涡流两个方面对设计的礁体单体进行流场造成功能的计算比较。

二、流场造成功能试验

根据珠江口海域特点以及主要投放的礁区类型，设计了 3 种礁体进行研究。

1 号礁体是庇护型礁体，可为鱼类营造安全、良好的居室和庇护所，使鱼类资源得以安全、健康繁殖。该礁体主框架为 3 m×3 m×4 m 的钢筋混凝土结构（图 3-1），顶面和底面分别加设"井"字板。考虑到本区域的地质状况及礁体自重较大，底部加有一块开孔底板，可有效降低礁体的沉降量。礁体形成表面积 64 m^2，空方量达到 36 m^3，内部空间可形成多变水流，以吸引鱼类聚集。

2 号礁体为繁育型兼庇护型礁体，主框架为 3 m×3 m×3.5 m 钢筋混凝土结构（图 3-2），表面积 61 m^2，空方量达到 31.5 m^3。框架结构与混凝土空心管结合，形成复杂的内部结构，既有利于水流的变化，也便于生物在礁体内穿行。设计中考虑海区存在平均 1.4 m 的淤泥层，礁体预留了 1.5 m 的可沉降空间，底梁交接处设两条直角边均为 0.8 m 的三角形护角底板，以有效减缓礁体沉降。

3 号礁体设计为繁育型礁体，兼顾饵料功能。该类型礁体可增加鱼卵的附着场所，提高仔稚鱼的成活率，以达到增加资源的目的。礁体主框架为 3 m×3 m×4 m 钢筋混凝土结构（图 3-3）。

图 3 - 1　1 号礁体效果图

图 3 - 2　2 号礁体效果图

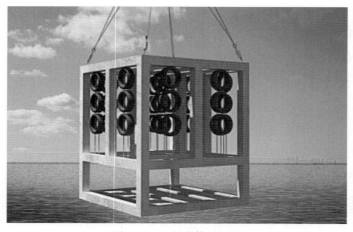

图 3 - 3　3 号礁体效果图

对比 3 种人工礁体的流速等值线和流场分布图（图 3-4 至图 3-9），1 号礁体造成的上升流及背涡流等流场特征清晰可见；2 号和 3 号礁体由于迎流面面积较小，上升流和背涡流特征相对不够明显；3 号礁体通透率在三种礁体中最高，背涡流特征无法体现。

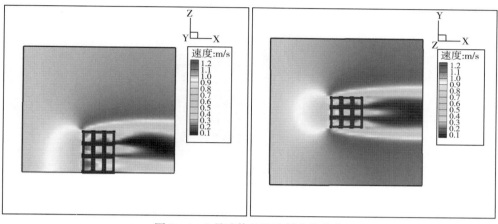

图 3-4 1 号礁体的流速等值线分布

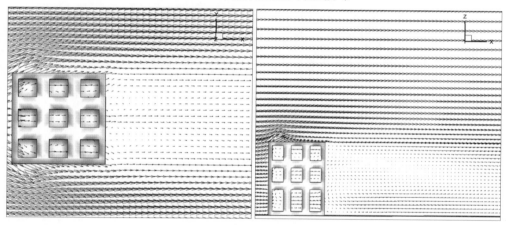

图 3-5 1 号礁体的流场分布

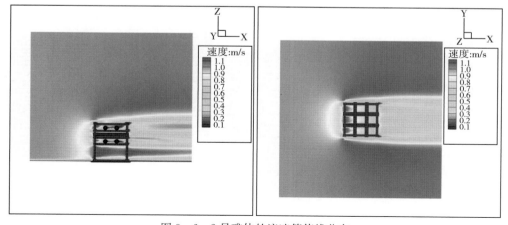

图 3-6 2 号礁体的流速等值线分布

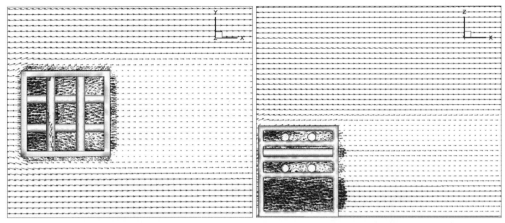

图3-7　2号礁体的流场分布

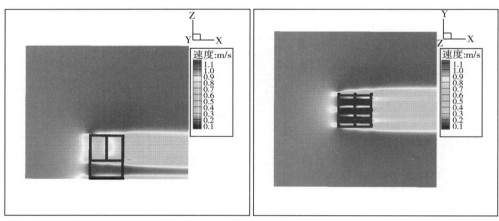

图3-8　3号礁体的流速等值线分布

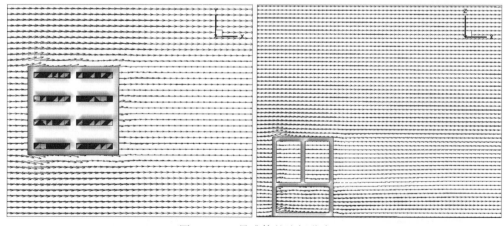

图3-9　3号礁体的流场分布

　　表3-1给出了3种人工礁体在同一流场条件下的上升流及背涡流的特征数值。结果显示，在相同的入流条件下，1号礁体造成的上升流与背涡流范围最大。

表 3-1　3 种人工礁体流场造成功能对比

礁体编号	礁体高 （m）	上升流最大流速 （m/s）	上升流最大高度 （m）	背涡流长度 （m）	背涡流最大高度 （m）
1 号礁体	4.00	0.56	5.82	2.81	2.89
2 号礁体	3.50	0.56	4.90	2.16	2.79
3 号礁体	4.00	0.29	4.84	——	——

第二节　人工鱼礁单体稳定性研究

一、礁体稳定性原理

人工鱼礁投放后会受到海流及波浪的影响，有可能发生滑移或者倾覆，从而导致礁体失效。国外的调查报告表明，波浪过大的情况下，被放置在 5～33 m 水深海域的小型礁体移动距离可长达 2 km。因此，礁体设计的一个重要方面是保证礁体具有良好的稳定性，在投放海域的海况条件下不会发生滑移或者倾覆。

对礁体进行力学分析，其不发生滑动的条件为最大静摩擦力大于波流的作用力，即必须满足下式：

$$S_1 = \left[(W_g - F_0) \ \mu/F_{max} \right] > 1$$

式中：S_1 为无量纲系数；W_g 为礁体自重；F_0 为礁体受到的浮力；μ 为礁体与海床的摩擦系数，计算中取值为 0.55；F_{max} 为最大静摩擦力。

礁体在波流作用下不发生翻滚的条件为重力和浮力的合力矩 M_1 大于波流最大作用力矩 M_1，如下式：

$$S_2 = M_1/M_2 = \left[(W_g - F_0) \ L_1/F_{wave} L_{wave} \right] > 1$$

式中：S_2 为无量纲系数；W_g 为礁体自重；F_0 为礁体受到的浮力；L_1 为水平方向力臂；F_{wave} 为波流作用力；L_{wave} 为礁体高度。

二、礁体稳定性试验

根据珠江口近岸区海域资料，对 3 种设计的礁体在出现 50 年重现期波浪时的安全性进行了校核。波浪参数：最大波高为 4.71 m，最大周期为 7.7 s，底层水流速度为 0.52 m/s。计算结果表明，设计的 3 种礁体在出现 50 年重现期波浪时的抗滑移系数和抗翻滚系数都大于 1，稳定性良好。

第三节 不同组合模式下流场造成功能的对比研究

一、不同礁体不同间距组合的流场造成功能

为更好地确定人工鱼礁的组合模式，对1～10 m共10种不同礁体间距的3 m×3 m的礁体组合进行了水动力学计算，比较了不同间距条件下3种礁体各组合模式产生的流场效应，以确定流场造成功能表现最好的组合模式。

图3-10至图3-13分别给出了1号礁体间距为1～4 m时的水平及垂直流场特征图。如图所示，在1～4 m的间距范围内礁体内部及外部流场均出现了较为明显的涡流形态。当间距较小时，沿着来流方向三排礁体上方均形成了较强的上升流态；而当间距增大时，后两排的礁体上方上升流形态较弱。

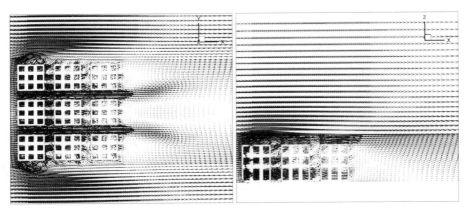

图3-10 1号礁体间距1 m组合流场特征

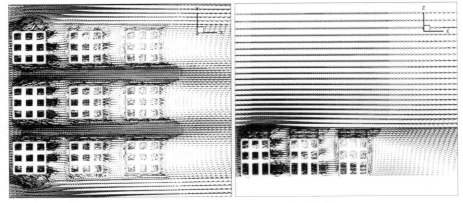

图3-11 1号礁体间距2 m组合流场特征

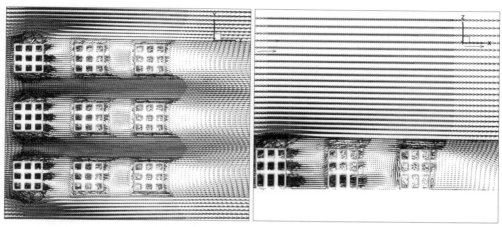

图 3 - 12　1 号礁体间距 3 m 组合流场特征

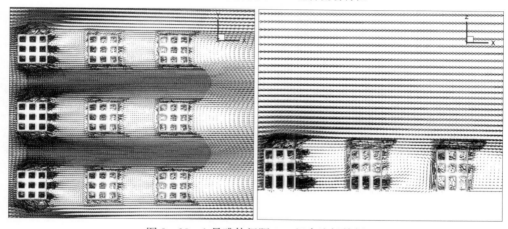

图 3 - 13　1 号礁体间距 4 m 组合流场特征

　　图 3 - 14 至图 3 - 15 给出了 1 号礁体间距为 9～10 m 时的流场特征，图 3 - 16 至图 3 - 19 则分别给出了 2 号和 3 号礁体在间距为 1 m 和 10 m 时的流场特征。与 1～4 m 的间距组

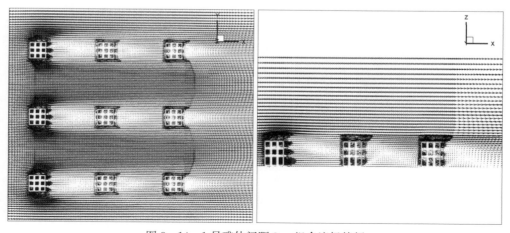

图 3 - 14　1 号礁体间距 9 m 组合流场特征

合形成的流场相比较，由于礁体的间距超过了两倍礁体宽度，第二及第三排礁体对流场的调控作用不足，上升流和背涡流效应均有一定减弱。

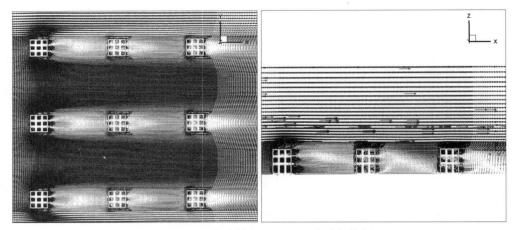

图 3-15　1 号礁体间距 10 m 组合流场特征

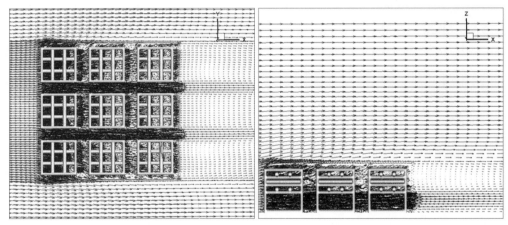

图 3-16　2 号礁体间距 1 m 组合流场特征

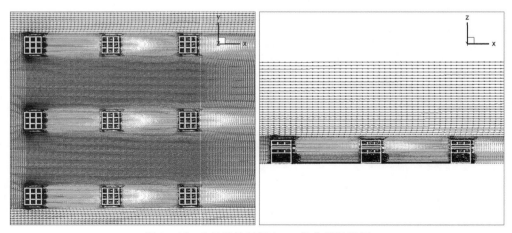

图 3-17　2 号礁体间距 10 m 组合流场特征

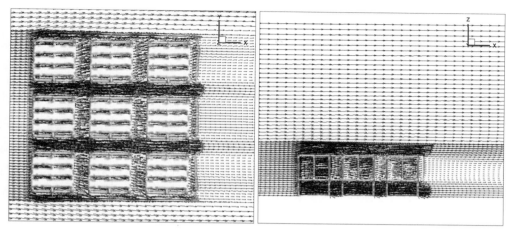

图 3-18 3号礁体间距 1 m 组合流场特征

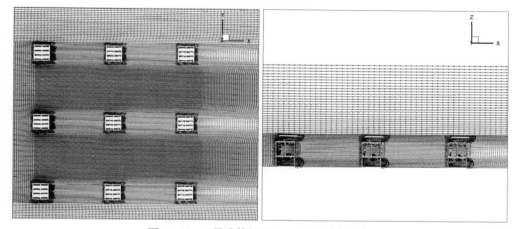

图 3-19 3号礁体间距 10 m 组合流场特征

二、流场造成功能的量化研究

礁体的流场功能造成主要指上升流和背涡流。上文针对 3 种礁体在不同间距组合下的流场分布特征进行了分析，流场特征图也直观地显示了礁体结构特点以及间距对流场造成功能的影响，但仍存在不足，仅仅通过流场特征图不能很好地量化比较礁体流场造成功能。因此，下面通过数学手段将礁体流场造成功能与其结构特征结合起来，以无量纲参数进行比较。

上升流最大流速和上升流区域可用于量化上升流强度，其中上升流区域定义为"流速＞0.1×入流速度"的区域，用 V_u 表示。背涡流的涡心高度及涡流长度为衡量背涡流强度的两个常用指标，分别用 H_e 和 L_e 表示。为更好地描述流场造成功能与礁体本身结构特征的关系以及更准确地比较礁体的流场造成功能，引入两个归一化处理后得到的参数，分别为上升流造成系数 F_u 与背涡流造成系数 F_e，如下式所示：

$$F_u = \ln\ (V_u/V)$$

式中：V 为礁体体积。

$$F_e = \ln\ [\ (L_e/L)\ (H_e/H)\ ]$$

式中：L 为沿着来流方向的礁体宽度；H 为礁体高度。

如图 3-20 所示，随着礁体间距的增加，3 种礁体的上升流造成系数均逐步下降，当间距为 1～4 m 时，3 种礁体的上升流造成系数均大于 0。其中 1 号礁体上升流造成系数的变化曲线整体较为平缓且造成系数的最小值也大于 1.5。间距超过 3 m 后 3 号礁体的上升流造成系数迅速下降。比较 3 种礁体的结构特点，可发现上升流造成功能的差异不仅与礁体本身体积有关，还与迎流面有关。1 号礁体的迎流面面积最大，2 号礁体的迎流面面积次之，3 号礁体的迎流面面积最小。当间距较小时，迎流面面积大小差异导致的礁体上升流造成功能差异不明显；间距增大时，差异明显增大。

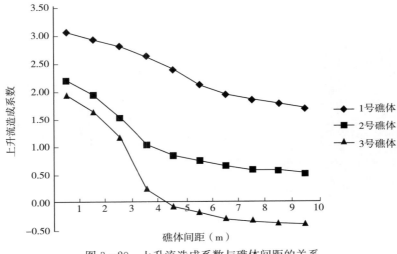

图 3-20　上升流造成系数与礁体间距的关系

背涡流造成系数与礁体间距的关系见图 3-21。由于 3 号礁体的背涡流特征不明显，只选取了 1 号和 2 号礁体造成的背涡流特征进行比较。结果显示，背涡流造成系数与上升流造成系数整体趋势类似，均随着间距增大而下降。当间距超过 5 m 时，2 号礁体组合的背涡流特征也逐渐消失。上升流造成表现最好的 1 号礁体组合在间距超过 7 m 时，背涡流造成系数也小于 0。

从图 3-20 和图 3-21 中可以看出上升流造成系数与背涡流造成系数随礁体间距变化的特点：间距过小、礁体密度高的情况下，调控能力增强但调控总面积变小；间距过大、礁体密度低的情况下，调控总面积相应增大但流场造成能力也下降。因此，确定合适的礁体间距是人工鱼礁在组合时需要考虑的一个重要科学问题。从上述分析比较得到的结果来看，单位礁体中各礁体的间距在 3～5 m 较为合适。

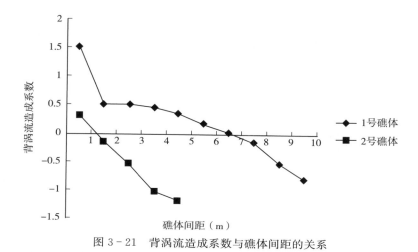

图 3-21　背涡流造成系数与礁体间距的关系

第四节　不同组合模式下建设成本的对比研究

一、鱼礁单体建造成本

以设计的 2 号钢筋混凝土结构礁体为例，2 号礁体的建造材料包括混凝土体积 2.768 m^3，钢筋重量为 0.486 t。根据市场报价，混凝土每立方米 500 元，钢筋每吨 3 500 元，其他制造成本为材料总价的 12%，据此计算可得每个 2 号礁体单体的造价为 3 455 元（此处未考虑运输和投放的费用）。

二、不同礁体间距组合的建设成本

建设成本是人工鱼礁设计需要考虑的一个重要因素，需要从建设成本的角度对礁体的不同组合模式进行计算比较，以选取最优组合模式。

以 100 m×100 m 的区域为例，均匀等距投放礁体，分别计算不同礁体间距组合模式下的建设成本。2 号礁体宽度为 3 m，礁体间距为 1 m 时，区域可投放 625 个礁体，建设成本为 216 万元；礁体间距为 2 m 时，投放数量 400 个，建设成本为 138 万元；间距为 3 m 时，投放数量为 256 个，建设成本为 88.5 万元；间距为 10 m 时，仅需投放 49 个，成本仅需要 17 万元。仅从建设成本的角度进行比较，间距越大，投放成本越低。

第五节 人工鱼礁设计原则和要求

一、工程设计原则

人工鱼礁的建设目的是供栖、诱鱼、集鱼和养护渔业资源，为了保证人工礁体的功能实现，其工程设计及实施应遵循以下原则：

（1）工程设计文件的编制按国家颁布实施的港口工程有关规定执行。

（2）工程设计的原则是适用、安全、经济，注重对海洋生态环境的保护。

（3）工程设计应在理论研究和工程实践的基础上，采用新技术、新材料和更加合理的礁体型式，以进一步提高人工礁体的效能，方便施工，降低成本。

（4）人工鱼礁的设计使用寿命不少于30年。

结合近年来我国在沿海地区进行人工鱼礁投放的经验，在遵循上述四条礁体结构设计原则的基础上，还应考虑下列若干设计中的重要因素，包括不同高度礁体的配合投放、良好的透空性、增大礁体的表面积、良好的透水性、基底承载力的验算、整体滑移验算、整体倾覆验算及礁体周围局部的冲淤分析等。

二、选型布局原则

人工鱼礁需要从建设区域的水文和资源现状出发进行设计及选型。同理，在建设过程中，为更好地发挥整个人工鱼礁区域的生态修复和调控作用，进一步提高人工鱼礁建设的投入产出比，设计礁体群的配置组合和整个礁体区域的布局尤为关键。

我国海岸线长，近岸海域水文条件和资源状况各有不同，因此根据海域特点对礁体进行科学选型和布局才能最大限度地发挥礁体的功能。根据已有建设经验，从水文特征、资源特点、航道安全和海域规划等四个方面考虑，总结归纳了人工鱼礁选型和布局的基本原则：

（1）依据建设区域鱼类资源及聚集对象的生活习性选择设计礁体结构，以使礁体适应不同鱼类的生活需要。

（2）礁体的高度必须考虑区域的水深、底质及船舶的航行安全。

（3）礁体的布局应考虑水流的作用和产生的效应。

（4）区域由不同型号的礁体单体组合成单位礁体，密集投放礁体单体间的距离应小于 2 m，由若干单位礁体形成礁体群。

（5）区域的选址应符合国家和地方的海域利用总体规划及有关法律、法规的规定。

（6）单位礁体的布局形式要考虑捕捞作业渔法的要求。

依据上述原则，在进行人工鱼礁区域建设时，需首先进行水文和资源的本底调查，摸清建设区域的海域规划、航道要求等，通过数值模拟和模型试验比较分析不同配置组合和布局对建设区域流场和资源的调节作用，最终确定适于建设区域的配置组合与整体布局。

第六节　珠江口人工鱼礁设计要求

一、礁体选型要求

选型和投放的礁体以增殖名贵鱼类、优质贝类和其他珍稀物种等为主，设计专用礁体，尽可能增加礁体内、外表面积，以保护这些生物。

礁体的构造应适应接触礁体藏匿的鱼类（如石斑鱼、褐菖鲉等），以及身体不接触礁体但在礁体中穿梭和停留的鱼类（如鲷科、笛鲷科、矶鲈、海猪鱼、鸡笼鲳、篮子鱼等鱼类）。礁体的选型除了为潜伏和定居的对象创造有利的栖息觅食场所外，应注重鱼礁的阴影效应，以诱集不同栖息属性的鱼类群聚，同时为海洋生物的幼体和成体提供充足的食物。单个礁体的结构上，选用六面形多层或方形多层等复杂结构，通透性好，有充分复杂的、适宜趋礁性鱼类潜伏定居的洞穴及空隙的礁体，采取加挂附件等方式增加生物附着的表面积，吸引鱼类聚集，让鱼类幼体可以在洞穴和空隙中潜伏、停留和自由穿梭。

在符合人工礁体设计及选型基本原则的前提下，秉承"高密度、多样性、生态型"的设计理念，珠江口礁体选型要求如下：海域水深较深，常年风浪较大，礁体的设计高度可选在 3～5 m；区域底质表层沉积物以沙泥为主，混凝土礁体底面应设计为整块的混凝土板，以增大礁体的防沉性能。

礁体以钢筋混凝土或锰钢结构为主，配合有块石、废旧船只等礁体。设计时，如果底质适宜投礁但有较浅的淤泥层，礁体的下部考虑预留一定程度（30～50 cm）的沉降，并留 80 cm 左右的空间；上部分多层结构，层间空出 50 cm 左右，每层以砼管或钢筋混凝土条等嵌入构成复杂化结构。顶部不封闭但有遮盖，外形为方形或锥形设计。

图 3－22 所示的礁型可作为珠江口人工鱼礁礁体的选型参考。

图 3-22　珠江口人工鱼礁礁体选型参考

二、配置组合及布局要求

珠江口海域的人工鱼礁基本属于政府投资的生态型人工鱼礁、准生态型人工鱼礁，主要为混凝土制作的底层礁。

人工鱼礁区的布局，宜采用疏密结合的方式投放，礁体在水下的方位应以迎流面的面积大为宜，以产生较大的涡流效应。投放时每 15～20 个单体礁为一组，组内单体礁间距应控制在 1～1.5 倍礁宽；几组鱼礁形成一个单位礁，组间距离为 4～5 倍礁宽，组的排列方向与水流方向垂直。单位礁间的横向（与水流方向垂直）距离为 6～10 倍礁宽，纵向（与水流方向平行）距离为 50～100 m，以便于游钓、定置刺网、延绳钓和笼捕作业。鱼礁群间距离为 150 m。相邻两行的鱼礁单体、相邻两行的单位礁、相邻两行的鱼礁群，宜对着来流方向错开排列，以充分发挥礁区的流场效应（图 3-23）。

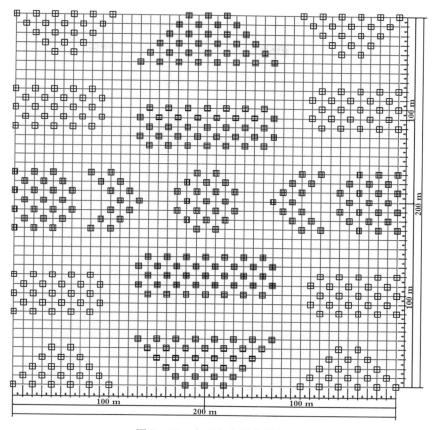

图 3 - 23　人工鱼礁区布局参考

三、构建海洋牧场要求

人工鱼礁对海洋生态系统的修复能起到良好作用，是多种海洋生物的栖息繁衍场所。人工鱼礁建设是渔业资源保护的重要手段，是海洋牧场系统工程的重要组成部分。

在投放人工鱼礁的基础上，结合增殖放流（包括鱼、虾、蟹、贝、海藻等）等手段构建海洋牧场。

在保护和修复渔业生态环境、养护渔业资源的前提下，增加渔民的收入较为适宜的措施是促进游钓休闲渔业的发展。为此，广东省在珠海万山国家级海洋牧场示范区的小万山礁区、竹洲-横洲礁区、东澳礁区分别建设海上浮动垂钓平台各1个。海上垂钓平台长25 m、宽20 m，总面积500 m²，可同时容纳80人在平台上休闲垂钓和观光娱乐，平台上面配套一个或多个养鱼网箱及部分娱乐、餐饮设施。

第四章
珠江口人工鱼礁建设现状

第一节 珠江口人工鱼礁规划和建设概况

一、珠江口人工鱼礁规划

根据广东省人民政府办公厅《转发省海洋与渔业局关于建设人工鱼礁保护海洋资源环境议案实施办法的通知》（粤府办［2002］57号）的精神，广东省和珠海市投入8 100万元，在珠海万山海洋开发试验区海域建设了6个人工鱼礁区（图4-1）。

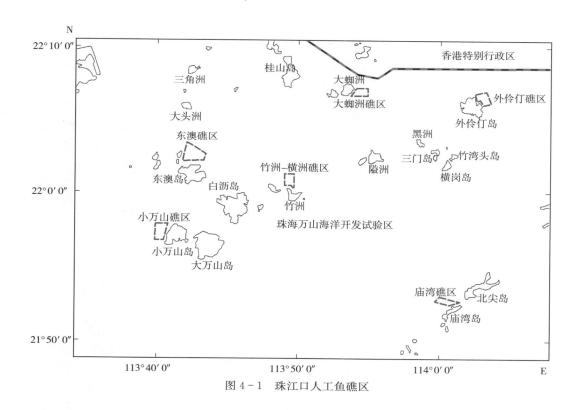

图4-1 珠江口人工鱼礁区

二、珠江口人工鱼礁建设

珠江口人工鱼礁建设总体情况见表4-1，制作投放过程见图4-2，主要投放类型为混凝土礁（部分礁体类型见图4-2）。

礁体制作

礁体运输

礁体投放

废旧船礁沉放

礁区浮标投放

礁区效果监测

图 4-2　珠海万山海域主要人工鱼礁类型的制作及投放

表 4-1　珠江口人工鱼礁建设总体情况

礁区名称	规划面积（km²）	已建设内容	建成时间	礁区类型
小万山礁区	2.50	投放钢筋混凝土礁体 1 110 个，总空方量 37 719 m³	2012 年 11 月	生态公益型人工鱼礁区（由广东省财政投资建设）
竹洲-横洲礁区	1.80	投放钢筋混凝土礁体 1 051 个，总空方量 35 091 m³；建礁区标志 4 个，礁区陆地警示牌 1 个	2011 年 3 月	
东澳礁区	4.22	投放钢筋混凝土礁体 2 843 个，总空方量 89 555 m³，此外投放废旧船只 11 艘，另在试点礁区投水泥礁 168 个	2006 年 1 月	
大蜘洲礁区	2.16	投放钢筋混凝土礁体 1 116 个，总空方量 40 176 m³	2013 年 5 月	准生态公益型人工鱼礁区（由珠海市、区财政投资建设）
外伶仃礁区	2.16	投放钢筋混凝土礁体 1 781 个，总空方量 37 497 m³；建设礁区标志 4 个	2008 年 12 月	
庙湾礁区	2.00	投放钢筋混凝土礁体 892 个，总空方量 29 412 m³；建设礁区标志 4 个，礁区陆地警示牌 1 个	2011 年 12 月	
合计	14.84	投礁 8 种、8 793 个、总空方量 26.944 9 万 m³	—	—

注：截至 2013 年 5 月，在 6 个规划礁区海域 14.84 km² 内，合计已建造投放礁体 8 种、8 793 个，礁体空方量 26.944 9 万 m³，实际投礁面积 6.18 km²。

第二节　小万山礁区

一、小万山礁区规划

小万山礁区属省级生态公益型人工鱼礁区，建设单位为珠海市万山海洋开发试验区海洋与渔业局，省财政投入 1 300 万元。礁区位置在珠海小万山附近海域，礁区面积为 250 hm²。

二、小万山礁区建设

小万山礁区建造并投放礁体 1 110 个，礁体空方量 37 719 m³（表 4-2），投放礁体类型按照当地实际海况有 3 种。

表 4-2　小万山礁区建设情况

项目名称	人工鱼礁建设情况
小万山礁区工程	2012 年 3 月 12 日开工，2012 年 11 月 17 日完工。完成制作、投放礁体 1 110 个，总空方量为 37 719 m³

第三节　竹洲-横洲礁区

一、竹洲-横洲礁区规划

竹洲-横洲礁区属省级生态公益型人工鱼礁区，建设单位为珠海市万山海洋开发试验区海洋与渔业局，省财政投入 1 300 万元。礁区位置在珠海竹洲附近海域，礁区面积为 180 hm²。

二、竹洲-横洲礁区建设

竹洲-横洲礁区建造并投放礁体 1 051 个，礁体空方量 35 091 m³；建设礁区标志 4 个，礁区陆地警示牌 1 个（表 4-1 和表 4-3）。

表 4-3　竹洲-横洲礁区建设情况

项目名称	人工鱼礁建设情况
竹洲-横州礁区工程	2010 年 2 月 5 日开工，2011 年 3 月 30 日完工。 完成制作及投放 1 051 个礁体，总空方量为 35 091 m³

竹洲-横洲礁区位于珠江口正南，礁区两个岛的形状在地图上有如两只双飞蝴蝶，均有一个朝北的湾口，在此设人工鱼礁可以两岛和周围礁石为屏障，阻挡南来风浪和台风袭击。该海域是《珠海市海域开发利用总体规划（1998—2010）》中规划的人工鱼礁试验基地。

该处岛礁近岸水深 6～8 m，外围水深 12～18 m，底质为细沙和沙-粉沙-黏土。落潮流流速最大为 1.26 kn，涨潮流流速最大为 0.77 kn。夏季 6—7 月盐度 20 左右，冬季盐度稳定在 31～33。

由于咸淡水交汇，水质肥沃，该处浮游生物和底栖生物的种类、数量较多。咸淡水鱼类资源也非常丰富，种类超过 100 种，主要种类有棘头梅童鱼、大黄鱼、银牙鰔、叫姑鱼、白姑鱼、平鲷、二长棘鲷、金线鱼、断斑石鲈、舌鳎、裸胸鳝、海鳗、条尾绯鲤、褐篮子鱼、带鱼、蓝圆鲹、竹筴鱼、斑点马鲛、银鲳、刺鲳等。

人工鱼礁的建立，吸引了各种浮游生物、底栖生物、附着生物、游泳生物在此聚集，形成丰富多彩的生态群落，既保护了这一带的自然资源，又为开展游钓渔业和生态旅游项目奠定了基础。

第四节　东澳礁区

一、东澳礁区规划

东澳礁区属省级生态公益型人工鱼礁区，建设单位为珠海市万山海洋开发试验区海洋与渔业局，省财政投入 1 600 万元。礁区位置在珠海东澳岛附近海域，礁区面积为 422 hm²。

二、东澳礁区建设

2001 年，珠海市率先在东澳岛海域实施人工鱼礁建设试点工作。该礁区共建造礁体 2 843 个，礁体空方量 89 555 m³，另投放废弃船只 11 艘（表 4-1 和表 4-4）。

表 4-4　东澳礁区建设情况

项目名称	人工鱼礁建设情况
第一期工程	2003 年 5 月 18 日开工，2004 年 7 月 13 日完工。 完成制作及投放 1 112 个礁体，总空方量为 35 028 m³
第二期工程	2004 年 7 月 3 日开工，2005 年 5 月 3 日完工。 完成制作及投放 943 个礁体，总空方量为 29 705 m³
第三期工程	2005 年 8 月 28 日开工，2006 年 1 月 14 日完工。 完成制作及投放 788 个礁体，总空方量为 24 822 m³

该海域在东澳岛以北至大烈岛、小烈岛之间，水深范围在 8～12 m，底质以黏土质粉沙为主，近岸布有零星礁岩，潮流流速 0.72～1.07 kn。这一带海域过去是传统的拖虾渔场和流刺网渔场，盛产墨吉对虾、长毛对虾（俗称黄虾或明虾）和各种岩礁鱼类。由于地处咸淡水交汇区，各种生物资源较为丰富，该海域和周围邻近海域是省级幼鱼、幼虾保护区。

东澳岛拥有滨海沙滩、岩石景观、铳城遗址，富有海岛风情，旅游资源丰富。"东澳游"是珠江口海岛度假旅游招牌项目。《珠海市海域开发利用总体规划（1998—2010)》把东澳岛列为旅游综合开发试验区。除南沙湾外，小竹湾和大竹湾被规划为海滨浴场和海上活动基地。人工鱼礁的建设给这一主要旅游景点增添了新的内容，既保护了这一带的鱼类产卵场和繁育场，又引诱各种恋礁鱼类在礁体周围聚集，使垂钓上钩率得到明显

提高。因大烈岛、小烈岛和东澳岛对西南风构成屏障，夏季风浪较小，对垂钓和水上活动比较有利，在这片海域建礁非常适宜。

第五节　大蜘洲礁区

一、大蜘洲礁区规划

大蜘洲礁区属市级准生态公益型人工鱼礁区，建设单位为珠海市万山海洋开发试验区海洋与渔业局，总投资 1 300 万元。礁区位置在珠海大蜘洲附近海域，礁区面积为 216 hm²。

二、大蜘洲礁区建设

大蜘洲礁区建造并投放礁体 1 116 个，礁体空方量 40 176 m³（表 4 - 5）。

表 4 - 5　大蜘洲礁区建设情况

项目名称	人工鱼礁建设情况
大蜘洲礁区工程	2012 年 3 月 12 日开工，2013 年 5 月 16 日完工。 完成制作及投放 1 116 个礁体，总空方量为 40 176 m³

第六节　外伶仃礁区

一、外伶仃礁区规划

外伶仃礁区属市级准生态公益型人工鱼礁区，建设单位为珠海市万山海洋开发试验区海洋与渔业局，投入 1 300 万元（其中市 780 万元，县 520 万元）。礁区位置在珠海外伶仃岛附近海域，面积为 216 hm²，分两期建设。

二、外伶仃礁区建设

外伶仃礁区建造并投放礁体 1 781 个，礁体空方量 37 497 m³；建设礁区标志 4 个

（表 4 - 1 和表 4 - 6）。

表 4 - 6　外伶仃礁区建设情况

项目名称	人工鱼礁建设情况
第一期工程	2007 年 2 月 2 日开工，2007 年 10 月 10 日完工。完成制作及投放 948 个礁体，总空方量为 20 154 m³
第二期工程	2008 年 6 月 23 日开工，2009 年 1 月 12 日完工。完成制作及投放 833 个礁体，总空方量为 17 343 m³

第七节　庙湾礁区

一、庙湾礁区规划

庙湾礁区属市级准生态公益型人工鱼礁区，建设单位为珠海市万山海洋开发试验区海洋与渔业局，总投资 1 300 万元。礁区面积为 200 hm²，分两期建设。

二、庙湾礁区建设

庙湾礁区建造并投放礁体 892 个，礁体空方量 29 412 m³；建设礁区标志 4 个，礁区陆地警示牌 1 个（表 4 - 7）。

表 4 - 7　庙湾礁区建设情况

项目名称	人工鱼礁建设情况
第一期工程	2010 年 10 月 28 日开工，2011 年 9 月 7 日完工。完成制作及投放 618 个礁体，总空方量为 20 385 m³
第二期工程	2010 年 9 月 10 日开工，2011 年 12 月 23 日完工。完成制作及投放 274 个礁体，总空方量为 9 027 m³

第五章
珠江口人工鱼礁
修复效果评估

第一节　材料与方法

一、调查时间

6个礁区资源环境的调查时间见表5-1，其中竹洲-横洲礁区本底和跟踪调查均进行了4次；大蜘洲礁区只进行了本底调查，无法进行对比研究，因而不进行分析；其他4个礁区分别进行了本底和跟踪调查各一次。

表5-1　珠江口人工鱼礁资源环境调查时间

礁区		本底调查	跟踪调查
竹洲-横洲	春季	2010年5月4日	2012年5月8日
	夏季	2010年8月17日	2012年8月16日
	秋季	2010年11月28日	2012年11月25日
	冬季	2010年3月8日	2012年3月5日
庙湾		2009年8月29日	2013年9月3日
东澳		2002年11月23日	2009年5月8日
小万山		2010年6月22日	2013年9月3日
外伶仃		2006年8月12—14日	2009年8月30日 2016年5月7—8日*
大蜘洲		2011年9月3日	—

注：＊为附着生物和潜水调查时间。

二、调查站位

（一）环境和环境生物调查站位

各个礁区的环境和环境生物（浮游植物、浮游动物、底栖生物、鱼卵和仔稚鱼等）的调查站位设置见图5-1至图5-5。

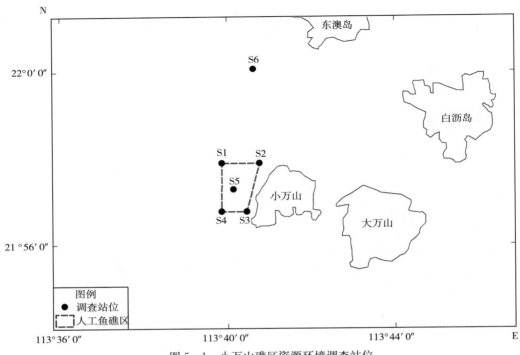

图 5-1　小万山礁区资源环境调查站位

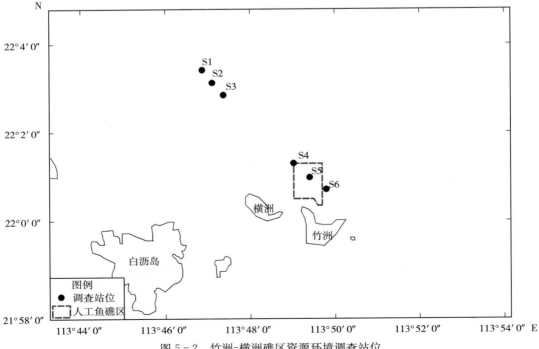

图 5-2　竹洲-横洲礁区资源环境调查站位

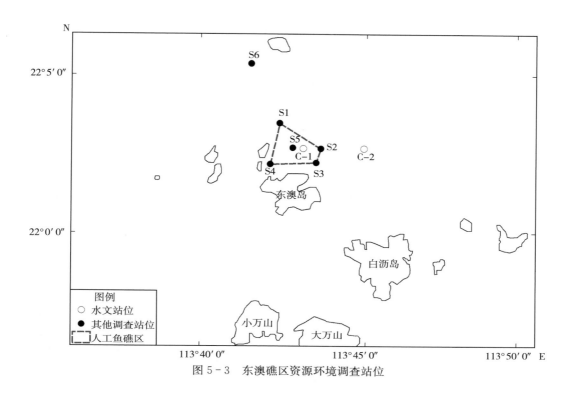

图 5-3　东澳礁区资源环境调查站位

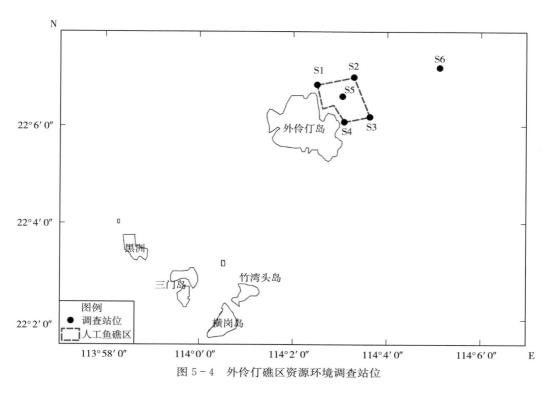

图 5-4　外伶仃礁区资源环境调查站位

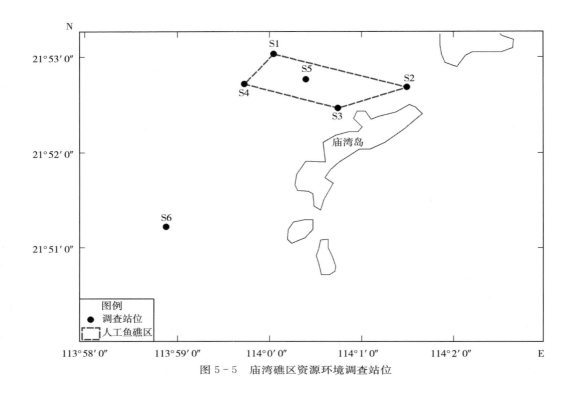

图 5-5　庙湾礁区资源环境调查站位

（二）渔业资源调查站位

在礁区海域以及对比区海域各设置一个站位（S5 号站位附近和 S6 号站位附近）。若原计划的礁体中心站位海域不适合调查，则根据实际情况选择尽量接近礁区中心海域的地方作为礁区海域站位。

（三）潜水调查站位

为了掌握投放礁体的状况、鱼类的聚集效果以及生物附着效果，在竹洲-横洲礁区和外伶仃礁区进行了潜水采样和调查。

竹洲-横洲礁区：共选择四个潜水点（AR1～AR4）进行调查，同时增设两个天然岛礁潜水站位（NR1、NR2）作为对比。潜水站位布设见图 5-6。

外伶仃礁区：在 S1～S3 号站进行了潜水调查（图 5-4）。

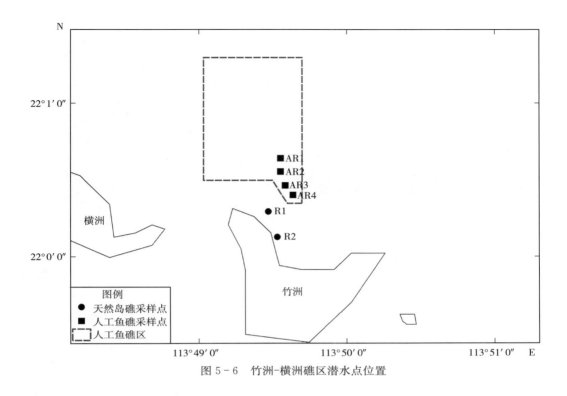

图 5-6 竹洲-横洲礁区潜水点位置

（四）水文观测站位

在东澳礁区设置 C-1（中心站）和 C-2（对比站）进行海流观测，调查站位见图 5-3。

三、调查内容、方法以及分析评价方法

（一）潜水调查

选择天气晴朗、水流平缓、潮流较小、水下能见度高的时间进行潜水观察。观察时间一般相隔 1 年左右，以判断沉降情况和计算沉降速度。潜水观察拍摄视频和照片用于生物聚集效果和附着效果的定性分析，并采集样品进行附着效果的定量分析。

选择了竹洲-横洲礁区和外伶仃礁区进行潜水调查。

（二）礁区状况调查

1. 竹洲-横洲礁区

采用的旁扫声呐为美国 EdgeTech 公司的 EdgeTech 4200 型双频声呐（高频 410 kHz，低频 120 kHz，图 5-7）；导航定位采用美国 Trimble 公司 DSM232 信标接收机；租用

"粤珠 25 号渔家乐"船作为调查船。

图 5 - 7　竹洲-横洲礁区调查使用的操作平台（A）和旁扫声呐（B）

（1）EdgeTech 4200 双频旁扫声呐　EdgeTech 4200 双频旁扫声呐发射声频为
120 kHz/410 kHz。双频数字旁扫声呐系统集全频谱 CHIRP 及多脉冲技术于一体，提供
两种可通过软件选择的工作模式：高分辨率模式（HDM）和高速模式（HSM）。HDM
模式可获得超高分辨率，HSM 模式下双脉冲发射可以在 10 kn 航速下满足 NOAA（美国
国家海洋大气局）和 IHO（国际海道测量组织）的要求。该系统利用其数据调制解调链
接单元在拖鱼内部进行声呐信号数字化，使得声呐数据可以通过极长的同轴电缆（最长
6 000 m）进行无信号质量损耗传输。

采用 120 kHz 和 410 kHz 两个频段进行测量，单扫测程为 200 m，测量范围 400 m
（即测线左右各有 200 m 的范围），测量航速 5 kn 左右。

（2）导航定位系统　导航定位采用美国 Trimble 公司生产的 DSM232 信标接收机，
进行实时差分 GPS 定位，定位精度静态优于 30 cm，动态精度优于 1 m，定位精度满足地
球物理调查的需求。导航定位所用计算机配用中海达海洋测量导航定位软件。测量时，
中海达海洋测量软件设定每隔 30 m 距离在导航轨迹上标出一个记号。

坐标系统：WGS84 坐标系，高斯投影 3° 带，中央子午线为 114°E。

（3）仪器安装　仪器安装如图 5 - 8 所示，声呐拖鱼安装在测量船右舷的中部，GPS
接收天线安装在测量船中部，DGPS 定位数据通过偏移距校正处理，绘制航迹时均校正到
探头的位置。测深数据用声呐拖鱼实时深度跟踪获得。

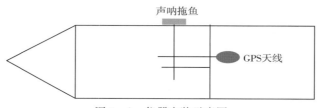

图 5 - 8　仪器安装示意图

（4）调查方式与完成工作量　调查工作为走航式，旁扫声呐探测和水深跟踪同步进行。共完成旁扫声呐有效测线 3.689 km。

测区位于竹洲岛北面，面积 180 hm²，其角点经纬度坐标见表 5-2。

表 5-2　竹洲-横洲礁区角点坐标

角点	经度（E）	纬度（N）	角点	经度（E）	纬度（N）
1	113°49′2″	22°1′18″	4	113°49′36″	22°0′21″
2	113°49′42″	22°1′18″	5	113°49′30″	22°0′30″
3	113°49′42″	22°0′21″	6	113°49′2″	22°0′30″

为使旁扫声呐具有较高的分辨率且全面覆盖全测区，布设主测线（东西向）4 条，间隔 200 m（图 5-9）；测量的扫描量程为 400 m，完成主测线工作量，礁区达到了 200% 的覆盖率。

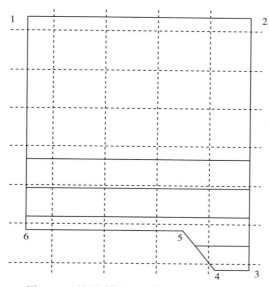

图 5-9　竹洲-横洲礁区旁扫声呐测线布置

（5）声图判释　旁扫声呐是通过沿航线向两侧同时发射扇形声波，并按时序分别接收每次发射声波的海底反射的原理工作。随着测量船走航，航线两侧一定宽度的海底通过沿航线扫描而获得海底声图，提供底质和海底表面地形、地貌信息。

在声图上，沿航行方向，右舷海底信息记录于图的右侧，左舷海底信息记录于图的左侧。由于相邻航线对同一海底的声波"视角"不同，因而两者图像并不一样。但 200% 的覆盖率不仅保证不致发生遗漏，而且不同的"视角"扫描可以大大地增加获取的信息量，有利于提高声图判释质量和可靠性。同一航线的声图的不同部分同样存在"视角"问题。靠近航线接近于俯视，越远离航线则越接近斜视，两者的声图显示有一定的差别。显然，斜视对地形起伏较敏感。

反射波强度由底质和地形起伏决定，在图面上以灰度表征，因而灰度及其形态特征构成声图判释的基础。此外，尚需根据地形起伏造成的阴影（无反射海底），利用几何关系求得地形起伏的高差。

需要指出的是，在信息系统接收反射期间，如有外来声源加入（如其他船舶的螺旋桨噪声）或坚硬岸壁和船体间的多次强反射等，就有可能被接收而叠加于正常声图上而造成干扰。

2. 外伶仃礁区

外伶仃礁区采用1～50 kHz的低频回声探测仪——浅地层剖面仪对沉积底质情况进行勘测，使用高分辨率旁扫声呐对海底表面情况进行扫描，同时配合潜水观测。

（1）Bathy2010PC浅地层剖面仪　浅地层剖面仪是利用声波在海底以下介质中的透射和反射，采用声学回波原理，获得海底浅层结构声学剖面的一种物探调查仪器。调查所用Bathy2010PC浅地层剖面仪和具体参数如图5-10和表5-3所示。

图5-10　外伶仃礁区调查使用的浅地层剖面仪

表5-3　外伶仃礁区调查使用的Bathy2010PC浅地层剖面仪参数

参数名称	参数指标
深度分辨率	0.01 m
缩放范围	5 m，10 m，20 m，40 m，80 m，160 m
缩放模式	Bottom Zoom，Bottom Lock Zoom，Marker Zoom，Normal Zoom，Zoom Data，Navigation，Depth
地层分辨率	8 cm，300 m穿透能力
测深精度	满足或超出现有所有IHO单波束水深测量标准，2.5 cm（小于40 m水深），5 cm（40～200 m水深），10 cm（大于200 m水深）
传输率	20 Hz
事件打标	定时打标（以1 min为基本间隔调节单位），外部打标，手动打标
数据文件输出	深度、导航和图形数据都是以ODC的格式存储，标准的SEG-Y正常的和保存的缩放数据都是像素数据且都能够播放和打印
频率输出	3.5～200 kHz

（2）旁扫声呐　外伶仃礁区使用的旁扫声呐和所使用 AquaScan Sensor 参数如图 5 - 11 和表 5 - 4 所示。

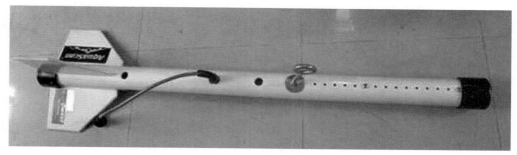

图 5 - 11　外伶仃礁区调查使用的旁扫声呐

表 5 - 4　外伶仃礁区调查旁扫声呐的 AquaScan Sensor 参数

参数名称	参数指标
扫描范围	10 m、40 m、80 m、150 m、200 m、250 m、300 m
最大水平分辨率	<1 cm
波束宽度	30°
输出功率	1 000 W
输出频率	200 kHz
线缆长	30 m
使用环境	0～50 ℃

（3）GPS 定位仪　GPS 定位采用精度为亚米级的 Hemisphere VS131，坐标系为 WGS - 84坐标系，具体使用仪器实物外形及参数如图 5 - 12 和表 5 - 5 所示。

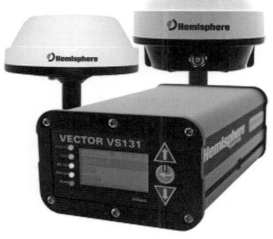

图 5 - 12　外伶仃礁区调查使用的 GPS 定位仪

表 5 - 5　外伶仃礁区调查 GPS 使用的 Hemisphere VS131 参数

参数名称	参数指标
接收类型	L1，C/A 码带载波相位平滑
可接收信号	GPS
通道数	12
GPS 灵敏度	−142 dBm
SBAS 跟踪	2 通道，并行跟踪
更新率	标准 10 Hz
水平精度	RMS（67%）、2DRMS（95%）
L-band DGNSS/HP/XP（OmniSTAR HP）	0.3 m 或 0.6 m
SBAS（WAAS）	0.3 m 或 0.6 m
单点	1.2 m 或 2.5 m

（4）调查方式　外伶仃礁区调查，采用"弓"字形扫描截线进行海底地形旁扫和底质结构扫描的走航扫描调查，测线间相距 100 m，GPS 定位精度为亚米级，更新频率 10 Hz，旁扫声呐测量重合面积约为 20%，走航方式和具体调查情况如图 5 - 13 和图 5 - 14 所示。

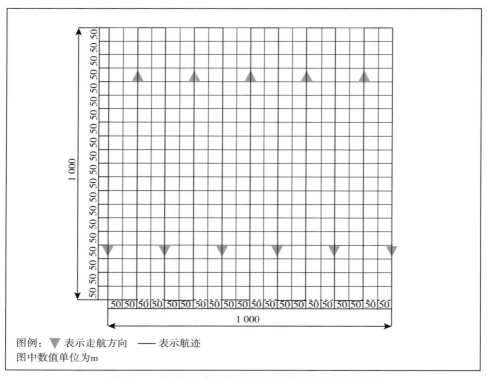

图 5 - 13　外伶仃礁区海底地形地貌勘测走航示意图

图 5-14 外伶仃礁区旁扫作业实景

（三）海域环境调查

1. 水质

（1）调查内容和方法 在礁区及邻近海域布设的 6 个调查站位，现场采集表、底层水样，测定分析水深、透明度、pH、水温、盐度、溶解氧（DO）、化学需氧量（COD）、硝酸盐、亚硝酸盐、氨氮、活性磷酸盐（PO_4-P）、石油类、悬浮物、叶绿素 a、初级生产力、汞（Hg）、铜（Cu）、铅（Pb）、锌（Zn）和镉（Cd）20 项指标。

（2）分析方法 按《海洋监测规范》（GB 17378—2007）规定的方法进行分析，具体分析方法见表 5-6。

表 5-6 珠江口人工鱼礁区海水水质要素分析方法

项目	分析方法	单位	分析仪器
水温	现场直读测量	℃	YSI
盐度	现场直读测量	—	YSI
pH	现场直读测量	mg/L	YSI
溶解氧（DO）	现场直读测量	mg/L	YSI
透明度	目测法	m	透明度盘

（续）

项目		分析方法	单位	分析仪器
化学需氧量（COD）		碱性高锰酸钾法	mg/L	—
无机氮	硝酸盐氮（NO_3-N）	镉柱还原法	mg/L	分光光度计
	亚硝酸盐氮（NO_2-N）	萘乙二胺分光光度法	mg/L	分光光度计
	氨氮（NH_4-N）	靛酚蓝分光光度法	mg/L	分光光度计
活性磷酸盐（PO_4-P）		硅钼黄法	mg/L	分光光度计
石油类		紫外分光光度法	mg/L	分光光度计
锌（Zn）		火焰原子吸收分光光度法	$\mu g/L$	分光光度计
铜（Cu）、铅（Pb）、镉（Cd）		无火焰原子吸收分光光度法	$\mu g/L$	分光光度计
汞（Hg）		原子荧光法	$\mu g/L$	荧光光度计

（3）评价方法　水质评价标准采用国家海水水质标准（GB 3097—1997）中的二类标准，见表5-7。采用标准指数法计算海水质量指数（表5-8）。

表5-7　珠江口人工鱼礁区海水水质评价标准

项目	pH	DO (mg/L)	COD (mg/L)	无机氮 (mg/L)	无机磷 (mg/L)	石油类 (mg/L)	Cu ($\mu g/L$)	Zn ($\mu g/L$)	Pb ($\mu g/L$)	Hg ($\mu g/L$)	Cd ($\mu g/L$)
标准	7.8～8.5	5	3	0.30	0.03	0.05	10	50	5	0.2	5

表5-8　珠江口人工鱼礁区海水水质标准指数计算

项目	标准指数计算公式	公式说明
单项水质评价因子（参数）	$S_{ij}=C_{ij}/C_{io}$	C_{ij}为单项水质在j点的实测浓度，C_{io}为该项水质的标准值
溶解氧	$S_{DO}=(DO_{max}-DO_j)/(DO_{max}-DO_0)$	DO_{max}为监测期间饱和溶解氧的最大值，DO_j为站点j的溶解氧实测值，DO_0为溶解氧的评价标准值
pH	$S_{pH}=\mid R_{pH}-SM_{pH}\mid/DS_{pH}$	S_{pH}为pH的标准指数，R_{pH}为pH实测值，$SM_{pH}=0.5(SU_{pH}+SD_{pH})$，$DS_{pH}=0.5(SU_{pH}-SD_{pH})$，$SU_{pH}$、$SD_{pH}$分别为pH评价标准的上、下限值

2. 沉积物

（1）调查内容和方法　在礁区及邻近海域布设的6个调查站位用采泥器现场采集1～2 kg样品，按规范进行分析。测定分析粒度、pH、有机质、石油类、汞、铜、铅、锌和镉9项指标。

（2）分析方法　海洋沉积物质量分析的具体方法见表5-9。

表5-9　珠江口人工鱼礁区沉积物分析方法

项目	分析方法	单位	分析仪器
pH	电位法	—	pH计

（续）

项目	分析方法	单位	分析仪器
Hg	原子荧光法	mg/kg	荧光光度计
Cu	火焰原子吸收分光光度法	mg/kg	分光光度计
Pb	火焰原子吸收分光光度法	mg/kg	分光光度计
Zn	火焰原子吸收分光光度法	mg/kg	分光光度计
Cd	无火焰原子吸收分光光度法	mg/kg	分光光度计
石油类	紫外分光光度法	mg/kg	分光光度计
有机质	重铬酸钾滴定法	$\times 10^{-2}$	—

（3）评价方法　沉积物评价标准采用国家海洋沉积物质量标准（GB 18668—2002）中的第一类标准（表5－10）进行评价。

表5－10　珠江口人工鱼礁区沉积物质量标准

项目	Hg（mg/kg）	Cu（mg/kg）	Zn（mg/kg）	Cd（mg/kg）	Pb（mg/kg）	石油类（mg/kg）	有机质（$\times 10^{-2}$）
标准	$\leqslant 0.20$	$\leqslant 35.0$	$\leqslant 150.0$	$\leqslant 0.50$	$\leqslant 60.0$	$\leqslant 500.0$	$\leqslant 2.0$

采用单项指数法计算沉积物质量指数（与海水水质质量指数相似），沉积物评价因子的标准指数＞1，则表明该项指标已超过规定的沉积物质量标准。

3. 水文

（1）调查内容和方法　2002年11月23日11：00至24日11：00，在东澳礁区的C-1和C-2两站使用安德拉RCM-9型自容式海流计连续进行25h的海流观测。海流测量在锚泊的渔船上进行，由绞车、计数器和RCM9 MKⅡ海流计组成测量系统，按照《海洋调查规范——海洋水文观测》（GB 12763.2—1991）执行，分表、中、底三层观测，表层深度为水面下1 m，中层深度为现场测量水深的0.5倍，底层为离海底1 m，每小时观测记录一次。在每次观测前，先测深度；观测时，海流计在每层至少停留5 min。

（2）分析方法　现场实测海流是包括潮流和非潮流（通常称为余流）成分在内的综合性流动，其速度大小和方向以及成分的组成在不同的海区不同。余流指实测海流中扣除了周期性的潮流后的剩余部分，取周日海流观测资料中消去潮流后的平均值，它是风海流、密度流、潮汐余流等的综合反映，主要是由热盐效应、风、径流和地形等因素引起的流动。根据《海洋调查规范》，选用"不引入差比关系的准调和分析方法"计算椭圆要素。根据周日海流观测资料计算出观测期间的余流和O_1（主要太阴全日分潮）、K_1（太阴太阳合成全日分潮）、M_2（主要太阴半日分潮）、S_2（主要太阳半日分潮）、M_4（浅水分潮）和MS_4（浅水分潮）等6个主要分潮流的调和常数以及它们的椭圆要素等潮流特征值。

采用主要分潮流的振幅之比F作为划分潮流性质的依据。潮流的计算方法和判断依据如下：

$$F = (W_{O_1} + W_{K_1})/W_{M_2}$$

式中：W_{O_1}、W_{K_1}、W_{M_2} 分别为主要太阴全日分潮流、太阴太阳合成全日分潮流、太阴半日分潮流的椭圆长半轴（cm/s）。

当 $F \leqslant 0.5$ 时，为正规半日分潮流；当 $0.5 < F \leqslant 2.0$ 时，为不正规半日分潮流；当 $2.0 < F \leqslant 4.0$ 时，为不正规日分潮流，当 $F > 4.0$ 时，为正规日分潮流。

（四）环境生物调查

1. 调查内容与方法

环境生物调查内容包括叶绿素a、浮游植物、浮游动物、底栖生物、鱼卵和仔稚鱼、附着生物。

调查采样和分析均按《海洋监测规范》（GB 17378—2007）、《海洋调查规范—海洋生物调查》（GB 12763.6—2007）和《建设项目对海洋生物资源影响评价技术规程》（SC/T 9110—2007）中规定的方法进行。

（1）叶绿素a　用容积为5 L的有机玻璃，采水器表层0.5 m的水样，现场过滤，滤膜用保温壶冷藏，带回实验室测定。

（2）浮游植物　用浅水Ⅲ型浮游生物网进行底层至水面的垂直采样。样品用中性甲醛溶液固定，加入量为样品体积的5%，带回实验室鉴定。定量计数用计数框，整片计数，取其平均生物量，以每立方米多少个表示（个/m³）。测定分析种类组成、数量、分布，计算生物多样性指数和均匀度。

（3）浮游动物　用浅水Ⅰ型浮游生物网进行海底至水面的垂直采样。样品用中性甲醛溶液固定，加入量为样品体积的5%，带回实验室鉴定，并进行生物量及密度分析。浮游动物生物量的测定以湿法进行，即将胶质浮游动物（水母类、被套类）挑出后，吸去其余浮游动物的体表水分，然后用天平称重，并换算出每立方米水体中的生物量。测定分析种类组成、数量、分布，计算生物多样性指数和均匀度。

（4）底栖生物　用"大洋50型"采泥器（开口面积为0.05 m²）采样，每站采2次。所采样品用5%福尔马林溶液固定，带回实验室进行分类鉴定与计数。测定分析种类组成、数量、分布，计算生物多样性指数和均匀度。

（5）鱼卵和仔稚鱼　用大型浮游生物网采集鱼卵和仔稚鱼样品，每站水平方向和垂直方向各采样1网，于表层慢速拖曳10 min进行鱼卵和仔稚鱼的水平采样，从海底至水面进行鱼卵和仔稚鱼的垂直采样。所采样品用5%福尔马林溶液固定，带回实验室进行分类鉴定与计数。测定分析种类、数量、优势种生物量、分布等。

（6）附着生物　2016年5月8日，在外伶仃礁区调查海域进行3个站位（S1、S2、S3）的附着生物采样。

附着生物的采集和分析均按《海洋监测规范》（GB 17378—2007）和《海洋调查规范—海洋生物调查》（GB 12763.6—2007）中规定的方法进行。样品用中性甲醛溶液固定，加入量为样品体积的 5%，带回实验室分析鉴定和计数。测定分析种类组成、数量、分布、优势度、多样性指数和均匀度。

2. 分析评价方法

对浮游植物、浮游动物、底栖生物的优势度、多样性指数、均匀度进行分析，根据叶绿素 a 的含量进行初级生产力的分析。计算公式见表 5 - 11。

表 5 - 11 珠江口人工鱼礁区环境生物分析方法

项目	计算公式	公式说明
优势度	$Y=(n_i/N)f_i$	Y 为优势度；n_i 为第 i 种的个体数；N 为总个体数；f_i 为该种在各采样站中出现的频率
多样性指数	$H'=-\sum_{i=1}^{S}P_i\log_2 P_i$	H' 为种类多样性指数；S 为样品中的种类总数；P_i 为第 i 种的个体数与总个体数的比值
均匀度	$J=H'/\log_2 S$	J 为均匀度；H' 为种类多样性指数；S 为样品中的种类总数
初级生产力	$P=C_aQLt/2$	P 为初级生产力 [mg/(m²·d)]；C_a 为叶绿素 a 含量（mg/m³）；Q 为同化系数 [mg/(mg·h)]，根据中国水产科学研学研究院南海水产研究所以往的调查结果，取 3.42；L 为真光层的深度（m）；t 为白昼时间（h）

（五）渔业资源调查

1. 小万山礁区

（1）本底调查

1）虾拖网调查 虾拖船船名为"粤珠海 31041"，虾拖网口长 2.1 m、网目长 3.5 m、囊网网目 20 mm。具体调查情况见表 5 - 12。

表 5 - 12 小万山礁区渔业资源本底调查虾拖网调查情况

站位	放网时间	起网时间	拖时（min）	拖速（kn）
礁区（S5 号站）	12：20	12：35	15	3.2
对比区（S6 号站）	10：38	10：53	15	3.3

2）流刺网调查 礁区放单层流刺网：船名为"粤珠海 230306"，2010 年 6 月 22 日 16：00 放网，6 月 23 日 5：00 起网；投放的三层流刺网长度为 70 m/张×10 张＝700 m，网高 1.3 m，网目 20 cm－6 cm－20 cm。对比区放单层流刺网：船名为"粤珠海 230300"，2010 年 6 月 22 日 16：00 放网，6 月 23 日 5：00 起网；投放的三层流刺网长度为 50 m/张×10 张＝500 m，网高 2 m，网目 35 cm－8 cm－35 cm。具体调查情况见表 5 - 13。

表 5 - 13 小万山礁区渔业资源本底调查流刺网调查情况

站位	放网时间	起网时间	放网持续时间（h）
礁区（S5 号站）	16：00	翌日 5：00	13.0
对比区（S6 号站）	16：00	翌日 5：00	13.0

（2）跟踪调查

1）虾拖网调查　虾拖船船名为"粤珠海31052"，吨位68 t，主机功率129.5 kW；网口宽1.7 m。

虾拖船调查站位以已投礁礁区边缘作为礁区站，调查时间等概况见表5-14，每站放网1张。

表5-14　小万山礁区渔业资源跟踪调查虾拖网调查情况

站位	放网时间	起网时间	拖时（min）	拖速（kn）
礁区（S5号站）	10：30	10：45	15	2.1
对比区（S6号站）	11：55	12：10	15	2.0

2）流刺网调查　小万山流刺网跟踪调查概况见表5-15。

礁区放流刺网：船名为"粤珠海73020"；投放的三层流刺网8张，每张网长80 m、网高1.2 m，网目35 cm—4 cm—35 cm。

对比区放流刺网：船名为"粤珠海73020"；投放的三层流刺网为8张，每张网长80 m、网高1.2 m，网目35 cm—4 cm—35 cm。

表5-15　小万山礁区渔业资源跟踪调查流刺网调查情况

站位	放网位置	放网时间	起网时间	放网持续时间（h）
礁区（S5号站）	礁区	7：30	11：30	4.0
对比区（S6号站）	对比区	8：30	13：00	4.5

2. 竹洲-横洲礁区

渔业资源各季度本底跟踪调查，均租用"粤珠渔31052"底拖网渔船开展调查。"粤珠渔31052"渔船主机功率126 kW，总吨位45 t，船长15.7 m，型宽5.5 m，型深1.56 m。调查使用底拖网网具的网口宽度为1.75 m，囊网网目3～6 cm。

渔业资源调查采样按《海洋监测规范》（GB 17378—2007）、《海洋调查规范—海洋生物调查》（GB 12763.6—2007）中规定的方法进行。每站拖网1次，拖0.25 h，平均拖速约2.0 kn。拖网时间的计算，从拖网曳纲停止投放和拖网着底，曳纲拉紧受力时起（为拖网开始时间）至停船起网绞车开始收曳纲时（为起网时间）止；每网次采样均分别测定和记录放网和起网时间、船位（经纬度）、平均拖速（kn）和水深等参数，各网次采样的拖速按生产习惯拖速，尽量保持恒定，记取平均拖速；各站的渔获样品全部在现场进行分析和测定。

渔业资源调查分析采用"扫海面积法"，计算公式为：

$$D = C/(q \cdot a)$$

式中：D 为渔业生物量资源密度；C 为平均每小时拖网渔获量；a 为每小时网具取样面积；q 为网具捕获率，一般采用0.5。

3. 东澳礁区

（1）本底调查

1）虾拖网调查　东澳礁区本底调查虾拖船调查概况见表5-16。

虾拖船船名为"粤珠海31052"，主机功率126 kW；虾拖网网口宽1.8 m、网长4.5 m，袖网网目45 mm，囊网网目20 mm。在礁区中心（S5号站）和对照海区（S6号站）试捕，对全部渔获物进行种类鉴定和计量，并对主要经济种类做生物学测定。每站放网2张，拖时约10 min，拖速3 kn。

表5-16　东澳礁区本底调查虾拖船调查情况

站位	水深（m）	放网时间	起网时间	拖时（min）	拖速（kn）
礁区（S5号站）	11.0	13：35	13：45	10	3.0
对比区（S6号站）	9.0	11：15	11：25	10	3.0

2）流刺网调查　东澳礁区本底调查流刺网调查概况见表5-17。

雇用流刺网船在礁区中心和东澳岛边放网。礁区中心投放的流刺网长度为105 m/张×5张＝525 m，网高0.8 m，网目80 mm；东澳岛边投放的流刺网长度为105 m/张×12张＝1 260 m，网高0.8 m，网目80 mm。对全部渔获物进行种类鉴定和计量，并对主要经济种类做生物学测定。流刺网的渔获率按每小时每公顷流刺网面积的渔获量计算[kg/(hm² · h)]。

表5-17　东澳礁区本底调查流刺网调查情况

站位	放网时间	起网时间	放网持续时间（h）
礁区（S5号站）	18：00	翌日8：30	14.5
对比区（S6号站）	16：00	翌日6：00	14.0

（2）跟踪调查

1）虾拖网调查　东澳礁区跟踪调查虾拖网调查概况见表5-18。

虾拖船船名为"粤珠海31052"，主机功率126 kW。虾拖网上纲长2.7 m，网身长5.5 m，囊网长0.7 m，网身网目53 mm，囊网网目15 mm。

表5-18　东澳礁区跟踪调查虾拖船调查情况

站位	放网时间	起网时间	拖时（min）	拖速（kn）
礁区（S5号站）	17：07	17：22	15	1.8
对比区（S6号站）	17：30	17：45	15	2.0

2）流刺网调查　东澳礁区跟踪调查流刺网调查概况见表5-19。

礁区（S5号站）放流刺网：船名为"粤珠海23307"；投放的流刺网长度为50 m/张×10张＝500 m，网高1.5 m，网目32 cm—5 cm—32 cm。

对比区（S6号站）放流刺网：船名为"粤珠海23307"；投放的流刺网长度为50 m/张×10张＝500 m，网高1.5 m，网目32 cm—5 cm—32 cm。

流刺网的渔获率按每小时每公顷流刺网面积的渔获量计算 ［kg/(hm² · h)］。

表5-19 东澳礁区跟踪调查流刺网调查情况

站位	放网时间	起网时间	放网持续时间（h）
礁区（S5号站）	17：30	翌日6：00	12.5
对比区（S6号站）	17：30	翌日6：00	12.5

4. 外伶仃礁区

（1）本底调查

1）虾拖网调查　外伶仃礁区本底调查虾拖网调查情况见表5-20。

租用虾拖船"粤珠海31061"（主机功率183 kW），用虾拖网（网口宽1.8 m、网长3.7 m、袖网网目50 mm、囊网网目20 mm）分别在礁区中心和对照海区进行试捕，对全部渔获物进行种类鉴定和计量，并对主要经济种类做生物学测定。礁区和对照海区各放2张网，拖时约15 min，拖速约2 kn。按"扫海面积法"估算生物量密度（kg/km²）。

表5-20 外伶仃礁区本底调查虾拖网调查情况

站位	放网时间	起网时间	拖时（min）	拖速（kn）
礁区（S5号站）	9：23	9：38	15	1.5
对比区（S6号站）	10：48	11：03	15	2.0

2）流刺网调查　外伶仃礁区本底调查流刺网调查情况见表5-21。

租用流刺网船"粤珠海43031"分别在礁区和对比区放三层流刺网。礁区投放的三层流刺网长度为50 m/张×20张＝1 000 m，网高0.8 m，网目30 cm—3.8 cm—30 cm；对比区投放的三层流刺网长度为50 m/张×8张＝400 m，网高0.8 m，网目30 cm—3.8 cm—30 cm。对全部渔获物进行种类鉴定和计量，并对主要经济种类做生物学测定。流刺网的渔获率按每小时每公顷流刺网面积的渔获量计算 ［kg/(hm² · h)］。

表5-21 外伶仃礁区本底调查流刺网调查情况

站位	放网时间	起网时间	放网持续时间（h）
礁区（S5号站）	17：30	翌日6：00	12.5
对比区（S6号站）	17：35	翌日6：05	12.5

（2）跟踪调查

1）虾拖网调查　外伶仃礁区跟踪调查虾拖船调查情况见表5-22。

虾拖船船名为"粤珠海31070"，主机功率126 kW，船长16.8 m，船宽5.8 m，吨位68 t；虾拖网桁杆长1.78 m，网身长3.5 m，网身网目30 mm，囊网网目10 mm。

虾拖船调查的站位为礁区中心的 S5 号站和对比区的 S6 号站，礁区站和对比区站各拖 2 张网，渔获物全取测定。

表 5 - 22　外伶仃礁区跟踪调查虾拖船调查情况

站位	放网时间	起网时间	拖时（min）	拖速（kn）
礁区（S5 号站）	11：38	11：53	15	2.3
对比区（S6 号站）	12：10	12：25	15	2.6

2）流刺网调查　外伶仃礁区跟踪调查流刺网调查情况见表 5 - 23。

礁区放三层流刺网：船主名为王成印，2009 年 8 月 29 日 18：30 放网，8 月 30 日 5：30 起网；投放的三层流刺网长度为 15 m/张×15 张＝225 m，网高 1.5 m，网目 18 cm— 3.8 cm—18 cm。

对比区放三层流刺网：船主名为王成印，2009 年 8 月 29 日 18：00 放网，8 月 30 日 5：00 起网；投放的三层流刺网长度为 15 m/张×15 张＝225 m，网高 1.5 m，网目 18 cm— 3.8 cm—18 cm。

表 5 - 23　外伶仃礁区跟踪调查流刺网调查情况

站位	放网时间	起网时间	放网持续时间（h）
礁区（S5 号站）	18：30	翌日 5：30	11
对比区（S6 号站）	18：00	翌日 5：00	11

5. 庙湾礁区

（1）本底调查

1）虾拖网调查　庙湾礁区本底调查虾拖船调查情况见表 5 - 24。

虾拖船船名为"粤珠海 31070"，主机功率 126 kW，船长 16.80 m，船宽 5.8 m，吨位 68 t；虾拖网桁杆长 1.78 m，网身长 3.5 m，网身网目 30 mm，囊网网目 10 mm。

虾拖船调查礁区站和对比区站各拖 2 张网，渔获物全取测定。

表 5 - 24　庙湾礁区本底调查虾拖船调查情况

站位	放网时间	起网时间	拖时（min）	拖速（kn）
礁区（S5 号站）	14：18	14：33	15	3.3
对比区（S6 号站）	15：45	16：00	15	2.8

2）流刺网调查　庙湾礁区本底调查流刺网调查情况见表 5 - 25。

礁区放三层流刺网：船名为"粤珠海 13123"，2009 年 8 月 28 日 18：00 放网，8 月 29 日 12：00 起网；投放的单层流刺网长度为 35 m/张×10 张＝350 m，网高 1.6 m，网目 40 cm—7 cm—40 cm。

对比区放三层流刺网：船名为"粤珠海 13123"，2009 年 8 月 28 日 18：30 放网，

8月29日12：30起网；投放的三层流刺网长度为35 m/张×10张＝350 m，网高1.6 m，网目40 cm—7 cm—40 cm。

表5-25　庙湾礁区本底调查流刺网调查情况

站位	水深（m）	放网时间	起网时间	放网持续时间（h）
礁区（S5号站）	—	18：00	翌日12：00	18.0
对比区（S6号站）	—	18：30	翌日12：30	18.0

（2）跟踪调查

1）拖网调查　庙湾礁区跟踪调查虾拖船调查情况见表5-26。

虾拖船船名为"粤珠海31052"，吨位68 t，主机功率129.5 kW；网口宽1.7 m。

虾拖船调查站位以已投礁礁区边缘作为礁区站和对比区站，跟踪调查虾拖网具体调查情况见表5-26，每站放网1张。

表5-26　庙湾礁区跟踪调查虾拖船调查情况

站位	放网时间	起网时间	拖时（min）	拖速（kn）
礁区（S5号站）	10：30	10：45	15	2.0
对比区（S6号站）	11：55	12：10	15	1.9

2）流刺网调查　庙湾礁区跟踪调查流刺网调查情况见表5-27。

礁区放流刺网："粤珠海73020"；投放三层流刺网15张，网长80 m，网高1.1 m，网目35 cm—4 cm—35 cm。

对比区放流刺网："粤珠海73020"；投放三层流刺网8张，网长80 m，网高1.2 m，网目35 cm—4 cm—35 cm。

表5-27　庙湾礁区跟踪调查流刺网调查情况

站位	放网时间	起网时间	放网持续时间（h）
礁区（S5号站）	6：00	12：00	6.0
对比区（S6号站）	8：00	13：00	5.0

（六）生态系统服务功能评估材料与方法

1. 评估方法

生态系统服务是指人类从生态系统获得的各种惠益，包括供给服务、调解服务、文化服务和支持服务（Sarukhán，2005）。生态系统功能是为人类提供各种产品和服务的基础。正确开展生态系统服务评估，对于进一步理解生态系统的结构与功能、完善生态规划与资源环境开发、实现效率与公平、提高公众环保意识等具有重要意义（李文华，2008）。海洋生态系统是生态系统的一个重要组成部分，已成为国内外生态系统可持续发展评估研究的热点（Costanza，2000；陈仲新 等，2000）。合理利用海洋资源是保护海洋环境和保障海洋生态系统可持续发展的重要手段（秦传新 等，2012），通过海洋生态系统服务功能与价值分析，可以根据海域管理目标，综合维护和维持海洋生态系统的各项功能（MA，2005）。但是，生态系统服务功能与价值评估方法主要采用的是货币评估（Costanza，1995；Costanza，1996；MA，2005），而绝大多数生态系统服务或产品难以利用货币进行量化（Jørgensen，2010；Kontogianni，2010），其结果缺乏客观性。

能值分析方法以生态能值作为评价标准，将能量和货币价值结合起来进行评估（Odum，1991；1998），为生态经济学的研究提供了新的理论和方法。能值分析方法以太阳能值为基础，通过能值转化率将生态系统的不同部分整合起来，形成生态模型（Ulgiati，1994；Jørgensen，1995；Odum，1998；Brown，1999；蓝盛芳，2001；Brandt-Williams，2002；Brown，2004）。因此，能值分析方法可以完整地反映生态系统服务的功能与价值，实现自然生态系统与经济系统的有机结合（Brown，1999）。近年来多位学者利用生态系统服务价值与能值价值相结合对生态系统进行客观评估（李睿倩 等，2012；赵晟 等，2015），其结果具有一定的代表性。

（1）生态系统服务价值计算方法　海洋生态系统服务价值是海洋生态系统服务功能的货币体现，根据数据的可获取性、万山海域海洋生态系统功能特性、指标的可评估性等，参考秦传新等（2011）关于珠海万山海域生态系统服务价值计算方法，对珠海万山海域的食品供给、原材料供给、气候调节、空气质量调节、水质净化调节、有害生物与疾病的生物调节与控制、知识扩展服务、旅游娱乐等方面进行货币量化的价值评估。

1）食品供给　深圳市附近海域食品供给服务主要包括捕捞的渔业产品和水产养殖产品。计算时，应扣除人类将此项服务带到市场的成本，如增殖放流成本、养殖成本等，剩余的价值才是自然生态系统所产生的服务价值。其具体计算方法如下：

$$FV = \sum (YF_i \times PF_i) - \sum CF - \sum MR$$

式中：FV 为食品供给服务的价值（万元）；YF_i 为海洋生态系统捕捞或养殖的第 i 类海产品的数量（kg）；PF_i 为第 i 类海产品的市场价格（万元/kg）；CF 为捕捞成本（万元）；MR 为深圳市附近海域的增殖放流成本或养殖成本（万元）。

2）原材料供给　原材料的供给服务价值指深圳市附近海域所能提供的化工原料、医药原料和装饰观赏材料等，需扣除将此项服务带到市场上的成本。采用市场价值法进行计算，其具体计算方法如下：

$$MV = \sum (Q_i \times P_i) - \sum (Q_i \times C_i)$$

式中：MV 为原材料供给服务的价值（万元）；Q_i 为深圳附近海域内的第 i 类海产原材料的数量（kg）；P_i 为第 i 类原材料的市场价格（万元/kg）；C_i 为将单位数量的第 i 类原材料带到市场的成本（万元/kg）。

3）水质净化调节 污染物质通过海洋生态系统的一系列生态过程转化为无毒无害的物质，其作用的性质与污水处理工厂相似。所以，可采用影子工程法来间接计算深圳附近海域的水质净化调节服务的价值，具体计算方法如下：

$$WV = \sum (QW_i \times CW_i)$$

式中：WV 为水质净化调节的服务价值（万元）；QW_i 为深圳市海域净化的第 i 类污染物质的数量（kg）；CW_i 为第 i 类污染物质的处理成本（万元/kg）。

4）气候调节 对气候的调节服务来源于海洋生态系统作为碳库对温室气体的吸收和固定，通过人工造林费用或碳税率可以确定此项服务的价值。具体计算方法如下：

$$CV = \sum (PP_i \times D_i)$$

式中：CV 为气候调节服务的价值（万元）；PP_i 为深圳附近海域固定第 i 类温室气体的数量（kg）；D_i 为固定单位数量第 i 类温室气体的费用（万元/kg）。

5）空气质量调节 空气质量调节服务主要包括海洋生态系统对有益气体的释放及有害气体的吸收，其价值计量指标可采用 O_2、O_3 等有益气体的释放量计费以及有害气体（如 H_2S、SO_2、CO）的吸收量计费等。采用影子工程法进行计算：

$$AV = \sum (QE_i \times E_i) + \sum (QA_j \times E_j)$$

式中：AV 为空气质量调节服务的价值（万元）；QE_i 为深圳附近海域释放的第 i 类有益气体的数量（kg）；E_i 为生产单位数量第 i 类气体的费用（万元）；QA_j 为深圳附近海域吸收的第 j 类有害气体的数量（kg）；E_j 为处理单位数量第 j 类气体的费用（万元/kg）。

6）有害生物与疾病的生物调节与控制 有害生物与疾病的生物调节与控制指海洋生态系统通过生物间的相互作用而减少的灾害损失。深圳市海域的这部分服务采用机会成本法进行计算：

$$HV = \sum (DA_i \times DL_i) + \sum HY_i$$

式中：HV 为有害生物与疾病的生物调节与控制的服务价值（万元）；DA_i 为第 i 类灾害损失的平均值（万元）；DL_i 为深圳附近海域第 i 类灾害的损失值（万元）；HY_i 为台风等灾害天气对沿岸造成的损失值（万元）。

7）科学研究服务 科学研究服务价值指的是海洋生态系统所产生和吸引的科学研究以及对人类知识的补充等贡献的价值，通过全球浅海及沿海湿地文化科研价值基准值进行计算：

$$VOK = VS \times A + VW \times A$$

式中：VOK 为科学研究服务价值（万元）；VS 为单位面积浅海的文化科研价值基准价（万元/km²）；VW 为单位面积湿地的文化科研价值基准价（万元/km²）；A 为海域面积（km²）。

8）旅游服务 深圳市附近海域的旅游服务价值采用旅行费用法，根据海洋旅游及娱乐的人数及费用支出来计量：

$$TV = TTV + \sum TT + \sum DT$$

式中：TV 为旅游娱乐服务的价值（万元）；TTV 为深圳市的旅游产值（万元）；TT 为深圳市附近海域游钓所产生的价值（万元）；DT 为深圳市附近海域由潜水旅游等所产生的价值（万元）。

（2）能值服务价值计算方法

1）生态能值结构　根据能值理论绘制的生态能值流程见图 5 - 15。海洋生态系统是一个开放的生态系统，而生态系统服务价值是系统内各部分生态价值的量化，因此图中列举了研究中主要的能量流动及其相互关系，但系统外可再生能源未放入到本研究中。

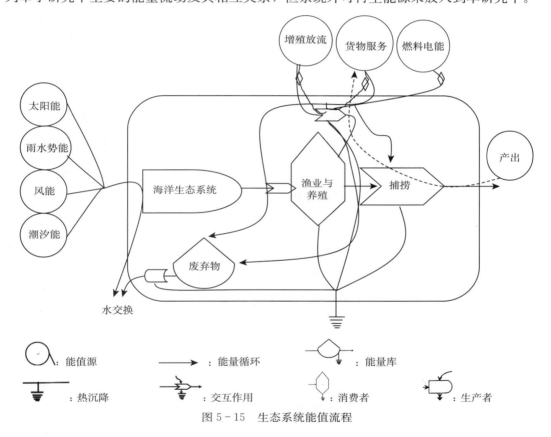

图 5 - 15　生态系统能值流程

2）供给服务的能值价值分析　海洋生物具有丰富的营养价值，含有多种活性物质，越来越多的海洋生物成为人类食品和药物的来源；而且海洋还可以为人类提供矿产、化工原料、建筑原材料以及装饰材料等。因此，可以根据这些为人类提供的产品的生态功能不同，将供给服务功能分为食品供给和原材料供给。

①食品供给服务：海洋生态系统的食品供给服务主要包含水产品捕捞和水产品养殖两部分。

$$E_{11} = \sum_{i=1}^{n} (Y_{1i} \times A \times Pr_{1i} \div Ex_i \times Tr_{1i}) - \sum_{i=1}^{n} (Ec_{1i} \times k_{1i})$$

式中：E_{11} 为海洋生态系统食品供给服务的能值价值（sej*）；Y_{1i} 为第 i 种水产品的单位产量（kg）；A 为万山海洋开发试验区的海洋面积（hm^2）；Pr_{1i} 为第 i 种水产品的单价（元）；Ex_i 为当年人民币美元平均汇率；Tr_{1i} 为美元的能值转换率（sej/美元）；Ec_{1i} 为第 i 种水产品形成单位产量的能耗（J）；k_{1i} 为能值转换率。

②原材料供给服务：

$$E_{12} = \sum_{i=1}^{n} (MY_{2i} \times A \times Pr_{2i} \times Ex_i \times Tr_{2i}) - \sum_{i=1}^{n} (Ec_{2i} \times k_{2i})$$

式中：E_{12} 为海洋生态系统食品供给服务的能值价值（sej）；Y_{2i} 为第 i 种水产原材料的单位产量（kg）；A 为万山海洋开发试验区的海洋面积（hm^2）；Pr_{2i} 为第 i 种水产原材料的单价（元）；Ex_i 为当年人民币美元平均汇率；Tr_{2i} 为美元的能值转换率（sej/美元）；Ec_{2i} 为第 i 种水产品形成单位产量的能耗（J）；k_{2i} 为能值转换率。

3）调节功能的能值价值分析

①气候调节：气候调节主要指海洋生态系统对温室气体二氧化碳的固定和消减，主要包含滨海植物、大型海藻、浮游生物、贝类的贝壳、海洋生物的骨骼以及甲壳类动物的壳等所固定的二氧化碳量。

$$E_{21} = \sum_{i=1}^{n} (P_i \times (1 - WR_i) \times CC_i \times 3.67 \times Tr_{CO_2})$$

式中：E_{21} 为海洋生态系统食品供给服务的能值价值（sej）；P_i 为第 i 种水产品的产量（kg）；WR_i 为第 i 种水产原材料的含水率、出肉率等；CC_i 为第 i 种水产品干物质的含碳量（kg）；3.67 为碳和 CO_2 之间的换算系数；Tr_{CO_2} 为二氧化碳的能值转换率。

②水质净化调节：水质净化调节指污染物质通过海洋生态系统的一系列生态化学过程转化为无毒无害物质，对于近岸水域来说主要包含造成近海海洋富营养化的氮磷以及重金属、COD 等有害物质，本研究中主要计算水体吸纳氮磷的能力。

$$E_{22} = \sum_{i=1}^{n} (P_i \times (1 - WR_i) \times PC_{ij} \times Tr_j)$$

式中：E_{22} 为海洋生态系统水质净化调节的能值价值；P_i 为第 i 种水产品的产量（kg）；WR_i 为第 i 种水产原材料的含水率、出肉率等；PC_{ij} 为第 i 种水产品干物质含第 j 种有害物质的量（kg）；Tr_j 为第 j 种有害物质的能值转换率。

③空气质量调节：海洋生态系统对空气质量的调节主要包含海洋生物光合作用释放的氧气、臭氧等有益气体以及吸收的硫化氢、二氧化硫、一氧化碳等有害气体。

---

* 因各种资源、产品或劳动服务的能量均直接或间接起源于太阳能，故多以太阳能能值（solar energy）衡量能量大小（Odum，1991；Odum，1998），其单位为太阳能焦耳（solar emjoules，缩写为 sej）。下同。

$$E_{23} = \sum_{i=1}^{n}(QE_i \times Tr_i) + \sum_{j=1}^{n}(QA_j \times Tr_j)$$

式中：E_{23} 为海洋生态系统空气质量调节的能值价值（sej）；QE_i 为第 i 种有益气体的数量（kg）；Tr_i 为第 i 种有益气体的能值转换率；QA_j 第 j 种有害气体的吸收量（kg）；Tr_j 为第 j 种有害气体的能值转换率。

④有害生物与疾病的生物调节与控制：珠海万山海域有害生物与疾病生物调节主要包含海洋生态系统通过生物之间的互相作用，控制海洋生物灾害和疾病的功能，主要指浮游生物之间相互作用从而实现的对赤潮生物的控制。

$$E_{24} = \sum_{i=1}^{n}(RT_i \div Ex_i \times Tr_{1i})$$

式中：E_{24} 为海洋生态系统有害生物与疫病的生物调节与控制的能值价值（sej）；RT_i 为第 i 种灾害造成的损失（元）；Ex_i 为当年人民币美元平均汇率；Tr_{1i} 为美元的能值转换率（sej/美元）。

4）文化功能的能值分析　海洋生态系统的文化服务功能主要是包含海洋生态系统为人类提供的休闲娱乐、教育科研、精神文化等功能。

①科学研究服务：海洋为人类研究海洋生态系统相关的科学问题提供了材料和研究对象，促进了人类对复杂海洋的认识，为进一步开发和利用海洋资源提供了依据。

$$E_{31} = Pg_i \times Tr_{pg}$$

式中：E_{31} 为海洋生态系统科学研究服务的能值价值（sej）；Pg_i 为第 i 年研究海域产生的论文页数；Tr_{pg} 为科学研究服务价值的能值转换率。

②旅游娱乐：在珠海万山海域海洋旅游娱乐功能方面，主要是根据旅行费用法统计珠海市年度旅游收入，然后根据万山海域海洋面积在珠海市海域面积中所占的比例来计量。

$$E_{32} = Tour_i \frac{A_2}{A_1} \div Ex_i \times Tr_{1i}$$

式中：E_{32} 为海洋生态系统旅游服务的能值价值（sej）；$Tour_i$ 第 i 年珠海市旅游收入（万元）；A_1、A_2 分别为珠海市海域面积和万山海域面积（hm²）；Ex_i 为当年人民币美元平均汇率；Tr_{1i} 为美元的能值转换率（sej/美元）。

2. 数据来源

渔业产量、大型海藻产量以及旅游收入等数据来自广东省统计年鉴和珠海市旅游局的统计数据（珠海特区报，2008；陈盼 等，2014；广东省统计局，2007，2008，2013；珠海市文体旅游局，2012）；珠海市浅海及湿地的知识拓展服务的相关文献来自中国期刊网等数据库查询系统；珠海市万山区海洋初级生产力、底栖生物量等数据主要来自相关文献及南海水产研究所调查数据（蒋万祥等，2010；中国水产科学研究院南海水产研究所，2008；宋星宇 等，2010；李辉权 等，2002，2006，2009a，2009b，2009c，2009d，2010，2011a，2011b，2013a，2013b）；美元、二氧化碳、氧气等相关数据的太阳能值转换率来自相关参考文献（国家统计局，2008；秦传新 等，2009；Odum，2001）。

第二节　投放礁体状况评估

一、竹洲-横洲礁区

1. 礁体分布

调查发现该区投放的礁体基本都在规划范围内，礁区海底声图清楚（图 5－16 至图 5－19），大部分人工鱼礁清晰可见，且具有一定的结构形状，成群状分布，单个集群的范围内比较集中。

该礁区较小，只有三个礁群，从声呐影像图上看，投放得比较均匀和密集。

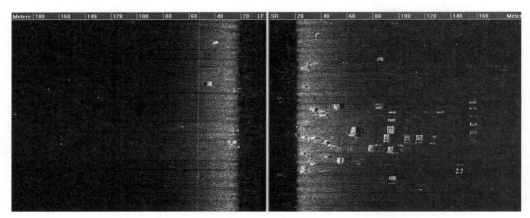

图 5－16　竹洲-横洲礁区 1 号礁群人工鱼礁分布影像

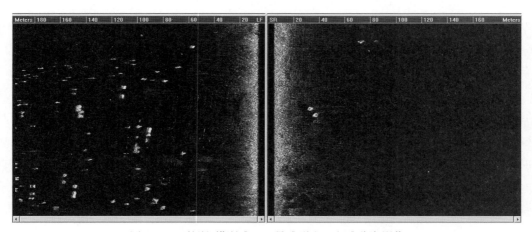

图 5－17　竹洲-横洲礁区 2 号礁群人工鱼礁分布影像

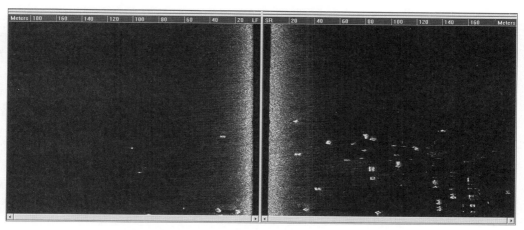

图 5-18　竹洲-横洲礁区 3 号礁群人工鱼礁分布影像

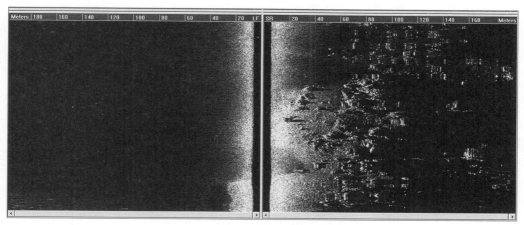

图 5-19　竹洲-横洲海域天然礁位置影像

2. 礁体状况

2011 年 9 月 4—5 日，广东省海洋与渔业环境监测中心对竹洲-横洲礁区进行了投礁后的第一次潜水调查，调查期间天气晴朗，潮期为小潮期，观测期间水流平缓，水下可见度 50～200 cm，基本符合潜水观察条件。

2012 年 5 月 12—14 日，广东省海洋与渔业环境监测中心对竹洲-横洲礁区进行了投礁后的第二次潜水调查，调查期间天气晴朗，潮期为小潮期，观测期间水流平缓，水下可见度 50～55 cm，基本符合潜水观察条件。

两次潜水调查共发现三种类型礁体，覆盖了竹洲-横洲礁区所投放的所有礁体类型。竹洲-横洲礁区礁体状况见表 5-28。

AR1 潜水点礁体为 GDC009 型，礁体发生倾斜，沉降深度 0.4 m，礁体结构完整。与

2011 年 8 月相比，礁体沉降深度没有发生变化。

表 5-28　竹洲-横洲礁区礁体状况

站位	调查季节	礁型	倾斜状况	结构完整性	海底地貌	礁体高度 (m)	沉降深度 (m)
AR1	秋季	GDC009	倾斜	完整	泥沙	2.6	0.4
	春季	GDC009	倾斜	完整	泥沙	2.6	0.4
AR2	秋季	GDC009	倾斜	破损	泥沙	2.7	0.3
	春季	GDC009	倾斜	破损	泥沙	2.6	0.4
AR3	秋季	GDS05	倾斜	完整	泥沙	3.5	0.5
	春季	GDS05	倾斜	完整	泥沙	3.3	0.7
AR4	秋季	GDC010	未倾斜	完整	泥沙	3.4	0.6
	春季	GDC010	未倾斜	完整	泥沙	3.2	0.8

AR2 潜水点礁体为 GDC009 型，礁体发生倾斜，沉降深度 0.4 m，礁体结构损毁。与 2011 年 8 月比较，礁体沉降深度增加 0.1 m。

AR3 潜水点礁体为 GDS05 型，礁体发生倾斜，礁体高度 3.3 m，沉降深度 0.7 m，礁体结构完整。与 2011 年 8 月调查相比，沉降深度增加 0.2 m。

AR4 潜水点礁体为 GDC010 型，散落的轮胎已被水流冲走，礁体未发生倾斜，礁体高度为 3.2 m，沉降深度 0.8 m。与 2011 年 8 月调查相比，沉降深度增加 0.2 m。

总体来看，礁体发生不同程度的沉降，其中礁体高度小、重量轻的 GDC009 型礁体沉降深度小，维持在 0.3~0.4 m；GDS05、GDC010 型礁体沉降深度大，沉降深度 0.5~0.8 m；投放礁体后两年内，礁体沉降深度有不断增加的趋势。

二、外伶仃礁区

1. 礁体稳定性及分布

勘探人员采用浅地层剖面仪和旁扫声呐对整个礁区的礁体分布及地形地貌进行了调查。旁扫当天水流较为缓和，外伶仃礁区海底声呐图较为清晰，基本能分辨出礁体，礁体间距离与投放时的间距基本一致（图 5-20）。

根据声呐图像筛选出适宜的潜水地点后，潜水员对礁体形态、礁区活动生物种群和礁体附着生物进行了水下观测、记录和采样。本次潜水调查期间，天气晴朗，水流缓和，水下可见度 50~100 cm，观察条件一般，对水下调查工作有一定影响。礁体整体形态完整，未发现礁体破损或者钢筋外露的情况；礁体稳定性良好，未出现翻滚或滑移，沉降深度约 0.5 m。

2. 海底地形、底质结构和礁体状况结果

对外伶仃礁区海域的浅地层剖面仪与旁扫声呐扫描调查信号进行实时收集，回到实

验室立即对收集的信号进行数据分析与图像处理。浅地层剖面仪与旁扫声呐图像处理结果分别见图 5-21 至图 5-24。浅地层剖面仪探测地层结构结果表明，该区域平均水深 24.5 m，礁区近外伶仃岛，礁区水深由东北向西南缓慢变深。通过对地层剖面各反射波组、内部反射结构的追踪、对比分析以及测线间的闭合检查，在研究区海平面 40 m 之内划分出 2 个主要声学反射界面，推测该海域海底地质结构从上至下依次为粉沙（3～6 m）、粗沙，日后可在该区域进一步做钻孔勘测以核准声学勘测结果。该海区海底地质结构稳

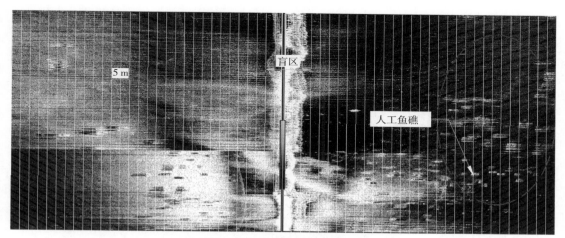

图 5-20　外伶仃礁区旁扫结果

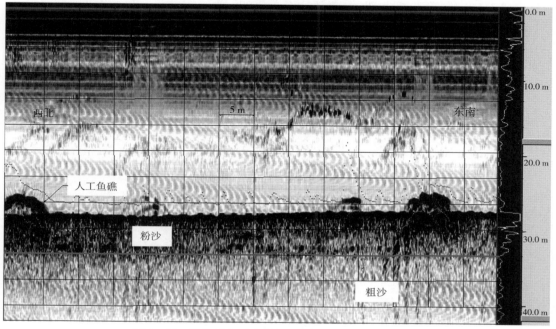

图 5-21　外伶仃礁区选址浅地层剖面仪图像处理（一）

定，勘测范围内土层分布较均匀，土层的整体性质相差不大，所探测到的鱼礁未出现明显下沉。海底地形旁扫调查结果表明，投礁区海底表面平坦，投礁区域未发现大面积较深的凹槽，亦未发现大范围岩石等凸起。礁区东侧有铜锣礁，行船须注意避让。

外伶仃礁区的海底表面平坦，未发现大面积较深的凹槽，亦未发现大范围岩石等凸起，海底地质结构稳定。

外伶仃礁区的海底土层分布较均匀，土层的整体性质相差不大，所探测到的鱼礁未发生明显沉降，无明显的分布规律。但是各土层天然密度、孔隙比、液性指数等特征参数需进一步进行钻孔勘测才能获得，建议日后进行岩土钻孔勘测。

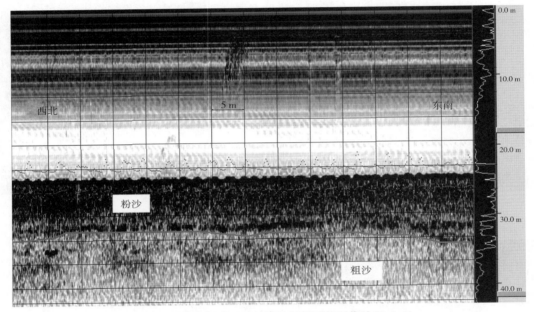

图 5-22　外伶仃礁区选址浅地层剖面仪图像处理（二）

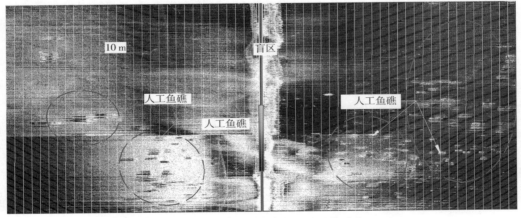

图 5-23　外伶仃礁区选址旁扫声呐图像采集（一）

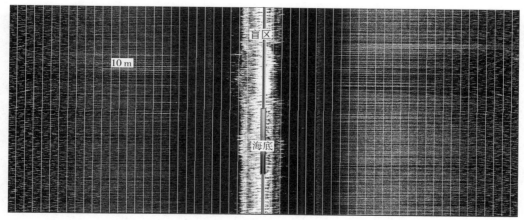

图 5-24 外伶仃礁区选址旁扫声呐图像采集（二）

注：单侧扫描范围 150 m

第三节 海洋环境变动分析

一、小万山礁区

（一）本底调查结果

1. 海水水质

小万山礁区本底调查海水水质观测分析结果见表 5-29。

表 5-29 小万山礁区本底调查海水水质观测分析结果

项目		站位						平均
		S1	S2	S3	S4	S5	S6	
水温（℃）	表层	28.18	29.09	28.68	28.29	28.38	29.03	28.61
	底层	26.42	26.41	26.42	26.32	26.59	26.28	26.41
透明度（m）		2.4	1.5	1.4	1.5	1.0	1.1	1.5
pH	表层	8.11	8.46	8.19	8.19	8.20	8.35	8.25
	底层	7.87	7.90	7.88	7.82	7.89	7.81	7.86
DO（mg/L）	表层	6.84	8.77	7.53	7.30	7.81	8.21	7.74
	底层	5.34	5.55	5.60	5.15	5.46	4.87	5.33
COD（mg/L）	表层	0.99	0.98	0.58	1.08	1.05	0.87	0.93
	底层	0.71	0.65	0.42	0.84	0.88	0.55	0.68

（续）

项目		站位						平均
		S1	S2	S3	S4	S5	S6	
无机氮（mg/L）	表层	0.156	0.163	0.133	0.159	0.156	0.233	0.167
	底层	0.169	0.155	0.083	0.142	0.149	0.199	0.150
PO_4-P（mg/L）	表层	0.028	0.036	0.024	0.031	0.032	0.041	0.032
	底层	0.023	0.027	0.017	0.033	0.030	0.031	0.027
SS（mg/L）	表层	20.4	25.3	19.1	41.2	29.3	33.4	28.1
	底层	22.1	24.8	11.0	25.7	31.1	27.6	23.7
石油类（mg/L）	表层	0.053	0.045	0.051	0.033	0.047	0.041	0.045
	底层	0.042	0.029	0.033	0.041	0.032	0.037	0.036
Cu（μg/L）	表层	3.1	2.8	3.2	4.1	1.8	1.8	2.8
	底层	2.7	2.7	3.4	3.3	1.6	1.7	2.6
Pb（μg/L）	表层	0.19	0.65	0.18	0.22	0.81	1.01	0.51
	底层	0.20	0.27	nd	0.36	0.49	0.89	0.44
Zn（μg/L）	表层	29	29	32	44	41	22	33
	底层	27	30	26	28	37	31	30
Cd（μg/L）	表层	0.11	0.84	nd	0.19	0.26	0.13	0.31
	底层	nd	1.01	0.12	nd	0.21	0.21	0.39
Hg（μg/L）	表层	0.001	nd	0.001	0.001	nd	0.001	0.001
	底层	0.002	nd	nd	nd	0.002	nd	0.002

注：nd 表示未检出。

（1）水温　表层平均水温为 28.61 ℃，底层平均水温为 26.41 ℃。

（2）pH　各站点 pH 变化不大，表层为 8.11～8.46，平均为 8.25；底层为 7.81～7.90，平均为 7.86。各站点 pH 分布比较均匀。

（3）溶解氧　各站点溶解氧表层为 6.84～8.77 mg/L，平均为 7.74 mg/L；底层为 4.87～5.60 mg/L，平均为 5.33 mg/L。底层溶解氧含量明显低于表层。

（4）化学需氧量　化学需氧量含量表层为 0.58～1.08 mg/L，平均为 0.93 mg/L；底层为 0.42～0.88 mg/L，平均为 0.68 mg/L。各站表层化学需氧量含量明显高于底层。

（5）悬浮物　悬浮物含量较高，表层范围为 19.1～41.2 mg/L，平均为 28.1 mg/L；底层范围为 11.0～31.1 mg/L，平均为 23.7 mg/L，各站悬浮物含量平面分布不太均匀。

（6）无机氮　无机氮含量较低，表层为 0.133～0.233 mg/L，平均 0.167 mg/L；底层为 0.083～0.199 mg/L，平均 0.150 mg/L。底层无机氮平均含量低于表层。

（7）活性磷酸盐　海域活性磷酸盐含量表层为 0.024～0.041 mg/L，平均为 0.032 mg/L；底层为 0.017～0.033 mg/L，平均 0.027 mg/L。表层活性磷酸盐平均含量高于底层。

（8）**石油类**　石油类含量不高，表层为 0.033～0.053 mg/L，平均为 0.045 mg/L；底层为 0.029～0.042 mg/L，平均为 0.036 mg/L。底层含量低于表层含量，石油类含量的平面分布比较均匀。

（9）**汞**　汞含量较低，表层为 nd～0.001 μg/L，底层为 nd～0.002 μg/L。各站汞含量均较低。

（10）**铜**　铜的含量较低，表层为 1.8～4.1 μg/L，平均为 2.8 μg/L；底层为 1.6～3.4 μg/L，平均为 2.6 μg/L。除 S4 号站表层铜含量较高外，其他各站含量分布较均匀。

（11）**铅**　各站海水中铅含量，表层为 0.18～1.01 μg/L，平均为 0.51 μg/L；底层为 nd～0.89 μg/L。各站平面分布较均匀。

（12）**锌**　个别站的锌含量较高，表层为 22～44 μg/L，平均为 33 μg/L；底层为 26～37 μg/L，平均为 30 μg/L。

（13）**镉**　各站海水中镉含量，表层为 nd～0.84 μg/L；底层为 nd～1.01 μg/L。各站平面分布较均匀。

2. 海底表层沉积物

（1）*沉积物粒度分析*　小万山礁区本底调查沉积物粒度分析结果见表 5-30。礁区海域海底表层沉积物只有黏土质粉沙一种类型，表明该海域沉积物颗粒较细。分选好，分选系数 $\delta_{i\varphi}$=2.01～2.37；正、负偏态，偏态值 SK_φ=-0.08～0.02；中值粒径 Md_φ=6.37～6.99。

表 5-30　小万山礁区本底调查沉积物粒度

项目		站位					
		S1	S2	S3	S4	S5	S6
粒组含量（%）	砾	—	—	—	—	—	—
	沙	16.17	10.17	17.99	20.97	5.79	14.35
	粉沙	58.53	64.05	60.40	56.19	67.65	60.78
	黏土	25.30	25.79	21.61	22.84	26.56	24.87
粒度系数	平均粒径 Mz_φ	6.71	6.90	6.42	6.44	7.01	6.68
	中值粒径 Md_φ	6.70	6.86	6.50	6.37	6.99	6.71
	偏态值 SK_φ	0.02	-0.04	-0.04	0.01	-0.08	-0.06
	峰态值 Kg_φ	0.90	0.94	0.87	0.88	0.97	0.76
	分选系数 $\delta_{i\varphi}$	2.20	2.18	2.37	2.19	2.01	2.28
类型		黏土质粉沙	黏土质粉沙	黏土质粉沙	黏土质粉沙	黏土质粉沙	黏土质粉沙

（2）*沉积物质量*　珠海小万山礁区沉积物质量测定结果见表 5-31。

表 5-31　小万山礁区本底调查沉积物项目测定值

站位	有机质 ($\times 10^{-2}$)	Cu (mg/kg)	Pb (mg/kg)	Zn (mg/kg)	Cd (mg/kg)	Hg (mg/kg)	石油类 (mg/kg)
S1	1.81	14.4	15.2	54.2	0.05	0.013	81.8
S2	1.12	13.1	11.4	65.0	0.02	0.024	96.8
S3	1.44	11.6	18.2	65.2	0.07	0.014	67.2
S4	1.16	14.1	23.1	65.4	0.07	0.014	76.6
S5	1.86	12.3	18.4	83.1	0.02	0.018	68.4
S6	1.52	12.4	11.2	73.6	0.03	0.014	79.3
平均	1.49	13.0	16.3	67.8	0.04	0.016	78.4

①有机质：沉积物中有机质含量范围在 $1.12 \times 10^{-2} \sim 1.86 \times 10^{-2}$，平均值为 1.49×10^{-2}。有机质的高值区主要出现在 S1、S5 号站附近。

②石油类：沉积物中石油类含量低，范围在 67.2～96.8 mg/kg，平均值为 78.4 mg/kg。最大值出现于 S2 号站，最小值出现在 S3 号站。

③铜：沉积物中铜含量范围在 11.6～14.4 mg/kg，平均值为 13.0 mg/kg。平面分布显示，整个区域铜含量均匀。

④铅：沉积物中铅含量范围在 11.2～23.1 mg/kg，平均值为 16.3 mg/kg。平面分布显示，整个区域 S6 站铅含量较低。

⑤汞：沉积物中汞含量范围在 0.013～0.024 mg/kg，平均值为 0.016 mg/kg。各站沉积物中汞含量低，整个区域平面分布均匀。

⑥锌：沉积物中锌含量范围在 54.2～83.1 mg/kg，平均值为 67.8 mg/kg。各站锌的含量分布均匀。

⑦镉：沉积物中镉含量范围在 0.02～0.07 mg/kg，平均值为 0.04 mg/kg。各站镉的含量分布均匀。

（二）跟踪调查结果

1. 海水水质

小万山礁区跟踪调查海水水质观测分析结果见表 5-32。

表 5-32　小万山礁区跟踪调查海水水质观测分析结果

项目		站位						平均
		S1	S2	S3	S4	S5	S6	
透明度（m）		2.8	1.9	1.6	1.8	1.4	1.6	1.9
盐度	表层	27.54	24.21	26.14	27.47	25.69	24.33	25.90
	底层	28.75	30.45	30.77	30.68	30.52	31.07	30.37

（续）

项目		站位						平均
		S1	S2	S3	S4	S5	S6	
水温（℃）	表层	30.77	31.29	30.68	32.05	31.47	30.95	31.20
	底层	28.45	27.01	27.47	26.85	27.32	26.45	27.26
pH	表层	8.04	8.33	8.07	8.15	8.26	8.37	8.20
	底层	8.06	8.11	8.07	8.24	8.02	8.20	8.12
DO（mg/L）	表层	6.45	7.68	7.04	7.21	7.49	7.45	7.22
	底层	5.27	6.58	6.22	6.58	6.43	6.77	6.31
COD（mg/L）	表层	0.75	0.99	1.04	1.49	1.28	0.81	1.06
	底层	0.67	0.94	0.85	1.06	1.05	1.01	0.93
无机氮（mg/L）	表层	0.21	0.24	0.33	0.18	0.26	0.16	0.23
	底层	0.17	0.16	0.14	0.14	0.21	0.11	0.16
PO_4-P（mg/L）	表层	0.015	0.012	0.005	0.010	0.014	0.011	0.011
	底层	0.021	0.003	0.012	0.006	0.017	0.013	0.012
SS（mg/L）	表层	17.4	19.1	14.6	13.5	16.8	12.7	15.7
	底层	16.2	14.2	11.1	10.6	12.7	10.9	12.6
石油类（mg/L）	表层	0.038	0.029	0.017	0.024	0.031	0.023	0.027
	底层	0.010	0.008	0.013	0.014	0.031	0.015	0.015
Cu（μg/L）	表层	3.21	2.56	2.71	3.06	1.43	1.27	2.37
	底层	2.61	2.24	1.08	2.33	0.92	0.84	1.67
Pb（μg/L）	表层	0.12	0.35	0.10	0.13	0.45	0.53	0.28
	底层	0.16	0.21	0.06	0.17	0.29	0.33	0.20
Zn（μg/L）	表层	21	24	25	32	26	16	24.0
	底层	23	21	26	24	24	23	23.5
Cd（μg/L）	表层	0.07	0.33	0.05	0.03	0.12	0.04	0.11
	底层	nd	0.11	nd	nd	0.06	nd	0.09
Hg（μg/L）	表层	nd	nd	nd	0.001	nd	nd	0.001
	底层	0.001	nd	nd	nd	0.001	nd	0.001

注：nd 表示未检出。

（1）盐度 表层盐度变化范围为 24.21～27.54，平均值为 25.90，最高值出现在 S1 号站，最低值出现在 S2 号站；底层盐度变化范围为 28.75～31.07，平均值为 30.37，最高值出现在 S6 号站，最低值出现在 S1 号站。底层海水盐度明显高于表层。

（2）水温 表层水温变化范围为 30.68～32.05 ℃，平均值为 31.20 ℃；底层水温变化范围为 26.45～28.45 ℃，平均值为 27.26 ℃。

（3）pH 各站 pH 变化不大，表层为 8.04～8.37，平均为 8.20；底层为 8.02～8.24，平均为 8.12。

（4）溶解氧 溶解氧表层为 6.45～7.68 mg/L，平均为 7.22 mg/L；底层为 5.27～6.77 mg/L，平均为 6.31 mg/L。

（5）化学需氧量　化学需氧量含量表层为 0.75～1.49 mg/L，平均为 1.06 mg/L；底层为 0.67～1.06 mg/L，平均为 0.93 mg/L。各站表层化学需氧量含量明显高于底层。

（6）无机氮　无机氮含量较低，表层为 0.16～0.33 mg/L，平均为 0.23 mg/L；底层为 0.11～0.21 mg/L，平均为 0.16 mg/L。底层无机氮平均含量低于表层。

（7）活性磷酸盐　活性磷酸盐含量表层为 0.005～0.015 mg/L，平均为 0.011 mg/L；底层为 0.003～0.021 mg/L，平均为 0.012 mg/L。

（8）悬浮物　悬浮物含量表层为 12.7～19.1 mg/L，平均为 15.7 mg/L；底层为 10.6～16.2 mg/L，平均为 12.6 mg/L。各站悬浮物含量平面分布均匀。

（9）石油类　石油类含量不高，表层为 0.017～0.038 mg/L，平均为 0.027 mg/L；底层为 0.008～0.031 mg/L，平均为 0.015 mg/L。底层含量低于表层含量，石油类含量的平面分布比较均匀。

（10）铜　铜含量较低，表层为 1.27～3.21 μg/L，平均为 2.37 μg/L；底层为 0.84～2.61 μg/L，平均为 1.67 μg/L。铜含量各站分布较均匀。

（11）铅　铅含量表层为 0.10～0.53 μg/L，平均为 0.28 μg/L；底层为 0.06～0.33 μg/L，平均为 0.20 μg/L。

（12）锌　个别站的锌含量较高，表层为 16～32 μg/L，平均为 24.0 μg/L；底层为 21～26 μg/L，平均为 23.5 μg/L。各站平面分布较均匀。

（13）镉　镉含量表层为 0.03～0.33 μg/L，平均为 0.11 μg/L；底层为 0.06～0.11 μg/L，平均为 0.09 μg/L。其中 S1、S3、S4 和 S6 号站未检出，各站平面分布较均匀。

（14）汞　汞含量较低，表层及底层均为 0.001 μg/L，其中表层 S1、S2、S3、S5 和 S6 号站未检出，底层 S2、S3、S4 和 S6 号站未检出。

2. 海底表层沉积物

（1）沉积物粒度分析　未做粒度分析。

（2）沉积物质量　小万山礁区跟踪调查沉积物项目测定值及统计值见表 5-33。

表 5-33　小万山礁区跟踪调查沉积物项目测定值

站位	Cu (mg/kg)	Pb (mg/kg)	Zn (mg/kg)	Cd (mg/kg)	Hg (mg/kg)	石油类 (mg/kg)	有机质 ($\times 10^{-2}$)
S1	7.7	10.3	28.1	0.02	0.008	54.2	0.96
S2	10.2	8.4	33.6	0.01	0.013	68.7	0.74
S3	6.4	12.7	26.8	0.04	0.004	46.3	0.83
S4	9.8	15.6	19.4	0.03	0.002	35.9	0.62

（续）

站位	Cu (mg/kg)	Pb (mg/kg)	Zn (mg/kg)	Cd (mg/kg)	Hg (mg/kg)	石油类 (mg/kg)	有机质 (×10⁻²)
S5	8.6	14.2	31.5	nd	0.009	32.7	1.04
S6	7.1	8.3	28.7	0.02	0.007	28.1	0.97
平均	8.3	11.6	28.0	0.02	0.007	44.3	0.86

注：nd 表示未检出。

①铜：沉积物中铜含量范围在 $6.4\sim10.2$ mg/kg，平均为 8.3 mg/kg。整个区域铜含量均匀。

②铅：沉积物中铅含量范围在 $8.3\sim15.6$ mg/kg，平均为 11.6 mg/kg。整个区域铅含量较低。

③锌：沉积物中锌含量范围在 $19.4\sim33.6$ mg/kg，平均为 28.0 mg/kg。整个区域锌的含量分布均匀。

④镉：沉积物中镉含量范围在 $0.01\sim0.04$ mg/kg，平均为 0.02 mg/kg。各站沉积物中镉的分布均匀。

⑤汞：沉积物中汞含量范围在 $0.002\sim0.013$ mg/kg，平均为 0.007 mg/kg。各站沉积物中汞含量低。

⑥石油类：沉积物中石油类含量低，在 $28.1\sim68.7$ mg/kg，平均为 44.3 mg/kg。

⑦有机质：沉积物中有机质含量范围在 $0.62\times10^{-2}\sim1.04\times10^{-2}$，平均为 0.86×10^{-2}。

（三）对比分析

1. 叶绿素 a 与初级生产力对比

小万山礁区的叶绿素 a 与初级生产力调查结果见表 5-34 和表 5-35。

表 5-34　小万山礁区叶绿素 a 含量

站位	航次	表层（mg/m³）	底层（mg/m³）
S1	本底调查	6.4	2.4
	跟踪调查	4.52	2.17
S2	本底调查	9.8	5.2
	跟踪调查	6.81	2.44
S3	本底调查	7.9	2.4
	跟踪调查	5.54	1.66
S4	本底调查	6.2	2.3
	跟踪调查	5.68	1.23

（续）

站位	航次	表层（mg/m³）	底层（mg/m³）
S5	本底调查	11.3	6.1
	跟踪调查	7.33	3.19
S6	本底调查	7.3	2.2
	跟踪调查	4.24	1.14
平均	本底调查	8.2	3.4
	跟踪调查	5.69	1.97

本底调查监测海域叶绿素 a 的含量，表层范围为 6.2～11.3 mg/m³，平均为 8.2 mg/m³；底层范围为 2.2～6.1 mg/m³，平均为 3.4 mg/m³。各站表层均比底层叶绿素 a 含量高，除 S5 号站的表、底层含量明显偏高外，其他各站的叶绿素 a 含量变化不大。

跟踪调查监测海域叶绿素 a 的含量，表层范围为 4.24～7.33 mg/m³，平均为 5.69 mg/m³；底层范围为 1.14～3.19 mg/m³，平均为 1.97 mg/m³。各站表层均比底层叶绿素 a 含量高。

表 5 - 35　小万山礁区跟踪调查初级生产力

站位	初级生产力 [mg/(m² · d)]	
	表层	底层
S1	681.72	327.28
S2	696.96	249.72
S3	477.46	143.07
S4	550.72	119.26
S5	552.76	240.56
S6	365.42	98.25
平均	554.17	196.36

跟踪调查期间，表层初级生产力水平的变化范围为 365.42～696.96 [mg/(m² · d)]，平均为 554.17 [mg/(m² · d)]，以 S2 号站最高、S6 号站最低。底层变化范围为 98.25～327.28 [mg/(m² · d)]，平均为 196.36 [mg/(m² · d)]，最大值出现在 S1 号站，S6 号站底层初级生产力最小（表 5 - 35）。总体而言，调查海域表层初级生产力水平一般。

2. 水质评价对比

根据测定结果，采用标准指数法算出海水水质质量指数评价结果列于表 5 - 36。

表 5 - 36　小万山礁区海水水质质量指数评价结果

项目		本底调查	跟踪调查
pH	表层	未超标	未超标
	底层	未超标	未超标

（续）

项目		本底调查	跟踪调查
无机氮	表层	未超标	未超标
	底层	未超标	未超标
PO₄-P	表层	部分超标	未超标
	底层	部分超标	未超标
DO	表层	部分超标	部分超标
	底层	部分超标	未超标
COD	表层	未超标	未超标
	底层	未超标	未超标
石油类	表层	部分超标	未超标
	底层	未超标	未超标
Cu	表层	未超标	未超标
	底层	未超标	未超标
Pb	表层	未超标	未超标
	底层	未超标	未超标
Zn	表层	未超标	未超标
	底层	未超标	未超标
Cd	表层	未超标	未超标
	底层	未超标	未超标
Hg	表层	未超标	未超标
	底层	未超标	未超标

本底调查，珠海小万山拟建礁区海水中活性磷酸盐含量超标站位较多，表层超标率达到66.7%，底层超标率为33.3%；各站表、底层溶解氧含量均为16.7%；石油类仅表层有部分站位超标，超标率为33.3%；其他指标均未超过第二类海水质量标准。评价结果表明，调查海域部分站位受到了活性磷酸盐污染，各别站位受到石油类轻微污染，总体上该海域海水质量较好。

跟踪调查，珠海小万山礁区海水中S3号站无机氮含量轻微超标，其他指标均未超过第二类海水质量标准。评价结果表明，调查海域总体上海水质量较好。

3. 沉积物质量评价对比

根据沉积物测定结果，用单项指数法算出本底调查和跟踪调查的沉积物质量指数及评价结果列于表5-37和表5-38。

表5-37　小万山礁区本底调查沉积物质量指数及评价结果

项目	站位						评价结果
	S1	S2	S3	S4	S5	S6	
有机质	0.91	0.56	0.72	0.58	0.93	0.76	未超标
Cu	0.41	0.37	0.33	0.40	0.35	0.35	未超标
Pb	0.25	0.19	0.30	0.39	0.31	0.19	未超标

（续）

项目	站位						评价结果
	S1	S2	S3	S4	S5	S6	
Zn	0.36	0.43	0.43	0.44	0.55	0.49	未超标
Cd	0.00	0.00	0.00	0.00	0.00	0.00	未超标
Hg	0.00	0.00	0.00	0.00	0.00	0.00	未超标
石油类	0.16	0.19	0.13	0.15	0.14	0.16	未超标

表 5 - 38   小万山礁区跟踪调查沉积物质量指数及评价结果

项目	站位						评价结果
	S1	S2	S3	S4	S5	S6	
Cu	0.22	0.29	0.18	0.28	0.25	0.20	未超标
Pb	0.17	0.14	0.21	0.26	0.24	0.14	未超标
Zn	0.19	0.22	0.18	0.13	0.21	0.19	未超标
Cd	0.04	0.02	0.08	0.06	0.00	0.04	未超标
Hg	0.04	0.07	0.02	0.01	0.05	0.04	未超标
石油类	0.11	0.14	0.09	0.07	0.07	0.06	未超标
有机质	0.48	0.37	0.42	0.31	0.52	0.49	未超标

本底调查，珠海小万山礁区各站的沉积物样品中有机质、石油类、汞、铅、锌、铜、镉的质量指数均小于1，表明该海区沉积物质量状况良好。

跟踪调查，珠海小万山礁区各站的沉积物样品中铜、铅、锌、镉、汞、石油类、有机质的质量指数均小于1，表明该海区沉积物质量状况良好。

二、竹洲-横洲礁区

（一）本底调查结果

1. 海水水质

竹洲-横洲礁区本底调查海水水质观测分析结果见表5-39至表5-42。

表 5 - 39   竹洲-横洲礁区春季本底调查海水水质观测分析结果

项目		站位						平均
		S1	S2	S3	S4	S5	S6	
水深（m）		17.9	19.0	23.5	18.0	19.0	18.0	19.2
透明度（m）		2.5	3.0	3.0	3.5	3.0	2.2	2.9
水温（℃）	表层	23.22	23.31	23.41	23.15	23.46	23.21	23.29
	底层	23.15	23.19	23.11	22.91	23.22	22.58	23.03
盐度	表层	32.97	32.78	33.06	32.71	32.85	32.77	32.86
	底层	33.12	32.89	33.71	33.01	33.15	33.59	33.25

（续）

项目		站位						平均
		S1	S2	S3	S4	S5	S6	
pH	表层	8.09	8.17	8.03	8.08	8.22	8.36	8.16
	底层	8.11	8.13	8.00	8.09	8.47	8.28	8.18
DO（mg/L）	表层	6.31	6.27	6.46	6.68	6.52	6.47	6.45
	底层	5.81	5.43	5.77	5.73	5.82	5.69	5.71
COD（mg/L）	表层	1.06	0.87	1.06	0.83	1.17	1.14	1.02
	底层	0.94	0.79	0.94	0.65	0.99	0.98	0.88
无机氮（mg/L）	表层	0.206	0.251	0.233	0.263	0.365	0.174	0.249
	底层	0.169	0.162	0.175	0.204	0.159	0.248	0.186
PO_4-P（mg/L）	表层	0.043	0.038	0.113	0.108	0.102	0.094	0.083
	底层	0.034	0.034	0.038	0.083	0.093	0.079	0.060
SS（mg/L）	表层	34.40	36.30	33.10	38.72	24.16	23.94	31.77
	底层	27.10	23.50	26.75	29.49	21.06	22.51	25.07
石油类（mg/L）	表层	0.014	0.015	0.011	0.017	0.022	0.031	0.018
	底层	0.014	0.014	0.013	0.012	0.012	0.019	0.014
Cu（μg/L）	表层	3.33	2.36	3.01	3.24	2.56	3.64	3.02
	底层	2.15	1.98	2.35	2.11	1.86	3.52	2.33
Pb（μg/L）	表层	nd	nd	nd	nd	nd	nd	nd
	底层	nd	nd	nd	nd	nd	nd	nd
Zn（μg/L）	表层	20.3	13.7	19.4	25.3	16.7	15.6	18.5
	底层	10.2	18.6	13.5	23.2	31.5	40.3	22.9
Cd（μg/L）	表层	0.31	0.24	0.32	0.11	0.32	0.23	0.26
	底层	nd	0.11	0.19	nd	0.20	0.11	0.15
Hg（μg/L）	表层	nd	nd	nd	nd	nd	nd	nd
	底层	nd	nd	nd	nd	nd	nd	nd

注：nd 表示未检出。

表5-40　竹洲-横洲礁区夏季本底调查海水水质观测分析结果

项目		站位						平均
		S1	S2	S3	S4	S5	S6	
水深（m）		19.5	17.6	20.5	18.5	19.5	19.0	19.1
透明度（m）		2.7	2.5	2.5	2.3	2.8	2.7	2.6
水温（℃）	表层	28.56	29.23	29.43	28.44	30.43	29.61	29.28
	底层	27.69	26.04	27.48	26.23	27.33	26.55	26.89
盐度	表层	32.20	32.78	31.91	32.31	32.54	31.64	32.23
	底层	32.52	32.78	32.78	31.91	33.93	32.47	32.73
pH	表层	8.14	8.33	8.24	8.35	8.33	8.14	8.26
	底层	8.29	8.25	8.43	8.4	8.38	8.28	8.34
DO（mg/L）	表层	6.38	6.33	6.55	6.58	6.98	6.58	6.57
	底层	3.28	4.05	3.52	3.45	3.08	2.75	3.36

（续）

项目		站位						平均
		S1	S2	S3	S4	S5	S6	
COD（mg/L）	表层	1.29	0.76	1.19	1.03	1.38	1.12	1.13
	底层	1.34	0.52	0.78	0.95	1.23	1.02	0.97
无机氮（mg/L）	表层	0.52	0.11	0.22	0.49	0.31	0.34	0.33
	底层	0.40	0.24	0.24	0.30	0.23	0.32	0.29
PO_4-P（mg/L）	表层	0.251	0.212	0.086	0.132	0.114	0.137	0.155
	底层	0.214	0.088	0.081	0.096	0.118	0.102	0.117
SS（mg/L）	表层	64.4	57.3	76.1	55.72	46.16	55.94	59.27
	底层	24.1	32.6	29.75	26.49	39.06	30.51	30.42
石油类（mg/L）	表层	0.234	0.28	0.231	0.037	0.134	0.148	0.177
	底层	0.916	0.228	0.334	0.027	0.086	0.098	0.282
Cu（μg/L）	表层	3.50	1.33	3.72	2.84	5.11	1.80	3.05
	底层	2.69	1.38	4.12	3.56	3.08	1.70	2.76
Pb（μg/L）	表层	0.09	0.15	0.21	0.21	0.15	0.23	0.17
	底层	0.07	0.19	0.14	0.11	0.22	0.11	0.14
Zn（μg/L）	表层	13.2	20.9	18.1	26.4	21.7	19.7	20.0
	底层	15.9	20.1	17.3	19.7	20.5	18.6	18.7
Cd（μg/L）	表层	1.03	0.49	1.11	0.42	0.32	0.11	0.58
	底层	0.89	0.31	0.22	0.19	0.28	0.17	0.34
Hg（μg/L）	表层	0.003	0.009	0.004	0.001	0.003	0.001	0.004
	底层	0.002	0.003	0.005	0.001	0.001	0.003	0.003

表5-41　竹洲-横洲礁区秋季本底调查海水水质观测分析结果

项目		站位						平均
		S1	S2	S3	S4	S5	S6	
水深（m）		19.0	22.5	19.0	18.5	18.5	16.7	19.0
透明度（m）		2.2	2.0	2.8	2.6	1.7	2.5	2.3
水温（℃）	表层	25.23	26.25	25.89	26.33	26.24	26.29	26.04
	底层	25.31	26.12	25.92	26.26	25.09	26.25	25.83
盐度	表层	31.59	32.03	31.46	32.42	33.71	31.59	32.13
	底层	31.69	32.32	32.00	32.91	33.31	32.54	32.46
pH	表层	8.35	8.32	8.37	8.35	8.36	8.28	8.34
	底层	8.34	8.33	8.36	8.35	8.35	8.44	8.36
DO（mg/L）	表层	6.56	6.55	7.64	6.45	6.85	6.18	6.71
	底层	6.38	5.58	6.57	5.89	5.28	5.71	5.90
COD（mg/L）	表层	0.78	0.96	0.44	0.96	1.20	1.11	0.91
	底层	0.67	1.07	1.09	1.37	1.02	0.95	1.03
无机氮（mg/L）	表层	0.12	0.83	0.18	0.09	0.26	0.34	0.30
	底层	1.00	0.71	0.19	0.15	0.23	0.26	0.92

（续）

项目		站位						平均
		S1	S2	S3	S4	S5	S6	
PO_4-P （mg/L）	表层	0.162	0.221	0.139	0.305	0.067	0.027	0.154
	底层	0.085	0.138	0.096	0.208	0.052	0.119	0.116
SS （mg/L）	表层	32.70	19.70	28.49	34.87	24.56	23.95	27.38
	底层	22.20	23.10	17.69	30.08	19.06	21.17	22.22
石油类 （mg/L）	表层	0.336	0.673	0.013	0.081	0.455	0.179	0.290
	底层	0.158	0.245	0.092	0.032	0.205	0.172	0.151
Cu （μg/L）	表层	1.63	1.26	1.85	1.32	0.63	0.57	1.21
	底层	0.94	1.05	0.75	0.93	0.57	0.78	0.84
Pb （μg/L）	表层	0.60	4.15	0.99	0.85	1.49	0.83	1.49
	底层	1.34	2.17	1.01	0.77	1.22	0.58	1.18
Zn （μg/L）	表层	34.6	33.4	29.5	14.6	22.8	34.5	28.2
	底层	21.3	16.3	18.6	10.9	11.2	18.3	16.1
Cd （μg/L）	表层	0.06	1.54	0.11	1.23	0.12	0.34	0.57
	底层	0.23	0.33	0.82	1.62	0.22	0.28	0.58
Hg （μg/L）	表层	0.14	0.32	0.22	0.35	0.18	0.32	0.26
	底层	0.99	0.22	0.28	0.71	0.22	0.28	0.45

表 5-42 竹洲-横洲礁区冬季本底调查海水水质观测分析结果

项目		站位						平均
		S1	S2	S3	S4	S5	S6	
水深 （m）		17.3	17.2	19.5	17.5	19.0	17.6	18.0
透明度 （m）		2.0	1.8	2.0	1.5	2.5	2.0	2.0
水温 （℃）	表层	17.1	17.4	16.8	17.3	16.2	17.0	17.0
	底层	17.1	17.2	16.2	17.2	16.1	17.1	16.8
盐度	表层	32.95	32.95	31.60	32.25	31.36	30.77	31.98
	底层	32.95	32.95	31.12	32.14	32.54	31.59	32.22
pH	表层	7.62	7.62	7.62	7.57	7.61	7.86	7.65
	底层	7.62	7.63	7.62	7.60	7.62	7.94	7.67
DO （mg/L）	表层	6.75	6.72	6.52	6.42	6.84	6.31	6.59
	底层	7.12	6.49	5.09	6.05	6.51	6.28	6.26
COD （mg/L）	表层	1.39	1.22	1.19	1.20	1.85	1.08	1.32
	底层	1.50	1.67	1.44	1.88	1.69	1.02	1.53
无机氮 （mg/L）	表层	0.276	0.318	0.385	0.349	0.465	0.374	0.361
	底层	0.222	0.286	0.262	0.357	0.359	0.278	0.294
PO_4-P （mg/L）	表层	0.118	0.148	0.083	0.074	0.207	0.116	0.124
	底层	0.131	0.164	0.094	0.128	0.211	0.140	0.145
SS （mg/L）	表层	32.5	32.1	26.0	29.0	31.4	34.0	30.8
	底层	32.9	32.4	26.5	32.4	28.7	35.7	31.4

（续）

项目		站位						平均
		S1	S2	S3	S4	S5	S6	
石油类（mg/L）	表层	0.033	0.037	0.034	0.010	0.032	0.031	0.030
	底层	0.036	0.049	0.036	0.016	0.032	0.034	0.034
Cu（μg/L）	表层	3.1	3.4	2.9	3.7	3.5	3.6	3.4
	底层	3.4	3.7	3.2	3.3	3.7	3.5	3.5
Pb（μg/L）	表层	0.98	0.97	0.83	0.92	0.86	1.21	0.96
	底层	0.92	0.87	0.77	1.16	0.79	0.99	0.92
Zn（μg/L）	表层	20.5	24.3	21.4	19.8	20.1	21.5	21.3
	底层	19.2	23.6	20.7	22.4	20.8	19.9	21.1
Cd（μg/L）	表层	0.57	0.23	0.34	0.27	0.22	0.21	0.31
	底层	0.48	0.17	0.21	0.16	0.30	0.21	0.26
Hg（μg/L）	表层	0.04	0.08	nd	nd	0.06	nd	0.06
	底层	0.06	0.12	nd	nd	0.09	nd	0.09

注：nd 表示未检出。

（1）水温　春季本底调查结果分析显示，表层水温变化范围为 23.15～23.46 ℃，平均为 23.29 ℃，最高值出现在 S5 号站，最低值出现在 S4 号站；底层水温变化范围为 22.58～23.22 ℃，平均为 23.03 ℃，最高值出现在 S5 号站，最低值出现在 S6 号站。

夏季本底调查结果分析显示，表层水温变化范围为 28.44～30.43 ℃，平均为 29.28 ℃，最高值出现在 S5 号站，最低值出现在 S4 号站；底层水温变化范围为 26.04～27.69 ℃，平均为 26.89 ℃，最高值出现在 S1 号站，最低值出现在 S2 号站。

秋季本底调查结果分析显示，表层水温变化范围为 25.23～26.33 ℃，平均为 26.04 ℃，最高值出现在 S4 号站，最低值出现在 S1 号站；底层水温变化范围为 25.09～26.26 ℃，平均为 25.83 ℃，最高值出现在 S4 号站，最低值出现在 S5 号站。

冬季本底调查结果分析显示，表层水温变化范围为 16.2～17.4 ℃，平均为 17.0 ℃，最高值出现在 S2 号站，最低值出现在 S5 号站；底层水温变化范围为 16.1～17.2 ℃，平均为 16.8 ℃，最高值出现在 S2、S4 号站，最低值出现在 S5 号站。

（2）盐度　春季本底调查结果分析显示，表层盐度变化范围为 32.71～33.06，平均为 32.86，最高值出现在 S3 号站，最低值出现在 S4 号站；底层盐度变化范围为 32.89～33.71，平均为 33.25，最高值出现在 S3 号站，最低值出现在 S2 号站。底层海水盐度略高于表层。

夏季本底调查结果分析显示，表层盐度变化范围为 31.64～32.78，平均为 32.23，最高值出现在 S2 号站，最低值出现在 S6 号站；底层盐度变化范围为 31.91～33.93，平均为 32.73，最高值出现在 S5 号站，最低值出现在 S4 号站。底层海水盐度略高于表层。

秋季本底调查结果分析显示，表层盐度变化范围为 31.46～33.71，平均为 32.13，最高值出现在 S5 号站，最低值出现在 S3 号站；底层盐度变化范围为 31.69～33.31，平均为 32.46，最高值出现在 S5 号站，最低值出现在 S1 号站。底层海水盐度略高于表层。

冬季本底调查结果分析显示，表层盐度变化范围为 30.77～32.95，平均为 31.98，最高值出现在 S1、S2 号站，最低值出现在 S6 号站；底层盐度变化范围为 31.12～32.95，平均为 32.22，最高值出现在 S1、S2 号站，最低值出现在 S3 号站。底层海水盐度略高于表层。

（3）pH 春季本底调查结果分析显示，监测期间海水 pH 的变化范围在表层为 8.03～8.36，平均为 8.16，最高出现在 S6 号站，最低出现在 S3 号站；在底层为 8.00～8.47，平均为 8.18，最高出现在 S5 号站，最低出现在 S3 号站。

夏季本底调查结果分析显示，监测期间海水 pH 的变化范围在表层为 8.14～8.35，平均为 8.26，最高出现在 S4 号站，最低出现在 S1、S6 号站；在底层为 8.25～8.43，平均为 8.34，最高出现在 S3 号站，最低出现在 S2 号站。

秋季本底调查结果分析显示，监测期间海水 pH 的变化范围在表层为 8.28～8.37，平均为 8.34，最高出现在 S3 号站，最低出现在 S6 号站；在底层为 8.33～8.44，平均为 8.36，最高出现在 S6 号站，最低出现在 S2 号站。

冬季本底调查结果分析显示，监测期间海水 pH 的变化范围在表层为 7.57～7.86，平均为 7.65，最高值出现在 S6 号站，最低出现在 S4 号站；在底层为 7.60～7.94，平均为 7.67，最高值出现在 S6 号站，最低出现在 S4 号站。

（4）溶解氧 春季本底调查结果分析显示，监测期间各站点溶解氧在表层为 6.27～6.68 mg/L，平均为 6.45 mg/L，最高值出现在 S4 号站，最低值出现在 S2 号站；底层为 5.43～5.82 mg/L，平均为 5.71 mg/L，最高值出现在 S5 号站，最低值出现在 S2 号站。表层海水溶解氧含量高于底层。

夏季本底调查结果分析显示，监测期间各站点溶解氧在表层为 6.33～6.98 mg/L，平均为 6.57 mg/L，最高值出现在 S5 号站，最低值出现在 S2 号站；在底层为 2.75～4.05 mg/L，平均为 3.36 mg/L，最高值出现在 S2 号站，最低值出现在 S6 号站。表层海水溶解氧含量高于底层。

秋季本底调查结果分析显示，监测期间各站点溶解氧在表层为 6.18～7.64 mg/L，平均为 6.71 mg/L，最高值出现在 S3 号站，最低值出现在 S6 号站；在底层为 5.28～6.57 mg/L，平均为 5.90 mg/L，最高值出现在 S3 号站，最低值出现在 S5 号站。表层海水溶解氧含量高于底层。

冬季本底调查结果分析显示，监测期间各站点溶解氧在表层为 6.31～6.84 mg/L，平均为 6.59 mg/L，最高值出现在 S5 号站，最低值出现在 S6 号站；在底层为 5.09～7.12 mg/L，平均为 6.26 mg/L，最高值出现在 S1 号站，最低值出现在 S3 号站。表层海水溶解氧含量高于底层。

（5）化学需氧量 春季本底调查结果分析显示，监测期间海水化学需氧量含量变化范围在表层为 0.83～1.17 mg/L，平均为 1.02 mg/L，最高值出现在 S5 号站，最低值出现在 S4 号站；在底层为 0.65～0.99 mg/L，平均为 0.88 mg/L，最高值出现在 S6 号站，最低值出现在 S4 号站。表层海水化学需氧量含量高于底层海水化学需氧量含量。

夏季本底调查结果分析显示，监测期间海水化学需氧量含量变化范围在表层为 90.76～1.38 mg/L，平均为 1.13 mg/L，最高值出现在 S5 号站，最低值出现在 S2 号站；在底层为 0.52～1.34 mg/L，平均为 0.97 mg/L，最高值出现在 S1 号站，最低值出现在 S2 号站。表层海水化学需氧量含量高于底层海水化学需氧量含量。

秋季本底调查结果分析显示，监测期间海水化学需氧量含量变化范围在表层为 0.44～1.20 mg/L，平均为 0.91 mg/L，最高值出现在 S5 号站，最低值出现在 S3 号站；在底层为 0.67～1.37 mg/L，平均为 1.03 mg/L，最高值出现在 S4 号站，最低值出现在 S1 号站。表层海水化学需氧量含量低于底层海水化学需氧量含量。

冬季本底调查结果分析显示，监测期间海水化学需氧量含量变化范围在表层为 1.08～1.85 mg/L，平均为 1.32 mg/L，最高值出现在 S5 号站，最低值出现在 S6 号站；在底层为 1.02～1.88 mg/L，平均为 1.53 mg/L，最高值出现在 S4 号站，最低值出现在 S6 号站。表层海水化学需氧量含量低于底层海水化学需氧量含量。

（6）无机氮　春季本底调查结果分析显示，监测期间海水无机氮含量较低，表层为 0.174～0.365 mg/L，平均为 0.249 mg/L，最高值出现在 S5 号站，最低值出现在 S6 号站；底层为 0.159～0.248 mg/L，平均为 0.186 mg/L，最高值出现在 S6 号站，最低值出现在 S5 号站。表层海水无机氮含量大于底层海水无机氮含量。

夏季本底调查结果分析显示，监测期间海水无机氮含量较低，表层为 0.11～0.52 mg/L，平均为 0.33 mg/L，最高值出现在 S1 号站，最低值出现在 S2 号站；底层为 0.23～0.40 mg/L，平均为 0.29 mg/L，最高值出现在 S1 号站，最低值出现在 S5 号站。表层海水无机氮含量大于底层海水无机氮含量。

秋季本底调查结果分析显示，监测期间海水无机氮含量较低，表层为 0.09～0.83 mg/L，平均为 0.30 mg/L，最高值出现在 S2 号站，最低值出现在 S4 号站；底层为 0.15～1.00 mg/L，平均为 0.92 mg/L，最高值出现在 S1 号站，最低值出现在 S4 号站。表层海水无机氮含量低于底层海水无机氮含量。

冬季本底调查结果分析显示，监测期间海水无机氮含量较低，表层为 0.276～0.465 mg/L，平均为 0.361 mg/L，最高值出现在 S5 号站，最低值出现在 S1 号站；底层为 0.222～0.359 mg/L，平均为 0.294 mg/L，最高值出现在 S5 号站，最低值出现在 S1 号站。表层海水无机氮含量高于底层海水无机氮含量。

（7）活性磷酸盐　春季本底调查结果分析显示，监测期间海域活性磷酸盐含量较低，表层为 0.038～0.113 mg/L，平均为 0.083 mg/L，最高值出现在 S3 号站，最低值出现在 S2 号站；底层为 0.034～0.093 mg/L，平均为 0.060 mg/L，最低值出现在S1、S2号站。表层海水磷酸盐含量高于底层海水磷酸盐含量。

夏季本底调查结果分析显示，监测期间海域活性磷酸盐含量在表层为 0.086～0.251 mg/L，平均为 0.155 mg/L，最高值出现在S1号站，最低值出现在S3号站；在底层为 0.081～0.214 mg/L，平均为 0.117 mg/L，最高值出现在S1号站，最低值出现在S3号站。在表层海水磷酸盐含量高于底层海水磷酸盐含量。

秋季本底调查结果分析显示，监测期间海域活性磷酸盐含量较低，表层为 0.027～0.305 mg/L，平均为 0.154 mg/L，最高值出现在S4号站，最低值出现在S6号站；底层为 0.052～0.208 mg/L，平均为 0.116 mg/L，最高值出现在S4号站，最低值出现在S5号站。表层海水磷酸盐含量高于底层海水磷酸盐含量。

冬季本底调查结果分析显示，监测期间海域活性磷酸盐含量较低，表层为 0.074～0.207 mg/L，平均为 0.124 mg/L，最高值出现在S5号站，最低值出现在S4号站；底层为 0.094～0.211 mg/L，平均为 0.145 mg/L，最高值出现在S5号站，最低值出现在S3号站。底层海水磷酸盐含量略高于表层海水磷酸盐含量。

（8）石油类　春季本底调查结果分析显示，监测期间海水石油类含量范围在表层为 0.011～0.031 mg/L，平均为 0.018 mg/L，最高值出现在S6号站，最低值出现在S3号站；在底层为 0.012～0.019 mg/L，平均为 0.014 mg/L，最高值出现在S6号站，最低值出现在S4、S5号站。表、底层海水石油类含量相差不大。

夏季本底调查结果分析显示，监测期间海水石油类含量范围在表层为 0.037～0.280 mg/L，平均为 0.177 mg/L，最高值出现在S2号站，最低值出现在S4号站；在底层为 0.027～0.916 mg/L，平均为 0.282 mg/L，最高值出现在S1号站，最低值出现在S4号站。表层海水石油类含量低于底层海水石油类含量。

秋季本底调查结果分析显示，监测期间海水石油类含量范围在表层为 0.013～0.673 mg/L，平均为 0.290 mg/L，最高值出现在S2号站，最低值出现在S3号站；在底层为 0.032～0.245 mg/L，平均为 0.151 mg/L，最高值出现在S2号站，最低值出现在S4号站。表层海水石油类含量高于底层海水石油类含量。

冬季本底调查结果分析显示，监测期间海水石油类含量范围在表层为 0.010～0.037 mg/L，平均为 0.030 mg/L，最高值出现在S2号站，最低值出现在S4号站；在底层为 0.016～0.049 mg/L，平均为 0.034 mg/L，最高值出现在S2号站，最低值出现在S4号站。

（9）汞　春季本底调查结果分析显示，监测期间未检出表、底层海水汞含量。

夏季本底调查结果分析显示，监测期间海水汞含量的变化范围在表层为 0.001～0.009 $\mu g/L$，平均为 0.004 $\mu g/L$，最高值出现在S2号站，最低值出现在S4、S6号站；在底层为 0.001～0.005 $\mu g/L$，平均为 0.003 $\mu g/L$，最高值出现在S3号站，最低值出现在S4、S5号站。

秋季本底调查结果分析显示，监测期间海水汞含量的变化范围在表层为 0.14～

0.35 μg/L，平均为 0.26 μg/L，最高值出现在 S4 号站，最低值出现在 S1 号站；在底层为 0.22～0.99 μg/L，平均为 0.45 μg/L，最高值出现在 S1 号站，最低值出现在 S2、S5 号站。表层海水汞含量低于底层海水汞含量。

冬季本底调查结果分析显示，监测期间海水汞含量范围在表层为 0.04～0.08 mg/L，平均为 0.06 mg/L，最高值出现在 S2 号站，最低值出现在 S1 号站；在底层为 0.06～0.12 mg/L，平均为 0.09 mg/L，最高值出现在 S2 号站，最低值出现在 S1 号站。

（10）铜　春季本底调查结果分析显示，监测期间海水铜含量的变化范围在表层为 2.36～3.64 μg/L，平均为 3.02 μg/L，最高值出现在 S6 号站，最低值出现在 S2 号站；在底层为 1.86～3.52 μg/L，平均为 2.33 μg/L，最高值出现在 S6 号站，最低值出现在 S5 号站。表层海水铜含量略高于底层海水铜含量。

夏季本底调查结果分析显示，监测期间海水铜含量的变化范围在表层为 1.33～5.11 μg/L，平均为 3.05 μg/L，最高值出现在 S5 号站，最低值出现在 S2 号站；在底层为 1.38～4.12 μg/L，平均为 2.76 μg/L，最高值出现在 S3 号站，最低值出现在 S2 号站。表层海水铜含量高于底层海水铜含量。

秋季本底调查结果分析显示，监测期间海水铜含量的变化范围在表层为 0.57～1.85 μg/L，平均为 1.21 μg/L，最高值出现在 S3 号站，最低值出现在 S6 号站；在底层为 0.57～1.05 μg/L，平均为 0.84 μg/L，最高值出现在 S2 号站，最低值出现在 S5 号站。表层海水铜含量高于底层海水铜含量。

冬季本底调查结果分析显示，监测期间海水铜含量的变化范围在表层为 2.9～3.7 μg/L，平均为 3.4 μg/L，最高值出现在 S4 号站，最低值出现在 S3 号站；在底层为 3.2～3.7 μg/L，平均为 3.5 μg/L，最高值出现在 S2、S5 号站，最低值出现在 S3 号站。底层海水铜含量略高于表层海水铜含量。

（11）铅　春季本底调查结果分析显示，监测期间表、底层海水均未检出铅。

夏季本底调查结果分析显示，监测期间海水铅含量的变化范围在表层为 0.09～0.23 μg/L，平均为 0.17 μg/L，最高值出现在 S6 号站，最低值出现在 S1 号站；在底层为 0.07～0.22 μg/L，平均为 0.14 μg/L，最高值出现在 S5 号站，最低值出现在 S1 号站。

秋季本底调查结果分析显示，监测期间海水铅含量的变化范围在表层为 0.60～4.15 μg/L，平均为 1.49 μg/L，最高值出现在 S2 号站，最低值出现在 S1 号站；在底层为 0.58～2.17 μg/L，平均为 1.18 μg/L，最高值出现在 S2 号站，最低值出现在 S6 号站。

冬季本底调查结果分析显示，监测期间海水铅含量的变化范围在表层为 0.83～1.21 μg/L，平均为 0.96 μg/L，最高值出现在 S6 号站，最低值出现在 S3 号站；在底层为 0.77～1.16 μg/L，平均为 0.92 μg/L，最高值出现在 S4 号站，最低值出现在 S3 号站。

（12）锌　春季本底调查结果分析显示，监测期间海水锌含量的变化范围在表层为 13.7～25.3 μg/L，平均为 18.5 μg/L，最高值出现在 S4 号站，最低值出现在 S2 号站；

在底层为 10.2～40.3 μg/L，平均为 22.9 μg/L，最高值出现在 S6 号站，最低值出现在 S1 号站。

夏季本底调查结果分析显示，监测期间海水锌含量的变化范围在表层为 13.2～26.4 μg/L，平均为 20.0 μg/L，最高值出现在 S4 号站，最低值出现在 S1 号站；在底层为 15.9～20.5 μg/L，平均为 18.7 μg/L，最高值出现在 S5 号站，最低值出现在 S1 号站。

秋季本底调查结果分析显示，监测期间海水锌含量的变化范围在表层为 14.6～34.6 μg/L，平均为 28.2 μg/L，最高值出现在 S1 号站，最低值出现在 S4 号站；在底层为 10.9～21.3 μg/L，平均为 16.1 μg/L，最高值出现在 S1 号站，最低值出现在 S4 号站。

冬季本底调查结果分析显示，监测期间海水锌含量的变化范围在表层为 19.8～24.3 μg/L，平均为 21.3 μg/L，最高值出现在 S2 号站，最低值出现在 S4 号站；在底层为 19.2～23.6 μg/L，平均为 21.1 μg/L，最高值出现在 S2 号站，最低值出现在 S1 号站。

（13）镉　春季本底调查结果分析显示，监测期间海水镉含量的变化范围在表层为 0.11～0.32 μg/L，平均为 0.26 μg/L，最高值出现在 S5 号站，最低值出现在 S4 号站；在底层为 0.11～0.20 μg/L，平均为 0.15 μg/L，最高值出现在 S5 号站，最低值出现在 S2、S6 号站，S1、S4 号站未检出。

夏季本底调查结果分析显示，监测期间海水镉含量的变化范围在表层为 0.11～1.11 μg/L，平均为 0.58 μg/L，最高值出现在 S3 号站，最低值出现在 S6 号站；在底层为 0.17～0.89 μg/L，平均为 0.34 μg/L，最高值出现在 S1 号站，最低值出现在 S6 号站。

秋季本底调查结果分析显示，监测期间海水镉含量的变化范围在表层为 0.06～1.54 μg/L，平均为 0.57 μg/L，最高值出现在 S2 号站，最低值出现在 S1 号站；在底层为 0.22～1.62 μg/L，平均为 0.58 μg/L，最高值出现在 S4 号站，最低值出现在 S5 号站。

冬季本底调查结果分析显示，监测期间海水镉含量的变化范围在表层为 0.21～0.57 μg/L，平均为 0.31 μg/L，最高值出现在 S1 号站，最低值出现在 S6 号站；在底层为 0.16～0.48 μg/L，平均为 0.26 μg/L，最高值出现在 S1 号站，最低值出现在 S4 号站。

（14）悬浮物　春季本底调查结果分析显示，监测期间海水悬浮物含量的变化范围在表层为 23.94～38.72 mg/L，平均为 31.77 mg/L，最高值出现在 S4 号站，最低值出现在 S6 号站；在底层为 21.06～29.49 mg/L，平均为 25.07 mg/L，最高值出现在 S4 号站，最低值出现在 S5 号站。

夏季本底调查结果分析显示，监测期间海水悬浮物含量的变化范围在表层为 46.16～76.10 mg/L，平均为 59.27 mg/L，最高值出现在 S3 号站，最低值出现在 S5 号站；在底层为 24.10～39.06 mg/L，平均为 30.42 mg/L，最高值出现在 S5 号站，最低值出现在 S1 号站。

秋季本底调查结果分析显示，监测期间海水悬浮物含量的变化范围在表层为 19.7～34.87 mg/L，平均为 27.38 mg/L，最高值出现在 S4 号站，最低值出现在 S2 号站；在底层为 17.69～30.08 mg/L，平均为 22.22 mg/L，最高值出现在 S4 号站，最低值出现在 S3 号站。

冬季本底调查结果分析显示，监测期间海水悬浮物含量的变化范围在表层为 26.0～34.0 mg/L，平均为 30.8 mg/L，最高值出现在 S6 号站，最低值出现在 S3 号站；在底层为 26.5～35.7 mg/L，平均为 31.4 mg/L，最高值出现在 S6 号站，最低值出现在 S3 号站。

2. 海底表层沉积物

（1）沉积物粒度分析　竹洲-横洲礁区本底调查海底表层沉积物粒度分析结果见表 5-43 至表 5-46。

表 5-43　竹洲-横洲礁区春季本底调查沉积物粒度

项目		站位					
		S1	S2	S3	S4	S5	S6
粒组含量（%）	砾	—	7.93	—	—	—	—
	沙	28.72	49.64	62.21	54.59	33.68	40.25
	粉沙	55.27	26.98	24.89	30.03	49.77	49.70
	黏土	16.00	15.45	12.90	15.38	16.55	10.06
粒度系数	平均粒径 Mz_φ	5.56	3.55	4.10	4.47	5.44	4.81
	中值粒径 Md_φ	5.25	3.22	2.78	3.45	5.00	4.32
	偏态值 SK_φ	−0.25	−0.13	−0.70	−0.54	−0.32	−0.42
	峰态值 Kg_φ	0.85	0.78	0.73	0.75	0.86	1.25
	分选系数 $\delta_{i\varphi}$	2.17	3.79	2.62	2.70	2.28	1.99
类型		沙质粉沙	粉沙质沙	粉沙质沙	粉沙质沙	沙质粉沙	沙质粉沙

注：粗粒部分主要是贝壳碎片及少量的砾石。

表 5-44　竹洲-横洲礁区夏季本底调查沉积物粒度

项目		站位					
		S1	S2	S3	S4	S5	S6
粒组含量（%）	砾	—	—	—	—	—	—
	沙	18.99	12.83	20.86	24.08	8.00	16.70
	粉沙	53.00	58.15	53.77	50.58	60.98	54.32
	黏土	28.04	29.10	25.38	25.40	31.04	29.03
粒度系数	平均粒径 Mz_φ	6.89	6.85	6.74	6.61	6.82	6.59
	中值粒径 Md_φ	6.81	6.74	6.51	6.39	6.88	6.61
	偏态值 SK_φ	0.06	−0.02	0.01	−0.04	−0.03	0.03
	峰态值 Kg_φ	0.75	0.63	0.71	0.83	0.76	0.58
	分选系数 $\delta_{i\varphi}$	2.21	2.17	2.22	2.15	2.08	2.13
类型		黏土质粉沙	黏土质粉沙	黏土质粉沙	黏土质粉沙	黏土质粉沙	黏土质粉沙

注：粗粒部分主要是贝壳碎片及少量的砾石。

表 5-45 竹洲-横洲礁区秋季本底调查沉积物粒度

项目		站位					
		S1	S2	S3	S4	S5	S6
粒组含量（%）	砾	—	—	—	—	—	—
	沙	2.08	2.63	33.04	1.69	6.38	5.61
	粉沙	65.68	66.59	49.86	66.91	66.54	65.71
	黏土	32.24	30.78	17.10	31.40	27.08	28.68
粒度系数	平均粒径 Mz_{φ}	7.20	7.09	4.67	7.13	6.60	6.85
	中值粒径 Md_{φ}	7.30	7.15	5.41	7.22	6.70	6.89
	偏态值 SK_{φ}	−0.10	−0.07	−0.50	−0.10	−0.12	−0.06
	峰态值 Kg_{φ}	1.07	1.05	0.85	1.05	0.91	0.99
	分选系数 $\delta_{i\varphi}$	1.70	1.80	2.23	1.75	2.05	1.98
类型		黏土质粉沙	黏土质粉沙	沙质粉沙	黏土质粉沙	黏土质粉沙	黏土质粉沙

注：粗粒部分主要是贝壳碎片及少量的砾石。

表 5-46 竹洲-横洲礁区冬季本底调查沉积物粒度

项目		站位					
		S1	S2	S3	S4	S5	S6
粒组含量（%）	砾	—	—	—	—	—	—
	沙	2.18	2.65	33.03	1.70	6.37	5.60
	粉沙	65.57	66.57	49.86	66.91	66.74	65.71
	黏土	32.25	30.78	17.10	31.39	26.89	28.68
粒度系数	平均粒径 Mz_{φ}	7.20	7.09	4.67	7.13	6.60	6.85
	中值粒径 Md_{φ}	7.30	7.15	5.41	7.22	6.70	6.89
	偏态值 SK_{φ}	−0.10	−0.07	−0.50	−0.10	−0.12	−0.06
	峰态值 Kg_{φ}	1.07	1.05	0.85	1.05	0.91	0.99
	分选系数 $\delta_{i\varphi}$	1.70	1.80	2.23	1.75	2.05	1.98
类型		黏土质粉沙	黏土质粉沙	沙质粉沙	黏土质粉沙	黏土质粉沙	黏土质粉沙

注：粗粒部分主要是贝壳碎片及少量的砾石。

由春季表层沉积物的粒度分析结果可见，监测海域各站表层沉积物类型主要为沙质粉沙为主。分选系数 $\delta_{i\varphi}$ 为 1.99～3.79，分选等级好到中等，偏态值 SK_{φ} 为 −0.70～−0.13，中值粒径范围 Md_{φ} 为 2.78～5.25。

由夏季表层沉积物的粒度分析结果可见，礁区海域海底表层沉积物只有黏土质粉沙一种类型，表明该海域沉积物颗粒较细。分选系数 $\delta_{i\varphi}$ 为 2.08～2.22；偏态值 SK_{φ} 为 −0.04～0.06；中值粒径 Md_{φ} 为 6.39～6.88。

由秋季表层沉积物的粒度分析结果可见，礁区海底表层沉积物均为黏土质粉沙，S3

号站沉积物的粉沙含量为 49.86%，其余各站沉积物的粉沙含量均大于 65%。其中，以礁区中的 S4 号站沉积物中含粉沙最高，为 66.91%；黏土的含量范围为 17.10%～32.24%，沙的含量范围为 1.69%～33.04%，表明该礁区范围内沉积物颗粒较细。分选较好，呈负偏态。

由冬季表层沉积物的粒度分析结果可见，礁区海底表层沉积物除 S1 号站为沙质粉沙外，其余均为黏土质粉沙，整个礁区绝大部分沉积物的粉沙含量均大于 65%（S1 号站为 49.86%）。其中以礁区中的 S4 号站沉积物中含粉沙最高，为 66.91%；黏土的含量范围为 17.10%～32.25%，沙的含量范围为 1.70%～33.03%，表明该礁区范围内沉积物颗粒较细。分选系数 $\delta_{i\varphi}$ 为 1.70～2.23；呈负偏态，偏态值 SK_φ 为 −0.50～−0.06；中值粒径 Md_φ 为 5.41～7.30。

（2）沉积物质量　竹洲-横洲礁区本底调查沉积物项目测定值见表 5-47 至表 5-50。

表 5-47　竹洲-横洲礁区春季本底调查沉积物项目测定值

站位	pH	Cu (mg/kg)	Pb (mg/kg)	Zn (mg/kg)	Cd (mg/kg)	Hg (mg/kg)	石油类 (mg/kg)	有机质 (×10⁻²)
S1	7.96	10.8	17.2	31.5	0.09	0.042	49.25	1.11
S2	7.32	13.3	13.1	40.1	0.12	0.021	63.56	1.32
S3	7.16	15.1	23.5	53.2	0.25	0.034	55.03	0.98
S4	7.56	10.4	16.4	41.3	0.04	0.068	51.12	0.76
S5	7.06	8.4	18.2	26.7	nd	0.047	24.24	1.31
S6	7.44	12.8	10.7	19.1	0.05	0.088	32.08	0.92
平均	7.42	11.8	16.5	35.3	0.11	0.050	45.88	1.07
超标率（%）	—	0	0	0	0	0	0	0

注：nd 表示未检出。

表 5-48　竹洲-横洲礁区夏季本底调查沉积物项目测定值

站位	pH	Cu (mg/kg)	Pb (mg/kg)	Zn (mg/kg)	Cd (mg/kg)	Hg (mg/kg)	石油类 (mg/kg)	有机质 (×10⁻²)
S1	6.68	8.6	12.3	33.8	0.11	0.02	107.6	1.07
S2	7.02	7.6	11.7	39.9	0.04	0.03	93.2	1.88
S3	7.35	6.8	9.2	32.6	0.07	0.03	99.3	0.64
S4	6.92	11.2	10.5	17.9	0.12	0.09	117.6	1.06
S5	6.68	6.4	11.6	31.3	0.17	0.04	135.9	0.94
S6	7.35	6.7	12.5	35.9	0.03	0.05	141.5	1.24
平均	7.00	7.9	11.3	31.9	0.09	0.05	115.9	1.14
超标率（%）	—	0	0	0	0	0	0	0

表 5-49　竹洲-横洲礁区秋季本底调查沉积物项目测定值

站位	pH	Cu (mg/kg)	Pb (mg/kg)	Zn (mg/kg)	Cd (mg/kg)	Hg (mg/kg)	石油类 (mg/kg)	有机质 ($\times 10^{-2}$)
S1	7.25	5.4	31.9	27.8	0.55	0.093	57.3	1.15
S2	7.89	6.9	33.9	30.9	0.34	0.073	81.7	1.78
S3	7.56	4.8	43.8	31.6	0.33	0.066	46.6	2.05
S4	7.27	7.8	30.0	37.8	0.38	0.047	53.8	2.06
S5	7.44	6.4	28.2	45.3	0.19	0.051	41.7	4.59
S6	7.53	5.5	25.9	48.6	0.11	0.057	52.2	3.74
平均	7.49	6.1	32.3	37.0	0.32	0.065	55.6	2.56
超标率（%）	—	0	0	0	16.67	0	0	66.67

表 5-50　竹洲-横洲礁区冬季本底调查沉积物项目测定值

站位	pH	Cu (mg/kg)	Pb (mg/kg)	Zn (mg/kg)	Cd (mg/kg)	Hg (mg/kg)	石油类 (mg/kg)	有机质 ($\times 10^{-2}$)
S1	7.76	22.85	48.18	55.2	0.023	0.114	22.30	1.19
S2	7.52	22.56	35.74	42.9	nd	0.111	19.40	1.02
S3	7.73	21.18	48.52	37.6	nd	0.159	19.66	1.18
S4	7.66	22.28	50.00	37.5	0.015	0.148	27.42	1.01
S5	7.34	19.50	36.20	34.7	0.027	0.092	13.12	2.17
S6	7.21	20.40	40.70	33.8	nd	0.203	26.90	0.99
平均	7.54	21.46	43.22	40.3	0.022	0.138	21.47	1.26
超标率（%）	—	0	0	0	0	16.67	0	16.67

注：nd 表示未检出。

①pH：春季本底调查结果显示，沉积物中的 pH 范围在 7.06～7.96，平均为 7.42。

夏季本底调查结果显示，沉积物中的 pH 范围在 6.68～7.35，平均为 7.00。

秋季本底调查结果显示，沉积物中的 pH 范围在 7.25～7.89，平均为 7.49。

冬季本底调查结果显示，沉积物中的 pH 范围在 7.21～7.76，平均为 7.54。

②有机质：春季本底调查结果显示，沉积物中有机质含量范围在 0.76×10^{-2} ～ 1.32×10^{-2}，平均为 1.07×10^{-2}。最大值出现于 S2 号站，最小值出现在 S4 号站。

夏季本底调查结果显示，沉积物中有机质含量范围在 0.64×10^{-2} ～ 1.88×10^{-2}，平均为 1.14×10^{-2}。最大值出现于 S2 号站，最小值出现在 S3 号站。

秋季本底调查结果显示，沉积物中有机质含量范围在 1.15×10^{-2} ～ 4.59×10^{-2}，平均为 2.56×10^{-2}。最大值出现于 S5 号站，最小值出现在 S1 号站。

冬季本底调查结果显示，沉积物中有机质含量范围在 0.99×10^{-2} ～ 2.17×10^{-2}，平均为 1.26×10^{-2}。最大值出现于 S5 号站，最小值出现在 S6 号站。

③石油类：春季本底调查结果显示，沉积物中石油类含量低，在 24.24 ～ 63.56 mg/kg，平均为 45.88 mg/kg。最大值出现于 S2 号站，最小值出现在 S5 号站。

夏季本底调查结果显示，沉积物中石油类含量低，在 93.2～141.5 mg/kg，平均为 115.9 mg/kg。最大值出现于 S6 号站，最小值出现在 S2 号站。

秋季本底调查结果显示，沉积物中石油类含量低，在 41.7～81.7 mg/kg，平均为 55.6 mg/kg。最大值出现于 S2 号站，最小值出现在 S5 号站。

冬季本底调查结果显示，沉积物中石油类含量低，在 13.12～27.42 mg/kg，平均为 21.47 mg/kg。最大值出现于 S4 号站，最小值出现在 S5 号站。

④铜：春季本底调查结果显示，沉积物中铜含量范围在 8.4～15.1 mg/kg，平均为 11.8 mg/kg。最大值出现在 S3 号站，最小值出现在 S5 号站。

夏季本底调查结果显示，沉积物中铜含量范围在 6.4～11.2 mg/kg，平均为 7.9 mg/kg。最大值出现在 S4 号站，最小值出现在 S5 号站。

秋季本底调查结果显示，沉积物中铜含量范围在 4.8～7.8 mg/kg，平均为 6.1 mg/kg。最大值出现在 S4 号站，最小值出现在 S3 号站。

冬季本底调查结果显示，沉积物中铜含量范围在 19.50～22.85 mg/kg，平均为 21.46 mg/kg。最大值出现在 S1 号站，最小值出现在 S5 站。

⑤铅：春季本底调查结果显示，沉积物中铅含量范围在 10.7～23.5 mg/kg，平均为 16.5 mg/kg。最大值出现在 S3 号站，最小值出现在 S6 号站。

夏季本底调查结果显示，沉积物中铅含量范围在 9.2～12.5 mg/kg，平均为 11.3 mg/kg。最大值出现在 S6 号站，最小值出现在 S3 号站。

秋季本底调查结果显示，沉积物中铅含量范围在 25.9～43.8 mg/kg，平均为 32.3 mg/kg。最大值出现在 S3 号站，最小值出现在 S6 号站。

冬季本底调查结果显示，沉积物中铅含量范围在 35.74～50.00 mg/kg，平均为 43.22 mg/kg。最大值出现在 S4 号站，最小值出现在 S2 号站。

⑥汞：春季本底调查结果显示，沉积物中汞含量范围在 0.021～0.088 mg/kg，平均为 0.050 mg/kg。最大值出现在 S6 号站，最小值出现在 S2 号站。

夏季本底调查结果显示，沉积物中汞含量范围在 0.02～0.09 mg/kg，平均为 0.05 mg/kg。最大值出现在 S4 号站，最小值出现在 S1 号站。

秋季本底调查结果显示，沉积物中汞含量范围在 0.047～0.093 mg/kg，平均为 0.065 mg/kg。最大值出现在 S1 号站，最小值出现在 S4 号站。

冬季本底调查结果显示，沉积物中汞含量范围在 0.092～0.203 mg/kg，平均为 0.138 mg/kg。最大值出现在 S6 号站，最小值出现在 S5 号站。

⑦锌：春季本底调查结果显示，沉积物中锌含量范围在 19.1～53.2 mg/kg，平均为 35.3 mg/kg。最大值出现在 S3 号站，最小值出现在 S6 号站。

夏季本底调查结果显示，沉积物中锌含量范围在 17.9～39.9 mg/kg，平均为 31.9 mg/kg。最大值出现在 S2 号站，最小值出现在 S4 号站。

秋季本底调查结果显示，沉积物中锌含量范围在 27.8～48.6 mg/kg，平均为 37.0 mg/kg。最大值出现在 S6 号站，最小值出现在 S1 号站。

冬季本底调查结果显示，沉积物中锌含量范围在 33.8～55.2 mg/kg，平均为 40.3 mg/kg。最大值出现在 S1 号站，最小值出现在 S6 号站。

⑧镉：春季本底调查结果显示，沉积物中镉含量范围在 0.04～0.25 mg/kg，平均为 0.11 mg/kg。最大值出现在 S3 号站，最小值出现在 S4 号站，S5 号站未检出。

夏季本底调查结果显示，沉积物中镉含量范围在 0.03～0.17 mg/kg，平均为 0.09 mg/kg。最大值出现在 S5 号站，最小值出现在 S6 号站。

秋季本底调查结果显示，沉积物中镉含量范围在 0.11～0.55 mg/kg，平均为 0.32 mg/kg。最大值出现在 S1 号站，最小值出现在 S6 号站。

冬季本底调查结果显示，沉积物中镉含量范围在 0.015～0.027 mg/kg，平均为 0.022 mg/kg。最大值出现在 S5 号站，最小值出现在 S4 号站，S2、S3、S6 号站均未检出。

（二）跟踪调查结果

1. 海水水质

竹洲-横洲礁区跟踪调查海水水质观测分析结果见表 5-51 至表 5-54。

表 5-51 竹洲-横洲礁区春季跟踪调查海水水质观测分析结果

项目		站位						平均
		S1	S2	S3	S4	S5	S6	
水深（m）		17.5	18.5	25.0	17.0	20.0	18.0	19.3
透明度（m）		3.0	3.3	2.9	3.8	3.5	2.6	3.2
水温（℃）	表层	23.42	23.35	23.31	24.03	23.36	23.76	23.54
	底层	23.02	23.19	22.89	22.97	23.02	22.95	23.01
盐度	表层	33.07	32.78	33.86	32.77	33.01	32.77	33.04
	底层	33.12	32.82	34.21	33.01	33.45	33.59	33.37
pH	表层	8.00	8.35	8.17	8.43	8.32	8.36	8.27
	底层	8.12	8.41	8.13	8.51	8.57	8.27	8.34
DO（mg/L）	表层	5.55	6.01	6.77	6.12	5.88	6.47	6.13
	底层	5.03	5.86	6.03	6.03	5.95	5.66	5.76
COD（mg/L）	表层	1.06	0.83	1.17	1.20	1.55	1.28	1.18
	底层	0.94	0.65	0.90	0.88	0.96	1.02	0.89
无机氮（mg/L）	表层	0.206	0.251	0.221	0.363	0.165	0.174	0.230
	底层	0.169	0.162	0.157	0.204	0.159	0.248	0.183
PO_4-P（mg/L）	表层	0.028	0.134	0.043	0.128	0.022	0.224	0.097
	底层	0.024	0.064	0.038	0.083	0.030	0.029	0.045

（续）

项目		站位						平均
		S1	S2	S3	S4	S5	S6	
SS（mg/L）	表层	30.40	37.30	36.10	41.72	29.16	25.94	33.44
	底层	22.10	22.80	16.75	28.49	20.06	20.51	21.79
石油类（mg/L）	表层	0.044	0.023	0.057	0.073	0.047	0.021	0.044
	底层	0.025	0.014	0.033	0.041	0.031	0.018	0.027
Cu（μg/L）	表层	3.1	2.8	3.2	4.1	1.8	1.8	2.8
	底层	2.7	2.7	3.4	3.3	1.6	1.7	2.6
Pb（μg/L）	表层	0.19	0.65	0.18	0.22	0.81	1.01	0.51
	底层	0.20	0.27	nd	0.36	0.49	0.89	0.44
Zn（μg/L）	表层	41	44	32	39	41	30	38
	底层	31	38	26	28	37	31	32
Cd（μg/L）	表层	0.21	0.20	0.22	nd	0.26	0.13	0.20
	底层	nd	1.01	0.12	nd	0.21	0.21	0.39
Hg（μg/L）	表层	0.003	nd	0.004	0.003	nd	0.001	0.003
	底层	0.002	nd	0.010	nd	0.001	0.001	0.004

注：nd 表示未检出。

表 5-52　竹洲-横洲礁区夏季跟踪调查海水水质观测分析结果

项目		站位						平均
		S1	S2	S3	S4	S5	S6	
水深（m）		18.5	18.2	24.5	18.0	19.6	18.5	19.6
透明度（m）		3.1	3.7	2.9	3.3	3.2	2.9	3.2
水温（℃）	表层	27.33	28.13	28.43	26.01	29.43	29.77	28.18
	底层	24.69	25.04	23.48	24.43	25.02	24.35	24.50
盐度	表层	30.82	31.35	31.46	31.42	30.91	30.64	31.10
	底层	32.57	32.20	32.78	33.91	32.31	32.54	32.72
pH	表层	8.12	8.24	8.08	7.99	8.33	8.38	8.19
	底层	8.22	8.19	8.15	8.03	8.26	8.42	8.21
DO（mg/L）	表层	6.38	5.52	6.24	5.33	6.50	6.58	6.09
	底层	3.72	2.75	3.52	2.40	3.08	2.75	3.04
COD（mg/L）	表层	0.76	1.19	1.03	1.38	1.20	1.11	1.11
	底层	0.52	0.78	0.95	1.30	1.02	1.02	0.93
无机氮（mg/L）	表层	0.15	0.24	0.23	0.23	0.11	0.19	0.19
	底层	0.13	0.11	0.18	0.28	0.16	0.16	0.17
PO₄-P（mg/L）	表层	0.112	0.106	0.112	0.114	0.157	0.177	0.130
	底层	0.085	0.098	0.096	0.128	0.102	0.119	0.105
SS（mg/L）	表层	54.40	47.30	66.10	52.72	46.16	45.94	52.10
	底层	25.10	32.60	29.75	28.49	29.06	30.51	29.25

（续）

项目		站位						平均
		S1	S2	S3	S4	S5	S6	
石油类（mg/L）	表层	0.216	0.233	0.255	0.174	0.334	0.118	0.222
	底层	0.178	0.205	0.167	0.204	0.316	0.098	0.195
Cu（μg/L）	表层	3.50	6.50	1.20	2.60	2.40	1.80	3.00
	底层	2.70	2.50	3.40	3.30	1.60	1.70	2.53
Pb（μg/L）	表层	0.19	0.80	0.10	0.21	0.19	0.23	0.29
	底层	0.20	0.19	0.05	0.11	0.22	0.18	0.16
Zn（μg/L）	表层	43.20	33.90	29.10	20.40	27.70	20.61	29.15
	底层	19.90	20.20	17.30	19.70	20.43	18.72	19.38
Cd（μg/L）	表层	0.12	0.33	0.11	0.09	0.19	0.07	0.15
	底层	0.37	0.12	0.28	0.08	0.06	0.11	0.17
Hg（μg/L）	表层	0.003	nd	0.004	0.001	0.003	0.001	0.002
	底层	0.002	nd	0.005	nd	0.001	0.003	0.003

注：nd 表示未检出。

表 5-53 竹洲-横洲礁区秋季跟踪调查海水水质观测分析结果

项目		站位						平均
		S1	S2	S3	S4	S5	S6	
水深（m）		19.5	20.5	18.5	19.5	18.5	18.5	19.2
透明度（m）		2.6	2.5	3.1	2.4	1.8	2.8	2.5
水温（℃）	表层	24.30	25.30	24.28	25.29	24.13	26.12	24.90
	底层	24.25	24.26	23.24	24.25	24.20	24.13	24.06
盐度	表层	30.12	31.77	31.46	32.42	31.71	31.75	31.54
	底层	31.39	32.32	32.48	33.91	32.31	32.54	32.49
pH	表层	8.15	8.29	8.08	8.20	8.20	8.28	8.20
	底层	8.21	8.24	8.05	8.29	8.20	8.44	8.24
DO（mg/L）	表层	6.42	6.60	6.64	6.50	6.50	6.58	6.54
	底层	5.16	5.18	5.97	5.62	4.28	5.71	5.32
COD（mg/L）	表层	0.75	1.02	0.81	0.96	1.20	1.01	0.96
	底层	0.52	0.93	0.67	1.07	1.02	0.95	0.86
无机氮（mg/L）	表层	0.42	1.00	0.21	0.21	0.24	0.45	0.42
	底层	0.24	0.78	0.19	0.27	0.23	0.26	0.33
$PO_4 - P$（mg/L）	表层	0.062	0.156	0.083	0.105	0.067	0.127	0.100
	底层	0.085	0.098	0.096	0.088	0.052	0.119	0.090
SS（mg/L）	表层	22.05	23.33	18.65	32.72	16.18	25.84	23.13
	底层	19.56	21.14	13.50	28.49	19.06	20.17	20.32
石油类（mg/L）	表层	0.216	0.233	0.213	0.127	0.185	0.219	0.199
	底层	0.178	0.205	0.192	0.032	0.125	0.172	0.150

（续）

项目		站位						平均
		S1	S2	S3	S4	S5	S6	
Cu（μg/L）	表层	0.53	0.74	0.83	1.55	0.75	0.69	0.85
	底层	0.64	1.25	0.85	0.63	0.77	0.78	0.82
Pb（μg/L）	表层	0.11	0.15	0.21	0.24	0.49	0.23	0.24
	底层	0.34	0.17	0.35	0.15	0.22	0.18	0.24
Zn（μg/L）	表层	17.8	23.6	29.0	10.2	16.4	20.6	19.6
	底层	15.6	16.3	8.6	9.2	8.6	17.7	12.7
Cd（μg/L）	表层	0.14	0.45	0.11	1.00	0.20	0.20	0.35
	底层	0.23	0.33	1.60	1.62	0.22	0.28	0.71
Hg（μg/L）	表层	nd	nd	nd	nd	nd	nd	nd
	底层	nd	nd	nd	nd	nd	nd	nd

注：nd 表示未检出。

表 5-54　竹洲-横洲礁区冬季跟踪调查海水水质观测分析结果

项目		站位						平均
		S1	S2	S3	S4	S5	S6	
水深（m）		18.0	18.0	26.0	18.0	18.0	17.0	19.2
透明度（m）		2.4	2.3	2.0	2.5	2.8	3.0	2.5
水温（℃）	表层	21.32	20.31	20.77	19.15	20.36	21.01	20.49
	底层	20.15	20.19	20.11	20.05	19.92	20.05	20.08
盐度	表层	32.50	32.53	31.82	30.76	30.38	30.77	31.46
	底层	32.31	32.82	32.98	32.12	32.35	31.59	32.36
pH	表层	8.14	8.09	8.17	8.03	8.22	8.06	8.12
	底层	8.06	8.11	8.13	8.05	8.17	8.11	8.11
DO（mg/L）	表层	7.26	7.23	7.31	7.27	7.25	7.48	7.30
	底层	5.86	5.86	5.81	6.03	5.95	5.66	5.86
COD（mg/L）	表层	1.09	0.84	0.91	1.20	0.95	1.08	1.01
	底层	1.05	0.67	0.87	0.88	0.61	1.02	0.85
无机氮（mg/L）	表层	0.206	0.180	0.183	0.182	0.165	0.174	0.182
	底层	0.169	0.168	0.162	0.157	0.159	0.248	0.177
PO_4-P（mg/L）	表层	0.021	0.021	0.03	0.028	0.022	0.024	0.024
	底层	0.024	0.034	0.038	0.033	0.030	0.029	0.031
SS（mg/L）	表层	20.40	17.30	19.10	18.72	19.16	18.94	18.94
	底层	22.10	20.80	16.75	18.49	20.06	20.51	19.79
石油类（mg/L）	表层	0.014	0.032	0.057	0.033	0.047	0.011	0.032
	底层	0.014	0.014	0.033	0.041	0.032	0.008	0.024
Cu（μg/L）	表层	3.3	2.8	2.9	3.7	2.5	2.6	3.0
	底层	2.9	2.7	3.0	3.3	2.7	3.5	3.0

（续）

项目		站位						平均
		S1	S2	S3	S4	S5	S6	
Pb （μg/L）	表层	0.79	0.85	0.38	0.22	0.61	1.01	0.64
	底层	0.62	0.27	nd	0.36	0.69	0.99	0.59
Zn （μg/L）	表层	17.5	25.3	19.4	17.8	21.1	18.5	19.9
	底层	19.2	20.6	18.7	12.4	19.8	17.9	18.1
Cd （μg/L）	表层	nd	nd	nd	nd	nd	nd	nd
	底层	nd	nd	nd	nd	nd	nd	nd
Hg （μg/L）	表层	nd	nd	nd	nd	nd	nd	nd
	底层	nd	nd	nd	nd	nd	nd	nd

注：nd 表示未检出。

（1）水温　春季跟踪调查结果分析显示，表层水温变化范围为 23.31～24.03 ℃，平均为 23.54 ℃，最高值出现在 S4 号站，最低值出现在 S3 号站；底层水温变化范围为 22.89～23.19 ℃，平均为 23.01 ℃，最高值出现在 S2 号站，最低值出现在 S3 号站。

夏季跟踪调查结果分析显示，表层水温变化范围为为 26.01～29.77 ℃，平均为 28.18 ℃，最高值出现在 S6 号站，最低值出现在 S4 号站；底层水温变化范围为 23.48～25.04 ℃，平均为 24.50 ℃，最高值出现在 S2 号站，最低值出现在 S3 号站。

秋季跟踪调查结果分析显示，表层水温变化范围为 24.13～26.12 ℃，平均为 24.90 ℃，最高值出现在 S6 号站，最低值出现在 S5 号站；底层水温变化范围为 23.24～24.26 ℃，平均为 24.06 ℃，最高值出现在 S2 号站，最低值出现在 S3 号站。

冬季跟踪调查结果分析显示，表层水温变化范围为 19.15～21.32 ℃，平均为 20.49 ℃；底层水温变化范围为 19.92～20.19 ℃，平均为 20.08 ℃。

（2）盐度　春季跟踪调查结果分析显示，表层盐度变化范围为 32.77～33.86，平均为 33.04，最高值出现在 S3 号站，最低值出现在 S4、S6 号站；底层盐度变化范围为 32.82～34.21，平均为 33.37，最高值出现在 S3 号站，最低值出现在 S2 号站。底层海水盐度略高于表层。

夏季跟踪调查结果分析显示，表层盐度变化范围为 30.64～31.46，平均为 31.10，最高值出现在 S3 号站，最低值出现在 S6 号站；底层盐度变化范围为 32.20～33.91，平均为 32.72，最高值出现在 S4 号站，最低值出现在 S2 号站。底层海水盐度略高于表层。

秋季跟踪调查结果分析显示，表层盐度变化范围为 30.12～32.42，平均为 31.54，最高值出现在 S4 号站，最低值出现在 S1 号站；底层盐度变化范围为 31.39～33.91，平均为 32.49，最高值出现在 S4 号站，最低值出现在 S1 号站。底层海水盐度略高于表层。

冬季跟踪调查结果分析显示，表层盐度变化范围为 30.38～32.53，平均为 31.46，最高值出现在 S2 号站，最低值出现在 S5 号站；底层盐度变化范围为 31.59～32.98，平均为32.36，最高值出现在S3号站，最低值出现在S6号站。底层海水盐度略高于表层。

（3）pH　春季跟踪调查结果分析显示，监测期间海水pH的变化范围在表层为8.00～8.43，平均为8.27，最高值出现在S4号站，最低值出现在S1号站；在底层为8.12～8.57，平均为8.34，最高值出现在S5号站，最低值出现在S1号站。

夏季跟踪调查结果分析显示，监测期间海水pH的变化范围在表层为7.99～8.38，平均为8.19，最高值出现在S6号站，最低值出现在S4号站；在底层为8.03～8.42，平均为8.21，最高值出现在S6号站，最低值出现在S4号站。

秋季跟踪调查结果分析显示，监测期间海水pH的变化范围在表层为8.08～8.29，平均为8.20，最高值出现在S2号站，最低值出现在S3号站；在底层为8.05～8.44，平均为8.24，最高值出现在S6号站，最低值出现在S3号站。

冬季跟踪调查结果分析显示，监测期间海水pH的变化范围在表层为8.03～8.22，平均为8.12；在底层为8.05～8.17，平均为8.11。

（4）溶解氧　春季跟踪调查结果分析显示，监测期间各站点溶解氧含量的变化范围在表层为5.55～6.77 mg/L，平均为6.13 mg/L，最高值出现在3号站，最低值出现在S1号站；在底层为5.03～6.03 mg/L，平均为5.76 mg/L，最高值出现在S3、S4号站，最低值出现在S1号站。表层海水溶解氧含量高于底层。

夏季跟踪调查结果分析显示，监测期间溶解氧含量的变化范围在表层为5.33～6.58 mg/L，平均为6.09 mg/L，最高值出现在S6号站，最低值出现在S4号站；在底层为2.40～3.72 mg/L，平均为3.04 mg/L，最高值出现在S1号站，最低值出现在S4号站。表层海水溶解氧含量高于底层。

夏季跟踪调查结果分析显示，监测期间溶解氧含量的变化范围在表层为6.42～6.64 mg/L，平均为6.54 mg/L，最高值出现在S3号站，最低值出现在S1号站；在底层为4.28～5.97 mg/L，平均为5.32 mg/L，最高值出现在S3号站，最低值出现在S5号站。表层海水溶解氧含量高于底层。

冬季跟踪调查结果分析显示，监测期间溶解氧含量的变化范围在表层为7.23～7.48 mg/L，平均为7.30 mg/L；在底层为5.66～6.03 mg/L，平均为5.86 mg/L。表层海水溶解氧含量高于底层。

（5）化学需氧量　春季跟踪调查结果分析显示，监测期间海水化学需氧量含量变化范围表层为0.83～1.55 mg/L，平均为1.18 mg/L，最高值出现在S5号站，最低值出现在S2号站；底层为0.65～1.02 mg/L，平均为0.89 mg/L，最高值出现在S6号站，最低值出现在S2号。表层海水化学需氧量含量高于底层海水化学需氧量含量。

夏季跟踪调查结果分析显示，监测期间海水化学需氧量含量变化范围在表层为0.76～1.38 mg/L，平均为1.11 mg/L，最高值出现在S4号站，最低值出现在S1号站；在底层为0.52～1.30 mg/L，平均为0.93 mg/L，最高值出现在S4号站，最低值出现在

S1 号站。表层海水化学需氧量含量高于底层海水化学需氧量含量。

秋季跟踪调查结果分析显示，监测期间海水化学需氧量含量变化范围在表层为 0.75～1.20 mg/L，平均为 0.96 mg/L，最高值出现在 S5 号站，最低值出现在 S1 号站；在底层为 0.52～1.07 mg/L，平均为 0.86 mg/L，最高值出现在 S4 号站，最低值出现在 S1 号站。表层海水化学需氧量含量高于底层海水化学需氧量含量。

冬季跟踪调查结果分析显示，监测期间海水化学需氧量含量变化范围在表层为 0.84～1.20 mg/L，平均为 1.01 mg/L，最高值出现在 S4 号站，最低值出现在 S2 号站；在底层为 0.61～1.05 mg/L，平均为 0.85 mg/L，最高值出现在 S1 号站，最低值出现在 S5 号站。表层海水化学需氧量含量高于底层海水化学需氧量含量。

（6）无机氮 春季跟踪调查结果分析显示，监测期间海水无机氮含量较低，表层为 0.165～0.363 mg/L，平均为 0.230 mg/L，最高值出现在 S4 号站，最低值出现在 S5 号站；底层为 0.157～0.248 mg/L，平均为 0.183 mg/L，最高值出现在 S6 号站，最低值出现在 S3 号站。表层海水无机氮含量高于底层海水无机氮含量。

夏季跟踪调查结果分析显示，监测期间海水无机氮含量较低，表层为 0.11～0.24 mg/L，平均为 0.19 mg/L，最高值出现在 S2 号站，最低值出现在 S5 号站；底层为 0.11～0.28 mg/L，平均为 0.17 mg/L，最高值出现在 S4 号站，最低值出现在 S2 号站。表层海水无机氮含量高于底层海水无机氮含量。

秋季跟踪调查结果分析显示，监测期间海水无机氮含量较低，表层为 0.21～1.00 mg/L，平均为 0.42 mg/L，最高值出现在 S2 号站，最低值出现在 S3、S4 号站；底层为 0.19～0.78 mg/L，平均为 0.33 mg/L，最高值出现在 S2 号站，最低值出现在 S3 号站。表层海水无机氮含量高于底层海水无机氮含量。

冬季跟踪调查结果分析显示，监测期间海水无机氮含量较低，表层为 0.165～0.206 mg/L，平均为 0.182 mg/L；底层为 0.157～0.248 mg/L，平均为 0.177 mg/L。表、底层海水无机氮含量变化不明显。

（7）活性磷酸盐 春季跟踪调查结果分析显示，监测期间海水活性磷酸盐含量较低，表层为 0.022～0.224 mg/L，平均为 0.097 mg/L，最高值出现在 S6 号站，最低值出现在 S5 号站；底层为 0.024～0.083 mg/L，平均为 0.045 mg/L，最高值出现在 S4 号站，最低值出现在 S1 号站。表层海水磷酸盐含量高于底层海水磷酸盐含量。

夏季跟踪调查结果分析显示，监测期间海水活性磷酸盐含量较低，表层为 0.106～0.177 mg/L，平均为 0.130 mg/L，最高值出现在 S6 号站，最低值出现在 S2 号站；底层为 0.085～0.128 mg/L，平均为 0.105 mg/L，最高值出现在 S4 号站，最低值出现在 S1 号站。表层海水磷酸盐含量高于底层海水磷酸盐含量。

秋季跟踪调查结果分析显示，监测期间海水活性磷酸盐含量较低，表层为 0.062～0.156 mg/L，平均为 0.100 mg/L，最高值出现在 S2 号站，最低值出现在 S1 号站；底层为 0.052～0.119 mg/L，平均为 0.090 mg/L，最高值出现在 S6 号站，最低值出现在 S5 号站。表层海水磷酸盐含量略高于底层海水磷酸盐含量。

冬季跟踪调查结果分析显示，监测期间海水活性磷酸盐含量较低，表层为 0.021～ 0.030 mg/L，平均为 0.024 mg/L；底层为 0.024～0.038 mg/L，平均为 0.031 mg/L。底层海水磷酸盐含量略高于表层海水磷酸盐含量。

（8）石油类　春季跟踪调查结果分析显示，监测期间海水石油类含量范围表层为 0.021～0.073 mg/L，平均为 0.044 mg/L，最高值出现在 S4 号站，最低值出现在 S6 号站；底层为 0.014～0.041 mg/L，平均为 0.027 mg/L，最高值出现在 S4 号站，最低值出现在 S2 号站。表、底层海水石油类含量相差不大。

夏季跟踪调查结果分析显示，监测期间海水石油类含量范围表层为 0.118～ 0.334 mg/L，平均为 0.222 mg/L，最高值出现在 S5 号站，最低值出现在 S6 号站；底层为 0.098～0.316 mg/L，平均为 0.190 mg/L，最高值出现在 S5 号站，最低值出现在 S6 号站。表层海水石油类含量高于底层海水石油类含量。

秋季跟踪调查结果分析显示，监测期间海水石油类含量范围表层为 0.127～ 0.233 mg/L，平均为 0.199 mg/L，最高值出现在 S2 号站，最低值出现在 S4 号站；底层为 0.032～0.205 mg/L，平均为 0.151 mg/L，最高值出现在 S2 号站，最低值出现在 S4 号站。表层海水石油类含量高于底层海水石油类含量。

冬季跟踪调查结果分析显示，监测期间海水石油类含量范围表层为 0.011～ 0.057 mg/L，平均为 0.032 mg/L；底层为 0.008～0.041 mg/L，平均为 0.024 mg/L。表、底层海水石油类含量相差不大。

（9）汞　春季跟踪调查结果分析显示，监测期间海水汞含量的变化范围表层为 0.001～0.004 μg/L，平均值为 0.003 μg/L，最高值出现在 S3 号站，最低值出现在 S6 号站，S2、S5 号站未检出；底层为 0.001～0.010 μg/L，平均值为 0.004 μg/L，最高值出现在 S3 号站，最低值出现在 S5、S6 号站，S2、S4 号站未检出。

夏季跟踪调查结果分析显示，监测期间海水汞含量的变化范围表层为 0.001～ 0.004 μg/L，平均值为 0.002 μg/L，最高值出现在 S3 号站，最低值出现在 S4、S6 号站，S2 号站未检出；底层为 0.001～0.005 μg/L，平均值为 0.003 μg/L，最高值出现在 S3 号站，最低值出现在 S5 号站，S2、S4 号站未检出。

秋季跟踪调查结果分析显示，监测期间未检出表层和底层海水汞含量。

冬季跟踪调查结果分析显示，监测期间监测海域未检出汞含量。

（10）铜　春季跟踪调查结果分析显示，监测期间海水铜含量的变化范围表层为 1.8～ 4.1 μg/L，平均值为 2.8 μg/L，最高值出现在 S4 号站，最低值出现在 S5、S6 号站；底层为 1.6～3.4 μg/L，平均值为 2.6 μg/L，最高值出现在 S3 号站，最低值出现在 S5 号站。表层海水铜含量略高底层海水铜含量。

夏季跟踪调查结果分析显示，监测期间海水铜含量的变化范围表层为 1.20～6.50 μg/L，平均值为 3.00 μg/L，最高值出现在 S2 号站，最低值出现在 S3 号站；底层为 1.60～3.40 μg/L，平均值为 2.53 μg/L，最高值出现在 S3 号站，最低值出现在 S5 号站。表层海水铜含量略高于底层海水铜含量。

秋季跟踪调查结果分析显示，监测期间海水铜含量的变化范围表层为 0.53～1.55 μg/L，平均值为 0.85 μg/L，最高值出现在 S4 号站，最低值出现在 S1 号站；底层为 0.63～1.25 μg/L，平均值为 0.82 μg/L，最高值出现在 S2 号站，最低值出现在 S4 号站。表层海水铜含量略高于底层海水铜含量。

冬季跟踪调查结果分析显示，监测期间海水铜含量的变化范围表层为 2.5～3.7 μg/L，平均值为 3.0 μg/L，最高值出现在 S4 号站，最低值出现在 S5 号站；底层为 2.7～3.5 μg/L，平均值为 3.0 μg/L，最高值出现在 S6 号站，最低值出现在 S2、S5 号站。

（11）铅　春季跟踪调查结果分析显示，监测期间海水铅含量的变化范围表层为 0.18～1.01 μg/L，平均值为 0.51 μg/L，最高值出现在 S6 号站，最低值出现在 S3 号站；底层为 0.20～0.89 μg/L，平均值为 0.44 μg/L，最高值出现在 S6 号站，最低值出现在 S1 号站，S3 号站没有检出。

夏季跟踪调查结果分析显示，监测期间海水铅含量的变化范围表层为 0.10～0.80 μg/L，平均值为 0.29 μg/L，最高值出现在 S2 号站，最低值出现在 S3 号；底层为 0.05～0.22 μg/L，平均值为 0.16 μg/L，最高值出现在 S5 号站，最低值出现在 S3 号站。

秋季跟踪调查结果分析显示，监测期间海水铅含量的变化范围表层为 0.11～0.49 μg/L，平均值为 0.24 μg/L，最高值出现在 S5 号站，最低值出现在 S1 号站；底层为 0.15～0.35 μg/L，平均值为 0.24 μg/L，最高值出现在 S3 号站，最低值出现在 S4 号站。

冬季跟踪调查结果分析显示，监测期间海水铅含量的变化范围表层为 0.22～1.01 μg/L，平均值为 0.64 μg/L，最高值出现在 S6 号站，最低值出现在 S4 号站；底层为 0.27～0.99 μg/L，平均值为 0.59 μg/L，最高值出现在 S6 号站，最低值出现在 S2 号站，S3 号站没有检出。

（12）锌　春季跟踪调查结果分析显示，监测期间各站海水锌含量表层为 30～44 μg/L，平均为 38 μg/L，最高值出现在 S2 号站，最低值出现在 S6 号站；底层为 26～38 μg/L，平均为 32 μg/L，最高值出现在 S2 号站，最低值出现在 S3 号站。

夏季跟踪调查结果分析显示，监测期间各站海水锌含量表层为 20.40～43.20 μg/L，平均为 29.15 μg/L，最高值出现在 S1 号站，最低值出现在 S4 号站；底层为 17.30～20.43 μg/L，平均为 19.38 μg/L，最高值出现在 S5 号站，最低值出现在 S3 号站。

秋季跟踪调查结果分析显示，监测期间各站海水锌含量表层为 10.2～29.0 μg/L，平均为 19.6 μg/L，最高值出现在 S3 号站，最低值出现在 S4 号站；底层为 8.6～

17.7 μg/L，平均为 12.7 μg/L，最高值出现在 S6 号站，最低值出现在 S3 号站。

冬季跟踪调查结果分析显示，监测期间各站海水锌含量表层为 17.5～25.3 μg/L，平均为 19.9 μg/L，最高值出现在 S2 号站，最低值出现在 S1 号站；底层为 12.4～20.6 μg/L，平均为 18.1 μg/L，最高值出现在 S2 号站，最低值出现在 S4 号站。

（13）镉　春季跟踪调查结果分析显示，监测期间海水镉含量的变化范围表层为 0.13～0.26 μg/L，平均为 0.20 μg/L，最高值出现在 S5 号站，最低值出现在 S6 号站，S4 号站未检出；底层为 0.12～1.01 μg/L，平均值为 0.39 μg/L，最高值出现在 S2 号站，最低值出现在 S3 号站，S1、S4 号站未检出。

夏季跟踪调查结果分析显示，监测期间海水镉含量的变化范围表层为 0.07～0.33 μg/L，平均值为 0.15 μg/L，最高值出现在 S2 号站，最低值出现在 S6 号站；底层为 0.06～0.37 μg/L，平均值为 0.17 μg/L，最高值出现在 S1 号站，最低值出现在 S5 号站。

秋季跟踪调查结果分析显示，监测期间海水镉含量的变化范围表层为 0.11～1.00 μg/L，平均值为 0.35 μg/L，最高值出现在 S4 号站，最低值出现在 S3 号站；底层为 0.22～1.62 μg/L，平均值为 0.71 μg/L，最高值出现在 S4 号站，最低值出现在 S5 号站。

冬季跟踪调查结果分析显示，监测期间监测海域未检出镉含量。

（14）悬浮物　春季跟踪调查结果分析显示，监测海域海水悬浮物含量的变化范围表层为 25.94～41.72 mg/L，平均为 33.44 mg/L，最高值出现在 S4 号站，最低值出现在 S6 号站；底层为 16.75～28.49 mg/L，平均为 21.79 mg/L，最高值出现在 S4 号站，最低值出现在 S3 号站。

夏季跟踪调查结果分析显示，监测海域海水悬浮物含量的变化范围表层为 45.94～66.10 mg/L，平均为 52.10 mg/L，最高值出现在 S3 号站，最低值出现在 S6 号站；底层为 25.10～32.60 mg/L，平均为 29.25 mg/L，最高值出现在 S2 号站，最低值出现在 S1 号站。

秋季跟踪调查结果分析显示，监测海域海水悬浮物含量的变化范围表层为 16.18～32.72 mg/L，平均为 23.13 mg/L，最高值出现在 S4 号站，最低值出现在 S5 号站；底层为 13.50～28.49 mg/L，平均为 20.32 mg/L，最高值出现在 S4 号站，最低值出现在 S3 号站。

冬季跟踪调查结果分析显示，监测海域海水悬浮物含量的变化范围表层为 17.3～20.40 mg/L，平均为 18.94 mg/L，最高值出现在 S1 号站，最低值出现在 S2 号站；底层为 16.75～22.10 mg/L，平均为 19.79 mg/L，最高值出现在 S1 号站，最低值出现在 S3 号站。

2. 海底表层沉积物

（1）沉积物粒度分析　竹洲-横洲礁区跟踪调查海底表层沉积物粒度分析结果见表 5-55 至表 5-58。

表 5-55 竹洲-横洲礁区春季跟踪调查沉积物粒度

项目		站位					
		S1	S2	S3	S4	S5	S6
粒组含量（%）	砾	—				—	
	沙	17.81	11.81	19.63	22.61	7.43	15.99
	粉沙	55.39	60.91	57.26	53.05	64.51	57.64
	黏土	26.80	27.29	23.11	24.34	28.06	26.37
粒度系数	平均粒径 Mz_φ	7.53	7.72	7.24	7.26	7.83	7.50
	中值粒径 Md_φ	7.61	7.77	7.41	7.28	7.90	7.62
	偏态值 SK_φ	0.05	−0.01	−0.01	0.04	−0.05	−0.03
	峰态值 Kg_φ	0.79	0.83	0.76	0.98	0.98	0.86
	分选系数 $\delta_{i\varphi}$	2.15	2.13	2.32	2.14	1.96	2.23
类型		黏土质粉沙	黏土质粉沙	黏土质粉沙	黏土质粉沙	黏土质粉沙	黏土质粉沙

注：粗粒部分主要是贝壳碎片及少量的砾石。

表 5-56 竹洲-横洲礁区夏季跟踪调查沉积物粒度

项目		站位					
		S1	S2	S3	S4	S5	S6
粒组含量（%）	砾	7.073	—	—	—	28.791	—
	沙	61.548	44.460	43.555	1.847	45.218	24.901
	粉沙	24.416	35.271	35.658	72.435	20.619	52.951
	黏土	6.962	20.269	20.787	25.718	5.372	22.148
粒度系数	平均粒径 Mz_φ	2.600	5.096	5.203	7.056	1.916	5.791
	中值粒径 Md_φ	1.244	5.086	5.208	7.047	1.548	6.263
	偏态值 SK_φ	−0.548	−0.063	−0.062	−0.053	−0.162	0.167
	峰态值 Kg_φ	0.831	0.708	0.700	1.149	0.827	0.928
	分选系数 $\delta_{i\varphi}$	3.113	3.012	2.973	1.531	3.596	2.746
类型		粉沙质沙	黏土-粉沙质沙	黏土-粉沙质沙	黏土质粉沙	粉沙-砾质沙	黏土-沙质粉沙

注：粗粒部分主要是贝壳碎片及少量的砾石。

表 5-57 竹洲-横洲礁区秋季跟踪调查沉积物粒度

项目		站位					
		S1	S2	S3	S4	S5	S6
粒组含量（%）	砾	—	—	—	—	—	3.63
	沙	49.16	12.74	22.13	26.83	38.53	26.90
	粉沙	35.78	58.61	52.49	50.51	41.62	53.37
	黏土	15.06	28.65	25.38	22.66	19.84	16.11

（续）

项目		站位					
		S1	S2	S3	S4	S5	S6
粒度系数	平均粒径 Mz_φ	4.04	6.73	6.40	6.06	5.10	5.72
	中值粒径 Md_φ	4.84	6.67	6.27	5.84	5.47	5.34
	偏态值 SK_φ	−0.45	0.00	0.01	0.08	−0.25	0.17
	峰态值 Kg_φ	0.89	0.93	0.81	0.93	0.79	0.89
	分选系数 $\delta_{i\varphi}$	2.54	2.28	2.42	2.76	2.56	2.69
类型		粉沙质沙	黏土质粉沙	黏土-沙-粉沙	黏土-沙-粉沙	沙质粉沙	沙质粉沙

注：粗粒部分主要是贝壳碎片及少量的砾石。

表 5-58　竹洲-横洲礁区冬季跟踪调查沉积物粒度

项目		站位					
		S1	S2	S3	S4	S5	S6
粒组含量（%）	砾	—	—	—	—	—	—
	沙	2.18	2.65	33.03	1.70	6.37	5.60
	粉沙	65.57	66.57	49.86	66.91	66.74	65.71
	黏土	32.25	30.78	17.10	31.39	26.89	28.68
粒度系数	平均粒径 Mz_φ	7.20	7.09	4.67	7.13	6.60	6.85
	中值粒径 Md_φ	7.30	7.15	5.41	7.22	6.70	6.89
	偏态值 SK_φ	−0.10	−0.07	−0.50	−0.10	−0.12	−0.06
	峰态值 Kg_φ	1.07	1.05	0.85	1.05	0.91	0.99
	分选系数 $\delta_{i\varphi}$	1.70	1.80	2.23	1.75	2.05	1.98
类型		黏土质粉沙	黏土质粉沙	沙质粉沙	黏土质粉沙	黏土质粉沙	黏土质粉沙

注：粗粒部分主要是贝壳碎片及少量的砾石。

由春季表层沉积物的粒度分析结果可见，监测海域海底表层沉积物只有黏土质粉沙一种类型，表明该海域沉积物颗粒较细。分选较好，分选系数 $\delta_{i\varphi}$ 为 1.96～2.32；正、负偏态，SK_φ 为 −0.05～0.05；中值粒径 Md_φ 为 7.28～7.90。

由夏季表层沉积物的粒径分析结果可见，监测海域海底表层沉积物类型较为复杂，分别由黏土-粉沙质沙、黏土质粉沙、粉沙质沙、粉沙-砾质沙和黏土-沙质粉沙组成。总体来看，礁区海底表层沉积物以沙和粉沙的含量较高，其范围分别为 1.847%～61.548% 和 20.619%～72.435%，黏土的含量范围为 5.372%～25.718%，砾的含量较少，仅在 S1 站和 S5 站出现，其含量分别为 7.073% 和 28.791%。分选较好，分选系数 $\delta_{i\varphi}$ 为 1.531～3.596；呈正负偏态，偏态值 SK_φ 为 −0.548～0.167；中值粒径 Md_φ 为 1.244～7.047。

由秋季表层沉积物的粒径分析结果可见，监测海域海底表层沉积物类型较为复杂，主要由沙质粉沙、黏土-沙-粉沙、粉沙质沙和黏土质粉沙 4 种类型组成，其中 S3 号站和 S4 号站主要为黏土-沙-粉沙，S5 号站和 S6 号站主要为沙质粉沙，S1 号站和 S2 号站分别为粉沙质沙和黏土质粉沙。总体来看，各站以粉沙的含量较大，其范围为 35.78%～58.61%；其次为沙或黏土，其含量范围分别为 12.74%～49.16% 和 15.06%～28.65%；砾仅在 S6 号站出现，其含量比例为 3.63%。分选较好，分选系数 $\delta_{i\varphi}$ 为 2.28～2.76；偏态值 SK_φ 为 -0.45～0.17；中值粒径 Md_φ 为 4.84～6.67。

由冬季表层沉积物的粒径分析结果可见，监测海域海底表层沉积物除 S3 号站为沙质粉沙外，其余均为黏土质粉沙。整个礁区绝大部分沉积物的粉沙含量均大于 65%（S3 号站为 49.86%），其中以礁区中的 S4 站沉积物中含粉沙最高，为 66.91%，黏土的含量范围为 17.10%～32.25%，沙的含量范围为 1.70%～33.03%，表明该礁区范围内沉积物颗粒较细。分选较好，分选系数 $\delta_{i\varphi}$ 为 1.70～2.23；呈负偏态，偏态值 SK_φ 为 -0.50～-0.06；中值粒径 Md_φ 为 5.41～7.30。

（2）沉积物质量　竹洲-横洲礁区跟踪调查沉积物项目测定值见表 5-59 至表 5-62。

表 5-59　竹洲-横洲礁区春季跟踪调查沉积物项目测定值

站位	pH	Cu (mg/kg)	Pb (mg/kg)	Zn (mg/kg)	Cd (mg/kg)	Hg (mg/kg)	石油类 (mg/kg)	有机质 ($\times 10^{-2}$)
S1	8.03	14.4	15.2	54.2	0.05	0.013	81.80	1.12
S2	7.72	13.1	11.4	65.0	0.02	0.024	96.80	1.44
S3	7.83	11.6	18.2	65.2	0.07	0.014	67.20	1.16
S4	8.27	11.2	11.4	27.5	nd	0.028	25.42	1.08
S5	7.94	10.5	16.2	24.7	0.07	0.032	11.21	1.17
S6	8.05	14.1	23.1	65.4	nd	0.027	21.91	1.09
平均	7.97	12.5	15.9	50.3	0.05	0.023	50.72	1.18
超标率（%）	—	0	0	0	0	0	0	0

注：nd 表示未检出。

表 5-60　竹洲-横洲礁区夏季跟踪调查沉积物项目测定值

站位	pH	Cu (mg/kg)	Pb (mg/kg)	Zn (mg/kg)	Cd (mg/kg)	Hg (mg/kg)	石油类 (mg/kg)	有机质 ($\times 10^{-2}$)
S1	7.79	8.6	16.2	49.8	0.05	0.05	97.60	1.17
S2	7.72	4.5	9.3	22.9	0.14	0.03	83.20	0.88
S3	7.83	5.7	8.7	32.6	0.07	0.08	65.30	0.64
S4	8.17	8.8	12.7	47.9	0.22	0.06	217.60	2.06
S5	7.94	6.6	9.6	31.3	0.07	0.05	135.90	0.84
S6	8.03	7.5	10.5	45.9	0.03	0.05	141.50	1.34
平均	7.91	6.9	11.2	38.4	0.11	0.05	123.52	1.16
超标率（%）	—	0	0	0	0	0	0	16.67

表 5-61　竹洲-横洲礁区秋季跟踪调查沉积物项目测定值

站位	pH	Cu (mg/kg)	Pb (mg/kg)	Zn (mg/kg)	Cd (mg/kg)	Hg (mg/kg)	石油类 (mg/kg)	有机质 ($\times 10^{-2}$)
S1	7.65	4.4	15.5	28.8	0.25	0.043	45.30	1.34
S2	7.38	7.9	14.9	38.9	0.04	0.063	61.70	1.88
S3	7.46	3.7	16.8	32.6	0.33	0.062	42.60	2.64
S4	7.84	10.8	18.4	33.9	0.18	0.047	53.80	2.06
S5	7.36	6.4	13.1	43.3	0.19	0.049	40.70	1.59
S6	7.53	5.5	16.0	44.6	0.07	0.057	42.20	1.74
平均	7.54	6.5	15.8	37.0	0.18	0.054	47.72	1.88
超标率（%）	—	0	0	0	0	0	0	33.33

表 5-62　竹洲-横洲礁区冬季跟踪调查沉积物项目测定值

站位	pH	Cu (mg/kg)	Pb (mg/kg)	Zn (mg/kg)	Cd (mg/kg)	Hg (mg/kg)	石油类 (mg/kg)	有机质 ($\times 10^{-2}$)
S1	7.63	10.5	10.2	37.2	0.05	0.024	21.30	0.91
S2	7.12	13.3	9.1	22.9	nd	0.031	20.40	1.22
S3	7.36	16.1	12.5	31.6	nd	0.019	33.66	1.58
S4	7.56	11.2	11.4	27.5	nd	0.028	25.42	1.08
S5	7.94	10.5	16.2	24.7	0.07	0.022	11.12	1.17
S6	8.21	11.4	10.7	28.8	nd	0.017	20.90	0.99
平均	7.64	12.2	11.7	28.8	0.06	0.024	22.13	1.16
超标率（%）	—	0	0	0	0	0	0	0

注：nd 表示未检出。

①pH：春季跟踪调查结果显示，沉积物的 pH 范围在 7.72～8.27，平均为 7.97。

夏季跟踪调查结果显示，沉积物的 pH 范围在 7.72～8.17，平均为 7.91。

秋季跟踪调查结果显示，沉积物的 pH 范围在 7.36～7.84，平均为 7.54。

冬季跟踪调查结果显示，沉积物的 pH 范围在 7.12～8.21，平均为 7.64。

②有机质：春季跟踪调查结果显示，沉积物中有机质含量范围在 1.08×10^{-2} ～ 1.44×10^{-2}，平均为 1.18×10^{-2}。最大值出现于 S2 号站，最小值出现在 S4 号站。

夏季跟踪调查结果显示，沉积物中有机质含量范围在 0.64×10^{-2} ～ 2.06×10^{-2}，平均为 1.16×10^{-2}。最大值出现于 4 号站，最小值出现在 3 号站。

秋季跟踪调查结果显示，沉积物中有机质含量范围在 1.34×10^{-2} ～ 2.64×10^{-2}，平均为 1.88×10^{-2}。最大值出现于 S3 号站，最小值出现在 S1 号站。

冬季跟踪调查结果显示，沉积物中有机质含量范围在 0.91×10^{-2} ～ 1.58×10^{-2}，平

均为 1.16×10^{-2}。最大值出现于 S3 号站，最小值出现在 S1 号站。

③石油类：春季跟踪调查结果显示，沉积物中石油类含量低，在 11.21～96.80 mg/kg，平均为 50.72 mg/kg。最大值出现于 S2 号站，最小值出现在 S5 号站。

夏季跟踪调查结果显示，沉积物中石油类含量低，在 65.30～217.60 mg/kg，平均为 123.52 mg/kg。最大值出现于 S4 号站，最小值出现在 S3 号站。

秋季跟踪调查结果显示，沉积物中石油类含量低，在 40.70～61.70 mg/kg，平均为 47.72 mg/kg。最大值出现于 S2 号站，最小值出现在 S5 号站。

冬季跟踪调查结果显示，沉积物中石油类含量低，在 11.12～33.66 mg/kg，平均为 22.13 mg/kg。最大值出现于 S3 号站，最小值出现在 S5 号站。

④铜：春季跟踪调查结果显示，沉积物中铜含量范围在 10.5～14.4 mg/kg，平均为 12.5 mg/kg。最大值出现在 S1 号站，最小值出现在 S5 号站。

夏季跟踪调查结果显示，沉积物中铜含量范围在 4.5～8.8 mg/kg，平均为 6.9 mg/kg。最大值出现在 S4 号站，最小值出现在 S2 号站。

秋季跟踪调查结果显示，沉积物中铜含量范围在 3.7～10.8 mg/kg，平均为 6.5 mg/kg。最大值出现在 S4 号站，最小值出现在 S3 号站。

冬季跟踪调查结果显示，沉积物中铜含量范围在 10.5～16.1 mg/kg，平均为 12.2 mg/kg。最大值出现在 S3 号站，最小值出现在 S1、S5 号站。

⑤铅：春季跟踪调查结果显示，沉积物中铅含量范围在 11.4～23.1 mg/kg，平均为 15.9 mg/kg。最大值出现在 S6 号站，最小值出现在 S2、S4 号站。

夏季跟踪调查结果显示，沉积物中铅含量范围在 8.7～16.2 mg/kg，平均为 11.2 mg/kg。最大值出现在 S1 号站，最小值出现在 S3 号站。

秋季跟踪调查结果显示，沉积物中铅含量范围在 13.1～18.4 mg/kg，平均为 15.8 mg/kg。最大值出现在 S4 号站，最小值出现在 S5 号站。

冬季跟踪调查结果显示，沉积物中铅含量范围在 9.1～16.2 mg/kg，平均为 11.7 mg/kg。最大值出现在 S5 号站，最小值出现在 S2 号站。

⑥汞：春季跟踪调查结果显示，沉积物中汞含量范围在 0.013～0.032 mg/kg，平均为 0.023 mg/kg。最大值出现在 S5 号站，最小值出现在 S1 号站。

夏季跟踪调查结果显示，沉积物中汞含量范围在 0.03～0.08 mg/kg，平均为 0.05 mg/kg。最大值出现在 S3 号站，最小值出现在 S2 号站。

秋季跟踪调查结果显示，沉积物中汞含量范围在 0.043～0.063 mg/kg，平均为 0.054 mg/kg。最大值出现在 S2 号站，最小值出现在 S1 号站。

冬季跟踪调查结果显示，沉积物中汞含量范围在 0.017～0.031 mg/kg，平均为 0.024 mg/kg。整个区域汞含量较低。

⑦锌：春季跟踪调查结果显示，沉积物中锌含量范围在 24.7～65.4 mg/kg，平均为

50.3 mg/kg。最大值出现在 S6 号站，最小值出现在 S5 号站。

夏季跟踪调查结果显示，沉积物中锌含量范围在 22.9～49.8 mg/kg，平均为 38.4 mg/kg。最大值出现在 S1 号站，最小值出现在 S2 号站。

秋季跟踪调查结果显示，沉积物中锌含量范围在 28.8～44.6 mg/kg，平均为 37.02 mg/kg。最大值出现在 S6 号站，最小值出现在 S1 号站。

冬季跟踪调查结果显示，沉积物中锌含量范围在 22.9～37.2 mg/kg，平均为 28.8 mg/kg。最大值出现在 S1 号站，最小值出现在 S2 号站。

⑧镉：春季跟踪调查结果显示，沉积物中镉含量范围在 0.02～0.07 mg/kg，平均为 0.05 mg/kg。最大值出现在 S3、S5 号站，最小值出现在 S2 号站，S4、S6 号站均未检出。

夏季跟踪调查结果显示，沉积物中镉含量范围在 0.03～0.22 mg/kg，平均为 0.11 mg/kg。最大值出现在 S4 号站，最小值出现在 S6 号站。

秋季跟踪调查结果显示，沉积物中镉含量范围在 0.04～0.33 mg/kg，平均为 0.18 mg/kg。最大值出现在 S3 号站，最小值出现在 S2 号站。

冬季跟踪调查结果显示，沉积物中镉含量范围在 0.05～0.07 mg/kg，平均为 0.06 mg/kg。最大值出现在 S5 号站，最小值出现在 S1 号站，S2、S3、S4、S6 号站均未检出。

（三）对比分析

1. 叶绿素 a 与初级生产力对比

（1）叶绿素 a　竹洲-横洲礁区本底和跟踪调查叶绿素 a 含量见表 5-63。

表 5-63　竹洲-横洲礁区叶绿素 a 含量

单位：mg/m³

调查站位	调查航次	春季		夏季		秋季		冬季	
		表层	底层	表层	底层	表层	底层	表层	底层
S1	本底调查	2.40	1.70	3.92	3.22	2.05	2.02	2.34	1.32
	跟踪调查	2.70	2.30	4.00	3.50	2.20	2.00	2.30	2.20
S2	本底调查	2.10	1.10	3.45	2.81	1.82	1.64	2.09	1.47
	跟踪调查	1.80	1.70	4.30	3.10	2.30	1.70	1.90	2.10
S3	本底调查	2.80	1.80	3.07	2.19	1.90	1.18	1.93	1.55
	跟踪调查	2.00	1.80	4.10	3.00	1.90	1.80	2.40	1.70
S4	本底调查	1.90	2.20	3.08	2.80	2.21	1.87	2.43	1.76
	跟踪调查	2.30	2.20	4.60	2.80	2.10	1.90	2.30	2.20
S5	本底调查	2.20	1.70	3.58	3.14	2.14	2.32	2.15	1.83
	跟踪调查	2.40	1.70	4.10	2.90	2.60	2.50	2.50	1.30
S6	本底调查	2.20	1.80	3.93	2.32	2.13	2.01	1.97	1.80
	跟踪调查	2.20	1.80	4.50	3.70	2.90	2.00	2.70	1.80
平均	本底调查	2.30	1.70	3.51	2.75	2.04	1.84	2.15	1.62
	跟踪调查	2.20	1.90	4.30	3.20	2.30	2.00	2.40	1.90

　　叶绿素 a 春季本底调查结果表明，表层叶绿素 a 含量的变化范围为 $1.90\sim2.80$ mg/m³，平均为 2.30 mg/m³，各站位数值差别很小，以 S3 号站最高、S4 号站最低。底层叶绿素 a 在 $1.10\sim2.20$ mg/m³ 变化，平均为 1.70 mg/m³，以 S4 号站最高、S2 号站最低。调查海域表层叶绿素 a 含量高于底层，各站相差较小。总体而言，调查海域表底层叶绿素 a 含量较低。

　　叶绿素 a 夏季本底调查结果表明，表层叶绿素 a 含量的变化范围为 $3.07\sim3.93$ mg/m³，平均为 3.51 mg/m³，各站位数值差别很小，以 S6 号站最高、S3 号站最低。底层叶绿素 a 在 $2.19\sim3.22$ mg/m³ 变化，平均为 2.75 mg/m³，以 S1 号站最高、S3 号站最低。调查海域表层叶绿素 a 含量高于底层，各站相差较小。总体而言，调查海域表底层叶绿素 a 含量较低。

　　叶绿素 a 秋季本底调查结果表明，表层叶绿素 a 含量的变化范围为 $1.82\sim2.21$ mg/m³，平均为 2.04 mg/m³，以 S4 号站最高、S2 号站最低。底层叶绿素 a 在 $1.18\sim2.32$ mg/m³ 变化，平均为 1.84 mg/m³，以 S5 号站最高、S3 号站最低。调查海域表层叶绿素 a 含量高于底层，各站相差较小。总体而言，调查海域表底层叶绿素 a 含量较低。

　　叶绿素 a 冬季本底调查结果表明，表层叶绿素 a 含量的变化范围为 $1.93\sim2.43$ mg/m³，平均为 2.15 mg/m³，各站位数值差别很小，以 S4 号站最高、S3 号站最低。底层叶绿素 a 在 $1.32\sim1.83$ mg/m³ 变化，平均为 1.62 mg/m³，以 S5 号站最高、S1 号站最低。调查海域表层叶绿素 a 含量高于底层，各站相差较小。总体而言，调查海域表底层叶绿素 a 含量较低。

　　叶绿素 a 春季跟踪调查结果表明，表层叶绿素 a 含量的变化范围为 $1.80\sim2.70$ mg/m³，平均为 2.20 mg/m³，各站位数值差别很小，以 S1 号站最高、S2 号站最低。底层叶绿素 a 在 $1.70\sim2.30$ mg/m³ 变化，平均为 1.90 mg/m³，以 S1 号站最高、S2 和 S5 号站最低。调查海域表层叶绿素 a 含量高于底层，各站相差较小。总体而言，调查海域表底层叶绿素 a 含量较低。

　　叶绿素 a 夏季跟踪调查结果表明，表层叶绿素 a 含量的变化范围为 $4.00\sim4.60$ mg/m³，平均为 4.30 mg/m³，各站位数值差别很小，以 S4 号站最高、S1 号站最低。底层叶绿素 a 在 $2.80\sim3.70$ mg/m³ 变化，平均为 3.20 mg/m³，以 S6 号站最高、S4 号站最低。调查海域表层叶绿素 a 含量高于底层，各站相差较小。总体而言，调查海域表底层叶绿素 a 含量较低。

　　叶绿素 a 秋季跟踪调查结果表明，表层叶绿素 a 含量的变化范围为 $1.90\sim2.90$ mg/m³，平均为 2.30 mg/m³，以 S6 号站最高、S3 号站最低。底层叶绿素 a 在 $1.70\sim2.50$ mg/m³ 变化，平均为 2.00 mg/m³，以 S5 号站最高、S2 号站最低。调查海域表层叶绿素 a 含量高于底层，各站相差较小。总体而言，调查海域表底层叶绿素 a 含量较低。

　　叶绿素 a 冬季跟踪调查结果表明，表层叶绿素 a 含量的变化范围为 $1.90\sim2.70$ mg/m³，平均为 2.40 mg/m³，各站位数值差别很小，以 S6 号站最高、S2 号站最低。底层叶绿素 a 在 $1.30\sim2.20$ mg/m³ 变化，平均为 1.90 mg/m³，以 S1 号和 S4 号站最高、S5 号站最低。

调查海域表层叶绿素 a 含量高于底层，各站相差较小。总体而言，调查海域表底层叶绿素 a含量较低。

春季表层叶绿素 a 含量跟踪调查略低于本底调查，底层叶绿素 a 含量跟踪调查高于本底调查。

（2）初级生产力　竹洲-横洲礁区本底和跟踪调查初级生产力（以 C 为量度，下同）的分布见表 5-64。

表 5-64　竹洲-横洲礁区初级生产力

单位：[mg/(m² · d)]

调查站位	调查航次	春季		夏季		秋季		冬季	
		表层	底层	表层	底层	表层	底层	表层	底层
S1	本底调查	336.96	238.68	619.16	508.60	232.17	228.78	251.88	142.08
	跟踪调查	454.90	387.50	725.40	634.73	294.47	267.70	297.09	284.17
S2	本底调查	353.81	183.64	504.56	410.96	187.39	168.85	202.47	142.41
	跟踪调查	333.59	315.06	930.74	671.00	293.44	218.79	235.19	259.95
S3	本底调查	471.74	303.26	448.99	320.29	273.87	170.09	207.75	166.84
	跟踪调查	325.73	293.16	690.48	508.95	303.22	284.07	258.34	182.99
S4	本底调查	373.46	432.43	414.41	376.74	295.80	250.30	196.17	142.08
	跟踪调查	490.84	469.50	888.03	540.54	259.46	239.69	309.47	296.01
S5	本底调查	370.66	286.42	586.40	514.33	187.28	203.04	289.28	246.23
	跟踪调查	471.74	334.15	767.52	542.88	244.63	233.51	376.74	195.90
S6	本底调查	271.81	222.39	620.74	366.44	274.13	258.69	212.05	193.75
	跟踪调查	321.24	262.83	768.51	627.71	422.34	288.29	435.94	290.63
平均	本底调查	363.07	277.80	532.38	416.23	241.78	213.29	226.60	172.23
	跟踪调查	399.67	343.70	795.11	587.63	302.93	255.34	318.79	251.61

初级生产力春季本底调查结果分析表明，表层初级生产力水平的变化范围为 271.81～471.74 mg/(m² · d)，平均为 363.07 mg/(m² · d)，最大值出现在 S3 号站，最小值出现在 S6 号站。底层变化范围为 183.64～432.43 mg/(m² · d)，平均为 277.80 mg/(m² · d)，最大值出现在 S4 号站，最小值出现在 S2 号站。总体而言，调查海域初级生产力水平较低。

初级生产力春季跟踪调查结果分析表明，表层初级生产力水平的变化范围为 321.24～490.84 mg/(m² · d)，平均为 399.67 mg/(m² · d)，最大值出现在 S4 号站，最小值出现在 S6 号站。底层变化范围为 262.83～469.50 mg/(m² · d)，平均为 343.70 mg/(m² · d)，最大值出现在 S4 号站，最小值出现在 S6 号站。总体而言，调查海域初级生产力水平较低。

初级生产力夏季本底调查结果分析表明，表层初级生产力水平的变化范围为 414.41～620.74 mg/(m² · d)，平均为 532.38 mg/(m² · d)，最大值出现在 S6 号站，最小值出现在 S4 号站。底层变化范围为 320.29～514.33 mg/(m² · d)，平均为 416.23 mg/(m² · d)，最大值出现在 S5 号站，最小值出现在 S3 号站。

初级生产力夏季跟踪调查结果分析表明，表层初级生产力水平的变化范围为 690.48～930.74 mg/(m² · d)，平均为 795.11 mg/(m² · d)，最大值出现在 S2 号站，最小值出现在 S3 号站。底层变化范围为 508.95～671.00 mg/(m² · d)，平均为 587.63 mg/(m² · d)，最大值出现在 S2 号站，最小值出现在 S3 号站。

初级生产力秋季本底调查结果分析表明，表层初级生产力水平的变化范围为 187.28～295.80 mg/(m² · d)，平均为 241.78 mg/(m² · d)，最大值出现在 S4 号站，最小值出现在 S5 号站。底层变化范围为 168.85～258.69 mg/(m² · d)，平均为 213.29 mg/(m² · d)，最大值出现在 S6 号站，最小值出现在 S2 号站。

初级生产力秋季跟踪调查结果分析表明，表层初级生产力水平的变化范围为 244.63～422.34 mg/ (m² · d)，平均为 302.93 mg/(m² · d)，最大值出现在 S6 号站，最小值出现在 S5 号站。底层变化范围为 218.79～288.29 mg/(m² · d)，平均为 255.34 mg/(m² · d)，最大值出现在 S6 号站，最小值出现在 S2 号站。

初级生产力冬季本底调查结果分析表明，表层初级生产力水平的变化范围为 196.17～289.28 mg/(m² · d)，平均为 226.60 mg/(m² · d)，最大值出现在 S5 号站，最小值出现在 S4 号站。底层变化范围为 142.08～246.23 mg/(m² · d)，平均为 172.23 mg/(m² · d)，最大值出现在 S5 号站，最小值出现在 S1、S4 号站。总体而言，调查海域初级生产力水平较低。

初级生产力冬季跟踪调查结果分析表明，表层初级生产力水平的变化范围为 235.19～435.94 mg/(m² · d)，平均为 318.79 mg/(m² · d)，最大值出现在 S6 号站，最小值出现在 S2 号站。底层变化范围为 182.99～296.01 mg/(m² · d)，平均为 251.61 mg/(m² · d)，最大值出现在 S4 号站，最小值出现在 S3 号站。总体而言，调查海域初级生产力水平较低。

比较春季跟踪调查 6 个站位的叶绿素 a 含量与初级生产力水平发现，表层的叶绿素 a 含量和初级生产力水平均高于底层。综合分析显示，调查海域表底层的叶绿素 a 含量和初级生产力均处于较低水平。

比较夏季跟踪调查 6 个站位的叶绿素 a 含量与初级生产力水平发现，表层的叶绿素 a 含量和初级生产力水平均高于底层。综合分析显示，调查海域表底层的叶绿素 a 含量和初级生产力均处于较低水平。

比较秋季跟踪调查 6 个站位的叶绿素 a 含量与初级生产力水平发现，表层的叶绿素 a 含量和初级生产力水平均高于底层。综合分析显示，调查海域表底层的叶绿素 a 含量和初级生产力均处于较低水平。

比较冬季跟踪调查 6 个站位的叶绿素 a 含量与初级生产力水平发现，表层的叶绿素 a 含量和初级生产力水平均高于底层。综合分析显示，调查海域表底层的叶绿素 a 含量和初级生产力均处于较低水平。

2. 水质评价对比

竹洲-横洲礁区海水水化要素质量指数评价结果见表5-65。

表5-65 竹洲-横洲礁区海水质量指数评价结果

项目		春季		夏季		秋季		冬季	
		本底调查	跟踪调查	本底调查	跟踪调查	本底调查	跟踪调查	本底调查	跟踪调查
pH	表层	未超标	未超标	未超标	未超标	未超标	未超标	部分超标	未超标
	底层	未超标	部分超标	未超标	未超标	未超标	未超标	部分超标	未超标
DO	表层	未超标	未超标	未超标	未超标	未超标	未超标	未超标	未超标
	底层	未超标	未超标	未超标	未超标	未超标	未超标	未超标	未超标
COD	表层	未超标	未超标	未超标	未超标	未超标	未超标	未超标	未超标
	底层	未超标	未超标	未超标	未超标	未超标	未超标	未超标	未超标
无机氮	表层	部分超标	部分超标	部分超标	部分超标	部分超标	部分超标	部分超标	超标
	底层	未超标	未超标	部分超标	部分超标	部分超标	部分超标	部分超标	部分超标
PO_4	表层	超标	部分超标	超标	超标	部分超标	超标	超标	部分超标
	底层	超标	部分超标	超标	超标	超标	超标	超标	部分超标
石油类	表层	未超标	部分超标	部分超标	超标	超标	超标	未超标	部分超标
	底层	未超标	未超标	部分超标	部分超标	部分超标	部分超标	未超标	未超标
Cu	表层	未超标	未超标	未超标	未超标	未超标	未超标	未超标	未超标
	底层	未超标	未超标	未超标	未超标	未超标	未超标	未超标	未超标
Pb	表层	未超标	未超标	未超标	未超标	未超标	未超标	未超标	未超标
	底层	未超标	未超标	未超标	未超标	未超标	未超标	未超标	未超标
Zn	表层	未超标	未超标	未超标	未超标	未超标	未超标	未超标	未超标
	底层	未超标	未超标	未超标	未超标	未超标	未超标	未超标	未超标
Cd	表层	未超标	未超标	未超标	未超标	未超标	未超标	未超标	未超标
	底层	未超标	未超标	未超标	未超标	未超标	未超标	未超标	未超标
Hg	表层	未超标	未超标	未超标	未超标	部分超标	未超标	未超标	未超标
	底层	未超标	未超标	未超标	未超标	超标	未超标	未超标	未超标

根据春季本底调查结果，竹洲-横洲礁区部分站位海水样品中的无机氮和磷酸盐出现超标现象，特别是磷酸盐的超标程度较严重，除此之外，其他因子均未发现超标现象。总体来说，竹洲-横洲礁区海域的营养盐含量较高，特别是磷酸盐的超标现象较为严重。

根据夏季本底调查测定结果，竹洲-横洲礁区部分站位海水样品中的无机氮、磷酸盐和石油类均出现超标现象，且磷酸盐和石油类超标程度较严重，除此之外，其他因子均未发现超标现象。总体来说，竹洲-横洲礁区海域的磷酸盐和石油类含量较高，超标现象较为严重。

根据秋季本底调查测定结果，竹洲-横洲礁区部分站位海水样品中的无机氮、磷酸盐、石油类和汞均出现超标现象，且磷酸盐和石油类超标程度较严重，除此之外，其他因子均未发现超标现象。总体来说，竹洲-横洲礁区海域的无机氮、磷酸盐、石油类和汞含量较高，超标现象较为严重。

根据冬季本底调查测定结果，竹洲-横洲礁区部分站位海水样品中的 pH、无机氮和磷酸盐均出现超标现象，特别是无机氮和磷酸盐的超标程度较严重，除此之外，其他因子均未发现超标现象。总体来说，竹洲-横洲礁区海域的营养盐含量较高，特别是无机氮和磷酸盐的超标现象较为严重。

根据春季跟踪测定结果，竹洲-横洲礁区部分站位海水样品中的 pH、无机氮、磷酸盐和石油类均出现超标现象，特别是磷酸盐和石油类的超标程度较严重，除此之外，其他因子均未发现超标现象。总体来说，竹洲-横洲礁区海域的营养盐和石油类含量较高，特别是磷酸盐和石油类的超标现象较为严重。

根据夏季跟踪测定结果，竹洲-横洲礁区部分站位海水样品中的磷酸盐和石油类均出现超标现象，且超标程度较严重，除此之外，其他因子均未发现超标现象。总体来说，竹洲-横洲礁区海域的磷酸盐和石油类含量较高，超标现象较为严重。

根据秋季跟踪测定结果，竹洲-横洲礁区部分站位海水样品中的无机氮、磷酸盐和石油类均出现超标现象，且磷酸盐和石油类超标程度较严重，除此之外，其他因子均未发现超标现象。总体来说，竹洲-横洲礁区海域的无机氮、磷酸盐和石油类含量较高，超标现象较为严重。

根据冬季跟踪测定结果，竹洲-横洲礁区部分站位海水样品中的无机氮、磷酸盐和石油类均出现超标现象，特别是磷酸盐和石油类的超标程度较严重，除此之外，其他因子均未发现超标现象。总体来说，竹洲-横洲礁区海域的营养盐和石油类含量较高，底层溶解氧较低，特别是磷酸盐和石油类的超标现象较为严重。

3. 沉积物质量评价对比

对竹洲-横洲礁区各个站位的调查沉积物质量测定结果用单项指数法算出沉积物的质量指数与标准值进行比较，评价结果见表 5-66。

表 5-66　竹洲-横洲礁区沉积物质量指数评价结果

项目	春季		夏季		秋季		冬季	
	本底调查	跟踪调查	本底调查	跟踪调查	本底调查	跟踪调查	本底调查	跟踪调查
有机质	未超标	未超标	未超标	部分超标	部分超标	部分超标	部分超标	未超标
石油类	未超标	未超标	未超标	未超标	未超标	未超标	未超标	未超标
Cu	未超标	未超标	未超标	未超标	未超标	未超标	未超标	未超标
Pb	未超标	未超标	未超标	未超标	未超标	未超标	未超标	未超标
Zn	未超标	未超标	未超标	未超标	未超标	未超标	未超标	未超标
Cd	未超标	未超标	未超标	未超标	部分超标	未超标	未超标	未超标
Hg	未超标	未超标	未超标	未超标	未超标	未超标	部分超标	未超标

春季本底调查结果分析显示，竹洲-横洲礁区各站的沉积物样品中各因子的质量指数

均小于 1，均未出现超标现象，表明该海区沉积物总体上质量状况良好。

夏季本底调查结果分析显示，竹洲-横洲礁区各站的沉积物样品中各因子的质量指数均小于 1，均未出现超标现象，表明该海区沉积物总体上质量状况良好。

秋季本底调查结果分析显示，竹洲-横洲礁区各站的沉积物样品中有机质和镉部分超标。其余各因子的质量指数均小于 1，未出现超标现象，表明该海区沉积物总体上质量状况良好。

冬季本底调查结果分析显示，竹洲-横洲礁区各站的沉积物样品中有机质含量、汞含量出现部分超标现象，有机质超标站位为 S5 号站，汞含量超标站位为 S6 号站。其他各因子的质量指数均小于 1，均未出现超标现象，表明该海区沉积物总体上质量状况良好。

春季跟踪调查结果分析显示，竹洲-横洲礁区各站的沉积物样品中各因子的质量指数均小于 1，均未出现超标现象，表明该海区沉积物总体上质量状况良好。

夏季跟踪调查结果分析显示，竹洲-横洲礁区各站的沉积物样品中有机质部分超标，超标站位为 S4 号站。其余各因子的质量指数均小于 1，未出现超标现象，表明该海区沉积物总体上质量状况良好。

秋季跟踪调查结果分析显示，竹洲-横洲礁区各站的沉积物样品中有机质部分超标，超标站位为 S3、S4 号站。其余各因子的质量指数均小于 1，未出现超标现象，表明该海区沉积物总体上质量状况良好。

冬季跟踪调查结果分析显示，竹洲-横洲礁区各站的沉积物样品中各因子的质量指数均小于 1，均未出现超标现象，表明该海区沉积物总体上质量状况良好。

三、东澳礁区

（一）本底调查结果

1. 海况

调查期间雾大，能见度 2 级（200～500 m），东北风 2～3 级（风速 1.6～5.4 cm/s）。测站在空旷的海域，海面风浪较大，海况 3 级（波高 0.50～1.25 m）。

2. 水文

（1）实测流场　图 5-25 和图 5-26 分别是测站 C-1 和 C-2 实测海流矢量图，图上方的过程曲线是东澳岛潮汐预报潮位。

东澳礁区周围岛屿较多，海底坡度较大。流场主要由来自南海的潮汐、地型、径流及当时的东北风风场所决定。随着潮汐的涨落，实测流速值大小发生变化，但没有很好的对应性，这是因为潮位变化幅度小。

海流逐时玫瑰图见图 5-27 至图 5-29。

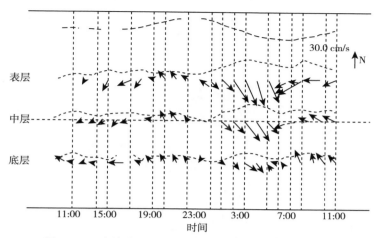

图 5-25　东澳礁区 C-1 站预报潮位、实测海流矢量图

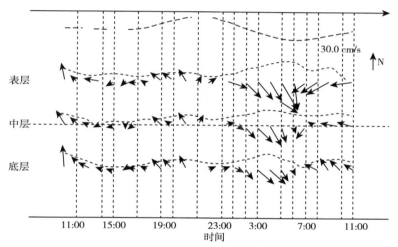

图 5-26　东澳礁区 C-2 站预报潮位、实测海流矢量图

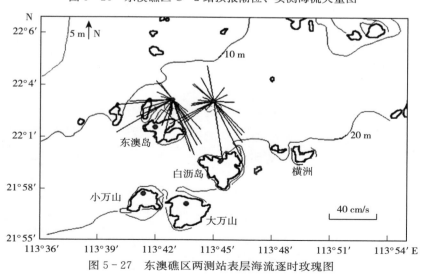

图 5-27　东澳礁区两测站表层海流逐时玫瑰图

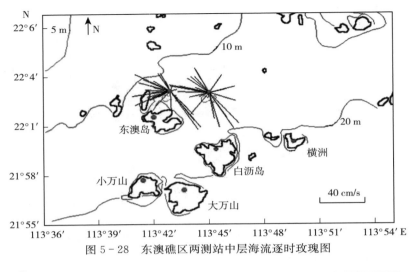

图 5 - 28   东澳礁区两测站中层海流逐时玫瑰图

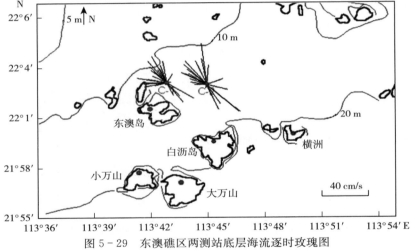

图 5 - 29   东澳礁区两测站底层海流逐时玫瑰图

从玫瑰图可看出，两个测站的表、中层实测海流流向分散，底层海流散向西北面。流向分散是因为周围岛屿和底摩擦力的影响，表层海流受风场影响。

表 5 - 67 列出了实测海流的最大值和最小值。

表 5 - 67   东澳礁区各测站分层实测海流的最大值和最小值

测站	测层	最大值		最小值	
		流速（cm/s）	流向（°）	流速（cm/s）	流向（°）
C-1	表层	59.0	172	10.9	290
	中层	43.4	149	6.5	193
	底层	40.2	134	4.4	199
C-2	表层	58.4	237	6.8	274
	中层	46.9	147	6.5	72
	底层	30.2	333	4.4	80

表 5-68 是各测层涨潮流和落潮流的特征值统计结果。

表 5-68 东澳礁区各测站分层涨潮流、落潮流特征值

测站	测层	涨潮流					落潮流				
		时间 (h)	平均流速 (cm/s)	平均流向 (°)	最大流速 (cm/s)	最大流速对应流向 (°)	时间 (h)	平均流速 (cm/s)	平均流向 (°)	最大流速 (cm/s)	最大流速对应流向 (°)
C-1	表层	5	14.9	309.6	24.1	322.8	20	24.6	193.8	58.4	237.0
	中层	11	17.3	306.1	36.7	299.2	14	17.3	192.2	46.9	147.3
	底层	15	16.5	319.1	30.2	333.3	10	7.6	188.9	28.7	123.4
	垂线平均	9	17.0	306.2	31.6	294.2	16	15.3	194.4	42.7	146.7
C-2	表层	9	16.3	331.6	35.5	350.2	16	20.2	186.7	59.0	172.3
	中层	14	17.3	310.4	37.5	282.3	11	19.5	168.7	43.4	149.4
	底层	17	17.3	326.1	41.6	353.4	8	19.3	143.5	41.4	133.6
	垂线平均	13	16.1	320.2	35.0	346.4	12	16.9	172.8	43.8	144.0

表层、底层实测最大流速都出现在 C-1 站，流速、流向分别为 59.0 cm/s、172°、40.2 cm/s、134°；中层实测最大流速出现在 C-2 站，流速、流向为 46.9 cm/s、147°。两个测站最大流速大小相当，流速不大（表 5-67）。

（2）潮流 各测站、测层主要分潮流椭圆要素见表 5-69。

表 5-69 东澳礁区各测站分层主要分潮流椭圆要素

测站	测层	O₁				K₁				M₂			
		长轴流速 (cm/s)	短轴流速 (cm/s)	长轴流向 (°)	椭圆率	长轴流速 (cm/s)	短轴流速 (cm/s)	长轴流向 (°)	椭圆率	长轴流速 (cm/s)	短轴流速 (cm/s)	长轴流向 (°)	椭圆率
C-1	表层	8.0	5.9	311.8	−0.73	9.6	7.1	131.6	−0.73	25.8	9.2	131.4	−0.36
	中层	9.4	3.3	297.0	−0.35	11.3	4.0	117.0	−0.35	22.0	6.4	146.2	−0.29
	底层	6.4	0.0	293.8	0.00	7.7	0.0	113.8	0.00	15.3	3.5	161.1	−0.23
C-2	表层	11.4	6.5	322.7	−0.57	13.7	7.9	142.7	−0.57	19.1	12.6	150.0	−0.66
	中层	10.1	5.0	303.4	−0.49	12.1	6.0	123.4	−0.49	20.8	10.3	143.7	−0.49
	底层	9.0	0.8	308.9	−0.09	10.8	1.0	128.9	−0.09	19.8	7.2	150.4	−0.36

测站	测层	S₂				M₄				MS₄			
		长轴流速 (cm/s)	短轴流速 (cm/s)	长轴流向 (°)	椭圆率	长轴流速 (cm/s)	短轴流速 (cm/s)	长轴流向 (°)	椭圆率	长轴流速 (cm/s)	短轴流速 (cm/s)	长轴流向 (°)	椭圆率
C-1	表层	10.7	3.8	131.4	−0.36	5.4	0.5	294.1	−0.08	4.5	0.4	294.1	−0.08
	中层	9.1	2.6	146.2	−0.29	3.5	0.8	78.2	−0.22	2.9	0.6	78.2	−0.22
	底层	6.3	1.5	161.1	−0.23	5.3	1.0	75.2	−0.18	4.4	0.8	75.2	−0.18
C-2	表层	7.9	5.2	150.0	−0.66	7.4	2.3	99.7	0.31	6.1	1.9	279.7	0.31
	中层	8.6	4.2	143.8	−0.49	5.2	1.4	102.8	0.28	4.3	1.2	282.7	0.28
	底层	8.2	3.0	150.4	−0.36	5.3	2.4	118.1	0.46	4.3	2.0	118.1	0.46

各测站、测层潮流性质及特征值见表 5-70。

表 5-70 东澳礁区各测站分层潮流性质及特征值

测站	层次	特征值	潮流性质
C-1	表层	0.684	不正规半日潮流
	中层	0.941	不正规半日潮流
	底层	0.920	不正规半日潮流
C-2	表层	1.319	不正规半日潮流
	中层	1.070	不正规半日潮流
	底层	0.999	不正规半日潮流

C-1、C-2 测站的主要分潮流 M_2 的长半轴（最大流速）明显比其他分潮流大。M_2 分潮流的长半轴最大值出现在礁区中心 C-1 站的表层，大小为 25.8 cm/s，长轴向在 131.4°；最小值出现在该站的底层，大小为 15.3 cm/s，长轴向在 161.1°。C-2 站各层 M_2 分潮流的长半轴在 15.3~25.8 cm/s，长轴向在 131.4°~161.1°，椭圆率都为负值，大小在 -0.66~-0.23，潮流属不正规半日潮流，为略带旋转的往复流。

图 5-30、图 5-31 是 M_2、S_2 分潮流长半轴的分布图。

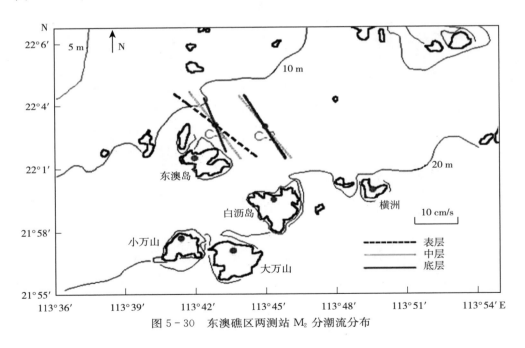

图 5-30 东澳礁区两测站 M_2 分潮流分布

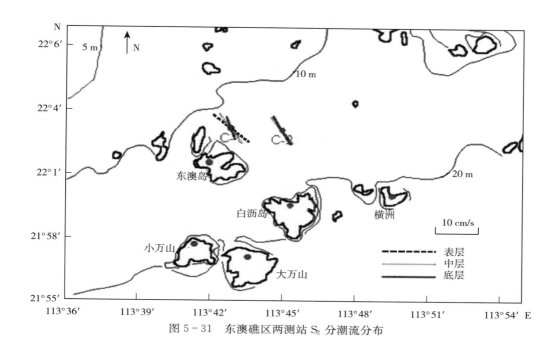

图 5-31　东澳礁区两测站 S_2 分潮流分布

（3）余流　表 5-71 为两测站各层的余流值。

表 5-71　东澳礁区各测站分层的余流值

测站	测层	东分量	北分量	流速（cm/s）	流向（°）
C-1	表层	−7.06	−17.02	18.43	202.5
	中层	−8.15	−5.01	9.57	238.4
	底层	−6.98	4.41	8.26	302.3
C-2	表层	−4.34	−7.85	8.97	208.9
	中层	−5.74	−2.13	6.12	249.6
	底层	−3.16	4.89	5.82	327.1

图 5-32 为东澳礁区余流大小和方向示意图。

各站层余流流速介于 5.82～18.43 cm/s，余流方向在 202.5°～327.1°，礁区中心测站 C-1 的表层余流最大。从两个测站各层余流方向可知，底层余流主要是受涨潮流的影响，而表、中层余流主要受当时较强的东北风的影响，这也表明风是余流产生的重要因子。

（4）温度与盐度　两测站各测层温度、盐度的平均值见表 5-72。

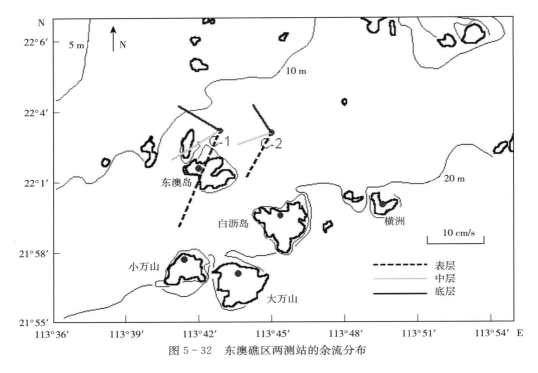

图 5-32　东澳礁区两测站的余流分布

表 5-72　东澳礁区各测站、层温度和盐度的平均值

测站	测层	温度（℃）	平均温度（℃）	盐度	平均盐度
	表层	22.72		32.26	
C-1	中层	22.86	22.84	32.69	32.63
	底层	22.95		32.94	
	表层	23.17		33.27	
C-2	中层	23.21	23.20	33.33	33.34
	底层	23.22		33.41	

由表 5-72 可知，水温和盐度的垂直变化不大，水体混合比较均匀，盐度呈现出随水深增加而增加的垂直变动趋势。水温和盐度的平面变化也较小。东澳礁区的平均水温和平均盐度分别为 23.02 ℃和 32.99。

3. 海水水质

东澳礁区本底调查海水水质观测分析结果见表 5-73。

表 5-73　东澳礁区本底调查海水水质观测分析结果

项目	站位						平均
	S1	S2	S3	S4	S5	S6	
水深（m）	10.5	10.0	10.5	11.8	11.0	9.0	10.5
透明度（m）	1.0	1.2	1.2	1.3	1.4	0.8	1.2

（续）

项目		S1	S2	S3	S4	S5	S6	平均
				站位				
水温（℃）	表	22.5	22.4	23.1	22.9	22.7	22.4	22.7
	底	22.8	22.8	23.1	23.1	22.9	22.9	22.9
盐度	表	30.5	29.5	32.4	31.8	31.0	29.8	30.8
	底	31.5	32.2	32.5	32.8	32.3	32.3	32.3
SS（mg/L）	表	1.2	1.0	1.0	1.0	8.4	3.6	2.7
	底	7.2	2.6	5.0	8.8	2.8	8.4	5.8
DO（mg/L）	表	7.18	7.30	7.30	7.38	7.30	7.21	7.28
	底	6.84	7.29	7.28	7.34	7.14	7.15	7.17
COD（mg/L）	表	0.44	0.55	0.10	0.20	0.21	0.25	0.29
	底	0.51	0.44	0.40	0.36	0.25	0.29	0.38
pH	表	8.10	8.11	8.14	8.13	8.14	8.13	8.13
	底	8.10	8.11	8.12	8.11	8.13	8.12	8.12
PO_4-P（mg/L）	表	0.0061	0.0160	0.0055	0.0105	0.0094	0.0039	0.0086
	底	0.0061	0.0094	0.0077	0.0072	0.0072	0.0032	0.0068
无机氮（mg/L）	表	0.2017	0.2295	0.0972	0.1263	0.2129	0.2154	0.1805
	底	0.2262	0.2256	0.0935	0.1175	0.1677	0.1990	0.1586
石油类（mg/L）	表	0.023	0.034	0.036	0.027	0.032	0.020	0.029
	底	0.022	0.027	0.031	0.027	0.026	0.025	0.026
Hg（μg/L）	表	0.1	0.1	0.2	0.1	nd	0.1	0.1
	底	0.1	nd	0.1	0.9	0.1	0.1	0.3
Cu（μg/L）	表	nd	nd	nd	18.1	nd	15	16.6
	底	13.3	nd	13.7	13.3	13.7	13.7	13.5
Zn（μg/L）	表	55	48	47	25	42	52	45
	底	29	48	48	26	65	51	45
Pb（μg/L）	表	1	nd	2	7	2	nd	3
	底	7	11	2	14	2	8	7
Cd（mg/L）	表	1	nd	3	4	nd	nd	3
	底	1	nd	nd	nd	nd	4	3

注：nd 表示未检出。

（1）水温 表、底层水温变化不大，调查期间水温 22.4～23.1 ℃。

（2）盐度 表层盐度均低于底层盐度，表层盐度平均 30.8，底层盐度平均为 32.3。

（3）悬浮物 监测期间海域的悬浮物含量较低，表层为 1.0～8.4 mg/L，平均为 2.7 mg/L；底层为 2.6～8.8 mg/L，平均为 5.8 mg/L。最大含量出现在 S4 站底层，最小含量出现于 S2、S3、S4 站表层。表层的悬浮物平均含量比底层的低。

（4）溶解氧 监测期间海域的溶解氧含量在表层为 7.18～7.38 mg/L，在底层为 6.84～7.34 mg/L；总平均含量为 7.23 mg/L，表层含量比底层略高。各站溶解氧含量在表、底层差距不大。

（5）化学需氧量　监测期间海域的化学需氧量含量在表层为 0.10~0.55 mg/L，平均 0.29 mg/L；在底层为 0.25~0.51 mg/L，平均为 0.38 mg/L。基本上是底层化学需氧量含量高于表层，最大值出现于 S1 号站底层。

（6）pH　各站层 pH 相当，表、底层 pH 为 8.10~8.14，平均分别为 8.13、8.12。

（7）活性磷酸盐　监测期间海域活性磷酸盐含量较低，表层为 0.005 5~0.016 0 mg/L，底层为 0.003 2~0.009 4 mg/L，平均为 0.007 7 mg/L。垂直分布为表层活性磷酸盐略高于底层，最大值出现在 S2 号站表层。

（8）无机氮　监测期间海域的无机氮含量一般，表层的无机氮含量为 0.097 2~0.229 5 mg/L，平均 0.180 5 mg/L；底层的无机氮含量为 0.093 5~0.226 2 mg/L，平均 0.158 6 mg/L。垂直分布较均匀。

（9）石油类　监测期间海域的石油类含量较高，表层为 0.020~0.036 mg/L，底层为 0.022~0.031 mg/L，平均为 0.027 5 mg/L，平面分布和垂直分布都比较均匀。

（10）汞　监测期间表层汞的含量较高，表层含量为 nd~0.2 μg/L，最大值出现在 S3 号站；底层为 nd~0.9 μg/L，最大值出现在 S4 号站；底层汞的含量高于表层。

（11）铜　监测期间铜的含量较高，表层含量为 nd~18.1 μg/L；底层含量为 nd~13.7 μg/L；最大值出现于 S4 号站表层。

（12）锌　监测期间锌的含量较高，表层为 25~55 μg/L，平均为 45 μg/L；底层为 26~65 μg/L，平均为 45 μg/L。

（13）铅　监测期间铅的含量表层为 nd~7 μg/L；底层为 2~14 μg/L，平均为 7 μg/L。S4 号站表层、底层和 S1、S2、S6 号站底层都监测到较高的含量。

（14）镉　监测期间镉的含量表层为 nd~4 μg/L；底层为 nd~4 μg/L。

4. 海底表层沉积物

（1）沉积物粒度分析　调查区域海底表层沉积物类型主要有沙-黏土质粉沙、黏土质粉沙、黏土-沙质粉沙三种，粉沙的含量在 48.2%~55.7%，黏土含量在 25.3%~41.6%，S6 号站（对比站）底质较粗，极细沙含量达 24.3%。分选差，$\delta_{i\varphi}$ 为 2.55~2.76；正偏态，SK$_\varphi$ 为 0.07~0.57。

（2）沉积物质量　东澳礁区本底调查沉积物项目测定值见表 5-74。

表 5-74　东澳岛礁区本底调查沉积物项目测定值

站位	pH	有机质 （×10^{-2}）	石油类 （mg/kg）	Cu （mg/kg）	Pb （mg/kg）	Hg （mg/kg）	Zn （mg/kg）	Cd （mg/kg）
S1	8.15	2.10	223.59	42.35	53.12	0.159	126.74	0.28
S2	8.16	2.24	162.21	40.22	49.58	0.144	124.43	0.25
S3	8.15	1.78	73.61	31.79	42.33	0.120	101.77	0.13

（续）

站位	pH	有机质 （×10⁻²）	石油类 （mg/kg）	Cu （mg/kg）	Pb （mg/kg）	Hg （mg/kg）	Zn （mg/kg）	Cd （mg/kg）
S4	8.13	1.68	137.67	35.65	39.56	0.134	109.77	0.25
S5	8.17	2.09	149.20	38.59	45.59	0.152	117.45	0.25
S6	8.22	1.67	227.95	38.24	43.15	0.147	115.99	0.21
平均	8.16	1.93	162.37	37.81	45.56	0.143	116.03	0.23

①pH：沉积物中的 pH 范围在 8.13～8.22，平均为 8.16，S4 号站出现最小值，分布均匀。

②有机质：沉积物中有机质含量范围在 1.67×10^{-2}～2.24×10^{-2}，平均为 1.93×10^{-2}。有机质的高值区主要出现在 S1、S2、S5 号站附近。

③石油类：沉积物中石油类含量在 73.61～227.95 mg/kg，平均为 162.37 mg/kg。最大值出现于 S6 站，最小值出现在 S3 号站。

④铜：沉积物中铜含量范围在 31.79～42.35 mg/kg，平均为 37.81 mg/kg。平面分布显示，整个区域铜含量均匀。

⑤铅：沉积物中铅含量范围在 39.56～53.12 mg/kg，平均为 45.56 mg/kg。S1 号站出现最大值，整个区域铅含量分布较均匀。

⑥汞：沉积物中汞含量范围在 0.120～0.159 mg/kg，平均为 0.143 mg/kg，含量偏高。整个区域汞分布均匀。

⑦锌：沉积物中锌含量范围在 101.77～126.74 mg/kg，平均为 116.03 mg/kg，本区锌的含量偏高。整个区域锌的分布较均匀。

⑧镉：沉积物中镉含量范围在 0.13～0.28 mg/kg，平均为 0.23 mg/kg。最大值出现在 S1 号站，最小值出现在 S3 号站。

（二）跟踪调查结果

1. 海水水质

东澳礁区跟踪调查海水水质观测分析结果见表 5-75。

表 5-75　东澳礁区跟踪调查海水水质观测分析结果

项目		站位						平均
		S1	S2	S3	S4	S5	S6	
水深（m）		12.0	11.0	12.0	15.0	16.0	15.0	13.5
透明度（m）		1.0	1.6	1.8	1.6	1.5	1.5	1.5
水温（℃）	表	24.16	24.13	24.31	24.13	24.00	24.28	24.17
	底	24.05	23.86	23.97	23.95	23.83	23.95	23.94

（续）

项目		站位						平均
		S1	S2	S3	S4	S5	S6	
盐度	表	28.92	30.05	29.83	29.92	29.78	28.01	29.42
	底	29.32	30.63	30.59	30.72	30.63	29.31	30.20
pH	表	8.19	8.17	8.17	8.19	8.22	8.21	8.19
	底	8.19	8.17	8.17	8.18	8.19	8.19	8.18
DO（mg/L）	表	8.62	8.49	8.55	8.57	8.51	8.80	8.59
	底	6.88	6.13	6.96	6.54	6.34	6.98	6.64
COD（mg/L）	表	0.45	0.85	0.59	0.58	0.12	1.42	0.67
	底	0.51	0.20	0.44	0.48	0.38	1.09	0.52
SS（mg/L）	表	12.87	10.89	11.59	15.25	15.73	18.82	14.19
	底	10.44	14.67	14.62	20.54	18.05	16.12	15.74
PO_4-P（mg/L）	表	0.004	0.004	0.006	0.004	0.003	0.003	0.004
	底	0.007	0.004	0.004	0.003	0.006	0.003	0.005
无机氮（mg/L）	表	0.088	0.042	0.063	0.053	0.065	0.121	0.072
	底	0.096	0.065	0.043	0.042	0.053	0.048	0.058
石油类（mg/L）	表	0.008	0.011	0.007	0.010	0.009	0.009	0.009
	底	0.008	0.009	0.009	0.006	0.007	0.009	0.008
Hg（μg/L）	表	0.087	0.046	0.038	0.103	0.071	0.011	0.059
	底	0.113	0.085	0.056	0.028	0.089	0.044	0.069
Cu（μg/L）	表	3.78	5.21	1.62	7.12	6.56	7.78	5.35
	底	3.30	2.56	1.89	6.62	9.13	7.02	5.09
Zn（μg/L）	表	23.4	40.3	28.6	16.2	10.9	34.5	25.7
	底	20.8	41.3	19.2	8.9	7.4	28.9	21.1
Pb（μg/L）	表	nd	nd	nd	nd	nd	nd	nd
	底	nd	nd	nd	nd	nd	nd	nd
Cd（μg/L）	表	0.46	0.49	0.16	0.08	1.23	0.11	0.42
	底	0.78	1.12	0.91	0.62	0.41	1.03	0.81

注：nd 表示未检出。

（1）透明度　跟踪调查，海水透明度变化范围为 1.0～1.8 m，平均为 1.5 m，较本底调查时平均透明度大 0.3。透明度最大值出现在 S3 号站，最小值出现在 S1 号站。各站透明度差异较小。

（2）水温　跟踪调查，表层海水温度变化范围为 24.00～24.31 ℃，平均为 24.17 ℃，较本底调查平均值高 1.47 ℃。表层海水温度 S3 号站最高，S5 号站最低；底层海水温度变化范围为 23.83～24.05 ℃，平均为 23.94 ℃，较本底调查平均值高 1.04 ℃。底层海水温度 S1 号站最高，S5 号站最低。调查海域表层海水平均水温比底层高 0.23 ℃，差异较小；表、底层平均水温较本底调查值稍高，这是由于本底调查的时间在 11 月，气温较低。

（3）盐度　跟踪调查，表层海水盐度变化范围为 28.01～30.05，平均为 29.42，较本底调查值低 1.38，盐度最高为 S2 号站、最低为 S6 号站；底层海水盐度变化范围为 29.31～30.72，平均为 30.20，较本底调查值低 2.10，盐度 S4 号站最高、S6 号站最低。各站点表层平均盐度较底层盐度低 0.78，无明显差异；表、底层盐度较本底调查值稍低，是由于本底调查是在枯水期，而跟踪调查是在丰水期。

（4）pH　跟踪调查，表层海水 pH 变化范围为 8.17～8.22，平均为 8.19，较本底调查值高 0.06，S5 号站表层海水 pH 最高，S2 和 S3 号站表层 pH 最低；底层海水 pH 变化范围为 8.17～8.19，平均为 8.18，较本底调查值高 0.06，S1、S5 和 S6 号站底层海水 pH 较高，S2 和 S3 号站底层 pH 较低。调查海域表层海水平均 pH 比底层低 0.01，差异较小；表、底层 pH 比本底调查值略高。

（5）溶解氧　跟踪调查，表层海水溶解氧浓度变化范围为 8.49～8.80 mg/L，平均为 8.59 mg/L，较本底调查值高 1.31 mg/L，溶解氧浓度 S6 号最高、S2 号站最低；底层海水溶解氧浓度变化范围为 6.13～6.98 mg/L，平均为 6.64 mg/L，较本底调查值低 0.53 mg/L，溶解氧浓度 S6 号站最高、S2 号站最低。调查海域表层海水平均溶解氧较底层高 1.95 mg/L，表层海水溶解氧较本底调查略高，底层略低。

（6）悬浮物　跟踪调查，表层海水悬浮物浓度变化范围为 10.89～18.82 mg/L，平均为 14.19 mg/L，较本底调查值高，悬浮物浓度 S6 号站最高、S2 号站最低；底层海水悬浮物浓度变化范围为 10.44～20.54 mg/L，平均为 15.74 mg/L，较本底调查值高，悬浮物浓度 S4 号站最高、S1 号站最低。调查海域表层海水平均悬浮物略低于底层，跟踪调查表、底层海水悬浮物明显高于本底调查值。

（7）化学需氧量　跟踪调查，表层海水化学需氧量浓度变化范围为 0.12～1.42 mg/L，平均为 0.67 mg/L，较本底调查值高 0.38 mg/L，化学需氧量浓度 S6 号站最高、S5 号站最低；底层海水化学需氧量浓度变化范围为 0.20～1.09 mg/L，平均为 0.52 mg/L，较本底调查值高 0.14 mg/L，化学需氧量浓度 S6 号站最高、S2 号站最低。调查海域表层海水平均化学需氧量较底层高 0.15 mg/L，表、底层海水化学需氧量均略高于本底调查值。

（8）石油类　跟踪调查，表层海水石油类浓度变化范围为 0.007～0.011 mg/L，平均为 0.009 mg/L，较本底调查值低 0.020 mg/L，石油类浓度 S2 号站最高、S3 号站最低；底层海水石油类浓度变化范围为 0.006～0.009 mg/L，平均为 0.008 mg/L，较本底调查值低 0.018 mg/L，石油类浓度 S2、S3 和 S6 号站最高、S4 号站最低。调查海域表层海水平均石油类较底层高 0.001 mg/L，表、底层海水石油类均略低本底调查值。

（9）无机氮　跟踪调查，表层海水无机氮浓度变化范围为 0.042～0.121 mg/L，平均为 0.072 mg/L，较本底调查值低，无机氮浓度 S6 号站最高、S2 号站最低；底层海水无机氮浓度变化范围为 0.042～0.096 mg/L，平均为 0.058 mg/L，较本底调查值低，无机氮浓度 S1 号站最高、S4 号站最低。调查海域表层海水平均无机氮略高于底层，表、底层海水无机氮均明显低于本底调查值。

（10）活性磷酸盐　跟踪调查，表层海水活性磷酸盐浓度变化范围为 0.003～0.006 mg/L，平均为 0.004 mg/L，较本底调查值低，活性磷酸盐浓度 S3 号站最高、S5 和 S6 号站最低；底层海水活性磷酸盐浓度变化范围为 0.003～0.007 mg/L，平均为 0.005 mg/L，较本底调查值低，活性磷酸盐浓度 S1 号站最高、S4 和 S6 号站最低。调查海域表底层海水平均活性磷酸盐相近，表、底层海水活性磷酸盐均略低于本底调查值。

（11）锌　表层锌含量的变化范围为 10.9～40.3 µg/L，平均为 25.7 µg/L，明显低于本底调查值，最高值出现在 S2 号站，最低值出现在 S5 号站；底层含量范围为 7.4～41.3 µg/L，平均为 21.1 µg/L，明显低于本底调查值，最高值出现在 S2 号站，最低值出现在 S5 号站。底层各站间锌含量的变化程度要大于表层各站间的变化，但表层的平均含量略高于底层，跟踪调查表底层海水锌含量均明显低于本底调查值。

（12）镉　表层镉含量的变化范围为 0.08～1.23 µg/L，平均为 0.42 µg/L，较本底调查值低，最高值出现在 S5 号站，最低值出现在 S4 号站；底层的变化范围为 0.41～1.12 µg/L，平均为 0.81 µg/L，较本底调查值低，最高值出现在 S2 号站，最低值出现在 S5 号站。底层含量高于表层，跟踪调查表底层海水的镉含量均较本底调查值低。

（13）铜　表层铜含量的变化范围为 1.62～7.78 µg/L，平均为 5.35 µg/L，较本底调查值低，最高值出现在 S6 号站，最低值出现在 S3 号站；底层的变化范围为 1.89～9.13 µg/L，平均为 5.09 µg/L，较本底调查值低，最高值出现在 S5 号站，最低值出现在 S3 号站。表层铜含量的平均值与底层相近。

（14）铅　海域铅含量较低，各站表底层海水铅含量均未检出。跟踪调查表底层海水的铅含量均明显低于本底调查值。

（15）汞　表层汞含量的变化范围为 0.011～0.103 µg/L，平均为 0.059 µg/L，较本底调查值低，最高值出现在 S4 号站，最低值出现在 S6 号站；底层为 0.028～0.113 µg/L，平均为 0.069 µg/L，较本底调查值低，最高值出现在 S1 号站，最低值出现在 S4 号站。表层含量略低于底层，跟踪调查表底层海水的汞含量均明显低于本底调查值。

2. 海底表层沉积物

（1）沉积物粒度分析　东澳礁区跟踪调查海底表层沉积物的粒度分析结果见表 5-76。

表 5-76　东澳礁区跟踪调查沉积物粒度

项目		站位					
		S1	S2	S3	S4	S5	S6
粒组含量（%）	砾	—	—	—	—	—	—
	沙	16.061	6.183	14.283	7.490	8.992	8.661
	粉沙	58.782	64.139	59.249	63.415	61.075	63.942
	黏土	25.157	29.678	26.468	29.095	29.933	27.397

（续）

项目		站位					
		S1	S2	S3	S4	S5	S6
粒度系数	平均粒径 Mz_φ	6.009	6.760	6.300	6.699	6.765	6.486
	中值粒径 Md_φ	6.281	6.820	6.425	6.757	6.780	6.619
	偏态值 SK_φ	−0.212	−0.087	−0.121	−0.083	−0.051	−0.134
	峰态值 Kg	0.815	0.873	0.835	0.875	0.877	0.863
	分选系数 $\delta_{i\varphi}$	2.283	2.100	2.272	2.121	2.191	2.142
名称		黏土质粉沙	黏土质粉沙	黏土质粉沙	黏土质粉沙	黏土质粉沙	黏土质粉沙

注：粗粒部分主要是贝壳碎片及少量的砾石。

该礁区海底表层沉积物类型较为单一，均为黏土质粉沙。总体来看，礁区海底表层沉积物以粉沙的含量最大，其范围为 58.782%～64.139%；其次为黏土，其含量范围为 25.157%～29.933%；沙的含量范围为 6.183%～16.061%。分选较好，分选系数 $\delta_{i\varphi}$ 为 2.100～2.272；呈负偏态，偏态值 SK_φ 为 −0.212～−0.051；中值粒径 Md_φ 为 6.281～6.820。

（2）沉积物质量　东澳礁区跟踪调查沉积物项目测定值见表 5-77。

表 5-77　东澳礁区跟踪调查沉积物项目测定值

站位	pH	Cu (mg/kg)	Pb (mg/kg)	Zn (mg/kg)	Cd (mg/kg)	Hg (mg/kg)	石油类 (mg/kg)	有机质 ($\times 10^{-2}$)
S1	7.03	15.6	13.5	60.3	nd	0.038	99.53	1.37
S2	7.65	11.5	14.2	65.2	nd	0.033	136.71	1.24
S3	7.13	10.8	24.6	10.8	nd	0.018	84.44	1.15
S4	7.62	8.7	30.7	9.5	nd	0.023	97.84	1.37
S5	6.89	7.6	31.8	17.6	nd	0.019	77.28	1.29
S6	7.33	13.7	12.3	12.4	nd	0.062	128.45	1.2
平均	7.28	11.3	21.2	29.3	nd	0.032	104.04	1.27

注：nd 表示未检出。

①pH：沉积物中的 pH 范围在 6.89～7.65，平均为 7.28。跟踪调查的 pH 平均值低于本底调查均值。

②有机质：跟踪调查，沉积物有机质含量范围在 1.15×10^{-2}～1.37×10^{-2}，平均为 1.27×10^{-2}，较本底调查均值略低，有机质含量最高的为 S1、S4 号站，最低为 S3 号站，各站差异不明显。

③石油类：跟踪调查，沉积物石油类含量在 77.28～136.71 mg/kg，平均为 104.04 mg/kg，较本底调查值低 58.33 mg/kg，最大值出现于 S2 号站，最小值出现在 S5 号站，各站差异不明显。

④铜：沉积物中铜含量范围在 7.6～15.6 mg/kg，平均为 11.3 mg/kg，各区域铜含量差

异性不明显，最大值出现在 S1 号站。跟踪调查的铜含量的平均值明显低于本底调查均值。

⑤铅：沉积物中铅含量范围在 12.3～31.8 mg/kg，平均为 21.2 mg/kg。整个区域铅含量差异不大，最高值出现在 S5 号站，最低值出现在 S6 号站。跟踪调查的铅含量的平均值明显低于本底调查均值。

⑥汞：沉积物中汞含量范围在 0.018～0.062 mg/kg，平均为 0.032 mg/kg。整个区域汞含量较低。跟踪调查的汞含量的平均值略低于本底调查均值。

⑦锌：沉积物中锌含量范围在 9.5～65.2 mg/kg，平均为 29.3 mg/kg。最高值出现在 S2 号站，最低值出现在 S4 号站。跟踪调查的锌含量的平均值明显低于本底调查均值。

⑧镉：调查区域内各站均未检出镉。跟踪调查的镉含量的平均值低于本底调查均值。

（三）对比分析

1. 叶绿素 a 与初级生产力对比

投礁前后，东澳礁区的叶绿素 a 含量和初级生产力水平见表 5-78 和表 5-79。

表 5-78　东澳礁区本底调查叶绿素 a 含量及初级生产力水平

站位	叶绿素 a（mg/m³）		初级生产力［mg/(m²·d)］	
	表层	底层	表层	底层
S1	1.66	2.31	221.1	307.7
S2	2.09	1.90	334.1	303.7
S3	2.45	2.38	391.6	380.4
S4	5.72	5.50	990.5	952.4
S5	2.43	2.36	453.1	440.1
S6	1.87	1.90	199.3	202.5
平均	2.70	2.73	431.6	431.1
海区平均	2.71		431.4	

表 5-79　东澳礁区跟踪调查叶绿素 a 含量及初级生产力水平

站位	叶绿素 a（mg/m³）		初级生产力［mg/(m²·d)］	
	表层	底层	表层	底层
S1	4.62	4.27	253.08	233.91
S2	3.52	2.43	308.52	212.98
S3	3.29	3.07	324.41	302.71
S4	3.12	2.36	273.46	206.85
S5	3.78	3.25	310.60	267.05
S6	3.57	3.58	293.35	294.17
平均	3.65	3.16	293.90	252.95
海区平均	3.40		273.42	

（1）**叶绿素 a**　由表 5-79 可以看出，投礁后，该水域的叶绿素 a 含量略有升高，表层范围为 3.12～4.62 mg/m³，底层范围为 2.36～4.27 mg/m³，海区均值为 3.40 mg/m³，表层叶绿素 a 含量高于底层。平面分布上，各站相差较小，表、底层均以 S1 号站最高而 S4 号站最低。

（2）**初级生产力**　投礁后初级生产力水平较本底调查低，其中初级生产力水平表层介于 253.08～324.41 mg/(m²·d)，底层介于 206.85～302.71 mg/(m²·d)，海区平均为 273.42 mg/(m²·d)。平面分布方面，表、底层均以 S3 号站的初级生产力最高，底层的初级生产力低于表层。

（3）**评价与小结**　由表 5-79 还可以看出，跟踪调查时礁区的叶绿素 a 含量比本底调查时高，约为本底调查时的 1.2 倍；但初级生产力水平下降，约相当于本底调查时的 63%。造成这种变化的原因很可能是跟踪调查时水中悬浮物增多。

2. 水质评价对比

根据测定结果，采用标准指数法算出海水水质质量指数及评价结果列于表 5-80 和表 5-81。

表 5-80　东澳礁区本底调查海水水质质量指数及评价结果

项目		S1	S2	S3	S4	S5	S6	评价结果
		\multicolumn{6}{c}{站位}						
pH	表	0.43	0.44	0.49	0.47	0.49	0.47	未超标
	底	0.43	0.44	0.46	0.44	0.47	0.46	未超标
DO	表	0.08	0.03	0.03	0.00	0.03	0.07	未超标
	底	0.23	0.04	0.04	0.02	0.10	0.10	未超标
COD	表	0.15	0.19	0.03	0.07	0.07	0.09	未超标
	底	0.17	0.15	0.13	0.12	0.09	0.10	未超标
PO_4-P	表	0.21	0.54	0.19	0.35	0.32	0.13	未超标
	底	0.21	0.32	0.26	0.24	0.24	0.11	未超标
无机氮	表	0.23	0.25	0.11	0.15	0.23	0.24	未超标
	底	0.25	0.25	0.11	0.13	0.19	0.22	未超标
Hg	表	0.50	0.50	1.00	0.50	0.00	0.50	部分超标
	底	0.50	0.00	0.50	4.50	0.50	0.50	部分超标
Cu	表	0.00	0.00	0.00	1.81	0.00	1.50	部分超标
	底	1.33	0.00	1.37	1.33	1.37	1.37	部分超标
Zn	表	1.10	0.96	0.94	0.50	0.84	1.04	部分超标
	底	0.58	0.96	0.96	0.52	1.30	1.02	部分超标
Pb	表	0.20	0.00	0.40	1.40	0.40	0.00	部分超标
	底	1.40	2.20	0.40	2.80	0.40	1.60	部分超标
Cd	表	0.20	0.00	0.60	0.00	0.00	0.00	未超标
	底	0.20	0.00	0.00	0.00	0.00	0.80	未超标
石油类	表	0.46	0.68	0.72	0.54	0.64	0.40	未超标
	底	0.44	0.54	0.62	0.54	0.52	0.50	未超标

注：低于检出限的质量指数设为 0.00。

表 5-81 东澳礁区跟踪调查海水水质质量指数及评价结果

项目	测层	站位						评价结果
		S1	S2	S3	S4	S5	S6	
pH	表层	0.78	0.78	0.79	0.81	0.81	0.79	未超标
	底层	0.78	0.78	0.79	0.79	0.79	0.79	未超标
DO	表层	0.64	0.58	0.61	0.62	0.59	0.72	未超标
	底层	0.15	0.49	0.11	0.30	0.39	0.10	未超标
COD	表层	0.28	0.20	0.19	0.04	0.47	0.22	未超标
	底层	0.07	0.15	0.16	0.13	0.36	0.17	未超标
石油类	表层	0.16	0.22	0.14	0.20	0.18	0.18	未超标
	底层	0.16	0.18	0.18	0.12	0.14	0.18	未超标
无机氮	表层	0.29	0.14	0.21	0.18	0.22	0.40	未超标
	底层	0.32	0.22	0.14	0.14	0.18	0.16	未超标
$PO_4 - P$	表层	0.13	0.13	0.20	0.13	0.10	0.10	未超标
	底层	0.23	0.13	0.13	0.10	0.20	0.10	未超标
Hg（μg/L）	表层	0.44	0.23	0.14	0.52	0.36	0.06	未超标
	底层	0.57	0.43	0.28	0.14	0.45	0.22	未超标
Cu（μg/L）	表层	0.38	0.52	0.16	0.71	0.66	0.78	未超标
	底层	0.33	0.26	0.19	0.66	0.91	0.70	未超标
Pb（μg/L）	表层	0.00	0.00	0.00	0.00	0.00	0.00	未超标
	底层	0.00	0.00	0.00	0.00	0.00	0.00	未超标
Zn（μg/L）	表层	0.47	0.81	0.57	0.32	0.22	0.69	未超标
	底层	0.42	0.83	0.38	0.18	0.15	0.58	未超标
Cd（μg/L）	表层	0.09	0.10	0.03	0.02	0.25	0.02	未超标
	底层	0.16	0.22	0.18	0.12	0.08	0.21	未超标

注：低于检出限的质量指数设为 0.00。

本底调查，东澳岛礁区海水中 pH、溶解氧、化学需氧量、无机氮、活性磷酸盐、石油类的质量指数均小于 1，低于二类海水水质标准，属清洁。重金属中，除镉以外，铜、铅、锌、汞均出现超标现象，说明部分海水受到这些物质的污染。

在本底调查中，东澳礁区各站表、底层海水的重金属除镉以外，均出现超标现象；而在跟踪调查中，所有重金属均没有超标。因此，与本底调查的评价结果相比较，跟踪调查礁区的海水水质状况发生了明显的好转。

3. 沉积物质量评价对比

根据沉积物测定结果，用单项指数法算出的本底调查和跟踪调查沉积物质量指数及评价结果列于表 5-82 和表 5-83。

表 5-82　东澳礁区本底调查沉积物质量指数及评价结果

站位	Cu	Pb	Zn	Cd	Hg	石油类	有机质
S1	1.21	0.89	0.84	0.56	0.80	0.45	1.05
S2	1.15	0.83	0.83	0.50	0.72	0.32	1.12
S3	0.91	0.71	0.68	0.26	0.60	0.15	0.89
S4	1.02	0.66	0.73	0.50	0.67	0.28	0.84
S5	1.10	0.76	0.78	0.50	0.76	0.30	1.05
S6	1.09	0.72	0.77	0.42	0.74	0.46	0.84
超标率（%）	83.33	0.00	0.00	0.00	0.00	0.00	50.00

表 5-83　东澳礁区跟踪调查沉积物质量指数及评价结果

站位	Cu	Pb	Zn	Cd	Hg	石油类	有机质
S1	0.45	0.23	0.40	0.00	0.19	0.20	0.69
S2	0.33	0.24	0.43	0.00	0.17	0.27	0.62
S3	0.31	0.41	0.07	0.00	0.09	0.17	0.58
S4	0.25	0.51	0.06	0.00	0.12	0.20	0.69
S5	0.22	0.53	0.12	0.00	0.10	0.15	0.65
S6	0.39	0.21	0.08	0.00	0.31	0.26	0.60
超标率（%）	0.00	0.00	0.00	0.00	0.00	0.00	0.00

注：低于检出限的质量指数设为 0.00。

本底调查，东澳礁区沉积物样品中石油类、汞、铅、锌、镉的质量指数均小于 1，表明海区未受到这些物质的污染；而 3 个站的有机质和 5 个站的铜的质量指数值＞1，表明礁区沉积物受到有机质及铜的污染。

在本底调查中，东澳礁区铜和有机质均出现超标现象，超标率分别为 83.33% 和 50.00%。而在跟踪调查中，礁区各站的沉积物样品中所有因子的质量指数均小于 1，均未出现超标现象，表明该礁区沉积物质量出现好转。

四、外伶仃礁区

（一）本底调查结果

1. 海水水质

外伶仃礁区本底调查海水水质观测分析结果见表 5-84。

表 5-84　外伶仃礁区本底调查海水水质观测分析结果

项目	测层	站位						平均
		S1	S2	S3	S4	S5	S6	
SS（mg/L）	表层	2.0	2.0	2.0	3.6	2.0	2.0	2.3
	底层	4.4	9.5	2.4	2.0	2.0	2.0	3.7
pH	表层	8.25	8.26	8.27	8.26	8.26	8.27	8.26
	底层	8.26	8.26	8.27	8.27	8.25	8.27	8.26
无机氮（mg/L）	表层	0.253 2	0.292 3	0.116 8	0.114 7	0.238 1	0.109 3	0.187 4
	底层	0.148 8	0.171 0	0.107 6	0.126 2	0.101 6	0.281 3	0.156 1
PO_4-P（mg/L）	表层	0.001 0	0.001 0	0.003 0	0.001 0	0.001 0	0.001 0	0.001 3
	底层	0.002 0	0.002 0	0.002 0	0.001 0	0.001 0	0.001 0	0.001 5
DO（mg/L）	表层	7.00	6.69	6.76	6.76	6.84	6.96	6.84
	底层	6.85	6.64	6.76	6.83	6.74	6.93	6.79
COD（mg/L）	表层	0.54	0.39	0.39	0.39	0.54	0.39	0.44
	底层	0.39	0.62	0.42	0.42	0.39	0.54	0.46
石油类（mg/L）	表层	0.033	0.032	0.061	0.022	0.042	0.030	0.037
	底层	0.040	0.030	0.028	0.018	0.030	0.017	0.027
Cu（μg/L）	表层	6.10	5.20	5.00	4.00	4.20	2.70	4.53
	底层	3.50	6.50	1.20	1.60	1.40	1.80	2.67
Pb（μg/L）	表层	2.70	5.20	1.70	2.90	2.80	2.90	2.48
	底层	6.20	4.10	1.40	2.10	1.90	1.50	2.87
Zn（μg/L）	表层	43.20	30.90	29.10	22.40	28.00	13.80	27.90
	底层	17.90	40.20	10.30	7.90	9.60	6.60	15.42
Cd（μg/L）	表层	0.12	0.13	0.11	0.09	0.09	0.07	0.10
	底层	0.57	0.12	0.08	0.08	0.06	0.10	0.17
Hg（μg/L）	表层	0.004	0.001	0.001	0.001	0.001	0.004	0.002
	底层	0.001	0.004	0.001	0.004	0.001	0.001	0.002
水温（℃）	表层	26.6	26.8	26.7	26.7	26.4	26.8	26.7
	底层	26.3	26.5	26.4	26.5	26.2	26.5	26.4
盐度	表层	29.93	29.95	29.98	29.96	29.95	29.97	29.96
	底层	30.32	30.35	30.46	30.42	30.41	30.44	30.40
透明度（m）		11.5	10.8	10.6	9.7	11.8	10.5	10.8

（1）水温　表层平均水温为 26.7 ℃，底层平均水温为 26.4 ℃。上下层水体温差较小。

（2）pH　各站 pH 变化极小，表层为 8.25～8.27，平均为 8.26；底层为 8.25～8.27，平均为 8.26。各站 pH 分布均匀。

（3）溶解氧　表层溶解氧为 6.69～7.00 mg/L，平均为 6.84 mg/L；底层为 6.64～6.93 mg/L，平均为 6.79 mg/L。底层含量明显低于表层，大体来说，各站溶解氧含量平面分布比较均匀。

（4）化学需氧量　化学需氧量含量在表层为 0.39～0.54 mg/L，平均为 0.44 mg/L；在底层为 0.39～0.62 mg/L，平均为 0.46 mg/L。表层和底层化学需氧量含量相差不大，最大值出现于 S2 号站底层。

（5）无机氮 无机氮含量都较高，部分站超过一类水质标准，表层为 0.109 3～0.292 3 mg/L，平均为 0.187 4 mg/L；底层为 0.101 6～0.281 3 mg/L，平均为 0.156 1 mg/L。S2 号站表层出现最大值。

（6）石油类 石油类含量较高，表层为 0.022～0.061 mg/L，平均为 0.037 mg/L；底层为 0.017～0.040 mg/L，平均为 0.027 mg/L。水平方向石油类的含量分布比较均匀；S3 号站表层石油含量较大，超过一类水质标准。

（7）活性磷酸盐 活性磷酸盐含量较低，表层为 0.001 0～0.003 0 mg/L，平均为 0.001 3 mg/L；底层为 0.001 0～0.002 0 mg/L，平均为 0.001 5 mg/L。各站位表、底层含量分布均匀。

（8）汞 汞含量较低，表层为 0.001～0.004 μg/L，平均为 0.002 μg/L；底层为 0.001～0.004 μg/L，平均为 0.002 μg/L。

（9）铜 铜的含量较高，部分站超过一类水质标准，表层为 2.70～6.10 μg/L，平均为 4.53 μg/L；底层为 1.20～6.50 μg/L，平均为 2.67 μg/L。S2 号站出现最大值。

（10）铅 铅的含量较高，所有站位均超过一类水质标准，表层为 1.70～2.90 μg/L，平均为 2.48 μg/L；底层为 1.40～6.20 μg/L，平均为 2.87 μg/L。

（11）锌 表层锌含量为 13.80～43.20 μg/L，平均为 27.90 μg/L；底层为 6.60～40.20 μg/L，平均为 15.42 μg/L。礁区锌含量较高，部分站超过一类水质标准。

（12）镉 表层镉含量为 0.07～0.13 μg/L，平均为 0.10 μg/L；底层为 0.06～0.57 μg/L，平均为 0.17 μg/L。礁区镉含量低。

2. 海底表层沉积物

（1）沉积物粒度分析 外伶仃礁区本底调查沉积物粒度分析结果见表 5-85。

表 5-85 外伶仃礁区本底调查沉积物粒度

项目		站位					
		S1	S2	S3	S4	S5	S6
粒组含量（%）	砾	—	4.66	—	—	18.07	—
	沙	1.16	63.51	31.98	1.73	50.12	3.39
	粉沙	65.12	20.36	45.27	66.82	19.95	66.62
	黏土	33.72	11.48	22.75	31.45	11.86	29.99
粒度系数	平均粒径 Mz_φ	7.40	3.32	5.68	7.17	2.38	7.10
	中值粒径 Md_φ	7.29	1.92	6.12	7.08	0.96	7.00
	偏态值 SK_φ	−0.11	−0.54	0.12	−0.10	−0.46	−0.10
	峰态值 Kg_φ	1.06	0.86	0.70	1.00	0.79	1.03
	分选系数 $\delta_{i\varphi}$	1.66	3.20	2.81	1.83	3.92	1.85
	类型	黏土质粉沙	粉沙质沙	黏土-沙-粉沙	黏土质粉沙	沙	黏土质粉沙

礁区海域海底表层沉积物类型有沙、粉沙质沙、黏土-沙-粉沙、黏土质粉沙四种，S2、S5 两站颗粒较粗。分选好，$\delta_{i\varphi}$ 为 1.66～3.92；负偏态，SK_φ 为 -0.54～0.12；中值粒径 Md_φ 为 0.96～7.29。

（2）沉积物质量　外伶仃礁区本底调查沉积物项目测定结果见表 5-86。

表 5-86　外伶仃礁区本底调查沉积物项目测定值

站位	pH	有机质 （×10⁻²）	石油类 （mg/kg）	Cu （mg/kg）	Pb （mg/kg）	Hg （mg/kg）	Zn （mg/kg）	Cd （mg/kg）
S1	7.62	1.67	147.60	9.00	16.20	0.05	49.80	0.04
S2	7.78	0.88	83.20	3.90	9.30	0.03	22.90	0.04
S3	7.49	0.64	65.30	5.70	8.70	0.08	32.60	0.04
S4	7.52	1.66	217.60	9.20	12.70	0.06	47.90	0.04
S5	7.63	0.84	135.90	6.40	9.60	0.04	31.30	0.04
S6	7.81	1.34	141.50	7.50	10.50	0.05	45.90	0.04
平均	7.64	1.17	131.85	6.95	11.17	0.05	38.40	0.04

①pH：沉积物中的 pH 范围在 7.49～7.81，平均为 7.64。

②有机质：沉积物中有机质含量范围在 0.64×10^{-2}～1.67×10^{-2}，平均为 1.17×10^{-2}。有机质的高值区主要出现在 S1 号站附近。

③石油类：沉积物中石油类含量低，在 65.30～217.60 mg/kg，平均为 131.85 mg/kg。最大值出现于 S4 号站，最小值出现在 S3 号站。

④铜：沉积物中铜含量范围在 3.90～9.20 mg/kg，平均为 6.95 mg/kg。平面分布显示，整个区域铜含量均匀。

⑤铅：沉积物中铅含量范围在 8.70～16.20 mg/kg，平均为 11.17 mg/kg。平面分布显示，整个区域铅含量均匀。

⑥锌：沉积物中锌含量范围在 22.90～49.80 mg/kg，平均为 38.40 mg/kg。本区锌的含量分布呈北高南低趋势。

⑦汞：沉积物中汞含量范围在 0.03～0.08 mg/kg，平均为 0.05 mg/kg。本区汞含量较低。

⑧镉：沉积物中镉含量为 0.04 mg/kg。本区镉含量较低。

（二）跟踪调查结果

1. 海水水质

外伶仃礁区跟踪调查海水水质观测分析结果见表 5-87。

表 5-87　外伶仃礁区跟踪调查海水水质观测分析结果

项目		站位						平均
		S1	S2	S3	S4	S5	S6	
透明度（m）		2.8	2.4	2.5	2.4	2.7	2.6	2.6
水温（℃）	表	29.43	29.73	29.43	30.01	29.43	29.61	29.61
	底	24.69	25.04	24.48	25.30	25.24	24.55	24.88
盐度	表	24.57	24.23	24.05	24.56	25.94	25.73	24.85
	底	32.57	32.20	32.78	31.91	32.31	32.54	32.39
pH	表	8.20	8.40	8.38	8.34	8.34	8.38	8.34
	底	8.24	8.29	8.25	8.30	8.26	8.32	8.28
DO（mg/L）	表	6.99	6.80	6.52	6.34	6.33	6.50	6.58
	底	2.46	2.62	2.75	3.20	2.40	3.08	2.75
COD（mg/L）	表	1.35	1.49	0.76	1.19	1.03	1.38	1.20
	底	1.23	1.34	0.52	0.78	0.95	1.30	1.02
SS（mg/L）	表	9.0	15.0	18.0	20.5	9.5	21.0	15.5
	底	23.5	24.5	31.5	32.5	11.5	27.0	25.1
PO_4-P（mg/L）	表	0.251	0.112	0.086	0.120	0.194	0.117	0.147
	底	0.224	0.085	0.081	0.096	0.128	0.102	0.119
无机氮（mg/L）	表	0.557	0.271	0.312	0.379	0.333	0.350	0.367
	底	0.401	0.266	0.237	0.295	0.255	0.303	0.293
石油类（mg/L）	表	0.216	0.216	0.255	0.184	0.234	0.280	0.231
	底	0.248	0.204	0.167	0.240	0.916	0.228	0.334
Hg（μg/L）	表	0.108	0.092	0.113	0.126	0.073	0.086	0.100
	底	0.079	0.116	0.103	0.062	0.059	0.122	0.090
Cu（μg/L）	表	6.98	7.12	1.33	3.82	2.54	5.11	4.48
	底	4.21	1.23	1.38	4.12	3.56	3.08	2.93
Zn（μg/L）	表	8.5	7.9	11.3	9.4	10.5	13.8	10.2
	底	16.7	21.5	8.9	10.6	14.3	16.7	14.8
Pb（μg/L）	表	nd	nd	nd	nd	nd	nd	nd
	底	nd	nd	nd	nd	nd	nd	nd
Cd（μg/L）	表	0.35	0.41	1.03	0.79	1.11	0.62	0.72
	底	0.89	1.08	1.21	0.46	0.22	0.19	0.68

注：nd 表示未检出。

（1）水温　跟踪调查，表层海水温度变化范围为 29.43～30.01 ℃，平均 29.61 ℃，各站变化幅度不大；底层海水温度变化范围为 24.48～25.30 ℃，平均 24.88 ℃。调查海域表层海水温度明显高于底层，与本底调查相比，跟踪调查表层水温明显高于本底调查值，但底层水温要比本底值低。

（2）盐度　跟踪调查，表层海水盐度变化范围为 24.05～25.94，平均 24.85；底层海水盐度变化范围为 31.91～32.78，平均 32.39。表层或底层各站间盐度相关不大，但表、底层之间盐度的差异较大，分层现象明显。与本底调查值相比，跟踪调查表层盐度低于本底值,但底层比本底值高。

(3) pH 跟踪调查,表层海水 pH 变化范围为 8.20～8.40,平均为 8.34,较本底调查值略高,S2 号站最高,S1 号站最低;底层海水 pH 变化范围为 8.24～8.32,平均为 8.28,较本底调查值略高,各站间相差不大。表层海水 pH 略高于底层。与本底调查相比,跟踪调查的表、底层 pH 均略高。

(4) 溶解氧 跟踪调查,表层海水溶解氧浓度变化范围为 6.33～6.99 mg/L,平均为 6.58 mg/L,略低于本底调查值,S1 号站最高,S5 号站最低;底层海水溶解氧浓度变化范围为 2.40～3.20 mg/L,平均为 2.75 mg/L,明显低于本底调查值,各站间变化幅度不大。表层溶解氧明显高于底层。与本底调查相比,跟踪调查表层溶解氧与本底值相近,但底层明显偏低。

(5) 悬浮物 跟踪调查,表层海水悬浮物浓度变化范围为 9.0～21.0 mg/L,平均为 15.5 mg/L,明显高于本底调查值,S6 号站最高,S1 号站最低;底层海水悬浮物浓度变化范围为 11.5～32.5 mg/L,平均为 25.1 mg/L,明显高于本底调查值,S4 号站悬浮物最高,S5 站最低。调查海域表层海水悬浮物明显低于底层。与本底调查相比,跟踪调查悬浮物远高于本底值。

(6) 化学需氧量 跟踪调查,表层海水化学需氧量浓度变化范围为 0.76～1.49 mg/L,平均为 1.20 mg/L,较本底调查值高,S2 号站最高,S3 号站最低;底层海水化学需氧量浓度变化范围为 0.52～1.34 mg/L,平均为 1.02 mg/L,高于本底调查值,S2 号站最高,S3 号站最低。调查海域表层海水平均化学需氧量较底层略高。与本底调查相比,跟踪调查表、底层海水化学需氧量均高于本底调查值。

(7) 石油类 跟踪调查,表层海水石油类浓度变化范围为 0.184～0.280 mg/L,平均为 0.231 mg/L,较本底调查值低,S6 号站最高,S4 号站最低;底层海水石油类浓度变化范围为 0.167～0.916 mg/L,平均为 0.334 mg/L,较本底调查值高,S5 号站最高,S3 号站最低。底层各站间海水石油类出现一定幅度的变化,其均值也比表层略高。与本底调查相比,跟踪调查表层、底层海水石油类均高于本底值。

(8) 无机氮 跟踪调查,表层海水无机氮浓度变化范围为 0.271～0.557 mg/L,平均为 0.367 mg/L,高于本底调查值,S1 号站最高,S2 号站最低;底层海水无机氮浓度变化范围为 0.237～0.401 mg/L,平均为 0.293 mg/L,高于本底调查值,S1 站最高,S3 站最低。调查海域表、底层各站间海水无机氮变化不明显,表层略高于底层。与本底调查相比,跟踪调查表、底层海水无机氮均高于本底调查值。

(9) 活性磷酸盐 跟踪调查,表层海水活性磷酸盐浓度变化范围为 0.086～0.251 mg/L,平均为 0.147 mg/L,明显高于本底调查值,S1 号站最高,S3 号站最低;底层海水活性磷酸盐浓度变化范围为 0.081～0.224 mg/L,平均为 0.119 mg/L,明显高于本底调查值,S1 号站最高,S3 号站最低。调查海域表、底层各站间海水活性磷酸盐出现一定程度的变化，表层略高于底层。与本底调查相比，跟踪调查表、底层海水活性磷酸盐均明显高于本底调查值。

（10）锌　监测期间表层锌含量的变化范围为 $7.9\sim13.8\ \mu g/L$，平均为 $10.2\ \mu g/L$，明显低于本底调查值，最高值出现在 S6 号站，最低值出现在 S2 号站；底层含量范围为 $8.9\sim21.5\ \mu g/L$，平均为 $14.8\ \mu g/L$，略低于本底调查值，最高值出现在 S2 号站，最低值出现 S3 号站。表、底层各站间锌含量出现一定程度的变化，底层含量略高于表层。与本底调查相比，跟踪调查表层锌明显低于本底值，底层略低于本底值。

（11）镉　监测期间表层镉含量的变化范围为 $0.35\sim1.11\ \mu g/L$，平均为 $0.72\ \mu g/L$，明显高于本底调查值，最高值出现在 S5 号站，最低值出现在 S1 号站；底层的变化范围为 $0.19\sim1.21\ \mu g/L$，平均为 $0.68\ \mu g/L$，明显高于本底调查值，最高值出现在 S3 号站，最低值出现在 S6 号站。表、底层各站间的含量出现一定程度的变化，表、底层含量相近。与本底调查相比，跟踪调查表、底层镉含量均明显高于本底值。

（12）铜　监测期间表层铜含量的变化范围为 $1.33\sim7.12\ \mu g/L$，平均为 $4.48\ \mu g/L$，与本底调查值相近，最高值出现在 S2 号站，最低值出现在 S3 号站；底层的变化范围为 $1.23\sim4.21\ \mu g/L$，平均为 $2.93\ \mu g/L$，较本底调查值略高，最高值出现在 S1 号站，最低值出现在 S2 号站。表、底层各站间铜含量变化幅度较大，表层含量高于底层。与本底调查相比，跟踪调查表、底层的铜含量变化不大。

（13）铅　监测期间海域铅含量较低，各站表、底层海水铅含量均未检出。跟踪调查表、底层海水的铅含量均明显低于本底调查值。

（14）汞　监测期间表层汞含量的变化范围为 $0.073\sim0.126\ \mu g/L$，平均为 $0.100\ \mu g/L$，较本底调查值高，最高值出现在 S4 号站，最低值出现在 S5 号站；底层为 $0.059\sim0.122\ \mu g/L$，平均为 $0.090\ \mu g/L$，较本底调查值高，最高值出现在 S6 号站，最低值出现在 S5 号站。表、底层含量相近，与本底调查相比，跟踪调查表、底层海水的汞含量均明显高于本底调查值。

2. 海底表层沉积物

（1）沉积物粒度分析　外伶仃礁区跟踪调查海底表层沉积物的粒度分析结果如表 5-88 所示。

表 5-88　外伶仃礁区跟踪调查沉积物粒度

项目		站位					
		S1	S2	S3	S4	S5	S6
粒组含量（%）	砾	7.073	—	—	—	28.791	—
	沙	61.548	44.460	43.555	1.847	45.218	24.901
	粉沙	24.416	35.271	35.658	72.435	20.619	52.951
	黏土	6.962	20.269	20.787	25.718	5.372	22.148

（续）

项目		站位					
		S1	S2	S3	S4	S5	S6
粒度系数	平均粒径 Mz$_\varphi$	2.600	5.096	5.203	7.056	1.916	5.791
	中值粒径 Md$_\varphi$	1.244	5.086	5.208	7.047	1.548	6.263
	偏态值 SK$_\varphi$	−0.548	−0.063	−0.062	−0.053	−0.162	0.167
	峰态值 Kg$_\varphi$	0.831	0.708	0.700	1.149	0.827	0.928
	分选系数 $\delta_{i\varphi}$	3.113	3.012	2.973	1.531	3.596	2.746
名称		粉沙质沙	黏土-粉沙质沙	黏土-粉沙质沙	黏土质粉沙	粉沙-砾质沙	黏土-沙质粉沙

注：粗粒部分主要是贝壳碎片及少量的砾石。

　　该礁区海底表层沉积物类型较为复杂，分别由黏土-粉沙质沙、黏土质粉沙、粉沙质沙、粉沙-砾质沙和黏土-沙质粉沙组成。总体来看，礁区海底表层沉积物以沙和粉沙的含量较高，其范围分别为 1.847%～61.548% 和 20.619%～72.435%；黏土的含量范围为 5.372%～25.718%；砾的含量较少，仅在 S1 号站和 S5 号站出现，其含量分别为 7.073% 和 28.791%。分选较好，分选系数 $\delta_{i\varphi}$ 为 1.531～3.596；呈正负偏态，偏态值 SK$_\varphi$ 为 −0.548～0.167；中值粒径 Md$_\varphi$ 为 1.244～7.047。

　　（2）沉积物质量　外伶仃礁区跟踪调查沉积物项目测定值见表 5-89。

表 5-89　外伶仃礁区跟踪调查沉积物项目测定值

站位	pH	Cu (mg/kg)	Pb (mg/kg)	Zn (mg/kg)	Cd (mg/kg)	Hg (mg/kg)	石油类 (mg/kg)	有机质 (×10⁻²)
S1	7.13	10.3	12.3	32.0	nd	0.009	13.5	1.0
S2	6.68	7.6	11.7	16.0	nd	0.012	26.7	1.1
S3	7.02	6.8	9.2	25.0	nd	0.018	32.8	1.0
S4	7.35	11.2	10.5	18.0	nd	0.024	16.8	1.2
S5	6.89	18.3	14.1	27.0	nd	0.031	31.9	1.0
S6	6.92	8.6	10.9	38.0	nd	0.008	20.7	1.2
平均	7.00	10.5	11.5	26.0	nd	0.017	23.7	1.1

注：nd 表示未检出。

　　①pH：沉积物中的 pH 范围在 6.68～7.35，平均为 7.00。跟踪调查的 pH 的平均值低于本底调查均值。

　　②有机质：跟踪调查，沉积物有机质含量范围在 1.0×10⁻²～1.2×10⁻²，平均为 1.1×10⁻²，较本底调查均值略低，各站间差异不明显。

　　③石油类：跟踪调查，沉积物石油类含量在 13.5～32.8 mg/kg，平均为 23.7 mg/kg，明显低于本底调查值，最大值出现于 S3 号站，最小值出现在 S1 号站，各站出现明显差异。

　　④铜：沉积物中铜含量范围在 6.8～18.3 mg/kg，平均为 10.5 mg/kg。各区域铜含

量出现一定程度的差异，最大值出现在 S5 号站。跟踪调查的铜含量的平均值略高于本底调查均值。

⑤铅：沉积物中铅含量范围在 9.2～14.1 mg/kg，平均为 11.5 mg/kg。整个区域铅含量差异不大，最高值出现在 S5 号站，最低值出现在 S3 号站。跟踪调查的铅含量平均值与本底调查均值相近。

⑥汞：沉积物中汞含量范围在 0.008～0.031 mg/kg，平均为 0.017 mg/kg。整个区域汞含量较低。跟踪调查的汞含量的平均值低于本底调查均值。

⑦锌：沉积物中锌含量范围在 16.0～38.0 mg/kg，平均为 26.0 mg/kg。最高值出现在 S6 号站，最低值出现在 S2 号站。跟踪调查的锌含量的平均值明显低于本底调查均值。

⑧镉：调查区域内各站均未检出镉。

（三）对比分析

1. 叶绿素 a 与初级生产力对比

投礁前后，外伶仃礁区的叶绿素 a 含量和初级生产力水平见表 5-90。

表 5-90　外伶仃礁区叶绿素 a 含量及初级生产力

时间	站位	叶绿素 a（mg/m³）		初级生产力 [mg/(m²·d)]	
		表层	底层	表层	底层
跟踪调查	S1	3.92	3.22	667.78	548.53
	S2	4.45	2.81	649.77	410.30
	S3	4.07	2.19	619.05	333.10
	S4	4.48	2.80	654.15	408.84
	S5	4.58	3.14	752.35	515.80
	S6	4.53	2.32	716.57	366.99
	平均	4.34	2.75	676.61	430.60
	海区平均	3.54		553.60	
本底调查	S1	0.79	0.59	594.7	470.7
	S2	0.59	0.68	442.1	509.5
	S3	0.68	0.59	500.1	433.9
	S4	0.78	0.80	524.9	538.4
	S5	0.68	0.47	556.7	384.8
	S6	0.68	0.47	495.3	342.4
	平均	0.70	0.60	519.0	446.6
	海区平均	0.65		482.8	

（1）叶绿素 a　本底调查，监测海域叶绿素 a 含量低，表层为 0.59～0.79 mg/m³，平均为 0.70 mg/m³；底层为 0.47～0.80 mg/m³，平均为 0.60 mg/m³。

跟踪调查，叶绿素 a 含量表层为 3.92～4.58 mg/m³，底层为 2.19～3.22 mg/m³，海区均值为 3.54 mg/m³，表层叶绿素 a 含量明显高于底层；平面分布上，同一层不同站位差别较小，以 S5 号站表层最高，S3 号站底层最低。

（2）初级生产力　本底调查，监测海域初级生产力为 342.4～594.7 mg/(m² · d)，表层平均为 519.0 mg/(m² · d)，底层平均为 446.6 mg/(m² · d)。

跟踪调查，初级生产力水平表层为 619.05～752.35 mg/(m² · d)，底层为 333.10～548.53 mg/(m² · d)，海区平均为 553.60 mg/(m² · d)；平面分布方面，以 S5 号站的表层初级生产力最高，而 S3 号站底层最低，表层高于底层。

（3）评价与小结　本底调查时叶绿素 a 很低，初级生产力一般；而跟踪调查发现礁区的叶绿素 a 含量显著高于本底调查，初级生产力水平跟踪调查亦高于本底调查，可能投礁促进了该片海域浮游植物的生长，因而使叶绿素 a 及初级生产力均升高。

2. 水质评价对比

本底调查，根据测定结果，采用标准指数法算出各站层海水的质量指数及评价结果列于表 5 - 91。

表 5 - 91　外伶仃礁区本底调查海水质量指数及评价结果

项目	测层	站位						评价结果
		S1	S2	S3	S4	S5	S6	
无机氮	表层	0.85	0.97	0.58	0.57	0.79	0.55	未超标
	底层	0.74	0.86	0.54	0.63	0.51	0.94	未超标
$PO_4 - P$	表层	0.067	0.067	0.200	0.067	0.067	0.067	未超标
	底层	0.133	0.133	0.133	0.067	0.067	0.067	未超标
DO	表层	0.51	0.93	0.94	0.94	0.95	0.97	未超标
	底层	0.59	0.93	0.94	0.95	0.93	0.97	未超标
COD	表层	0.27	0.20	0.20	0.20	0.27	0.20	未超标
	底层	0.20	0.31	0.21	0.21	0.20	0.27	未超标
石油类	表层	0.660	0.640	1.220	0.440	0.840	0.600	部分超标
	底层	0.800	0.600	0.560	0.360	0.600	0.340	未超标
Cu	表层	0.61	0.52	0.50	0.80	0.84	0.54	未超标
	底层	0.70	0.65	0.24	0.32	0.28	0.36	未超标
Pb	表层	0.54	0.38	0.34	0.58	0.56	0.58	未超标
	底层	1.24	0.82	0.28	0.42	0.38	0.30	部分超标
Zn	表层	0.86	0.62	0.58	0.45	0.56	0.69	未超标
	底层	0.90	0.80	0.52	0.50	0.48	0.33	未超标
Cd	表层	0.12	0.13	0.11	0.09	0.09	0.07	未超标
	底层	0.57	0.12	0.08	0.08	0.06	0.10	未超标
Hg	表层	0.080	0.020	0.020	0.020	0.020	0.080	未超标
	底层	0.020	0.080	0.020	0.080	0.020	0.020	未超标

本底调查，除 S3 号站表层石油类含量和 S1 号站底层铅含量分别超过二类海水水质标准外，其余各站、层的各项指标均符合二类海水水质标准。总体而言，外伶仃礁区海

水质量状况优良。

跟踪调查，采用标准指数法算出海水的质量指数及评价结果列于表 5－92。

表 5－92　外伶仃礁区跟踪调查海水质量指数及评价结果

项目		站位						评价结果
		S1	S2	S3	S4	S5	S6	
pH	表层	0.14	0.71	0.66	0.54	0.54	0.66	未超标
	底层	0.26	0.40	0.29	0.43	0.31	0.49	未超标
DO	表层	0.60	0.64	0.70	0.73	0.73	0.70	未超标
	底层	1.51	1.48	1.45	1.36	1.52	1.38	超标
COD	表层	0.45	0.50	0.25	0.40	0.34	0.46	未超标
	底层	0.41	0.45	0.17	0.26	0.32	0.43	未超标
石油类	表层	4.32	4.32	5.10	3.68	4.68	5.60	超标
	底层	4.96	4.08	3.34	4.80	18.32	4.56	超标
无机氮	表层	1.86	0.90	1.04	1.26	1.11	1.17	部分超标
	底层	1.34	0.89	0.79	0.98	0.85	1.01	部分超标
PO_4-P	表层	8.37	3.73	2.88	4.00	6.47	3.91	超标
	底层	7.47	2.82	2.70	3.20	4.26	3.39	超标
Hg	表层	0.54	0.46	0.57	0.63	0.37	0.43	未超标
	底层	0.40	0.58	0.52	0.31	0.30	0.61	未超标
Cu	表层	0.70	0.71	0.13	0.38	0.25	0.51	未超标
	底层	0.42	0.12	0.14	0.41	0.36	0.31	未超标
Pb	表层	0.00	0.00	0.00	0.00	0.00	0.00	未超标
	底层	0.00	0.00	0.00	0.00	0.00	0.00	未超标
Zn	表层	0.17	0.16	0.23	0.19	0.21	0.28	未超标
	底层	0.33	0.43	0.18	0.21	0.29	0.33	未超标
Cd	表层	0.07	0.08	0.21	0.16	0.22	0.12	未超标
	底层	0.18	0.22	0.24	0.09	0.04	0.04	未超标

注：低于检出限的质量指数设为 0.00。

在本底调查中，外伶仃礁区只有表层石油类和底层铅出现个别超标现象，其余监测因子均未发现超标。而在跟踪调查中，所有站位的石油类和活性磷酸盐全部超标，底层溶解氧也全部超标，另外，无机氮也出现大部分站位超标的现象。在超标因子中，石油类和活性磷酸盐的超标现象较为严重，其质量指数最高达 18.32 和 8.37。除此之外，其余监测因子均没有超标。因此，与本底调查的评价结果相比较，跟踪调查礁区的海水水质状况不甚理想，有恶化迹象，应引起重视。

3. 沉积物质量评价对比

本底调查，根据人工鱼礁区沉积物测定结果，用单项指数法算出的沉积物质量指数及评价结果列于表 5－93。

表 5-93　外伶仃礁区本底调查沉积物质量指数及评价结果

项目	站位						评价结果
	S1	S2	S3	S4	S5	S6	
pH	0.31	0.39	0.25	0.26	0.32	0.41	未超标
石油类	0.30	0.17	0.13	0.44	0.27	0.28	未超标
有机质	0.84	0.44	0.32	0.83	0.42	0.67	未超标
Cu	0.46	0.27	0.25	0.36	0.27	0.30	未超标
Pb	0.83	0.38	0.54	0.80	0.52	0.77	未超标
Zn	0.33	0.15	0.22	0.32	0.21	0.31	未超标
Cd	0.08	0.08	0.08	0.08	0.08	0.08	未超标
Hg	0.245	0.160	0.390	0.300	0.195	0.250	未超标

本底调查结果显示，礁区表层沉积物各项指标均达到一类水标准，沉积物质量状况优良。

根据海洋沉积物质量评价标准，跟踪调查区域适用一类水标准，用单项指数法算出沉积物的质量指数及评价结果列于表 5-94。

表 5-94　外伶仃礁区跟踪调查沉积物质量指数及评价结果

站位	Cu	Pb	Zn	Cd	Hg	石油类	有机质
S1	0.29	0.21	0.21	0.00	0.05	0.03	0.49
S2	0.22	0.20	0.11	0.00	0.06	0.05	0.56
S3	0.19	0.15	0.17	0.00	0.09	0.07	0.52
S4	0.32	0.18	0.12	0.00	0.12	0.03	0.61
S5	0.52	0.24	0.18	0.00	0.16	0.06	0.52
S6	0.25	0.18	0.25	0.00	0.04	0.04	0.60
评价结果	未超标	未超标	未超标	未超标	未超标	未超标	未超标

注：低于检出限的质量指数设为 0.00。

在本底调查中，外伶仃礁区所有监测因子均未出现超标现象。而在跟踪调查中，所有监测因子的质量指数均小于1，未出现超标现象。表明该礁区沉积物质量较为稳定，未发现明显变化。

五、庙湾礁区

（一）本底调查结果

1. 海水水质

庙湾礁区本底调查海水水质观测分析结果见表 5-95。

表 5-95　庙湾礁区本底调查海水水质观测分析结果

项目		站位						平均
		S1	S2	S3	S4	S5	S6	
透明度（m）		1.5	1.6	2.4	1.5	1.6	1.6	1.7
盐度	表层	25.23	22.95	25.01	23.04	23.13	23.32	23.78
	底层	30.19	30.42	31.23	32.52	29.42	32.35	31.02
水温（℃）	表层	31.18	32.60	33.08	32.06	31.81	32.00	32.12
	底层	29.71	29.72	28.71	25.46	30.02	26.08	28.28
pH	表层	8.48	8.54	8.19	8.45	8.38	8.54	8.43
	底层	8.25	8.38	8.20	8.35	8.34	8.38	8.32
DO（mg/L）	表层	6.85	8.29	6.30	6.30	9.30	8.16	7.53
	底层	8.55	5.72	5.12	5.11	5.33	4.88	5.79
COD（mg/L）	表层	1.75	0.94	1.39	1.79	1.26	1.07	1.37
	底层	2.17	2.06	2.41	2.55	1.39	1.23	1.97
无机氮（mg/L）	表层	0.48	0.62	0.34	0.55	0.55	0.26	0.47
	底层	0.58	0.46	0.63	0.25	0.67	0.56	0.52
PO_4-P（mg/L）	表层	0.032	0.020	0.005	0.019	0.024	0.010	0.018
	底层	0.028	0.005	0.020	0.012	0.020	0.011	0.016
SS（mg/L）	表层	15.5	23.5	15.5	30.5	15.0	14.0	19.0
	底层	25.5	15.0	13.0	19.0	11.0	10.5	15.7
石油类（mg/L）	表层	0.13	0.18	0.19	0.06	0.12	0.29	0.16
	底层	0.19	0.22	0.20	0.10	0.14	0.21	0.18
Cu（μg/L）	表层	3.52	4.63	1.48	2.55	2.16	4.08	3.07
	底层	3.67	4.16	1.68	2.13	1.92	3.16	2.79
Pb（μg/L）	表层	nd	nd	nd	nd	nd	nd	nd
	底层	nd	nd	nd	nd	nd	nd	nd
Zn（μg/L）	表层	7.8	9.1	6.5	10.3	8.3	4.2	7.7
	底层	11.5	10.8	7.1	6.0	12.8	12.6	10.1
Cd（μg/L）	表层	0.24	0.31	0.59	0.78	1.01	0.82	0.63
	底层	1.10	0.38	1.03	0.84	0.90	0.63	0.81
Hg（μg/L）	表层	0.10	0.08	0.08	0.11	0.07	0.08	0.09
	底层	0.05	0.10	0.04	0.06	0.09	0.11	0.07

注：nd 表示未检出。

（1）盐度　表层盐度变化范围为 22.95～25.23，平均为 23.78，最高值出现在 S1 号站，最低值出现在 S2 号站；底层盐度变化范围为 29.42～32.52，平均为 31.02，最高值出现在 S4 号站，最低值出现在 S5 号站。底层海水盐度明显高于表层。

（2）水温　表层水温变化范围为为 31.18～33.08 ℃，平均为 32.12 ℃；底层水温变化范围为 25.46～30.02 ℃，平均为 28.28 ℃。

（3）pH　监测期间海水 pH 的变化范围表层为 8.19～8.54，平均为 8.43；底层为

8.20～8.38，平均为 8.32。

（4）溶解氧　监测期间表、底层各站点溶解氧变化幅度较大。表层为 6.30～9.30 mg/L，平均为 7.53 mg/L，最高值出现在 S5 号站，最低值出现在 S4 号站；底层为 4.88～8.55 mg/L，平均为 5.79 mg/L，最高值出现在 S1 号站，最低值出现在 S6 号站。表层海水溶解氧含量明显高于底层。

（5）化学需氧量　监测海域化学需氧量含量变化范围表层为 0.94～1.79 mg/L，平均为 1.37 mg/L，最高值出现在 S4 号站，最低值出现在 S2 号站；底层为 1.23～2.55 mg/L，平均为 1.97 mg/L，最高值出现在 S4 号站，最低值出现在 S6 号站。表层海水化学需氧量略低于底层。

（6）无机氮　监测海域无机氮含量较低，表层为 0.26～0.62 mg/L，平均 0.47 mg/L；底层为 0.25～0.67 mg/L，平均 0.52 mg/L。表、底层海水无机氮含量变化不明显。

（7）活性磷酸盐　监测期间海域活性磷酸盐含量较低，表层为 0.005～0.032 mg/L，平均为 0.018 mg/L；底层为 0.005～0.028 mg/L，平均为 0.016 mg/L。表、底层海水活性磷酸盐含量相差不明显。

（8）石油类　监测期间海水石油类含量范围表层为 0.06～0.29 mg/L，平均为 0.16 mg/L；底层为 0.10～0.22 mg/L，平均为 0.18 mg/L。表层海水石油类含量略低于底层。

（9）汞　监测期间海域汞含量较低，表层为 0.07～0.11 $\mu g/L$，平均为 0.09 $\mu g/L$；底层为 0.04～0.11 $\mu g/L$，平均为 0.07 $\mu g/L$。表、底层海水汞含量相差不明显。

（10）铜　监测期间海水铜含量的变化范围表层为 1.48～4.63 $\mu g/L$，平均为 3.07 $\mu g/L$，最高值出现在 S2 号站，最低值出现在 S3 号站；底层为 1.68～4.16 $\mu g/L$，平均为 2.79 $\mu g/L$，最高值出现在 S2 号站，最低值出现在 S3 号站。底层海水铜含量比表层略低。

（11）铅　监测期间礁区海域海水铅含量较低，各站海水样品中均未检出铅。

（12）锌　监测期间各站海水锌含量表层为 4.2～10.3 $\mu g/L$，平均为 7.7 $\mu g/L$，最高值出现在 S4 号站，最低值出现在 S6 号站；底层为 6.0～12.8 $\mu g/L$，平均为 10.1 $\mu g/L$，最高值出现在 S5 号站，最低值出现在 S4 号站。底层海水锌含量高于表层。

（13）镉　监测期间各站海水镉含量表层为 0.24～1.01 $\mu g/L$，平均为 0.63 $\mu g/L$，最高值出现在 5 号站，最低值出现在 S1 号站；底层为 0.38～1.10 $\mu g/L$，平均为 0.81 $\mu g/L$，最高值出现在 S1 号站，最低值出现在 S2 号站。表、底层海水镉含量相差不大。

（14）悬浮物　监测海域海水悬浮物含量的变化范围表层为 14.0～30.5 mg/L，平均为 19.0 mg/L，最高值出现在 S4 号站，最低值出现在 S6 号站；底层为 10.5～

25.5 mg/L，平均为 15.7 mg/L，最高值出现在 S1 号站，最低值出现在 S6 号站。底层海水悬浮物含量低于表层。

2. 海底表层沉积物

（1）沉积物粒度分析 庙湾礁区本底调查海底表层沉积物的粒度分析结果如表 5-96 所示。由表 5-96 可见，庙湾礁区海底表层沉积物除 S2 号站为黏土质粉沙外，其余均为粉沙质沙，整个礁区沉积物以沙的含量最高，为 16.68%～62.44%；其次为粉沙，为 25.16%～54.74%；黏土和砾的含量较低，其含量范围分别为 7.15%～28.58% 和 4.89%～13.88%。表明该礁区范围内沉积物颗粒较粗。分选一般，分选系数 $\delta_{i\varphi}$ 为 2.68～3.40，呈正负偏态；偏态值 SK_φ 为 -0.43～0.16；中值粒径 Md_φ 为 2.35～6.75。

表 5-96 庙湾礁区本底调查沉积物粒度

项目		站位					
		S1	S2	S3	S4	S5	S6
粒组含量（%）	砾	4.89	—	13.88	9.08	—	4.89
	沙	62.44	16.68	51.53	47.19	43.65	62.44
	粉沙	25.16	54.74	27.44	33.76	36.91	25.16
	黏土	7.51	28.58	7.15	9.97	19.45	7.51
粒度系数	平均粒径 Mz_φ	3.35	6.53	2.98	3.64	5.01	3.35
	中值粒径 Md_φ	2.35	6.75	2.43	2.89	5.25	2.35
	偏态值 SK_φ	-0.43	0.16	-0.15	-0.20	0.02	-0.43
	峰态值 Kg_φ	0.98	1.21	1.03	0.92	0.66	0.98
	分选系数 $\delta_{i\varphi}$	2.81	2.68	3.40	3.34	3.09	2.81
类型		粉沙质沙	黏土质粉沙	粉沙质沙	粉沙质沙	粉沙质沙	粉沙质沙

注：粗粒部分主要是贝壳碎片及少量的砾石。

（2）沉积物质量 庙湾礁区本底调查沉积物项目测定值见表 5-97。

表 5-97 庙湾礁区本底调查沉积物项目测定值

站位	pH	Cu (mg/kg)	Pb (mg/kg)	Zn (mg/kg)	Cd (mg/kg)	Hg (mg/kg)	石油类 (mg/kg)	有机质 (×10⁻²)
S1	—	—	—	—		—	—	—
S2	7.88	10.3	10.5	34.0	nd	0.021	30.5	1.52
S3	8.16	21.5	15.6	16.0	nd	0.034	23.7	1.88
S4	7.59	11.4	13.4	31.0	nd	0.016	18.4	1.53
S5	8.03	9.7	18.2	18.0	nd	0.018	26.1	1.61
S6	7.91	16.6	8.6	26.0	nd	0.024	31.9	1.23
平均	7.91	13.9	13.3	25.0		0.023	26.1	1.55

注：nd 表示未检出；S1 号站未采到样。

①pH：沉积物中的 pH 范围在 7.59～8.16，平均为 7.91。

②有机质：沉积物中有机质含量范围在 $1.23 \times 10^{-2} \sim 1.88 \times 10^{-2}$，平均为 1.55×10^{-2}，各站底泥有机质含量差异性不大。

③石油类：沉积物中石油类含量低，在 $18.4 \sim 31.9 \mathrm{~mg/kg}$，平均为 $26.1 \mathrm{~mg/kg}$。最大值出现于 S6 站，最小值出现在 S4 站。

④铜：沉积物中铜含量范围在 $9.7 \sim 21.5 \mathrm{~mg/kg}$，平均为 $13.9 \mathrm{~mg/kg}$。最大值出现在 S3 号站，最小值出现在 S5 号站。

⑤铅：沉积物中铅含量范围在 $8.6 \sim 18.2 \mathrm{~mg/kg}$，平均为 $13.3 \mathrm{~mg/kg}$。最大值出现在 S5 号站，最小值出现在 S6 号站。

⑥汞：沉积物中汞含量范围在 $0.016 \sim 0.034 \mathrm{~mg/kg}$，平均为 $0.023 \mathrm{~mg/kg}$。整个区域汞含量较低。

⑦锌：沉积物中锌含量范围在 $16.0 \sim 34.0 \mathrm{~mg/kg}$，平均为 $25.0 \mathrm{~mg/kg}$。最大值出现在 S2 号站，最小值出现在 S3 号站。

⑧镉：调查区域内各站均未检出镉。

（二）跟踪调查结果

1. 海水水质

庙湾礁区跟踪调查海水水质观测分析结果见表 5-98。

表 5-98　庙湾礁区跟踪调查海水水质观测分析结果

项目		站位						平均
		S1	S2	S3	S4	S5	S6	
透明度（m）		1.8	1.7	2.8	2.1	1.8	1.5	—
盐度	表层	26.74	24.52	26.88	24.05	26.74	24.69	25.60
	底层	31.42	32.06	30.96	32.46	30.55	33.45	31.82
水温（℃）	表层	30.58	33.45	32.48	31.86	32.11	31.78	32.04
	底层	29.17	28.96	29.06	27.69	28.42	27.55	28.48
pH	表层	8.04	8.25	8.09	8.22	8.14	8.21	8.16
	底层	8.04	8.24	8.11	8.24	8.07	8.11	8.14
DO（mg/L）	表层	6.44	6.39	6.45	6.16	6.30	6.26	6.33
	底层	5.52	5.42	5.77	5.87	5.83	5.88	5.72
COD（mg/L）	表层	1.24	1.84	1.47	1.63	0.98	1.04	1.37
	底层	1.27	1.48	1.74	1.25	1.01	0.75	1.25
无机氮（mg/L）	表层	0.21	0.42	0.27	0.39	0.42	0.34	0.34
	底层	0.29	0.33	0.42	0.27	0.24	0.21	0.29
$PO_4 - P$（mg/L）	表层	0.009	0.007	0.004	0.007	0.015	0.008	0.008
	底层	0.005	0.002	0.005	0.004	0.011	0.009	0.006
SS（mg/L）	表层	8.5	12.7	9.4	10.2	6.6	9.2	9.4
	底层	8.7	11.9	10.7	9.0	6.0	8.7	9.2

（续）

项目		站位						平均
		S1	S2	S3	S4	S5	S6	
石油类（mg/L）	表层	0.04	0.05	0.07	0.06	0.08	0.03	0.06
	底层	0.04	0.03	0.01	0.04	0.06	0.02	0.03
Cu（μg/L）	表层	3.01	3.97	2.45	3.71	2.26	3.78	3.20
	底层	2.67	3.71	1.56	2.46	1.77	2.44	2.44
Pb（μg/L）	表层	nd	nd	nd	nd	nd	nd	nd
	底层	nd	nd	nd	nd	nd	nd	nd
Zn（μg/L）	表层	6.5	8.5	5.5	9.8	7.4	4.7	7.1
	底层	7.6	8.8	6.7	6.7	10.5	8.3	8.1
Cd（μg/L）	表层	nd	nd	0.42	nd	0.61	0.72	0.58
	底层	0.71	nd	0.43	0.57	0.41	nd	0.53
Hg（μg/L）	表层	0.07	0.04	0.07	0.06	0.09	0.06	0.07
	底层	0.02	0.05	0.02	0.03	0.04	0.05	0.04

注：nd 表示未检出。

（1）盐度　表层盐度变化范围为 24.05～26.88，平均为 25.60，最高值出现在 S3 号站，最低值出现在 S4 号站；底层盐度变化范围为 30.55～33.45，平均为 31.82，最高值出现在 S6 号站，最低值出现在 S5 号站。底层海水盐度明显高于表层。

（2）水温　表层水温变化范围为 30.58～33.45 ℃，平均为 32.04 ℃；底层水温变化范围为 27.55～29.17 ℃，平均为 28.48 ℃。

（3）pH　监测期间海水 pH 的变化范围表层为 8.04～8.25，平均为 8.16；底层为 8.04～8.24，平均为 8.14。

（4）溶解氧　监测期间各站点溶解氧表层为 6.16～6.45 mg/L，平均为 6.33 mg/L，最高值出现在 S3 号站，最低值出现在 S4 号站；底层为 5.42～5.88 mg/L，平均为 5.72 mg/L，最高值出现在 S6 号站，最低值出现在 S2 号站。表层海水溶解氧含量明显高于底层。

（5）化学需氧量　监测海域化学需氧量含量变化范围表层为 0.98～1.84 mg/L，平均为 1.37 mg/L，最高值出现在 S2 号站，最低值出现在 S5 号站；底层为 0.75～1.74 mg/L，平均为 1.25 mg/L，最高值出现在 S3 号站，最低值出现在 S6 号站。表层海水化学需氧量略高于底层。

（6）无机氮　监测海域无机氮含量较低，表层为 0.21～0.42 mg/L，平均为 0.34 mg/L；底层为 0.21～0.42 mg/L，平均为 0.29 mg/L。表、底层海水无机氮含量变化不明显。

（7）活性磷酸盐　监测期间海域活性磷酸盐含量较低，表层为 0.004～0.015 mg/L，平均为 0.008 mg/L；底层为 0.002～0.011 mg/L，平均为 0.006 mg/L。表、底层海水磷酸盐含量相差不明显。

（8）悬浮物　监测海域海水悬浮物含量的变化范围表层为 6.6～12.7 mg/L，平均为 9.4 mg/L，最高值出现在 S2 号站，最低值出现在 S5 号站；底层为 6.0～11.9 mg/L，平均为 9.2 mg/L，最高值出现在 S2 号站，最低值出现在 S5 号站。底层海水悬浮物含量略低于表层。

（9）石油类　监测期间海水石油类含量范围表层为 0.03～0.08 mg/L，平均为 0.06 mg/L；底层为 0.01～0.06 mg/L，平均为 0.03 mg/L。表层海水石油类含量稍高于底层。

（10）铜　监测期间海水铜含量的变化范围表层为 2.26～3.97 μg/L，平均为 3.20 μg/L，最高值出现在 S2 号站，最低值出现在 S5 号站；底层为 1.56～3.71 μg/L，平均为 2.44 μg/L，最高值出现在 S2 号站，最低值出现在 S3 号站。底层海水铜含量比表层略低。

（11）铅　监测期间礁区海域海水铅含量较低，各站海水样品中均未检出铅。

（12）锌　监测期间各站海水锌含量表层为 4.7～9.8 μg/L，平均为 7.1 μg/L，最高值出现在 S4 号站，最低值出现在 S6 号站；底层为 6.7～10.5 μg/L，平均为 8.1 μg/L，最高值出面在 S5 号站，最低值出现在 S3 号站和 S4 号站。底层海水锌含量略高于表层。

（13）镉　监测期间各站海水镉含量表层为 0.42～0.72 μg/L，平均为 0.58 μg/L，其中 S1 号站、S2 号站和 S4 号站未检出；底层为 0.41～0.71 μg/L，平均为 0.53 μg/L，其中 S2 号站和 S6 号站未检出。表、底层海水镉含量相差不大。

（14）汞　监测期间海域汞含量较低，表层为 0.04～0.09 μg/L，平均为 0.07 μg/L；底层为 0.02～0.05 μg/L，平均为 0.04 μg/L。底层海水汞含量略高于表层。

2. 海底表层沉积物

沉积物质量　庙湾礁区跟踪调查沉积物项目测定值见表 5 - 99。

表 5 - 99　庙湾礁区跟踪调查沉积物项目测定值

站位	pH	Cu (mg/kg)	Pb (mg/kg)	Zn (mg/kg)	Cd (mg/kg)	Hg (mg/kg)	石油类 (mg/kg)	有机质 ($\times 10^{-2}$)
S1	8.02	14.5	7.7	25.0	nd	0.012	21.7	1.31
S2	8.12	9.7	9.5	21.0	nd	0.015	24.5	1.52
S3	8.08	15.2	11.3	11.0	nd	0.021	22.6	1.88
S4	7.99	7.4	12.4	19.0	nd	0.011	14.5	1.53
S5	8.04	6.9	10.9	17.0	nd	0.013	16.7	1.61
S6	7.96	10.3	7.1	13.0	nd	0.017	11.9	1.23
平均	8.04	10.7	9.8	17.7	nd	0.015	18.7	1.51

注：nd 表示未检出。

①pH：沉积物中的 pH 范围在 7.96～8.12，平均为 8.04。

②铜：沉积物中铜含量范围在 6.9～15.2 mg/kg，平均值 10.7 mg/kg。最大值出现在 S3 号站，最小值出现在 S5 号站。

③铅：沉积物中铅含量范围在 7.1～12.4 mg/kg，平均值 9.8 mg/kg。最大值出现在 S4 号站，最小值出现在 S6 号站。

④锌：沉积物中锌含量范围在 11.0～25.0 mg/kg，平均值 17.7 mg/kg。最大值出现在 S1 号站，最小值出现在 S3 号站。

⑤镉：调查区域内各站均未检出镉。

⑥汞：沉积物中汞含量范围在 0.011～0.021 mg/kg，平均值 0.015 mg/kg。整个区域汞含量较低。

⑦石油类：沉积物中石油类含量低，范围在 11.9～24.5 mg/kg，平均值 18.7 mg/kg。最大值出现于 S2 号站，最小值出现在 S6 号站。

⑧有机质：沉积物中有机质含量范围在 1.23×10^{-2}～1.88×10^{-2}，平均值 1.51×10^{-2}，各站底泥有机质含量差异性不大。

（三）对比分析

1. 叶绿素 a 与初级生产力对比

（1）叶绿素 a 本底调查期间，表层叶绿素 a 含量的变化范围为 3.72～5.88 mg/m³，平均为 4.68 mg/m³（表 5-100），不同站位差异不大，其中，以 S6 号站含量最高，S3 号站含量最低。底层叶绿素 a 变化范围为 1.37～1.94 mg/m³，不同站位差别很小，平均为 1.78 mg/m³，以 S4 号站最高、S3 号站最低。

跟踪调查海域表层叶绿素 a 含量中等，底层叶绿素 a 含量较低，两层的平面分布差异均较小；表层明显高于底层。

跟踪调查期间，表层叶绿素 a 含量的变化范围为 2.77～4.68 mg/m³，平均为 3.62 mg/m³（表 5-101），不同站位有差异不大，其中，以 S4 号站含量最高，S3 号站含量最低。底层叶绿素 a 变化范围为 1.24～1.86 mg/m³，不同站位差别很小，平均为 1.61 mg/m³，以 S5 号站最高、S4 号站最低。

调查海域表层叶绿素 a 含量中等，底层叶绿素 a 含量较低，两层的平面分布差异均较小；表层明显高于底层。

（2）初级生产力 本底调查期间，初级生产力水平表层变化范围为 400.08～572.38 mg/(m²·d)，平均为 475.37 mg/(m²·d)，以 S6 号站最高、S2 号站最低。底层变化范围为 155.14～200.04 mg/(m²·d)，平均为 180.69 mg/(m²·d)，最大值出现在 S3 号站，最小值出现在 S1 号站（表 5-100）。总体而言，调查海域表层初级生产力水平一般，底层较低。

跟踪调查期间，初级生产力水平表层变化范围为 306.76～529.39 mg/(m²·d)，平均为 375.16 mg/(m² · d)，以 S4 号站最高、S2 号站最低。底层变化范围为 131.70～266.96 mg/(m² · d)，平均为 168.95 mg/(m² · d)，最大值出现在 S3 号站，最小值出现在 S6 号站（表 5 - 101）。总体而言，调查海域表层初级生产力水平一般，底层较低。

（3）评价与小结　本底调查，表层的叶绿素 a 含量和初级生产力水平均显著高于底层。综合分析显示，调查海域表层的叶绿素 a 含量和初级生产力均已处于中等的水平，而底层这两个参数均偏低。

跟踪调查，表层的叶绿素 a 含量和初级生产力水平均显著高于底层。综合分析显示，调查海域表层的叶绿素 a 含量和初级生产力均已处于中等的水平，而底层这两个参数均偏低。

表 5 - 100　庙湾礁区本底调查叶绿素 a 含量和初级生产力

站位	叶绿素 a（mg/m³）		初级生产力 [mg/(m² · d)]	
	表层	底层	表层	底层
S1	4.39	1.70	400.63	155.14
S2	4.11	1.90	400.08	184.95
S3	3.72	1.37	543.18	200.04
S4	5.68	1.94	518.36	177.04
S5	4.29	1.93	417.61	187.87
S6	5.88	1.84	572.38	179.11
平均	4.68	1.78	475.37	180.69

表 5 - 101　庙湾礁区跟踪调查叶绿素 a 含量和初级生产力

站位	叶绿素 a（mg/m³）		初级生产力 [mg/(m² · d)]	
	表层	底层	表层	底层
S1	3.42	1.45	331.59	140.59
S2	3.35	1.68	306.76	153.84
S3	2.77	1.77	417.78	266.96
S4	4.68	1.24	529.39	140.26
S5	3.58	1.86	347.11	180.34
S6	3.94	1.63	318.34	131.70
平均	3.62	1.61	375.16	168.95

2. 水质评价对比

根据本底调查测定结果，采用标准指数法算出海水的质量指数及评价结果列于表 5 - 102。

表 5 - 102　庙湾礁区本底调查海水质量指数及评价结果

项目		站位						评价结果
		S1	S2	S3	S4	S5	S6	
pH	表层	0.94	1.11	0.11	0.86	0.66	1.11	部分超标
	底层	0.29	0.66	0.14	0.57	0.54	0.66	未超标
DO	表层	0.59	0.27	0.71	0.71	0.04	0.30	未超标
	底层	0.21	0.84	0.97	0.98	0.93	1.03	部分超标
COD	表层	0.58	0.31	0.46	0.60	0.42	0.36	未超标
	底层	0.72	0.69	0.80	0.85	0.46	0.41	未超标
无机氮	表层	1.60	2.07	1.14	1.83	1.83	0.86	超标
	底层	1.93	1.55	2.08	0.82	2.23	1.88	超标
$PO_4 - P$	表层	1.07	0.66	0.15	0.63	0.80	0.33	部分超标
	底层	0.94	0.16	0.66	0.40	0.67	0.37	超标
石油类	表层	2.64	3.56	3.88	1.12	2.34	5.80	超标
	底层	3.76	4.48	4.02	1.92	2.74	4.14	超标
Cu	表层	0.35	0.46	0.15	0.26	0.22	0.41	未超标
	底层	0.37	0.42	0.17	0.21		0.32	未超标
Pb	表层	0.00	0.00	0.00	0.00	0.00	0.00	未超标
	底层	0.00	0.00	0.00	0.00	0.00	0.00	未超标
Zn	表层	0.16	0.18	0.13	0.21	0.17	0.08	未超标
	底层	0.23	0.22	0.14	0.12	0.26	0.25	未超标
Cd	表层	0.05	0.06	0.12	0.16	0.20	0.16	未超标
	底层	0.22	0.08	0.21	0.17	0.18	0.13	未超标
Hg	表层	0.51	0.39	0.41	0.57	0.34	0.41	未超标
	底层	0.23	0.52	0.19	0.31	0.45	0.53	未超标

注：低于检出限的质量指数设为 0.00。

　　本底调查，庙湾礁区绝大部分站位海水样品中的无机氮和石油类均出现超标现象，特别是石油类超标程度尤其严重，个别站位样品的 pH、溶解氧和磷酸盐也出现超标现象，除此之外，其他因子均未发现超标现象。总体来说，庙湾礁区的无机氮和石油类含量较高，特别是石油类的超标现象较为严重，应予以注意。

　　跟踪调查，采用标准指数法算出海水的质量指数及评价结果列于表 5 - 103。

表 5 - 103　庙湾礁区跟踪调查海水质量指数及评价结果

项目		站位						评价结果
		S1	S2	S3	S4	S5	S6	
pH	表层	0.31	0.29	0.17	0.20	0.03	0.17	未超标
	底层	0.31	0.26	0.11	0.26	0.23	0.11	未超标
DO	表层	0.55	0.57	0.55	0.64	0.59	0.61	未超标
	底层	0.84	0.87	0.76	0.73	0.74	0.73	未超标

（续）

项目		站位						评价结果
		S1	S2	S3	S4	S5	S6	
COD	表层	0.41	0.61	0.49	0.54	0.33	0.35	未超标
	底层	0.42	0.49	0.58	0.42	0.34	0.25	未超标
无机氮	表层	0.70	1.40	0.90	1.30	1.40	1.13	部分超标
	底层	0.97	1.10	1.40	0.90	0.80	0.70	部分超标
$PO_4 - P$	表层	0.30	0.23	0.13	0.23	0.50	0.27	未超标
	底层	0.17	0.07	0.17	0.13	0.37	0.30	未超标
石油类	表层	0.80	1.00	1.40	1.20	1.60	0.60	部分超标
	底层	0.80	0.60	0.20	0.80	1.20	0.40	部分超标
Cu	表层	0.30	0.40	0.25	0.37	0.23	0.38	未超标
	底层	0.27	0.37	0.16	0.25	0.18	0.24	未超标
Pb	表层	0.00	0.00	0.00	0.00	0.00	0.00	未超标
	底层	0.00	0.00	0.00	0.00	0.00	0.00	未超标
Zn	表层	0.13	0.17	0.11	0.20	0.15	0.09	未超标
	底层	0.15	0.18	0.13	0.13	0.21	0.17	未超标
Cd	表层	0.00	0.00	0.08	0.00	0.12	0.14	未超标
	底层	0.14	0.00	0.09	0.11	0.08	0.00	未超标
Hg	表层	0.35	0.20	0.35	0.30	0.45	0.30	未超标
	底层	0.10	0.25	0.10	0.15	0.20	0.25	未超标

注：低于检出限的质量指数设为 0.00。

跟踪调查，庙湾礁区部分站位海水样品中的无机氮和石油类出现超标现象，除此之外，其他因子均未发现超标现象。总体来说，庙湾礁区水质状况良好。

3. 沉积物质量评价对比

用单项指数法算出沉积物的质量指数，本底调查和跟踪调查的质量指数结果及评价结果分别列于表 5 - 104 和表 5 - 105。

表 5 - 104　庙湾礁区本底调查沉积物质量指数及评价结果

项目	站位						评价结果
	S1	S2	S3	S4	S5	S6	
有机质	—	0.76	0.94	0.77	0.81	0.62	未超标
石油类	—	0.06	0.05	0.04	0.05	0.06	未超标
Cu	—	0.29	0.61	0.33	0.28	0.47	未超标
Pb	—	0.18	0.26	0.22	0.30	0.14	未超标
Zn	—	0.23	0.11	0.21	0.12	0.17	未超标
Cd	—	0.00	0.00	0.00	0.00	0.00	未超标
Hg	—	0.11	0.17	0.08	0.09	0.12	未超标

注：低于检出限的质量指数设为 0.00；S1 号站未采到样。

表 5-105　庙湾礁区跟踪调查沉积物质量指数及评价结果

项目	站位						评价结果
	S1	S2	S3	S4	S5	S6	
Cu	0.41	0.28	0.43	0.21	0.20	0.29	未超标
Pb	0.13	0.16	0.19	0.21	0.18	0.12	未超标
Zn	0.17	0.14	0.07	0.13	0.11	0.09	未超标
Cd	0.06	0.08	0.11	0.06	0.07	0.09	未超标
Hg	0.04	0.05	0.05	0.03	0.03	0.02	未超标
石油类	0.66	0.76	0.94	0.77	0.81	0.62	未超标
有机质	0.41	0.28	0.43	0.21	0.20	0.29	未超标

本底调查，庙湾礁区各站沉积物样品中各因子的质量质数均小于 1，表明该海区沉积物质量状况良好。

跟踪调查，庙湾礁区各站沉积物样品中各因子的质量质数均小于 1，表明该海区沉积物质量状况良好。

第四节　浮游植物变动分析

一、小万山礁区

1. 种类组成变动分析

珠海小万山礁区海域本底调查和跟踪调查的浮游植物种类情况分别见表 5-106 和表 5-107。

表 5-106　小万山礁区本底调查浮游植物的种类分类统计

门类	科数（科）	种数（种）	种数百分比（%）
蓝藻	1	3	6.00
硅藻	8	34	68.00
甲藻	4	10	20.00
金藻	1	2	4.00
黄藻	1	1	2.00
合计	15	50	100.00

表 5-107　小万山礁区跟踪调查浮游植物的种类分类统计

门类	科数（科）	种数（种）	种数百分比（%）
硅藻	7	44	70.97
甲藻	5	12	19.35
蓝藻	2	4	6.45
绿藻	1	2	3.23
合计	15	62	100.00

该人工鱼礁区位于珠江口外的小万山海域，调查出现的浮游植物以河口及岛礁的广布种为主，并呈现显著的热带-亚热带河口及岛礁种群区系特征。

本底调查，本海域浮游植物有硅藻、甲藻、蓝藻、金藻和黄藻共 5 门 15 科 50 种（含变种和变型及部分属的未定种）。其中硅藻门的种类最多，有 8 科 34 种，占总种类数的 68.00%；甲藻门次之，出现了 4 科 10 种，占总种类数的 20.00%（表 5-102）。属的种类组成中，以甲藻门的角藻属出现的种类最多，有 6 种；硅藻门的菱形藻属也出现了 4 种，而其他属出现的种类较少。

跟踪调查，本海区浮游植物呈现明显的沿岸和近海种群区系特征，种类多为亚热带-热带近海的广布种。本海域浮游植物有硅藻、甲藻、蓝藻和绿藻共 4 门 15 科 62 种（含变种和变型及个别属的未定种，表 5-103）。以硅藻门的种类最多，共有 7 科 44 种，占 70.97%；其次是甲藻门，有 5 科 12 种，占 19.35%。属的种类组成中，以硅藻门的角毛藻属和根管藻属的种类最多，均有 7 种；其次为甲藻门的角藻属，有 6 种。

2. 密度和分布变动分析

珠海小万山礁区海域本底调查和跟踪调查浮游植物的密度及分布分别见表 5-108 和表 5-109。

表 5-108　小万山礁区本底调查浮游植物的密度及分布

单位：$\times 10^4$ 个/m^3

站位	小计	浮游植物		
		硅藻	甲藻	蓝藻和金藻
S1	53.70	47.70	3.00	3.00
S2	69.60	60.90	4.50	4.20
S3	75.90	66.60	4.20	5.10
S4	59.10	50.70	5.70	2.70
S5（中心站）	62.40	57.30	3.90	1.20
S1～S5 礁区平均	64.14	56.64	4.26	3.24
S6（对比站）	64.50	56.40	4.80	3.30

表 5-109　小万山礁区跟踪调查浮游植物的密度及分布

单位：$\times 10^4$ 个/m^3

站位	小计	浮游植物		
		硅藻	甲藻	其他
S1	154.80	135.60	16.00	3.20
S2	173.20	156.00	15.20	2.00
S3	174.00	147.60	20.80	5.60
S4	163.60	151.20	10.00	2.40
S5（中心站）	208.80	178.80	25.60	4.40
S1～S5 礁区平均	179.90	158.40	17.90	3.60
S6（对比站）	66.40	58.40	7.20	0.80

本底调查，浮游植物的密度较低，但分布较均匀，S1～S5 号站礁区平均密度为 64.14×10^4 个/m³，变化范围为 $53.70 \times 10^4 \sim 75.90 \times 10^4$ 个/m³，其中 S3 号站密度最高、S1 号站密度最低；S6 号对比站密度为 64.50×10^4 个/m³，与礁区的均值接近。数量以硅藻占绝对优势，礁区平均密度为 56.64×10^4 个/m³，占礁区总密度的 88.31%；对比站亦以硅藻占显著优势，密度为 56.40×10^4 个/m³，占该站密度的 87.44%。甲藻在整个调查海域密度居第二位，礁区平均密度为 4.26×10^4 个/m³，占礁区总密度的 6.64%；对比站甲藻密度为 4.80×10^4 个/m³，在该站所占的比例为 7.44%。蓝藻和金藻数量最少，占的比例最低，礁区平均密度为 3.24×10^4 个/m³，占礁区总密度的 5.05%。

跟踪调查，该海域浮游植物密度较高，平均密度为 179.90×10^4 个/m³。其数量以硅藻占优势，密度为 158.40×10^4 个/m³，占总密度的 88.05%；其次为甲藻，密度为 17.90×10^4 个/m³，占总密度的 9.95%；居第三的为其他藻类（主要为蓝藻和绿藻），密度为 3.60×10^4 个/m³，占总密度的 2.00%。水平分布方面，各站位密度差异不大，最高密度出现在鱼礁中心的 S5 号站，为 208.80×10^4 个/m³；其次为 S3 号站，密度为 174.00×10^4 个/m³；最低出现在 S6 号站，密度为 66.40×10^4 个/m³。

3. 多样性指数和均匀度变动分析

珠海小万山礁区本底调查和跟踪调查浮游植物的多样性指数及均匀度分别见表 5 - 110 和表 5 - 111。

表 5 - 110　小万山礁区本底调查浮游植物的多样性指数及均匀度

站位	总种数（种）	多样性指数	均匀度
S1	20	3.00	0.69
S2	24	3.16	0.66
S3	21	3.04	0.69
S4	27	3.46	0.73
S5（中心站）	24	2.91	0.63
S1～S5 礁区平均	23	3.11	0.68
S6（对比站）	22	3.31	0.74

表 5 - 111　小万山礁区跟踪调查浮游植物的多样性指数及均匀度

站位	总种数（种）	多样性指数	均匀度
S1	31	3.84	0.77
S2	30	3.57	0.73
S3	34	3.95	0.78
S4	35	3.89	0.76
S5（中心站）	33	3.82	0.76
S1～S5 礁区平均	33	3.81	0.75
S6（对比站）	23	3.06	0.68

本底调查，礁区站位浮游植物平均出现种类数为 23 种，种类多样性指数分布范围在 2.91～3.46，平均为 3.11；种类均匀度分布范围在 0.63～0.73，平均为 0.68。对比站出现浮游植物 22 种，多样性指数为 3.31，均匀度为 0.74，均与礁区站位的均值相接近。调查海域生物多样性指数和均匀度均属中等水平，说明本海域生态环境较好。

跟踪调查，调查海域礁区站位浮游植物平均出现种类数为 33 种，种类多样性指数平均 3.81，种类均匀度为 0.75，属生物多样性指数及均匀度较高的海域，说明水域生态环境良好，种群多样性高。

4. 优势种变动分析

珠海小万山礁区本底调查和跟踪调查浮游植物的优势种及优势度分别见表 5 - 112 和表 5 - 113。

表 5 - 112　小万山礁区本底调查浮游植物的优势种及优势度

站位	中肋骨条藻	尖刺菱形藻	洛氏角毛藻	旋链角毛藻
S1	0.46	—	—	—
S2	0.46	—	—	—
S3	0.42	0.17	—	—
S4	0.39	—	—	—
S5（中心站）	0.50	—	0.15	—
S6（对比站）	0.38	—	—	0.15

注："—"表示本次调查中该藻种未出现，下同。

表 5 - 113　小万山礁区跟踪调查浮游植物的优势种及优势度

站位	中肋骨条藻	菱形海线藻	洛氏角毛藻	平滑角毛藻	尖刺菱形藻	奇异菱形藻
S1	0.27	0.24	—	—	—	—
S2	0.24	0.21	—	—	0.20	—
S3	0.27	—	—	0.20	—	—
S4	0.22	—	—	—	—	0.21
S5（中心站）	0.25	—	0.24	—	—	—
S6（对比站）	0.37	—	—	—	—	0.28

本底调查，本调查区海域优势种高度集中，最大的优势种是中肋骨条藻，在所有站位均为绝对优势种，优势度范围在 0.39～0.50，平均为 0.44，左右着本海区浮游植物的空间分布；其他优势种包括尖刺菱形藻、洛氏角毛藻和旋链角毛藻 3 种，但只在个别站位成为优势种，优势度也不高。

跟踪调查，本调查区海域浮游植物的最大的优势种是中肋骨条藻，该种在 6 个调查站位均为优势种，其优势度范围在 0.22～0.37；其次为菱形海线藻和奇异菱形藻，分别在 2

个站成为优势种；洛氏角毛藻、平滑角毛藻和尖刺菱形藻分别在 1 个站成为优势种。

5. 礁区与对比区的比较

通过对比分析，跟踪调查鱼礁中心的 S5 号站（中心站）和礁区 5 个站的平均密度、种数和多样性指数均高于对比站（S6 号站）（表 5 - 114）。

表 5 - 114　小万山礁区跟踪调查浮游植物礁区与对比区的比较

站位	密度（×10⁴ 个/m³）	种数（种）	多样性指数
S5（中心站）	208.80	33	3.82
S1～S5 礁区平均	179.90	33	3.81
S6（对比站）	66.40	23	3.06

6. 跟踪调查与本底调查的对比

与本底调查结果对比表明，跟踪调查鱼礁区 5 个站浮游植物密度、种数和多样性指数都高于本底调查（表 5 - 115）。

表 5 - 115　小万山礁区浮游植物跟踪调查与本底调查的比较

调查时间	S1～S5 礁区平均密度（×10⁴ 个/m³）	种数（种）	多样性指数
本底调查	64.14	23	3.11
跟踪调查	179.90	33	3.81

二、竹洲-横洲礁区

1. 种类组成变动分析

表 5 - 116 和表 5 - 117 分别为竹洲-横洲礁区本底调查和跟踪调查 4 个季节的浮游植物种类组成。

表 5 - 116　竹洲-横洲礁区本底调查浮游植物的种类分类统计

门类	春季			夏季			秋季			冬季		
	科数（科）	种数（种）	种数百分比（%）	科数（科）	种数（种）	种数百分比（%）	科数（科）	种数（种）	种数百分比（%）	科数（科）	种数（种）	种数百分比（%）
蓝藻	1	3	5.08	1	2	4.65	—	—	—	1	3	6.38
硅藻	8	46	77.97	8	29	67.44	7	58	85.29	8	32	68.09
甲藻	4	9	15.25	3	10	23.26	5	10	14.71	3	11	23.40
金藻	1	1	1.69	1	2	4.65	—	—	—	1	1	2.13
合计	14	59	100.00	13	43	100.00	12	68	100.00	13	47	100.00

表5-117　竹洲-横洲礁区跟踪调查浮游植物的种类分类统计

门类	春季			夏季			秋季			冬季		
	科数（科）	种数（种）	种数百分比（%）	科数（科）	种数（种）	种数百分比（%）	科数（科）	种数（种）	种数百分比（%）	科数（科）	种数（种）	种数百分比（%）
蓝藻	1	2	3.70	1	3	4.55	1	2	3.57	1	3	4.55
硅藻	7	41	75.93	5	53	80.30	9	37	66.07	5	53	80.30
甲藻	4	10	18.52	3	8	12.12	7	15	26.79	3	8	12.12
金藻	—	—	—	1	2	3.03	1	2	3.57	1	2	3.03
绿藻	1	1	1.85	—	—	—						
合计	13	54	100.00	10	66	100.00	18	56	100.00	10	66	100.00

春季浮游植物本底调查结果表明，浮游植物出现了硅藻、甲藻、蓝藻和金藻共4门14科59种（含变种及变型）。其中硅藻门的种类最多，有8科46种，占总种数的77.97%；其次是甲藻门，有4科9种，占15.25%；蓝藻门有1科3种，金藻类有1科1种。属的种类组成中，根管藻属出现的种类最多，有6种；其次是角藻属和菱形藻属的种类，各有5种。春季跟踪调查浮游植物结果表明，该海域浮游植物呈现明显的沿岸和近海种群区系特征，种类多为亚热带-热带近海的广布种。有硅藻、甲藻、蓝藻和绿藻等4门13科54种（含变种和变型及个别属的未定种）。以硅藻门的种类最多，计41种，占75.93%；其次是甲藻门，有10种，占18.52%。属的种类组成中，硅藻门的根管藻属的种类最多，有7种；其次为硅藻门的角毛藻属和圆筛藻属，各有6种。

夏季浮游植物本底调查结果表明，出现了硅藻、甲藻、蓝藻和金藻共4门13科43种（含个别属的未定种）。其中硅藻门的种类最多，有8科29种，占总种数的67.44%；甲藻门次之，出现了3科10种，占总种数的23.26%；蓝藻门和金藻门各有1科2种，分别占4.65%。属的种类组成中，甲藻门的角藻属最多，出现了6种，其次是硅藻门的角毛藻属，有5种。夏季跟踪调查浮游植物结果表明，该水域浮游植物呈现明显的沿岸和近海种群区系特征，种类多为亚热带-热带近海的广布种。有硅藻、甲藻、蓝藻和金藻共4门10科66种。以硅藻门的种类最多，有5科53种，占总种类数的80.30%；其次是甲藻门，有3科8种，占总种类数的12.12%。属的种类组成中，硅藻门的根管藻属的种类最多，有10种；其次是硅藻门的角毛藻属和甲藻门的角藻属，各有5种。

秋季浮游植物本底调查结果表明，有硅藻和甲藻2门12科68种（含变种、变型及个别属的未定种）。其中硅藻门的种类最多，有7科58种，占总种数的85.29%；甲藻门有5科10种，占总种数的14.71%。属的种类组成中，硅藻门的角毛藻属出现了12种；其次为硅藻门的圆筛藻属、斜纹藻属和菱形藻属，分别出现了6种。秋季跟踪调查海区浮游植物结果表明，该水域浮游植物呈现明显的沿岸和近海种群区系特征，种类多为亚热带-

热带近海的广布种。有硅藻、甲藻、蓝藻和金藻共 4 门 18 科 56 种。以硅藻门的种类最多，有 9 科 37 种，占总种类数的 66.07%；其次是甲藻门，有 7 科 15 种，占总种类数的 26.79%。属的种类组成中，甲藻门的角藻属的种类最多，有 7 种；其次是硅藻门的根管藻和角毛藻属，各有 6 种。

冬季浮游植物本底调查结果表明，出现了硅藻、甲藻、蓝藻和金藻共 4 门 13 科 47 种（含个别属的未定种）。其中硅藻门的种类最多，有 8 科 32 种，占总种数的 68.09%；甲藻门次之，出现了 3 科 11 种，占总种数的 23.40%。属的种类组成中，以硅藻门的角毛藻属和甲藻类的角藻属出现的种类最多，各有 6 种；其次为硅藻门的根管藻属，出现了 4 种；其他属出现的种类较少。冬季浮游植物跟踪调查结果表明，该水域浮游植物呈现明显的沿岸和近海种群区系特征，种类多为亚热带-热带近海的广布种。有硅藻、甲藻、蓝藻和金藻共 4 门 10 科 66 种。以硅藻门的种类最多，有 5 科 53 种，占总种类数的 80.30%；其次是甲藻门，有 3 科 8 种，占总种类数的 12.12%。属的种类组成中，硅藻门的根管藻属的种类最多，有 10 种；其次是硅藻门的角毛藻属和甲藻门的角藻属，各有 5 种。

2. 密度和分布变动分析

春季浮游植物本底调查结果（表 5-118）分析表明，春季浮游植物的密度一般，分布较均匀。S4~S6 号站礁区平均密度为 72.93×10^4 个/m³，变化范围为 49.60×10^4~91.20×10^4 个/m³，其中 S5 号站密度最高，S6 号站密度最低；S1~S3 号站对比区平均密度为 72.47×10^4 个/m³，变化范围为 57.60×10^4~97.60×10^4 个/m³，其中 S2 号站密度最高、S3 号站密度最低。数量以硅藻类占优势，礁区平均密度为 65.87×10^4 个/m³，占礁区总密度的 90.32%；对比区亦以硅藻占显著优势，密度为 64.40×10^4 个/m³，占对比区总密度的 88.86%。甲藻在整个调查海域密度均属其次，礁区平均为 4.93×10^4 个/m³，占礁区总密度的 6.76%；对比区甲藻密度为 4.87×10^4 个/m³，占对比区总密度的 6.72%。蓝藻和金藻类数量最少，占的比例最低，礁区平均密度为 2.13×10^4 个/m³，占礁区总密度的 2.92%。春季浮游植物跟踪调查结果分析表明，春季浮游植物的丰度一般，分布较均匀。S4~S6 礁区站平均密度为 332.93×10^4 个/m³，变化范围为 279.20×10^4~363.60×10^4 个/m³，其中 S6 号站密度最高、S4 号站密度最低；S1~S3 对比区平均密度为 109.33×10^4 个/m³，变化范围为 107.20×10^4~110.80×10^4 个/m³，其中 S2 号站密度最高、S1 号站密度最低。数量以硅藻类占优势，礁区平均密度为 289.33×10^4 个/m³，占礁区总密度的 86.90%；对比区亦以硅藻占显著优势，密度为 97.33×10^4 个/m³，占对比区总密度的 89.02%。甲藻类在整个调查海域密度属其次，礁区平均密度为 32.27×10^4 个/m³，占礁区总密度的 9.69%；对比区甲藻密度为 8.53×10^4 个/m³，占对比区总密度的 7.80%。蓝藻和绿藻类数量最少，占的比例最低，礁区平均密度为 11.33×10^4 个/m³，占礁区总密度的 3.40%。

表 5-118　竹洲-横洲礁区浮游植物的密度及分布

单位：×10^4 个/m^3

站位	本底调查				跟踪调查			
	春季	夏季	秋季	冬季	春季	夏季	秋季	冬季
S1	68.20	72.00	168.00	84.60	107.20	74.70	190.40	139.20
S2	91.60	97.80	133.60	102.60	110.80	51.60	122.80	92.10
S3	57.60	64.50	160.40	68.10	110.00	108.60	221.20	71.40
S1~S3 对比区平均	72.47	78.10	154.00	85.10	109.33	78.30	178.13	100.90
S4	72.00	58.50	222.40	54.60	279.20	161.10	282.00	115.50
S5	97.20	39.60	163.60	95.10	356.00	124.20	280.00	246.90
S6	49.60	75.30	169.60	60.30	363.60	157.80	277.60	160.20
S4~S6 礁区平均	72.93	57.80	185.20	70.00	332.93	147.70	279.87	174.20

夏季浮游植物本底调查结果分析表明，夏季浮游植物的密度一般，分布较均匀。S4~S6 号站礁区平均密度为 57.80×10^4 个/m^3，变化范围为 39.60×10^4～75.30×10^4 个/m^3，其中 S6 号站密度最高、S5 号站密度最低；S1~S3 号站对比区平均密度为 78.10×10^4 个/m^3，变化范围为 64.50×10^4～97.80×10^4 个/m^3，其中 S2 号站密度最高、S3 号站密度最低。数量以硅藻占优势，礁区平均密度为 50.30×10^4 个/m^3，占礁区总密度的 87.02%；对比区亦以硅藻占显著优势，密度为 73.70×10^4 个/m^3，占对比区总密度的 94.37%。甲藻在整个调查海域密度属其次，礁区平均密度为 5.90×10^4 个/m^3，占礁区总密度的 10.21%；对比区甲藻密度为 3.60×10^4 个/m^3，占对比区总密度的 4.61%。蓝藻和金藻数量最少，占的比例最低，礁区平均密度为 1.60×10^4 个/m^3，占礁区总密度的 2.77%。夏季浮游植物跟踪调查结果分析表明，夏季浮游植物的密度一般，分布较均匀。S4~S6 号站礁区平均密度为 147.70×10^4 个/m^3，变化范围为 124.20×10^4～161.10×10^4 个/m^3，其中 S4 号站密度最高、S5 号站密度最低；S1~S3 号站对比区平均密度为 78.30×10^4 个/m^3，变化范围为 51.60×10^4～108.60×10^4 个/m^3，其中 S3 号站密度最高、S2 号站密度最低。数量以硅藻占优势，礁区平均密度为 134.20×10^4 个/m^3，占礁区总密度的 90.86%；对比区亦以硅藻占显著优势，密度为 72.50×10^4 个/m^3，占对比区总密度的 92.59%。甲藻在整个调查海域密度属其次，礁区平均密度为 11.10×10^4 个/m^3，占礁区总密度的 7.52%；对比区甲藻密度为 4.50×10^4 个/m^3，占对比区总密度的 5.75%。蓝藻和金藻数量最少，占的比例最低，礁区平均密度为 2.40×10^4 个/m^3，占礁区总密度的 1.62%。

秋季浮游植物本底调查结果分析表明，秋季浮游植物的密度一般，分布较均匀。S4~S6 号站礁区平均密度为 185.20×10^4 个/m^3，变化范围为 163.60×10^4～222.40×

10^4 个/m³，其中 S4 号站密度最高、S5 号站密度最低；S1～S3 号站对比区平均密度为154.00×10^4 个/m³，变化范围为 133.60×10^4～168.00×10^4 个/m³，其中 S1 号站密度最高、S2 号站密度最低。数量以硅藻占优势，礁区平均密度为177.87×10^4 个/m³，占礁区总密度的 96.04％；对比区亦以硅藻占显著优势，密度为 149.33×10^4 个/m³，占对比区总密度的 96.97％。甲藻在整个调查海域密度属其次，礁区平均密度为 7.33×10^4 个/m³，占礁区总密度的 3.96％；对比区甲藻密度为 4.67×10^4 个/m³，占对比区总密度的3.03％。秋季浮游植物跟踪调查结果分析表明，秋季浮游植物的密度一般，分布较均匀。S4～S6 号站礁区平均密度为 279.87×10^4 个/m³，变化范围为 277.60×10^4～282.00×10^4 个/m³，其中 S4 号站密度最高、S6 号站密度最低；S1～S3 号站对比区平均密度为178.13×10^4 个/m³，变化范围为 122.80×10^4～221.20×10^4 个/m³，其中 S3 号站密度最高、S2 号站密度最低。数量以硅藻占优势，礁区平均密度为225.73×10^4 个/m³，占礁区总密度的 80.66％；对比区亦以硅藻占显著优势，密度为 152.53×10^4 个/m³，占对比区总密度的 85.63％。甲藻在整个调查海域密度属其次，礁区平均密度为49.07×10^4 个/m³，占礁区总密度的 17.53％；对比区甲藻密度为 22.53×10^4 个/m³，占对比区总密度的12.65％。蓝藻和金藻数量最少，占的比例最低，礁区平均密度为 5.07×10^4 个/m³，占礁区总密度的 1.81％。

冬季浮游植物本底调查结果分析表明，冬季浮游植物的密度一般，分布较均匀。S4～S6 号站礁区平均密度为 70.00×104 个/m³，变化范围为 54.60×10^4～95.10×10^4 个/m³，其中 S5 号站密度最高、S4 号站密度最低；S1～S3 号站对比区平均密度为85.10×10^4 个/m³，变化范围为 68.10×10^4～102.60×10^4 个/m³，其中 S2 号站密度最高、S3 号站密度最低。数量以硅藻占优势，礁区平均密度为 62.20×10^4 个/m³，占礁区总密度的 88.86％；对比区亦以硅藻占显著优势，密度为 77.80×10^4 个/m³，占对比区总密度的 91.42％。甲藻在整个调查海域密度属其次，礁区平均密度为 6.10×10^4 个/m³，占礁区总密度的 8.71％；对比区甲藻密度为 6.10×10^4 个/m³，占对比区总密度的7.17％。蓝藻和金藻数量最少，占的比例最低，礁区平均密度为 1.70×10^4 个/m³，占礁区总密度的 2.43％。冬季浮游植物跟踪调查结果分析表明，冬季浮游植物的密度一般，分布较均匀。S4～S6 礁区平均密度为 174.20×10^4 个/m³，变化范围为 115.50×10^4～246.90×10^4 个/m³，其中 S5 号站密度最高、S4 号站密度最低；S1～S3 号站对比区密度为 100.90×10^4 个/m³，变化范围为 71.40×10^4～139.20×10^4 个/m³，其中 S1 号站密度最高、S3 号站密度最低。数量以硅藻占优势，礁区平均密度为 164.50×10^4 个/m³，占礁区总密度的 94.43％；对比区亦以硅藻占显著优势，密度为 95.00×10^4 个/m³，占对比区总密度的 94.15％。甲藻类在整个调查海域密度属其次，礁区平均密度为 6.10×10^4 个/m³，占礁区总密度的 3.50％；对比区甲藻密度为 4.40×10^4 个/m³，占对比区总密度的 4.36％。蓝藻和金藻数量最少，占的比例最低，礁区平均密度为 3.60×10^4 个/m³，占礁区总密度的 2.07%。

3. 生物多样性及均匀度变动分析

表 5-119 为竹洲-横洲礁区本底和跟踪调查 4 个季节的浮游植物多样性指数和均匀度。

表 5-119　竹洲-横洲礁区浮游植物的多样性指数和均匀度

项目	季节	航次	S1	S2	S3	S1~S3 对比区平均	S4	S5	S6	S4~S6 礁区平均
总种数（种）	春季	本底调查	24	21	22	22	20	24	22	22
		跟踪调查	27	30	27	28	48	51	45	48
	夏季	本底调查	20	23	21	21	19	21	23	21
		跟踪调查	27	25	31	28	37	40	43	40
	秋季	本底调查	20	19	21	20	24	23	24	24
		跟踪调查	29	25	26	27	32	31	29	31
	冬季	本底调查	21	19	20	20	22	24	21	22
		跟踪调查	36	38	33	36	38	41	40	40
多样性指数	春季	本底调查	3.51	3.32	3.58	3.47	3.10	3.62	3.31	3.34
		跟踪调查	3.18	3.25	3.27	3.23	4.53	4.28	4.08	4.30
	夏季	本底调查	2.59	2.71	2.74	2.68	2.65	3.40	2.64	2.90
		跟踪调查	3.05	3.01	3.04	3.03	3.47	3.90	3.87	3.75
	秋季	本底调查	2.94	3.09	3.18	3.07	2.91	3.15	3.20	3.09
		跟踪调查	3.15	3.18	2.80	3.04	3.83	3.59	3.52	3.65
	冬季	本底调查	2.83	2.38	2.95	2.72	3.21	2.74	3.01	2.99
		跟踪调查	3.36	3.47	3.54	3.46	3.83	3.95	3.66	3.82
均匀度	春季	本底调查	0.76	0.76	0.80	0.77	0.72	0.79	0.74	0.75
		跟踪调查	0.57	0.58	0.59	0.58	0.81	0.75	0.74	0.77
	夏季	本底调查	0.60	0.60	0.62	0.61	0.62	0.77	0.58	0.66
		跟踪调查	0.64	0.65	0.61	0.63	0.67	0.73	0.71	0.70
	秋季	本底调查	0.68	0.73	0.72	0.71	0.63	0.70	0.70	0.68
		跟踪调查	0.65	0.68	0.60	0.64	0.77	0.72	0.72	0.74
	冬季	本底调查	0.64	0.56	0.72	0.64	0.72	0.72	0.60	0.68	0.67
		跟踪调查	0.65	0.66	0.70	0.67	0.73	0.74	0.69	0.72

　　春季浮游植物本底调查结果分析表明，S4~S6 礁区站位浮游植物平均出现种类数为 22 种，种类多样性指数分布范围在 3.10~3.62，平均为 3.34；种类均匀度分布范围在 0.72~0.79，平均为 0.75。S1~S3 对比区站位平均出现浮游植物 22 种，多样性指数为 3.47，均匀度为 0.77，均与礁区站位的均值相接近。调查海域生物多样性指数和均匀度均属中等水平，说明本海域生态环境较好。跟踪调查春季浮游植物结果分析表明，S4~S6 礁区站位浮游植物平均出现种类数为 48 种，种类多样性指数分布范围在 4.08~4.53，平均为 4.30；种类均匀度分布范围在 0.74~0.81，平均为 0.77。S1~S3 对比区平均出现浮游植物 28 种，多样性指数为 3.23，均匀度为 0.58，均与礁区站位的均值相接近。调查海域生物多样性指数和均匀度均属中等水平，说明本海域生态环境较好。

夏季浮游植物本底调查结果分析表明，S4～S6礁区站位浮游植物平均出现种类数为21种，种类多样性指数分布范围在2.64～3.40，平均为2.90；种类均匀度分布范围在0.58～0.77，平均为0.66。S1～S3对比区平均出现浮游植物21种，多样性指数为2.68，均匀度为0.61，均与礁区站位的均值相接近。调查海域生物多样性指数和均匀度均属中等水平，说明本海域生态环境较好。跟踪调查夏季浮游植物结果分析表明，S4～S6礁区站位浮游植物平均出现种类数为40种，种类多样性指数分布范围在3.47～3.90，平均为3.75；种类均匀度分布范围在0.67～0.71，平均为0.70。S1～S3对比区平均出现浮游植物28种，多样性指数为3.03，均匀度为0.63。调查海域生物多样性指数和均匀度均属中等水平，说明本海域生态环境较好。

秋季浮游植物本底调查结果分析表明，S4～S6礁区站位浮游植物平均出现种类数为24种，种类多样性指数分布范围在2.91～3.20，平均为3.09；种类均匀度分布范围在0.63～0.70，平均为0.68。S1～S3对比区平均出现浮游植物20种，多样性指数为3.07，均匀度为0.71，均与礁区站位的均值相接近。调查海域生物多样性指数和均匀度均属中等水平，说明本海域生态环境较好。跟踪调查秋季浮游植物结果分析表明，S4～S6礁区站位浮游植物平均出现种类数为31种，种类多样性指数分布范围在3.52～3.83，平均为3.65；种类均匀度分布范围在0.72～0.77，平均为0.74。S1～S3对比区平均出现浮游植物27种，多样性指数为3.04，均匀度为0.64。调查海域生物多样性指数和均匀度均属中等水平，说明本海域生态环境较好。

冬季浮游植物本底调查结果分析表明，S4～S6礁区站位浮游植物平均出现种类数为22种，种类多样性指数分布范围在2.74～3.21，平均为2.99；种类均匀度分布范围在0.60～0.72，平均为0.67。S1～S3对比区平均出现浮游植物20种，多样性指数为2.72，均匀度为0.63，均与礁区站位的均值相接近。调查海域生物多样性指数和均匀度均属中等水平，说明本海域生态环境较好。跟踪调查冬季浮游植物结果分析表明，S4～S6礁区站位浮游植物平均出现种类数为40种，种类多样性指数分布范围在3.66～3.95，平均为3.82；种类均匀度分布范围在0.69～0.74，平均为0.72。S1～S3对比区平均出现浮游植物36种，多样性指数为3.46，均匀度为0.67，均与礁区站位的均值相接近。调查海域生物多样性指数和均匀度均属中等水平，说明本海域生态环境较好。

4. 优势种变动分析

以优势度大于0.15为判断标准。

春季浮游植物本底调查结果分析表明，本海域共出现了5种优势种，其中洛氏角毛藻是本调查海域最大的优势种，在4个站位成为第一位的优势种，占所有站位数的67%，优势地位十分突出，优势度在0.20～0.27。其他优势种有紧密角管藻、中肋骨条藻、掌状冠盖藻和奇异棍形藻等，但只在1～2个站位出现。跟踪调查春季浮游植物结果分析表明，本海域浮游植物的最大优势种是中肋骨条藻，该种在4个站位成为优势种，优势度在

0.23～0.35；其次是菱形海线藻，在 3 个站位成为优势种；奇异菱形藻和平滑角毛藻则分别在 1～2 个站位成为优势种。

夏季浮游植物本底调查结果分析表明，本调查海区浮游植物最大的优势种是尖刺菱形藻，在本海域有 5 个站位成为优势种，占总站位数的 83.33％，其优势度在 0.43～0.72，优势特征十分明显，是主导本海区浮游植物密度的第一优势种群；第二优势种是旋链角毛藻，本次调查在 3 个站位成为优势种，占总站位数的 50.00％，优势度在 0.19～0.36，优势特征也十分明显；第三优势种是中肋骨条藻，在本次调查有 1 个站位成为优势种，优势度为 0.15。跟踪调查夏季浮游植物结果分析表明，本海域浮游植物的最大优势种是尖刺菱形藻，该种在 5 个站位均成为优势种，优势度在 0.28～0.53；其次是中肋骨条藻在 3 个站位成为优势种；菱形海线藻、洛氏角毛藻和掌状冠盖藻则各在 1 个站位成为优势种。

秋季浮游植物本底调查结果分析表明，本调查海区浮游植物的优势种分布较为分散，其中最大的优势种是拟弯角毛藻，在 4 个站位成为优势种，占全部站位数的 66.67％，其优势度在 0.22～0.46；第二优势种是伏氏海毛藻，在 3 个站位成为优势种，占总站位数的 50.00％。其他优势种包括菱形海线藻、中肋骨条藻和旋链角毛藻 3 种，但只在 1～2 个站位成为优势种。跟踪调查秋季浮游植物结果分析表明，本海域浮游植物的最大优势种是中肋骨条藻，该种 4 个调查站位均成为优势种，优势度在 0.30～0.36；其次是尖刺菱形藻、洛氏角毛藻和伏氏海毛藻，各在 2 个站位成为优势种；旋链角毛藻、菱形海线藻和变异辐杆藻则各在 1 个站位成为优势种。

冬季浮游植物本底调查结果分析表明，本调查海域优势种高度集中，最大优势种是尖刺菱形藻，在所有 6 个站位均为优势种，优势度范围在 0.40～0.55，左右着本海区浮游植物的空间分布；第二优势种是旋链角毛藻和中肋骨条藻，分别在 2 个站位成为优势种，但优势度不高。跟踪调查冬季浮游植物结果分析表明，本海域浮游植物的最大优势种是中肋骨条藻，该种在 3 个站位成为优势种，优势度在 0.21～0.32；其次是尖刺菱形藻、紧密角管藻、伏氏海毛藻和地中海指管藻，分别在 2 个站位成为优势种；菱形海线藻和掌状冠盖藻则各在 1 个站位成为优势种。

5. 礁区与对比区的比较

跟踪调查各季度浮游植物礁区与对比区的比较数据见表 5-120。

表 5-120　竹洲-横洲礁区浮游植物礁区与对比区的比较

站位	密度（×10⁴ 个/m³）				种数（种）				多样性指数			
	春季	夏季	秋季	冬季	春季	夏季	秋季	冬季	春季	夏季	秋季	冬季
S4～S6 礁区平均	332.93	147.70	279.87	174.20	48	40	31	40	4.30	3.75	3.65	3.82
S1～S3 对比区平均	109.33	78.30	178.13	100.90	28	28	27	36	3.23	3.03	3.04	3.46

春、夏、秋、冬跟踪调查，S4～S6 礁区浮游植物平均密度、种数和多样性指数均高于 S1～S3 对比区。

6. 跟踪调查与本底调查的对比

各季度浮游植物的跟踪调查与本底调查的数据对比见表 5-121 至表 5-124。

表 5-121　竹洲-横洲礁区春季浮游植物跟踪调查与本底调查的比较

调查航次	S4～S6 礁区平均密度（×10⁴ 个/m³）	种数（种）	多样性指数
本底调查	72.93	22	3.34
跟踪调查	332.93	48	4.30

表 5-122　竹洲-横洲礁区夏季浮游植物跟踪调查与本底调查的比较

调查航次	S4～S6 礁区平均密度（×10⁴ 个/m³）	种数（种）	多样性指数
本底调查	57.80	21	2.90
跟踪调查	147.70	40	3.75

表 5-123　竹洲-横洲礁区秋季浮游植物跟踪调查与本底调查的比较

调查航次	S4～S6 礁区平均密度（×10⁴ 个/m³）	种数（种）	多样性指数
本底调查	185.20	24	3.09
跟踪调查	279.87	31	3.65

表 5-124　竹洲-横洲礁区冬季浮游植物跟踪调查与本底调查的比较

调查航次	S4～S6 礁区平均密度（×10⁴ 个/m³）	种数（种）	多样性指数
本底调查	70.00	22	2.99
跟踪调查	174.20	40	3.82

春、夏、秋、冬跟踪调查与本底调查比较，跟踪调查 S4～S6 礁区平均浮游植物密度、种数和多样性指数均高于本底调查。

三、东澳礁区

1. 种类组成变动分析

东澳礁区本底调查和跟踪调查浮游植物种类分类结果分别见表 5-125 和表 5-126。

表 5-125　东澳礁区本底调查浮游植物的种类分类统计

门类	科数（科）	属数（属）	种数（种）	种数百分比（%）
硅藻	7	26	62	79.49
甲藻	8	8	13	16.67
蓝藻	1	1	2	2.56
金藻	1	1	1	1.28
合计	17	36	78	100.00

表 5-126 东澳礁区跟踪调查浮游植物的种类分类统计

门类	科数（科）	种数（种）	种数百分比（%）
蓝藻	1	4	5.56
硅藻	9	52	72.22
金藻	1	2	2.78
黄藻	1	1	1.39
甲藻	6	13	18.05
合计	18	72	100.00

本海域位于万山群岛，属珠江口外缘的亚热带水域，水环境条件较为复杂，既受珠江冲淡水的影响，又受南海外海水团的影响。浮游植物组成呈现显著的亚热带沿岸种类区系特征，种类组成较为复杂，以沿岸广布种为主，同时也出现一些咸淡水种和外海高盐种。

本底调查，本水域浮游植物有硅藻、甲藻、蓝藻和金藻共 4 门 17 科 78 种。以硅藻门的种类最多，计 62 种，占 79.49%；其次是甲藻门，有 13 种，占 16.67%。属的种类组成中，以硅藻门的角毛藻属（17 种）最多，其次为根管藻属（9 种）和菱形藻属（5 种）；甲藻门以角藻属的种类为多（6 种）。

跟踪调查，本水域浮游植物有硅藻、甲藻、蓝藻、黄藻和金藻共 5 门 18 科 72 种（含变种和变型及个别属的未定种）。以硅藻门的种类最多，有 9 科 52 种，占总种类数的72.22%；其次是甲藻门，有 6 科 13 种，占 18.05%。属的种类组成中，硅藻门的角毛藻属的种类最多，有 9 种；其次为硅藻门的根管藻属和甲藻门的角藻属，各有 6 种。

2. 密度和分布变动分析

东澳礁区本底调查和跟踪调查浮游植物密度结果分别见表 5-127 和表 5-128。

表 5-127 东澳礁区本底调查浮游植物的密度及分布

单位：$\times 10^4$ 个/m³

站位	小计	浮游植物		
		硅藻	甲藻	其他
S1	192.00	185.14	3.43	3.43
S2	300.40	298.40	2.00	0
S3	206.44	202.37	3.39	0.68
S4	248.00	244.95	3.05	0
S5（中心站）	237.82	229.82	6.55	1.45
S6（对比站）	204.00	199.56	3.56	0.89
平均	231.44	226.71	3.66	1.07

表 5-128　东澳礁区跟踪调查浮游植物的密度及分布

单位：$\times 10^4$ 个/m³

站位	小计	浮游植物		
		硅藻	甲藻	其他
S1	295.20	266.40	22.20	6.60
S2	257.70	243.00	7.80	6.90
S3	227.10	210.30	12.60	4.20
S4	315.00	296.40	15.00	3.60
S5（中心站）	420.30	394.80	21.60	3.90
S1～S5 礁区平均	303.06	282.18	15.84	5.04
S6（对比站）	201.90	188.70	6.90	6.30
平均	286.20	266.60	14.35	5.25

本底调查，东澳人工鱼礁海域浮游植物密度甚高，平均密度为 231.44×10^4 个/m³。密度组成中，占绝对优势的为硅藻，其密度为 226.71×10^4 个/m³，占总密度的 97.96%；甲藻类密度为 3.66×10^4 个/m³，占总生物量的 1.58%；其他类（主要为蓝藻和金藻）则只占 0.46%。水平分布方面，各站位密度相差不大，最高出现在 S2 号站，为 300.40×10^4 个/m³；其次为 S4 号站，密度为 248.00×10^4 个/m³；最低为 S1 号站，密度为 192.00×10^4 个/m³（表 5-127）。

跟踪调查，该海域浮游植物密度较高，平均密度达 286.20×10^4 个/m³。以硅藻类占优势，密度为 266.60×10^4 个/m³，占总密度的 93.15%；其次为甲藻，密度为 14.35×10^4 个/m³，占总密度的 5.01%；居第三的为其他藻类（主要为蓝藻和金藻），密度为 5.25×10^4 个/m³，占总密度的 1.83%。水平分布方面，各站位密度差异不大，最高密度出现在鱼礁中心的 S5 号站，为 420.30×10^4 个/m³；其次为 S4 号站，密度为 315.00×10^4 个/m³；最低出现在 S3 号站，密度为 227.10×10^4 个/m³（表 5-128）。

3. 生物多样性及均匀度变动分析

东澳礁区本底调查和跟踪调查浮游植物多样性指数和均匀度结果分别见表 5-129 和表 5-130。

本底调查，调查海域浮游植物平均出现种类数为 32 种，种类多样性指数平均为 3.362，种类均匀度为 0.673，属生物多样性指数及均匀度甚高的海域，说明水域生态环境良好，海水清洁。

跟踪调查，调查海域浮游植物平均出现种类数为 33 种，种类多样性指数平均为 3.48，种类均匀度为 0.69，属生物多样性指数及均匀度较高的海域，说明水域生态环境良好，种群多样性程度高。

表 5 - 129   东澳礁区本底调查浮游植物的多样性指数及均匀度

站位	种数（种）	多样性指数	均匀度
S1	29	3.424	0.705
S2	28	3.175	0.660
S3	35	3.378	0.659
S4	30	3.804	0.775
S5（中心站）	39	3.661	0.693
S6（对比站）	32	2.732	0.546
平均	32	3.362	0.673

表 5 - 130   东澳礁区跟踪调查浮游植物的多样性指数及均匀度

站位	种数（种）	多样性指数	均匀度
S1	36	3.92	0.76
S2	31	3.53	0.71
S3	34	3.38	0.66
S4	31	3.19	0.64
S5（中心站）	37	3.54	0.68
S1~S5 礁区平均	34	3.51	0.69
S6（对比站）	30	3.29	0.67
平均	33	3.48	0.69

4. 优势种变动分析

东澳礁区本底调查和跟踪调查浮游植物优势种结果分别见表 5 - 131 和表 5 - 132。

表 5 - 131   东澳礁区浮游植物本底调查的主要优势种及所占比例

站位	主要优势种	占总密度的比例（%）
S1	洛氏角毛藻、中肋骨条藻、菱形海线藻	60.32
S2	洛氏角毛藻、变异辐杆藻、中肋骨条藻	58.19
S3	洛氏角毛藻、变异辐杆藻、掌状冠盖藻	54.19
S4	洛氏角毛藻、柔弱菱形藻、中肋骨条藻	45.78
S5（中心站）	洛氏角毛藻、透明辐杆藻	54.74
S6（对比站）	洛氏角毛藻、中肋骨条藻	71.68

表 5-132　东澳礁区浮游植物跟踪调查的主要优势种及优势度

站位	旋链角毛藻	伏氏海毛藻	掌状冠盖藻	洛氏角毛藻	细弱海链藻
S1	0.24	0.16	0.24	—	—
S2	0.20	0.17	—	0.16	0.15
S3	0.26	0.29	—	—	—
S4	0.24	0.16	—	—	0.25
S5	0.22	0.20	0.17	—	—
S6	0.28	0.33	—	—	—

本底调查，调查海域浮游植物的优势种为硅藻，最大的优势种是洛氏角毛藻，其细胞数量占整个调查站位细胞数量的 39.42%，优势度十分明显。其他优势种尚有中肋骨条藻、变异辐杆藻、掌状冠盖藻、透明辐杆藻和柔弱菱形藻等 5 种，优势特征也较为明显，这些优势种的密度占各站位密度的 45.78%～71.68%。

跟踪调查，本海域浮游植物的最大优势种是旋链角毛藻，该种在 6 个调查站位均成为优势种，优势度在 0.20～0.28；第二优势种是伏氏海毛藻，也在所有站位均成为优势种，优势度在 0.16～0.33，优势特征也十分明显；其他优势种尚有掌状冠盖藻、洛氏角毛藻和细弱海链藻 3 种，分散在各调查站。

5. 礁区与对比区的比较

通过对比分析，跟踪调查礁区 S1～S5 站平均密度、出现种类数和多样性指数均高于 S6 号对照站；鱼礁的 S5 号中心站密度、出现种类数和多样性指数也均高于 S6 号对照站（表 5-133）。

表 5-133　东澳礁区跟踪调查浮游植物礁区与对比区的比较

站位	密度（×10⁴ 个/m³）	种数（种）	多样性指数
S5（中心站）	420.30	37	3.54
S1～S5 平均	303.06	34	3.51
S6（对比站）	201.90	30	3.29

6. 跟踪调查与本底调查对比

与本底调查结果对比表明，跟踪调查礁区 S1～S5 站平均的浮游植物密度和多样性指数高于本底调查，而出现种类数则略低于本底调查（表 5-134）。

表 5-134　东澳礁区浮游植物跟踪调查与本底调查的比较

调查航次	S1～S5 礁区平均密度（×10⁴ 个/m³）	种数（种）	多样性指数
本底调查	236.93	78	3.49
跟踪调查	303.06	72	3.51

四、外伶仃礁区

1. 种类组成变动分析

调查海域位于万山群岛海区，属热带-亚热带水域，由于本海域位于珠江口外缘，水环境条件较复杂，既受珠江冲淡水的影响，又受南海外海水团的影响。浮游植物组成呈现显著的亚热带沿岸种类区系特征，种类组成较复杂，以沿岸广布种为主，同时也出现一些咸淡水种和外海高盐种。

本底调查浮游植物组成见表 5-135，调查水域浮游植物经初步鉴定有硅藻、甲藻、蓝藻和金藻 4 门 17 科 79 种。以硅藻门的种类最多，计 63 种，占 79.75%；其次是甲藻门有 13 种，占 16.46%。属的种类组成中，硅藻门主要是角毛藻属（共 17 种），其次为根管藻属（共 9 种）和菱形藻属（共 5 种）；甲藻门以角藻属（共 6 种）的种类为多。

表 5-135　外伶仃礁区本底调查浮游植物的种类分类统计

门类	科数（科）	属数（属）	种数（种）	种数百分比（%）
硅藻	7	26	63	79.75
甲藻	8	8	13	16.46
蓝藻	1	1	2	2.53
金藻	1	1	1	1.27
合计	17	36	79	100.00

跟踪调查浮游植物组成见表 5-136，本水域浮游植物经初步鉴定有硅藻、甲藻、蓝藻、黄藻和金藻共 5 门 19 科 80 种（含变种和变型及个别属的未定种）。以硅藻门的种类最多，有 10 科 59 种，占总种类数的 73.75%；其次是甲藻门，有 6 科 14 种，占总种类数的 17.50%。属的种类组成中，硅藻门主要是角毛藻属的种类最多，有 11 种；其次为硅藻门的根管藻属，有 8 种；甲藻门的角藻属也较多，有 6 种。

表 5-136　外伶仃礁区跟踪调查浮游植物的种类分类统计

门类	科数（科）	种数（种）	种数百分比（%）
蓝藻	1	4	5.00
硅藻	10	59	73.75
金藻	1	2	2.50
黄藻	1	1	1.25
甲藻	6	14	17.50
合计	19	80	100.00

2. 密度和分布变动分析

本底调查，外伶仃礁区浮游植物密度甚高，平均密度为 $244.58×10^4$ 个/m³，密度组成中占绝对优势的为硅藻，其密度为 $239.81×10^4$ 个/m³，占总密度的 98.05%；甲藻密度为 $3.59×10^4$ 个/m³，占总密度的 1.47%；其他类（主要为蓝藻和金藻）则只占 0.49%。水平分布方面，各站位密度相差不大，最高出现在 S4 号站，密度为 $305.37×10^4$ 个/m³；其次为 S6 号站，密度为 $302.70×10^4$ 个/m³；最低为 S1 号站，密度为 $181.53×10^4$ 个/m³（表 5 - 137）。

表 5 - 137 外伶仃礁区本底调查浮游植物的密度及分布

单位：$×10^4$ 个/m³

站位	小计	浮洲植物		
		硅藻	甲藻	其他
S1	181.53	175.35	2.94	3.24
S2	270.53	267.14	2.15	1.24
S3	208.46	204.68	3.14	0.64
S4	305.37	301.27	3.12	0.98
S5（中心站）	198.91	196.24	2.67	—
S6（对比站）	302.70	294.15	7.51	1.04
平均	244.58	239.81	3.59	1.19

跟踪调查，该海域浮游植物密度较高，平均密度达 $276.93×10^4$ 个/m³。数量以硅藻类占优势，密度为 $261.40×10^4$ 个/m³，占总密度的 94.39%；其次为甲藻，密度为 $8.67×10^4$ 个/m³，占总密度的 3.13%；居第三的为其他藻类（主要为蓝藻和金藻），密度为 $6.86×10^4$ 个/m³，占总密度的 2.48%。水平分布方面，各站位密度差异不大，最高密度出现在鱼礁中心的 S5 号站，密度为 $438.40×10^4$ 个/m³；其次为 S3 号站，密度为 $311.60×10^4$ 个/m³；最低出现在 S4 号站，密度为 $212.80×10^4$ 个/m³（表 5 - 138）。

表 5 - 138 外伶仃礁区跟踪调查浮游植物的生物量及分布

单位：$×10^4$ 个/m³

站位	小计	浮游植物		
		硅藻	甲藻	其他
S1	244.40	232.80	7.20	4.40
S2	241.20	224.40	10.40	6.40
S3	311.60	300.40	5.60	5.60
S4	212.80	204.40	4.80	3.60
S5（中心站）	438.40	423.60	10.00	4.80
S1～S5 礁区平均	289.68	277.12	7.60	4.96
S6（对比站）	213.20	182.80	14.00	16.40
平均	276.93	261.40	8.67	6.86

3. 生物多样性及均匀度变动分析

本底调查，海域浮游植物平均出现种类数为 33 种，种类多样性指数平均为 3.254，种类均匀度为 0.685，属生物多样性指数及均匀度较高的海域，说明本调查水域生态环境良好，海水较清洁（表 5 - 139）。

表 5 - 139　外伶仃礁区本底调查浮游植物的多样性指数及均匀度

站位	种数（种）	多样性指数	均匀度
S1	31	3.256	0.687
S2	29	3.157	0.679
S3	35	3.483	0.706
S4	40	3.017	0.649
S5（中心站）	28	3.564	0.716
S1～S5 礁区平均	33	3.295	0.687
S6（对比站）	34	3.048	0.671
平均	33	3.254	0.685

跟踪调查，海域浮游植物平均出现种类数为 32 种，种类多样性指数平均为 3.25，种类均匀度为 0.65，属生物多样性指数及均匀度较高的海域，说明水域生态环境良好，种群多样性程度高（表 5 - 140）。

表 5 - 140　外伶仃礁区跟踪调查浮游植物的多样性指数及均匀度

站位	种数（种）	多样性指数	均匀度
S1	32	3.37	0.67
S2	33	3.32	0.66
S3	35	3.17	0.62
S4	25	2.87	0.62
S5（中心站）	39	3.60	0.68
S1～S5 礁区平均	33	3.27	0.65
S6（对比站）	27	3.18	0.67
平均	32	3.25	0.65

4. 优势种变动分析

本底调查，本调查区海域浮游植物的优势种均为硅藻类，最大的优势种是洛氏角毛藻，其细胞数量占整个调查站位细胞数量的 36.27%，优势度十分明显。其他优势种尚有中肋骨条藻、变异辐杆藻、掌状冠盖藻、透明辐杆藻和柔弱菱形藻等 5 种，优势特征也较为明显，这些优势种的密度占各站位密度的 48.36%～76.15%，平均为 62.30%。各站位出现的优势种及所占比例见表 5 - 141。

表5-141 外伶仃礁区本底调查的主要优势种及所占比例

站位	主要优势种	占总量的比例（%）
S1	洛氏角毛藻、中肋骨条藻、菱形海线藻	62.76
S2	洛氏角毛藻、中肋骨条藻、变异辐杆藻	48.36
S3	洛氏角毛藻、变异辐杆藻、掌状冠盖藻	59.14
S4	洛氏角毛藻、中肋骨条藻、柔弱菱形藻	68.24
S5（中心站）	洛氏角毛藻、中肋骨条藻	76.15
S6（对比站）	洛氏角毛藻、透明辐杆藻	59.14
平均	—	62.30

跟踪调查，本海域浮游植物的最大优势种是旋链角毛藻，该种在6个调查站位均成为优势种，优势度在0.26～0.47，优势特征十分明显，主宰着浮游植物的空间分布；其他优势种还有中肋骨条藻和尖刺菱形藻2种，但各只在2个站位成为优势种。各站位主要优势种及优势度见表5-142。

表5-142 外伶仃礁区跟踪调查浮游植物的主要优势种及优势度

站位	旋链角毛藻	中肋骨条藻	尖刺菱形藻
S1	0.26	0.17	—
S2	0.29	0.30	—
S3	0.37	—	0.21
S4	0.39	—	0.28
S5（中心站）	0.29	—	—
S6（对比站）	0.47	—	—

5. 礁区与对比区的比较

通过对比分析，跟踪调查礁区5个站的平均密度、出现种类数和多样性指数均高于对比站的S6号站；鱼礁中心的S5号站密度、出现种类数和多样性指数也均高于对照站（表5-143）。

表5-143 外伶仃礁区跟踪调查浮游植物礁区与对比区的比较

站位	密度（×10⁴ 个/m³）	种数（种）	多样性指数
S5（中心站）	438.40	39	3.60
S1～S5 礁区平均	289.68	33	3.27
S6（对比站）	213.20	27	3.18

6. 跟踪调查与本底调查对比

与本底调查结果对比表明，跟踪调查礁区5个站浮游植物密度均高于本底调查，出现种类数和多样性指数则与本底调查相当（表5-144）。

表 5-144　外伶仃礁区浮游植物跟踪调查与本底调查的比较

调查航次	S1~S5 礁区平均密度（×10⁴ 个/m³）	种数（种）	多样性指数
本底调查	232.96	78	3.29
跟踪调查	289.68	80	3.27

五、庙湾礁区

1. 种类组成变动分析

庙湾礁区本底调查和跟踪调查浮游植物种类情况分别见表 5-145 和表 5-146。

表 5-145　庙湾礁区本底调查浮游植物的种类分类统计

门类	科数（科）	种数（种）	种数百分比（%）
蓝藻	1	4	8.51
硅藻	7	32	68.09
甲藻	5	8	17.02
金藻	1	2	4.26
黄藻	1	1	2.12
合计	15	47	100.00

表 5-146　庙湾礁区跟踪调查浮游植物的种类分类统计

门类	科数（科）	种数（种）	种数百分比（%）
硅藻	10	51	66.23
甲藻	5	13	16.88
绿藻	3	5	6.49
蓝藻	2	5	6.49
其他	2	3	3.90
合计	22	77	100.00

　　人工鱼礁区位于珠江口南部的珠海庙湾海域，出现的浮游植物以近岸广布种为主，呈现显著的热带-亚热带近岸种群区系特征。

　　本底调查，本海域浮游植物经初步鉴定出现了硅藻、甲藻、蓝藻、金藻和黄藻共 5 门 15 科 47 种（含个别属的未定种）。其中硅藻门的种类最多，有 7 科 32 种，占总种类数的 68.09%；甲藻门次之，出现了 5 科 8 种，占总种类数的 17.02%。属的种类组成中，以硅藻门的角毛藻属出现的种类最多，有 5 种；其次为硅藻门的根管藻属、菱形藻属和甲藻门的角藻属，各出现了 4 种；其他属出现的种类较少。

跟踪调查，有硅藻、甲藻、绿藻、蓝藻、黄藻和金藻共6门22科77种。其中硅藻门的种类最多，有10科51种，占总种类数的66.23%；其次是甲藻门，有5科13种，占总种类数的16.88%；绿藻门有3科5种，占6.49%；蓝藻门有2科5种，占6.49%；其他为黄藻类和金藻类，共有2种。属的种类组成中，硅藻门的角毛藻属最多，出现7种；其次为甲藻门的角藻属，出现6种；再次是硅藻门的圆筛藻属，出现5种。

2. 密度和分布变动分析

庙湾礁区本底调查和跟踪调查浮游植物的密度情况分别见表5-147和表5-148。

表5-147 庙湾礁区本底调查浮游植物的密度及分布

单位：$\times 10^4$ 个/m³

站位	小计	浮游植物		
		硅藻	甲藻	蓝藻和金藻
S1	102.90	96.90	4.20	1.80
S2	77.40	66.60	6.30	4.50
S3	81.00	75.90	3.30	1.80
S4	113.70	108.30	3.30	2.10
S5（中心站）	87.90	81.00	4.80	2.10
S1～S5礁区平均	92.58	85.74	4.38	2.46
S6（对比站）	93.90	87.30	4.20	2.40

表5-148 庙湾礁区跟踪调查浮游植物的密度及分布

单位：$\times 10^4$ 个/m³

站位	小计	浮游植物		
		硅藻	甲藻	其他
S1	148.80	134.00	10.00	4.80
S2	124.00	108.40	8.80	6.80
S3	128.40	114.00	9.20	5.20
S4	126.40	107.20	12.00	7.20
S5（中心站）	167.60	150.40	12.40	4.80
S1～S5礁区平均	139.04	122.80	10.48	5.76
S6（对比站）	94.00	82.40	6.80	4.80

本底调查，浮游植物的密度一般，分布较均匀，S1～S5号站礁区平均密度为92.58×10⁴ 个/m³，变化范围为77.40×10⁴～113.70×10⁴ 个/m³，其中S4号站密度最高、S2号站密度最低；S6号对比站密度为93.90×10⁴ 个/m³，略高于建礁区的均值。数量以硅藻占优势，礁区平均密度为85.74×10⁴ 个/m³，占礁区总密度的92.61%；对比站亦以硅藻占显著优势，密度为87.30×10⁴ 个/m³，占该站密度的92.97%。甲藻在整个调查海域密度属其次，礁区平均密度为4.38×10⁴ 个/m³，占礁区总密度的4.73%；对比站甲藻密度

为 4.20×10^4 个/m³，在该站所占的百分比为 4.47%。蓝藻和金藻数量最少，占的比例最低，礁区平均密度为 2.46×10^4 个/m³，占礁区总密度的 2.66%（表 5 - 147）。

跟踪调查，该海域浮游植物密度较高，平均密度为 139.04×10^4 个/m³。其数量以硅藻占优势，密度为 122.80×10^4 个/m³，占总密度的 88.32%；其次为甲藻，密度为 10.48×10^4 个/m³，占总密度的 7.54%；居第三的为其他藻类（主要为蓝藻、绿藻、黄藻和金藻），密度为 5.76×10^4 个/m³，占总密度的 4.14%。水平分布方面，各站位密度差异不大，最高密度出现在鱼礁中心的 S5 号站，密度为 167.60×10^4 个/m³；其次为 1 号站，密度为 148.80×10^4 个/m³；最低出现在 S6 号站，密度为 94.00×10^4 个/m³（表 5 - 148）。

3. 生物多样性及均匀度变动分析

庙湾礁区本底调查和跟踪调查浮游植物的多样性指数和均匀度分别见表 5 - 149 和表 5 - 150。

表 5 - 149　庙湾礁区本底调查浮游植物的多样性指数及均匀度

站位	种数（种）	多样性指数	均匀度
S1	22	2.52	0.57
S2	24	3.39	0.74
S3	22	2.35	0.53
S4	24	2.80	0.61
S5（中心站）	23	2.90	0.64
S1～S5 平均	23	2.79	0.62
S6（对比站）	22	2.71	0.61

表 5 - 150　庙湾礁区跟踪调查浮游植物的多样性指数及均匀度

站位	种数（种）	多样性指数	均匀度
S1	25	2.98	0.64
S2	26	3.07	0.65
S3	25	3.11	0.67
S4	24	3.07	0.67
S5（中心站）	28	3.27	0.68
S1～S5 平均	26	3.10	0.66
S6（对比站）	22	2.89	0.65

本底调查，浮游植物平均出现种类数为 23 种，种类多样性指数分布范围在 2.35～3.39，平均为 2.71；种类均匀度分布范围在 0.53～0.74，平均为 0.61。对比站出现浮游植物 22 种，多样性指数为 2.71，均匀度为 0.61，均与礁区站位的均值相接近。调查海域生物多样性指数和均匀度均属较高水平，说明本海域生态环境较好。

跟踪调查，浮游植物平均出现种类数为 26 种，种类多样性指数平均为 3.10，种类均匀度为 0.66，属生物多样性指数及均匀度较高的海域，说明水域生态环境良好，种群多样性程度高。

4. 优势种变动分析

庙湾礁区本底调查和跟踪调查浮游植物的优势种情况分别见表 5－151 和表 5－152。

表 5－151　庙湾礁区本底调查浮游植物的优势种及优势度

站位	旋链角毛藻	尖刺菱形藻
S1	0.53	0.15
S2	0.32	0.20
S3	0.62	—
S4	0.49	—
S5	0.51	—
S6	0.18	0.50

表 5－152　庙湾礁区跟踪调查浮游植物的优势种及优势度

站位	中肋骨条藻	日本星杆藻	优美伪菱形藻	旋链角毛藻	冕孢角毛藻	窄隙角毛藻	菱形海线藻
S1	—	—	0.35	—	—	0.33	—
S2	0.31	—	—	—	—	0.35	—
S3	0.36	—	—	0.27	—	—	—
S4	0.31	—	—	0.35	—	—	—
S5	0.34	0.22	—	0.15	—	—	—
S6	0.36	—	—	—	—	—	0.33

本底调查，本调查海域优势种高度集中，最大优势种是旋链角毛藻，在所有 6 个站位均为优势种，优势度范围在 0.18～0.62，左右着本海区浮游植物的空间分布；另一优势种是尖刺菱形藻，在 3 个站位成为优势种，占总站位数的 50%，优势度在 0.15～0.50，优势特征也较为明显。

跟踪调查，本海域浮游植物的最大优势种是中肋骨条藻，该种在鱼礁区的 5 个站位均成为优势种，优势度在 0.31～0.36；其次是旋链角毛藻和窄隙角毛藻，在 2 个站位成为优势种；日本星杆藻、优美伪菱形藻、冕孢角毛藻和菱形海线藻各在 1 个站位成为优势种。

5. 礁区与对比区的比较

通过对比分析，跟踪调查鱼礁中心的 S5 号站和礁区 5 个站的平均密度、出现种类数和多样性指数均高于对比站 S6 号站（表 5－153）。

表 5-153　庙湾礁区跟踪调查浮游植物礁区与对比区的比较

站位	密度（×10⁴ 个/m³）	种数（种）	多样性指数
S5（中心站）	167.60	28	3.27
S1～S5 平均	139.04	26	3.10
S6（对比站）	94.00	22	2.89

6. 跟踪调查与本底调查对比

跟踪调查与本底调查的结果对比表明，跟踪调查礁区 5 个站浮游植物密度、出现种类数和多样性指数均高于本底调查（表 5-154）。

表 5-154　庙湾礁区浮游植物跟踪调查与本底调查的比较

调查航次	S1～S5 平均密度（×10⁴ 个/m³）	种数（种）	多样性指数
本底调查	92.58	23	2.79
跟踪调查	139.04	26	3.10

第五节　浮游动物变动分析

一、小万山礁区

（一）种类组成变动分析

本底调查，浮游动物有 9 个生物类群，共 32 种。其中，水母类 3 种，介形类 1 种，桡足类 7 种，磷虾类 2 种，樱虾类 4 种，毛颚类 4 种，多毛类 1 种，被囊类 3 种，浮游幼虫类 7 种。小万山礁区海区出现的浮游动物以沿岸广布种为主，呈现出显著的热带—亚热带沿岸种群区系特征，如水母类的双生水母、拟细浅室水母，桡足类的小拟哲水蚤、亚强真哲水蚤、丹氏纺锤水蚤、克氏纺锤水蚤，磷虾类的宽额假磷虾，毛颚类的肥胖箭虫、强壮箭虫和狭长箭虫等。

跟踪调查，浮游动物有 9 个生物类群，共 34 种。其中，水母类 4 种，翼足类 2 种，介形类 2 种，桡足类 14 种，磷虾类 1 种，樱虾类 2 种，毛颚类 2 种，海樽类 1 种，浮游幼虫类 6 种。小万山礁区浮游动物以热带、暖温带种类占多数，如桡足类的小拟哲水蚤、亚强次真哲水蚤、驼背隆哲水蚤、微驼背隆哲水蚤、微刺哲水蚤、瘦尾胸刺水蚤、丹氏纺锤水蚤、小纺锤水蚤，樱虾类的日本毛虾，毛颚类的肥胖箭虫、强壮箭虫等。

（二）密度和分布变动分析

小万山礁区本底调查和跟踪调查浮游动物生物量及密度分别见表5-155和表5-156。

表5-155　小万山礁区本底调查浮游动物的生物量及密度

站位	生物量（mg/m³）	密度（个/m³）
S1	55.00	84.50
S2	45.00	65.50
S3	25.00	31.00
S4	45.00	45.50
S5（中心站）	40.00	22.00
S1~S5平均	42.00	49.70
S6（对比站）	35.00	26.50

表5-156　小万山礁区跟踪调查浮游动物的生物量及密度

站位	生物量（mg/m³）	密度（个/m³）
S1	295.24	338.00
S2	600.00	274.50
S3	571.43	478.57
S4	318.18	291.00
S5（中心站）	540.00	244.00
S1~S5平均	464.97	325.21
S6（对比站）	304.17	222.00

　　本底调查，各站浮游动物生物量处于中等偏低水平。S1~S5号礁区站变化幅度为25.00~55.00 mg/m³，平均生物量为42.00 mg/m³，S6号对照站的生物量为35.00 mg/m³。在密度方面也处于中等偏低水平，S1~S5号礁区站变化幅度为22.00~84.50个/m³，平均密度为49.70个/m³，S6号对照站的密度为26.50个/m³。在整个调查区中，生物量最高为55.00 mg/m³，出现在S1号站；其次为45.00 mg/m³，出现在S2和S4号站；最低为25.00 mg/m³，出现在S3号站。最高生物量是最低生物量的2倍多。而最高密度为84.50个/m³，出现在S1号站；其次为65.50个/m³，出现在S2号站；最低密度为22.00个/m³，出现在S5号中心站（表5-151）。

　　跟踪调查，各站浮游动物生物量属中等水平，分布不均匀。S1~S5号礁区站变化幅度为295.24~600.00 mg/m³，平均生物量为464.97 mg/m³，S6号对照站的生物量为304.17 mg/m³。在密度分布方面也属于中等水平，S1~S5号礁区站变化幅度为244.00~478.57个/m³，平均密度为325.21个/m³，S6号对比站的密度为222.00个/m³。在整个调查区中，生物量最高为600.00 mg/m³，出现在S2号站；其次为571.43 mg/m³，出现在 S3 号站；最低为 295.24 mg/m³，出现在 S1 号站。最高密度为 478.57 个/m³，出现在 S3 号站；其次为 338.00 个/m³，出现在 S1 号站；最低密度为 222.00 个/m³，出现在 S6 号对比站（表 5 - 153）。

（三）生物多样性及均匀度变动分析

小万山礁区本底调查和跟踪调查浮游动物多样性指数和均匀度分别见表 5 - 157 和表 5 - 158。

表 5 - 157　小万山礁区本底调查浮游动物的多样性指数及均匀度

站位	种数（种）	多样性指数	均匀度
S1	26	4.00	0.85
S2	17	3.57	0.87
S3	14	2.57	0.67
S4	15	2.67	0.68
S5（中心站）	17	3.71	0.91
S1～S5 平均	18	3.30	0.80
S6（对比站）	10	2.64	0.79

表 5 - 158　小万山礁区跟踪调查浮游动物的多样性指数及均匀度

站位	种数（种）	多样性指数	均匀度
S1	21	3.88	0.88
S2	32	4.10	0.82
S3	20	3.80	0.88
S4	16	3.69	0.92
S5（中心站）	25	4.26	0.92
S1～S5 礁区平均	23	3.95	0.88
S6（对比站）	20	3.78	0.88

本底调查，调查海区站位的浮游动物 S1～S5 号礁区站平均出现种类为 18 种，S6 号对比站出现的种类为 10 种。种类多样性指数 S1～S5 礁区站分布范围为 2.57～4.00，平均为 3.30；最高出现在 S1 号站，其次出现在 S5 号中心站，最低出现在 3 号站，而 S6 号对比站的种类多样性指数为 2.64。种类均匀度 S1～S5 号礁区站分布范围在 0.67～0.91，平均为 0.80；最高出现在 S5 号中心站，其次出现在 S2 号站和 S1 号站，最低出现在 S3 号站，而 S6 号对比站的均匀度为 0.79。总的来说本海区浮游动物多样性指数及均匀度属于中上水平，说明本海区海水清洁，生态环境良好。

跟踪调查，调查海区站位的浮游动物 S1～S5 号礁区站平均出现种类为 23 种，S6 号对比站出现的种类为 20 种。种类多样性指数 S1~S5 礁区站分布范围为 3.69~4.26，平均为 3.95；最高出现在 S5 号中心站，其次出现在 S2 号站，最低出现在 S4 号采样站，而 S6 号对比站的种类多样性指数为 3.78。种类均匀度 S1~S5 号礁区站分布范围在 0.82~0.92，平均为 0.88；最高出现在 S5 号中心站和 S4 号站，其次出现在 S1、S3 号站，最低出现在 S2 号站，而 S6 号对比站的均匀度为 0.88。

（四）优势种变动分析

小万山礁区本底调查和跟踪调查浮游动物优势种情况分别见表 5-159 和表 5-160。

表 5-159　小万山礁区本底调查浮游动物的优势种及优势度

中文名称	学名或英文名	优势度
小拟哲水蚤	*Temora turbinata* Dana	0.18
丹氏纺锤水蚤	*Acartia danae* Giesbrecht	0.18
克氏纺锤水蚤	*Acartia clause* Giesbrecht	0.08
强壮箭虫	*Sagitta arcassa* Tokioka	0.06
中国毛虾	*Acetes chinensis* Hansen	0.04
短尾类溞状幼虫	Zoea larva	0.03
正型莹虾	*Lucifer typus* M. Edwards	0.03
肥胖箭虫	*Sagitta enflata* Grassi	0.02

表 5-160　小万山礁区跟踪调查浮游动物的优势种及优势度

优势种中文名称	学名或英文名	优势度
小拟哲水蚤	*Paracalanus parvus* (Claus)	0.12
小哲水蚤	*Nannocalanus minor* (Claus)	0.10
桡足类幼虫	Copepoda larva	0.08
驼背隆哲水蚤	*Paracalanus parvus* (Claus)	0.06
微刺哲水蚤	*Canthocalanus pauper* Giesbrecht	0.05
瘦尾胸刺水蚤	*Centropages tenuiremis* Thompson	0.03
丹氏纺锤水蚤	*Acartia danae* Giesbrecht	0.02

以优势度 ≥0.02 为判断标准，本底调查结果显示，浮游动物的优势种由桡足类的小拟哲水蚤、丹氏纺锤水蚤、克氏纺锤水蚤，毛颚类的强壮箭虫、肥胖箭虫，樱虾类的中国毛虾、正型莹虾和浮游幼虫类的短尾类溞状幼虫等组成，其优势度在 0.02~0.18。其中桡足类的小拟哲水蚤、丹氏纺锤水蚤、克氏纺锤水蚤，以及毛颚类的强壮箭虫在每一采样站中都占主要位置。毛颚类的肥胖箭虫主要分布在 S1、S2 和 S4 号站，樱虾类的中国毛虾主要分布在 S1、S2、S3、S4 号站和 S5 号中心站，桡足类的小拟哲水蚤和丹氏纺锤水蚤分布在 S2、S3、S4 号站和 S5 号中心站，而樱虾类的正型莹虾主要分布在 S1、S2、

S3 号站和 5 号中心站。

以优势度≥0.02 为判断标准，跟踪调查结果显示，浮游动物的优势种由桡足类的小拟哲水蚤、小哲水蚤、浮游幼虫类的桡足类幼虫、驼背隆哲水蚤、微刺哲水蚤、瘦尾胸刺水蚤、丹氏纺锤水蚤所组成，其优势度在 0.02～0.12。本调查海域的最大优势种是桡足类的小拟哲水蚤，主要分布在 S1、S2 号站，小哲水蚤主要分布在 S2 号站和 S6 号对比站，桡足类幼虫和驼背隆哲水蚤主要分布在 S4 号采样站，瘦尾胸刺水蚤和丹氏纺锤水蚤主要分布在 S1 号站。

（五）礁区与对比区的比较

对比结果显示，本海区 6 个调查站位中，浮游动物密度 S5 号中心站高于礁区 S1～S5 号站的平均和 S6 号对比站；平均出现种类数和多样性指数，S5 号中心站都高于礁区 S1～S5 号站平均值和 S6 号对比站（表 5-161）。

表 5-161　小万山礁区跟踪调查浮游动物礁区与对比区的比较

站位	密度（个/m³）	种数（种）	多样性指数
S1～S5 平均	325.21	23	3.95
S5（中心站）	244.00	25	4.26
S6（对比站）	222.00	20	3.78

（六）跟踪调查与本底调查对比

跟踪调查与本底调查的结果对比显示，跟踪调查礁区 S1～S5 号站浮游动物的平均密度和出现的种类数均高于本底调查（表 5-162）。

表 5-162　小万山礁区浮游动物跟踪调查与本底调查的比较

调查航次	S1～S5 礁区平均密度（个/m³）	种数（种）
本底调查	49.70	32
跟踪调查	325.21	34

二、竹洲-横洲礁区

（一）种类组成变动分析

春季本底调查，浮游动物有 9 个生物类群，共 52 种。其中，水母类 5 种，翼足类 2 种，枝角类 2 种，桡足类 21 种，樱虾类 2 种，毛颚类 5 种，有尾类 2 种，海樽类 1 种，浮游幼虫类 12 种。调查区域的浮游动物以适高温低盐的热带、暖温带沿岸种类占多数。

例如，桡足类的小拟哲水蚤、锥形宽水蚤、亚强真哲水蚤、驼背隆哲水蚤、微驼背隆哲水蚤、微刺哲水蚤、长尾基齿哲水蚤，水母类的双生水母，毛颚类的肥胖箭虫、强壮箭虫和圆囊箭虫等。

夏季本底调查，浮游动物有 10 个生物类群，共 40 种。其中，水母类 1 种，翼足类 1 种，枝角类 1 种，桡足类 18 种，樱虾类 3 种，毛颚类 3 种，多毛类 1 种，有尾类 1 种，海樽类 1 种，浮游幼虫类 10 种。调查区域的浮游动物以适高温低盐的热带、暖温带沿岸种类占多数。例如，枝角类的鸟喙尖头溞，桡足类的小拟哲水蚤、锥形宽水蚤、亚强次真哲水蚤、驼背隆哲水蚤、微驼背隆哲水蚤、微刺哲水蚤、长尾基齿哲水蚤，水母类的双生水母，毛颚类的肥胖箭虫、强壮箭虫和圆囊箭虫等。

秋季本底调查，浮游动物有 9 个生物类群，共 52 种。其中，水母类 5 种，翼足类 2 种，枝角类 2 种，桡足类 21 种，樱虾类 2 种，毛颚类 5 种，有尾类 2 种，海樽类 1 种，浮游幼虫类 12 种。调查区域的浮游动物以适高温低盐的热带、暖温带沿岸种类占多数。例如，桡足类的小拟哲水蚤、锥形宽水蚤、亚强真哲水蚤、驼背隆哲水蚤、微驼背隆哲水蚤、微刺哲水蚤、长尾基齿哲水蚤，水母类的双生水母，毛颚类的肥胖箭虫、强壮箭虫和圆囊箭虫等。

冬季本底调查，浮游动物有 9 个生物类群，共 52 种。其中，水母类 5 种，翼足类 2 种，枝角类 2 种，桡足类 21 种，樱虾类 2 种，毛颚类 5 种，有尾类 2 种，海樽类 1 种，浮游幼虫类 12 种。调查区域的浮游动物以适高温低盐的热带、暖温带沿岸种类占多数。例如，桡足类的小拟哲水蚤、锥形宽水蚤、亚强真哲水蚤、驼背隆哲水蚤、微驼背隆哲水蚤、微刺哲水蚤、长尾基齿哲水蚤，水母类的双生水母，毛颚类的肥胖箭虫、强壮箭虫和圆囊箭虫等。

春季跟踪调查，浮游动物有 11 个生物类群，共 64 种。其中，原生动物 1 种，水母类 8 种，翼足类 3 种，桡足类 28 种，磷虾类 1 种，樱虾类 3 种，毛颚类 6 种，有尾类 2 种，海樽类 1 种，浮游幼虫类 11 种。本次调查区位于竹洲-横洲礁区修复重建区附近海域，浮游动物种类组成多样，呈现明显的沿岸种群区系特征，多为亚热带沿岸的广布种。例如，水母类的双生水母，桡足类的小拟哲水蚤、锥形宽水蚤、亚强真哲水蚤、驼背隆哲水蚤、微驼背隆哲水蚤、普通波水蚤、丹氏纺锤水蚤，毛颚类的肥胖箭虫、狭长箭虫和强壮箭虫等。

夏季跟踪调查，浮游动物有 9 个生物类群，共 59 种。其中，水母类 7 种，翼足类 2 种，枝角类 2 种，介形类 2 种，桡足类 25 种，磷虾类 1 种，樱虾类 4 种，毛颚类 7 种，浮游幼虫类 9 种。本次调查属夏季，调查区位于竹洲-横洲礁区修复重建区附近海域，浮游动物以沿岸和近岸的广布种为主，呈现显著的热带-亚热带种群区系特征。例如，水母类的球型侧腕水母，桡足类的小拟哲水蚤、驼背隆哲水蚤、微刺哲水蚤、普通波水蚤、丹氏纺锤水蚤、小纺锤水蚤、右突歪水蚤，毛颚类的强壮箭虫、圆囊箭虫、海龙箭虫，樱虾类的亨生莹虾、日本毛虾等。

秋季跟踪调查，浮游动物有 11 个生物类群，共 64 种。其中，原生动物 1 种，水母类 8 种，翼足类 3 种，桡足类 28 种，磷虾类 1 种，樱虾类 3 种，毛颚类 6 种，有尾类 2 种，海樽类 1 种，浮游幼虫类 11 种。本次调查区位于竹洲-横洲礁区修复重建区海域，浮游动物种类组成多样，呈现明显的沿岸种群区系特征，多为亚热带沿岸的广布种。例如，水母类的双生水母，桡足类的小拟哲水蚤、锥形宽水蚤、亚强真哲水蚤、驼背隆哲水蚤、微驼背隆哲水蚤、普通波水蚤、丹氏纺锤水蚤，毛颚类的肥胖箭虫、狭长箭虫和强壮箭虫等。

冬季跟踪调查，浮游动物有 12 个生物类群，共 67 种。其中，水母类 5 种，翼足类 2 种，介形类 4 种，桡足类 30 种，端足类 1 种，糠虾类 1 种，磷虾类 2 种，樱虾类 3 种，毛颚类 6 种，有尾类 1 种，海樽类 1 种，浮游幼虫类 11 种。跟踪调查海区位于竹洲-横洲礁区修复重建技术研究与示范附近海域，种类组成多样性程度较高，浮游动物呈现明显的近岸和海湾群落区系特征，种类多为亚热带海湾的广布种。例如，水母类的双生水母、球型侧腕水母、真瘤水母，桡足类的小拟哲水蚤、亚强次真哲水蚤、克氏长角哲水蚤、锥形宽水蚤、驼背隆哲水蚤、长尾基齿哲水蚤、短尾基齿哲水蚤、丹氏纺锤水蚤、微刺哲水蚤、叉胸刺水蚤、厚指平头水蚤，毛颚类的肥胖箭虫、双斑箭虫和有尾类的异体住囊虫等。

（二）密度和分布变动分析

竹洲-横洲礁区 4 个季节本底调查和跟踪调查浮游动物结果见表 5-163 和表 5-164。

表 5-163　竹洲-横洲礁区本底调查浮游动物的生物量及密度分布

站位	生物量（mg/m³）				密度（个/m³）			
	春季	夏季	秋季	冬季	春季	夏季	秋季	冬季
S1	100.00	38.46	75.00	25.00	237.50	146.15	212.00	135.00
S2	75.00	35.71	90.00	280.00	386.50	83.16	386.50	557.50
S3	75.00	87.50	125.00	100.00	385.00	107.50	385.00	237.50
S1～S3 对比区平均	83.33	53.89	96.67	135.00	336.33	112.27	327.83	310.00
S4	25.00	41.67	105.00	35.00	135.00	125.00	135.00	212.00
S5	145.00	100.00	65.00	75.00	362.00	573.33	557.50	386.50
S6	35.00	80.00	125.00	75.00	212.00	432.00	237.50	385.00
S4～S6 礁区平均	68.33	73.89	98.33	61.67	236.33	376.78	310.00	327.83

表 5-164　竹洲-横洲礁区跟踪调查浮游动物的生物量及密度分布

站位	生物量（mg/m³）				密度（个/m³）			
	春季	夏季	秋季	冬季	春季	夏季	秋季	冬季
S1	420.00	295.00	420.00	100.00	954.50	479.00	954.50	230.50
S2	410.00	405.00	410.00	280.00	1 189.50	862.00	1 189.50	227.50
S3	430.00	675.00	430.00	55.00	1 125.00	747.00	1 125.00	81.50
S1～S3 对比区平均	420.00	458.33	420.00	145.00	1 089.67	696.00	1 089.67	179.83
S4	415.00	475.00	415.00	245.00	1 140.00	357.00	1 140.00	350.00
S5	450.00	915.00	450.00	125.00	1 562.50	1 037.00	1 562.50	392.50
S6	390.00	305.00	390.00	295.00	601.00	750.00	601.00	262.50
S4～S6 礁区平均	418.33	565.00	418.33	221.67	1 101.17	714.67	1 101.17	335.00

本底调查春季浮游动物结果表明，各站浮游动物生物量属于中等偏低水平，分布不均匀。S1～S3 对比区站变化幅度为 $75.00～100.00$ mg/m^3，平均生物量为 83.33 mg/m^3；S4～S6 礁区站变化幅度为 $25.00～145.00$ mg/m^3，平均生物量为 68.33 mg/m^3。在密度方面属于中等水平，S1～S3 对比区站变化幅度为 $237.50～362.00$ 个/m^3，平均密度为 336.33 个/m^3；S4～S6 礁区站变化幅度为 $135.00～386.50$ 个/m^3，平均密度为 236.33 个/m^3。在整个调查区中，生物量最高为 145.00 mg/m^3，出现在 S5 号站；其次为 100.00 mg/m^3，出现在 S1 号站；最低为 25.00 mg/m^3，出现在 S4 号站。最高密度为 386.50 个/m^3，出现在 S2 号站；其次为 385.00 个/m^3，出现在 S3 号站；最低密度为 135.00 个/m^3，出现在 S4 号站。

本底调查夏季浮游动物结果表明，各站浮游动物生物量属于中等偏低水平，分布不均匀。S1～S3 对比区站变化幅度为 $35.71～87.50$ mg/m^3，平均生物量为 53.89 mg/m^3。S4～S6 礁区站变化幅度为 $41.67～100.00$ mg/m^3，平均生物量为 73.89 mg/m^3。在密度方面属于中等水平，S1～S3 对比区站变化幅度为 $83.16～146.15$ 个/m^3，平均密度为 112.27 个/m^3；S4～S6 礁区站变化幅度为 $125.00～573.33$ 个/m^3，平均密度为 376.78 个/m^3。在整个调查区中，生物量最高为 100.00 mg/m^3，出现在 S5 号站；其次为 87.50 mg/m^3，出现在 S3 号站；最低为 35.71 mg/m^3，出现在 S2 号站。最高密度为 573.33 个/m^3，出现在 S5 号站；其次为 432.00 个/m^3，出现在 S6 号站；最低密度为 83.16 个/m^3，出现在 S2 号站。

本底调查秋季浮游动物结果表明，本礁区各站浮游动物生物量属于中等偏低水平，分布不均匀。S1～S3 对比区站变化幅度为 $75.00～125.00$ mg/m^3，平均生物量为 96.67 mg/m^3；S4～S6 礁区站平均生物量为 98.33 mg/m^3。在密度方面属于中等水平，S1～S3 对比区站变化幅度为 $212.00～386.50$ 个/m^3，平均密度为 327.83 个/m^3；S4～S6 礁区站平均密度为 310.00 个/m^3。在整个调查区中，生物量最高为 125.00 mg/m^3，出现在 S3、S6 号站；其次为 105.00 mg/m^3，出现在 S4 号站；最低为 65.00 mg/m^3，出现在 S5 号站。最高密度为 557.50 个/m^3，出现在 S5 号站；其次为 386.50 个/m^3，出现在 S2 号站；最低密度为 135.00 个/m^3，出现在 S4 号站。

本底调查冬季浮游动物结果表明，各站浮游动物生物量属于中等偏低水平，分布不均匀。S1～S3 对比区站变化幅度为 $25.00～280.00$ mg/m^3，平均生物量为 135.00 mg/m^3；S4～S6 礁区站平均生物量为 61.67 mg/m^3。在密度方面属于中等水平，S1～S3 对比区站变化幅度为 $135.00～557.50$ 个/m^3，平均密度为 310.00 个/m^3；S4～S6 礁区站平均密度为 327.83 个/m^3。在整个调查区中，生物量最高为 280.00 mg/m^3，出现在 S2 号站；其次为 100.00 mg/m^3，出现在 S3 号站；最低为 25.00 mg/m^3，出现在 S1 号站。最高密度为 557.50 个/m^3，出现在 S2 号站；其次为 386.50 个/m^3，出现在 S5 号站；最低密度为 135.00 个/m^3，出现在 S1 号站。

春季跟踪调查浮游动物结果表明，浮游动物生物量除个别站较低外，其余的都较高，属于中上水平，分布不均匀。S1～S3 对比区站变化幅度为 410.00～430.00 mg/m³，平均生物量为 420.00 mg/m³；S4～S6 礁区站变化幅度为 390.00～450.00 mg/m³，平均生物量为 418.33 mg/m³。在密度方面属于较高水平，S1～S3 对比区站变化幅度为 954.50～1 189.50 个/m³，平均密度为 1 089.67 个/m³；S4～S6 礁区站变化幅度为 601.00～1 562.50 个/m³，平均密度为 1 101.17 个/m³。在整个调查区中，生物量最高为 450.00 mg/m³，出现在 S5 号站；其次为 430.00 mg/m³，出现在 S3 号站；最低为 390.00 mg/m³，出现在 S6 号站。最高密度为 1 562.50 个/m³，出现在 S5 号站；其次为 1 189.50 个/m³，出现在 S2 号站；最低密度为 601.00 个/m³，出现在 S6 号站。

夏季跟踪调查浮游动物结果表明，各站浮游动物生物量属于中上水平，分布不均匀。S1～S3 对比区站变化幅度为 295.00～675.00 mg/m³，平均生物量为 458.33 mg/m³；S4～S6 礁区站变化幅度为 305.00～915.00 mg/m³，平均生物量为 565.00 mg/m³。在密度方面也属于中上水平，S1～S3 对比区站变化幅度为 479.00～862.00 个/m³，平均密度为 696.00 个/m³；S4～S6 礁区站变化幅度为 357.00～1 037.00 个/m³，平均密度为 714.67 个/m³。在整个调查区中，生物量最高为 915.00 mg/m³，出现在 S5 号站，其次为 675.00 mg/m³，出现在 S3 号站；最低为 295.00 mg/m³，出现在 S1 号站。最高密度为 1 037.00 个/m³，出现在 S5 号站；其次为 862.00 个/m³，出现在 S2 号站；最低密度为 357.00 个/m³，出现在 S4 号站。

秋季跟踪调查浮游动物结果表明，浮游动物生物量除个别站较低外，其余的都较高，属于中上水平，分布不均匀。S1～S3 对比区站变化幅度为 410.00～430.00 mg/m³，平均生物量为 420.00 mg/m³；S4～S6 礁区站变化幅度为 390.00～450.00 mg/m³，平均生物量为 418.33 mg/m³。在密度方面属于较高水平，S1～S3 对比区站变化幅度为 954.50～1 189.50 个/m³，平均密度为 1 089.67 个/m³；S4～S6 礁区站变化幅度为 601.00～1 562.50 个/m³，平均密度为 1 101.17 个/m³。在整个调查区中，生物量最高为 450.00 mg/m³，出现在 S5 号站；其次为 430.00 mg/m³，出现在 S3 号站；最低为 390.00 mg/m³，出现在 S6 号站。最高密度为 1 562.50 个/m³，出现在 S5 号站；其次为 1 189.50 个/m³，出现在 S2 号站；最低密度为 601.00 个/m³，出现在 S6 号站。

冬季跟踪调查浮游动物结果表明，浮游动物生物量除个别站较低外，其余的都较高，但分布不均匀。S1～S3 对比区站变化幅度为 55.00～280.00 mg/m³，平均生物量为 145.00 mg/m³；S4～S6 礁区站平均生物量为 221.67 mg/m³。在密度方面属于中等水平，S1～S3 对比区站变化幅度为 81.50～230.50 个/m³，平均密度为 179.83 个/m³；S4～S6 礁区站平均密度为 335.00 个/m³。在整个调查区中，生物量最高为 295.00 mg/m³，出现在 S6 号站；其次为 280.00 mg/m³，出现在 S2 号站；最低为 55.00 mg/m³，出现在 S3 号站。最高密度为 392.50 个/m³，出现在 S5 号站；其次为 350.00 个/m³，出现在 S4 号站；

最低密度为 81.50 个/m³，出现在 S3 号站。

（三）生物多样性及均匀度变动分析

本底调查各季度浮游动物种数、个体数、多样性指数及均匀度见表 5 - 165 和表 5 - 166。

表 5 - 165　竹洲-横洲礁区本底调查浮游动物的种数及个体数

站位	种数（种）				个体数（个）			
	春季	夏季	秋季	冬季	春季	夏季	秋季	冬季
S1	21	19	27	18	475	190	424	270
S2	28	21	28	30	773	163	773	1 115
S3	25	13	25	21	770	86	770	475
S1～S3 对比区平均	25	18	27	23	673	146	656	620
S4	18	13	18	27	270	150	270	424
S5	29	20	30	28	724	344	1 115	773
S6	27	24	21	25	424	432	475	770
S4～S6 礁区平均	25	19	23	27	473	309	620	656

表 5 - 166　竹洲-横洲礁区本底调查浮游动物的多样性指数及均匀度

站位	多样性指数				均匀度			
	春季	夏季	秋季	冬季	春季	夏季	秋季	冬季
S1	4.09	3.50	4.33	3.59	0.93	0.81	0.91	0.86
S2	4.16	3.45	4.16	3.87	0.86	0.79	0.86	0.79
S3	3.97	3.41	3.97	4.09	0.83	0.92	0.83	0.93
S1～S3 对比区平均	4.07	3.45	4.15	3.85	0.87	0.84	0.87	0.86
S4	3.59	3.28	3.59	4.33	0.86	0.89	0.86	0.91
S5	3.73	3.80	3.87	4.16	0.77	0.88	0.79	0.86
S6	4.33	3.43	4.09	3.97	0.91	0.75	0.93	0.83
S4～S6 礁区平均	3.88	3.50	3.85	4.15	0.85	0.84	0.86	0.87

春季本底调查结果分析表明，浮游动物 S1～S3 对比区站平均出现种类为 25 种，S4～S6 礁区站平均出现的种类为 25 种；S1～S3 对比区站平均出现个体数量为 673 个，S4～S6 礁区站平均出现个体数量为 473 个；种类多样性指数 S1～S3 对比区站分布范围为 3.97～4.16，平均为 4.07，最高出现在 S2 号站，其次出现在 S1 号站，最低出现在 3 号

站；S4～S6礁区站分布范围为3.59～4.33，平均为3.88，最高出现在S6号站，其次出现在S5号站，最低出现在S4号站。种类均匀度的分布趋势与多样性指数相似，S1～S3对比区站分布范围在0.83～0.93，平均为0.87，最高出现在S1号站，其次出现S2号站，最低出现在S3号站；S4～S6礁区站平均均匀度为0.85。

夏季本底调查结果分析表明，浮游动物S1～S3号站对比区站平均出现种类为18种，S4～S6礁区站平均出现的种类为19种；S1～S3对比区站平均出现个体数量为146个，S4～S6礁区站出现个体数量为309个。种类多样性指数S1～S3对比区站分布范围为3.41～3.50，平均为3.45，最高出现在S1号站，其次出现在S2号站，最低出现在S3号站；S4～S6礁区站的种类多样性指数分布范围为3.28～3.80，平均为3.50，最高出现在S5号站，其次出现在S6号站，最低出现在S4号站。种类均匀度的分布趋势与多样性指数相似，S1～S3对比区站分布范围在0.79～0.92，平均为0.84；S4～S6礁区站的均匀度平均为0.84，最高出现在S4号站，其次出现S5号站，最低出现在S6号站。

秋季本底调查结果分析表明，浮游动物S1～S3对比区站平均出现种类为27种，S4～S6礁区站平均出现的种类为23种；S1～S3对比区站平均出现个体数量为656个，S4～S6礁区站出现个体数量为620个。种类多样性指数S1～S3对比区站分布范围为3.97～4.33，平均为4.15，最高出现在S1号站，其次出现在S2号站，最低出现在S3号站；S4～S6礁区站的种类多样性指数平均为3.85。种类均匀度的分布趋势与多样性指数相似，S1～S3对比区站分布范围在0.83～0.91，平均为0.87，最高出现在S1号站，其次出现S2号站，最低出现在S3号站；S4～S6礁区站的均匀度平均为0.86。

冬季本底调查结果分析表明，本次调查海区站位的浮游动物S1～S3对比区站平均出现种类为23种，S4～S6礁区站平均出现的种类为27种；S1～S3对比区站平均出现个体数量为620个，S4～S6礁区站出现个体数量为656个。种类多样性指数S1～S3对比区站分布范围为3.59～4.09，平均为3.85，最高出现在S3号站，其次出现在S2号站，最低出现在S1号站；S4～S6礁区站的种类多样性指数平均为4.15。种类均匀度的分布趋势与多样性指数相似，S1～S3对比区站分布范围在0.79～0.93，平均为0.86，最高出现在S3号站，其次出现S1号站，最低出现在S2号站；S4～S6礁区站的均匀度平均为0.87。

总体上，各季度本底调查海区浮游动物多样性指数及均匀度属于中上水平，说明本海区海水清洁，生态环境良好。

跟踪调查各季度浮游动物种数、个体数、多样性指数及均匀度见表5-167和表5-168。

表 5-167　竹洲-横洲礁区跟踪调查浮游动物的种数及个体数

站位	种数（种）				个体数（个）			
	春季	夏季	秋季	冬季	春季	夏季	秋季	冬季
S1	34	25	34	33	1 909	958	1 909	461
S2	50	23	50	30	2 379	1 724	2 379	455
S3	47	22	47	21	2 250	1 494	2 250	163
S1～S3 对比区平均	44	23	44	28	2 179	1 392	2 179	360
S4	48	18	48	37	2 280	714	2 280	700
S5	51	31	51	42	3 125	2 074	3 125	785
S6	35	24	35	35	1 202	1 500	1 202	525
S4～S6 礁区平均	45	24	45	38	2 202	1 429	2 202	670

表 5-168　竹洲-横洲礁区跟踪调查浮游动物的多样性指数及均匀度

站位	多样性指数				均匀度			
	春季	夏季	秋季	冬季	春季	夏季	秋季	冬季
S1	4.61	3.78	4.61	4.57	0.91	0.81	0.91	0.91
S2	5.13	3.78	5.00	4.30	0.91	0.81	0.85	0.88
S3	4.97	3.24	4.97	3.75	0.89	0.73	0.89	0.85
S1～S3 对比区平均	4.89	3.60	4.86	4.21	0.90	0.78	0.88	0.88
S4	4.96	3.22	4.96	4.68	0.89	0.77	0.89	0.90
S5	5.11	4.00	5.11	4.76	0.90	0.90	0.90	0.88
S6	4.59	3.62	4.59	4.84	0.89	0.79	0.89	0.94
S4～S6 礁区平均	4.90	3.61	4.89	4.76	0.89	0.79	0.89	0.91

春季跟踪调查结果分析表明，浮游动物 S1～S3 对比区站平均出现种类为 44 种，平均出现个体数量为 2 179 个；S4～S6 礁区站平均出现的种类数为 45 种，出现个体数量为 2 202 个。种类多样性指数 S1～S3 对比区站分布范围为 4.61～5.13，平均为 4.89；S4～S6 礁区站分布范围为 4.59～5.11，平均为 4.90，最高出现在 S5 号站，其次是 S4 号站，最低出现在 S6 号站。种类均匀度的分布趋势与多样性指数相似，S1～S3 对比区站分布范围在 0.89～0.91，平均为 0.90，最高出现在 S1、S2 号站，其次是 S3 号站；S4～S6 礁区站的分布范围在 0.89～0.90，平均为 0.89，最高出现在 S5 号站，其次是 S4、S6 号站。总的来说，本海区浮游动物多样性指数及均匀度属于中上水平，说明本海区海水尚清洁，生态环境较良好。

夏季跟踪调查结果分析表明，浮游动物 S1～S3 对比区站平均出现种类为 23 种，平均出现个体数量为 1 392 个；S4～S6 礁区站平均出现种类为 24 种，出现个体数量为 1 429 个。种类多样性指数 S1～S3 对比区站分布范围为 3.24～3.78，平均为 3.60；S4～S6 礁区站分布范围为 3.22～4.00，平均为 3.61，最高出现在 S5 号站，其次是 S6 号站，最低出现在 S4 号站。种类均匀度的分布趋势与多样性指数相似，S1～S3 对比区站分布范围在0.73~0.81，平均为0.78，最高出现在S1、S2号站，其次是S3号站；S4~S6礁区站的分布范围在0.77~0.81，平均为0.79，最高出现在S5号站，其次是S6号站，最低出现在S4号站。总的来说，本海区浮游动物多样性指数及均匀度属于中上水平，说明本海区海水尚清洁，生态环境较良好。

秋季跟踪调查结果分析表明，浮游动物S1~S3对比区站平均出现种类为44种，平均出现个体数量为2 179个；S4~S6礁区站平均出现的种类数为45种，出现个体数量为2 202个。种类多样性指数S1~S3对比区站分布范围为4.61~5.00，平均为4.86；S4~S6礁区站分布范围为4.59~5.11，平均为4.89，最高出现在S5号站，其次是S4号站，最低出现在S6号站。种类均匀度的分布趋势与多样性指数相似，S1~S3对比区站分布范围在0.85~0.91，平均为0.88，最高出现在S1号站，其次是S3号站，最低出现在S2号站；S4~S6礁区站的分布范围在0.89~0.90，平均为0.89，最高出现在S5号站，其次是S4和S6号站。总的来说，本海区浮游动物多样性指数及均匀度属于中上水平，说明本海区海水尚清洁，生态环境较良好。

冬季跟踪调查结果分析表明，浮游动物的种数、个体数以及多样性指数和均匀度的情况为：S1~S3对比区站平均出现种数为28种，平均出现个体数量为360个；S4~S6礁区站平均出现种数为38种，平均出现个体数量为670个。多样性指数S4~S6礁区站分布范围为4.68~4.84，平均为4.76，最高出现在S6号站，其次出现在S5号站，最低出现在S4号站，S1~S3对比区站的平均多样性指数为4.21。种类均匀度的分布趋势与多样性指数相似，S4~S6礁区站分布范围为0.88~0.94，平均为0.91，最高出现在S6号站，其次出现在S4号站，最低出现在S5号站；S1~S3对比区的平均均匀度为0.88。总的来说，本海区浮游动物多样性指数及均匀度属于中上水平，说明本海区海水清洁，生态环境良好，适合浮游动物生长。

（四）优势种变动分析

竹洲-横洲礁区本底调查和跟踪调查各季节浮游动物的优势种情况分别见表5-169和表5-170。

表5-169 竹洲-横洲礁区本底调查各季度浮游动物的优势种及优势度

调查时间	中文名称	学名或英文名	优势度
春季	丹氏纺锤水蚤	*Acartia danae* Giesbrecht	0.17
	精致真刺水蚤	*Euchaeta conainna* Dana	0.12
	驼背隆哲水蚤	*Acrocalanus gibber* Giesbrecht	0.11
	鸟喙尖头溞	*Penilia avirostris* Dana	0.07
	莹虾类幼虫	Luciferinae larva	0.06
	锥形宽水蚤	*Temora turbinata* Dana	0.03
	桡足类幼虫	Copepoda larva	0.02

（续）

调查时间	中文名称	学名或英文名	优势度
夏季	亚强次真哲水蚤	*Subeucalanus subcrassus*（Giesbrecht）	0.14
	驼背隆哲水蚤	*Acrocalanus gibber* Giesbrecht	0.13
	丹氏纺锤水蚤	*Acartia danae* Giesbrecht	0.07
	桡足类幼虫	Copepoda larva	0.06
	小拟哲水蚤	*Paracalanus parvus*（Claus）	0.02
秋季	丹氏纺锤水蚤	*Acartia danae* Giesbrecht	0.17
	精致真刺水蚤	*Euchaeta conainna* Dana	0.12
	驼背隆哲水蚤	*Acrocalanus gibber* Giesbrecht	0.11
	鸟喙尖头溞	*Penilia avirostris* Dana	0.07
	莹虾类幼虫	Luciferinae larva	0.06
	锥形宽水蚤	*Temora turbinata* Dana	0.03
	桡足类幼虫	Copepoda larva	0.02
冬季	丹氏纺锤水蚤	*Acartia danae* Giesbrecht	0.17
	精致真刺水蚤	*Euchaeta conainna* Dana	0.12
	驼背隆哲水蚤	*Acrocalanus gibber* Giesbrecht	0.11
	鸟喙尖头溞	*Penilia avirostris* Dana	0.07
	莹虾类幼虫	Luciferinae larva	0.06
	锥形宽水蚤	*Temora turbinata* Dana	0.03
	桡足类幼虫	Copepoda larva	0.02

表 5-170　竹洲-横洲礁区跟踪调查各季度浮游动物的优势种及优势度

调查时间	中文名称	学名或英文名	优势度
春季	驼背隆哲水蚤	*Acrocalanus gibber* Giesbrecht	0.11
	丹氏纺锤水蚤	*Acartia danae* Giesbrecht	0.09
	锥形宽水蚤	*Temora turbinata* Dana	0.08
	桡足类幼虫	Copepoda larva	0.07
	短尾类溞状幼虫	Zoea larva	0.05
	正型莹虾	*Lucifer typus* H. Milne-Edwards	0.02
夏季	丹氏纺锤水蚤	*Acartia danae* Giesbrecht	0.24
	小拟哲水蚤	*Paracalanus parvus*（Claus）	0.14
	驼背隆哲水蚤	*Acrocalanus gibber* Giesbrecht	0.10
	短尾类溞状幼虫	Zoea larva	0.06
	桡足类幼虫	Copepoda larva	0.05
	肥胖箭虫	*Sagitta enflata* Grassi	0.04
	微驼背隆哲水蚤	*Acrocalanus gracilis* Giesbrecht	0.02
秋季	驼背隆哲水蚤	*Acrocalanus gibber* Giesbrecht	0.11
	丹氏纺锤水蚤	*Acartia danae* Giesbrecht	0.09
	锥形宽水蚤	*Temora turbinata* Dana	0.08
	桡足类幼虫	Copepoda larva	0.07
	短尾类溞状幼虫	Zoea larva	0.05
	正型莹虾	*Lucifer typus* H. Milne-Edwards	0.02

（续）

调查时间	中文名称	学名或英文名	优势度
	小拟哲水蚤	*Paracalanus parvus*（Claus）	0.09
	亚强次真哲水蚤	*Subeucalanus subcrassus*（Giesbrecht）	0.08
	狭额次真哲水蚤	*Subeucalanus subtenuis*（Giesbrecht）	0.06
冬季	瘦尾胸刺水蚤	*Centropages tenuiremis* Thompson & Scott	0.05
	普通波水蚤	*Undinula vulgaris*（Dana）	0.04
	丹氏纺锤水蚤	*Acartia danae* Giesbrecht	0.02
	肥胖箭虫	*Sagitta enflata* Grassi	0.04

春季本底调查结果表明，浮游动物的优势种由桡足类的丹氏纺锤水蚤、精致真刺水蚤、驼背隆哲水蚤，介形类的鸟喙尖头溞，浮游幼虫类的莹虾类幼虫、锥形宽水蚤和桡足类幼虫组成，其优势度在 0.02～0.17。其中丹氏纺锤水蚤、精致真刺水蚤和驼背隆哲水蚤在 S1、S2、S3 站和 S5 号站都占首要位置，鸟喙尖头溞主要分布在 S2、S3 号站和 S5 号站，而莹虾类幼虫、锥形宽水蚤和桡足类幼虫主要分布在 S1 和 S3 号站。

夏季本底调查结果表明，浮游动物的优势种由桡足类的亚强次真哲水蚤、驼背隆哲水蚤、丹氏纺锤水蚤、浮游幼虫类的桡足类幼虫和小拟哲水蚤组成，其优势度在 0.02～0.14。其中亚强次真哲水蚤和驼背隆哲水蚤在 S1～S5 号站位都占首要位置，丹氏纺锤水蚤和桡足类幼虫主要分布在 S1、S4 和 S5 号站，而小拟哲水蚤则主要分布在 S1 和 S5 号站。

秋季本底调查结果表明，浮游动物的优势种由桡足类的丹氏纺锤水蚤、精致真刺水蚤、驼背隆哲水蚤，介形类的鸟喙尖头溞、浮游幼虫类的莹虾类幼虫、锥形宽水蚤和桡足类幼虫组成，其优势度在 0.02～0.17。其中丹氏纺锤水蚤、精致真刺水蚤和驼背隆哲水蚤在 S2、S3、S5 和 S6 号站都占首要位置，鸟喙尖头溞主要分布在 S2、S3、S5 号站，而莹虾类幼虫、锥形宽水蚤和桡足类幼虫主要分布在 S3 和 S6 号站。

冬季本底调查结果表明，浮游动物的优势种由桡足类的丹氏纺锤水蚤、精致真刺水蚤、驼背隆哲水蚤，介形类的鸟喙尖头溞、浮游幼虫类的莹虾类幼虫、锥形宽水蚤和桡足类幼虫组成，其优势度在 0.02～0.17。其中丹氏纺锤水蚤、精致真刺水蚤和驼背隆哲水蚤在 S5 号站和 S6 号站都占首要位置，鸟喙尖头溞主要分布在 S2、S5 和 S6 号站，而莹虾类幼虫、锥形宽水蚤和桡足类幼虫主要分布在 S2、S6 号采样站。

春季跟踪调查结果表明，浮游动物的优势种由桡足类的驼背隆哲水蚤、丹氏纺锤水蚤、锥形宽水蚤，浮游幼虫类的桡足类幼虫和短尾类溞状幼虫组成，其优势度在 0.02～0.11。其中驼背隆哲水蚤和丹氏纺锤水蚤在调查区各站位都占首要位置，锥形宽水蚤主要分布在 S3 号站和 S5 号站，桡足类幼虫和短尾类溞状幼虫主要分布在 S2 号站和 S5 号站，正型莹虾主要分布在 S3 号站和 S5 号站。

夏季跟踪调查结果表明，浮游动物的优势种由桡足类的丹氏纺锤水蚤、小拟哲水蚤、

驼背隆哲水蚤、微驼背隆哲水蚤和浮游幼虫类的短尾类溞状幼虫等组成，其优势度在
0.02～0.24。本调查海域的优势种分布较为广泛，最大优势种是桡足类的丹氏纺锤水蚤，
主导了整个海域的浮游动物密度，在 6 个站中都占主要位置；小拟哲水蚤和驼背隆哲水蚤
主要分布在 S1、S2、S5、S6 号站；短尾类溞状幼虫主要分布在 S2、S5、S6 号站；桡足
类幼虫和肥胖箭虫主要分布在 S5、S6 号站；而微驼背隆哲水蚤主要分布在 S2 号站。

秋季跟踪调查结果表明，浮游动物的优势种由桡足类的驼背隆哲水蚤、丹氏纺锤水
蚤、锥形宽水蚤，浮游幼虫类的桡足类幼虫和短尾类溞状幼虫组成，其优势度在 0.02～
0.11。其中驼背隆哲水蚤和丹氏纺锤水蚤在调查区各站位都占首要位置，锥形宽水蚤主
要分布在 S3 号站和 S5 号站，桡足类幼虫和短尾类溞状幼虫主要分布在 S2 号站和 S5 号
站，正型莹虾主要分布在 S3 号站和 S5 号站。

冬季跟踪调查结果表明，浮游动物的优势种由桡足类的小拟哲水蚤、亚强次真哲水
蚤、狭额次真哲水蚤、瘦尾胸刺水蚤、普通波水蚤、丹氏纺锤水蚤和毛颚类的肥胖箭虫
等组成，其优势度在 0.02～0.09。其中，小拟哲水蚤、亚强次真哲水蚤和狭额次真哲水
蚤在调查区内的每一站位都占主要位置，瘦尾胸刺水蚤主要分布在 S4～S6 号礁区站和 S2
号对比区站，普通波水蚤、丹氏纺锤水蚤和毛颚类的肥胖箭虫则主要分布在 S1、S2、S4、
S5、S6 号站。

（五）礁区与对比区的比较

跟踪调查各季度浮游动物礁区与对比区的比较数据见表 5 - 171。

表 5 - 171　竹洲-横洲礁区浮游动物跟踪调查礁区和对比区的比较

站位	密度（×10⁴ 个/m²）				种数（种）				多样性指数			
	春季	夏季	秋季	冬季	春季	夏季	秋季	冬季	春季	夏季	秋季	冬季
S4～S6 礁区平均	1 101.17	714.67	1 101.17	335.00	45	24	45	38	4.90	3.61	4.89	4.76
S1～S3 对比区平均	1 089.67	702.67	1 089.67	179.83	44	23	44	28	4.89	3.60	4.86	4.21

春、夏、秋、冬 4 个季节跟踪调查，礁区 S4～S6 号站的浮游动物的平均密度、平均
出现总种类数和生物多样性指数均高于对比区 S1～S3 号站的平均值。

（六）跟踪调查与本底调查对比

竹洲-横洲礁区跟踪调查与本底调查浮游动物情况见表 5 - 172。

表 5 - 172　竹洲-横洲礁区浮游动物跟踪调查与本底调查的比较

调查航次	S4～S6 礁区平均密度（个/m³）				种数（种）			
	春季	夏季	秋季	冬季	春季	夏季	秋季	冬季
本底调查	236.33	376.78	310.00	327.83	52	40	61	59
跟踪调查	1 101.17	714.67	1 101.17	335.00	64	59	64	67

春、夏、秋、冬4个季节跟踪调查与本底调查比较，跟踪调查的浮游动物平均密度和出现种类数都高于本底调查。

三、东澳礁区

(一) 种类组成变动分析

本底调查，本礁区浮游动物共出现13个类群58种。其中，水母类3种，海樽类2种，桡足类28种，毛颚类3种，翼足类3种，介形类1种，端足类3种，糠虾类1种，磷虾类2种，樱虾类1种，莹虾类2种，浮游幼虫7种，其他类群2种。

跟踪调查，本礁区浮游动物共有12个生物类群，共70种。其中，原生动物2种，水母类8种，翼足类5种，枝角类1种，介形类1种，桡足类27种，端足类1种，樱虾类2种，毛颚类6种，有尾类2种，海樽类1种，浮游幼虫类14种。跟踪调查海区位于珠海的东澳岛海域，受珠江径流和外海水团的共同影响，种类组成多样性程度较高，浮游动物呈现明显的近岸和河口外种群区系特征，种类多为亚热带近岸的广布种。如桡足类的亚强次真哲水蚤、克氏长角哲水蚤、小拟哲水蚤、锥形宽水蚤、驼背隆哲水蚤、长尾基齿哲水蚤、短尾基齿哲水蚤、丹氏纺锤水蚤、微刺哲水蚤、瘦尾胸刺水蚤、奥氏胸刺水蚤，水母类的双生水母、球型侧腕水母、厚伞拟杯水母和拟杯水母，毛颚类的肥胖箭虫、凶形箭虫、圆囊箭虫，有尾类的红住囊虫和海樽类的斑点纽鳃樽等。

(二) 密度和分布变动分析

本底调查，东澳礁区出现的浮游动物包括桡足类、毛颚类、翼足类、介形类、端足类、糠虾类、磷虾类、樱虾类、莹虾类、浮游幼虫和其他类群。各主要类群的密度及占浮游动物总密度的百分比见表5-173。

表5-173　东澳礁区本底调查浮游动物主要生物类群密度统计

桡足类		毛颚类		莹虾类		介形类		浮游幼虫	
密度 (个/m³)	比例 (%)	密度 (个/m³)	比例 (%)	密度 (个/m³)	比例 (%)	密度 (个/m³)	比例 (%)	密度 (个/m³)	比例 (%)
53.52	74.51	5.55	7.73	0.29	0.40	2.24	3.12	2.70	3.76

东澳礁区本底调查各调查站位的浮游动物生物量和密度的情况见表5-174。

跟踪调查，礁区各采样站浮游动物生物量较高，但分布不均匀。S1~S5号礁区站变化幅度为390.00~990.00 mg/m³，平均生物量为657.00 mg/m³；S6号对比站的生物量为275.00 mg/m³。在密度方面属于中上水平，S1~S5号礁区站变化幅度为1 077.00~2 113.50 个/m³，平均密度为1 428.50 个/m³；S6号对比站的密度为

1 210.50 个/m³。在整个调查区中，生物量最高为 990.00 mg/m³，出现在 S5 号中心站；其次为745.00 mg/m³，出现在 S1 号站；最低为 275.00 mg/m³，出现在 S6 号对比站。最高密度为 2 113.50 个/m³，出现在 S5 号中心站；其次为1 603.00 个/m³，出现在 S3 号站；最低密度为 1 077.00 个/m³，出现在 S1 号站。（表 5 - 175）。

表 5 - 174　东澳礁区本底调查浮游动物的生物量及密度

站位	生物量（mg/m³）	密度（个/m³）
S1	34.28	64.95
S2	34.00	64.80
S3	93.22	68.81
S4	74.28	43.61
S5（中心站）	49.09	97.71
S1～S5 礁区平均	56.97	67.98
S6	86.66	91.11
总平均	61.92	71.83

表 5 - 175　东澳礁区跟踪调查浮游动物的生物量及密度

站位	生物量（mg/m³）	密度（个/m³）
S1	745.00	1 077.00
S2	615.00	1 266.50
S3	390.00	1 603.00
S4	545.00	1 082.50
S5（中心站）	990.00	2 113.50
S1～S5 礁区平均	657.00	1 428.50
S6（对比站）	275.00	1 210.50

（三）生物多样性及均匀度变动分析

跟踪调查礁区各站位浮游动物的种数、多样性指数和均匀度的情况见表 5 - 176。

S1～S5 礁区站平均出现种数为 43 种；S6 号对比站出现的种数为 33 种。多样性指数 S1～S5 礁区站分布范围为 4.15～4.61，平均为 4.41，最高出现在 5 号中心站，其次出现在 S3 号站，最低出现在 S1 号站；S6 号对比站的多样性指数为 4.19。种类均匀度的分布趋势与多样性指数相似，S1～S5 礁区站分布范围在 0.79～0.84，平均为 0.81，最高出现在 S3 号站，其次出现在 S4 号站，最低出现在 S1 和 S2 号站；S6 号对比站的均匀度为 0.83。总的来说本海区浮游动物多样性指数及均匀度属于中上水平，说明本海区海水清洁，生态环境良好。

表 5-176　东澳礁区跟踪调查浮游动物的多样性指数及均匀度

站位	种数（种）	多样性指数	均匀度
S1	38	4.15	0.79
S2	41	4.25	0.79
S3	42	4.54	0.84
S4	43	4.52	0.83
S5（中心站）	49	4.61	0.82
S1～S5 礁区平均	43	4.41	0.81
S6（对比站）	33	4.19	0.83

（四）优势种变动分析

以优势度≥0.02 为判断标准，调查期间浮游动物的优势种由原生动物的夜光虫，水母类的双生水母，枝角类的鸟喙尖头溞，桡足类的锥形宽水蚤、瘦尾胸刺水蚤、小拟哲水蚤和毛颚类的肥胖箭虫等组成，其优势度在 0.02～0.09（表 5-177）。其中，锥形宽水蚤、瘦尾胸刺水蚤和夜光虫在调查区内的每一站位都占主要位置，鸟喙尖头溞主要分布在 S1、S2、S3 号站、S5 号中心站和 S6 号对比站，肥胖箭虫主要分布在 S2 及 S3 号采样站、S5 中心站和 S6 号对比站，双生水母主要分布在 S1 及 S2 号站、S5 号中心站和 S6 号对比站，而小拟哲水蚤主要分布在 S3、S4 号站。

表 5-177　东澳礁区跟踪调查浮游动物的优势种及优势度

优势种中文名称	学名	优势度
锥形宽水蚤	*Temora turbinata* Dana	0.09
鸟喙尖头溞	*Penilia avirostris* Dana	0.08
瘦尾胸刺水蚤	*Centropages tenuiremis* Thompson & Scott	0.07
肥胖箭虫	*Sagitta enflata* Grassi	0.07
夜光虫	*Noctiluca miliaris* Suriray	0.06
双生水母	*Diphyopsis chamissonii* Huxleg	0.03
小拟哲水蚤	*Paracalanus parvus*（Claus）	0.02

（五）礁区与对比区的比较

对比结果显示，本海区 6 个调查站位中，无论是浮游动物密度、平均出现种类数还是多样性指数，S5 号中心站都高于礁区 S1～S5 号站的平均值和 S6 号对比站（表 5-178）。

表5-178 东澳礁区跟踪调查浮游动物礁区与对比区的比较

站位	密度（个/m³）	种数（种）	多样性指数
S1～S5礁区平均	1 428.50	43	4.41
S5号（中心站）	2 113.50	49	4.61
S6号（对比站）	1 210.50	33	4.19

（六）跟踪调查与本底调查对比

跟踪调查与本底调查的结果对比显示（表5-179），跟踪调查的浮游动物平均密度、出现种类数都高于本底调查。

表5-179 东澳礁区浮游动物跟踪调查与本底调查的比较

调查航次	S1～S5礁区平均密度（个/m³）	种数（种）
本底调查	67.98	58
跟踪调查	1 428.50	70

四、外伶仃礁区

（一）种类组成变动分析

本底调查经鉴定有8个生物类群，共71种。其中，原生动物1种，水母类17种，翼足类3种，介形类2种，桡足类24种，莹虾类4种，毛颚类8种，浮游幼虫类12种。调查海区位于珠江口外缘，受珠江冲淡水和南海外海水团的共同影响。浮游动物以亚热带沿岸种类为主。

跟踪调查的浮游动物经初步鉴定有12个生物类群，共72种。其中，原生动物2种，水母类9种，翼足类3种，枝角类2种，介形类3种，桡足类30种，端足类1种，樱虾类1种，毛颚类4种，有尾类2种，海樽类2种，浮游幼虫类13种。跟踪调查海区位于珠海的外伶仃海域，受珠江径流和外海水团的共同影响，种类组成多样性程度较高，浮游动物呈现明显的近岸和河口外种群区系特征，种类多为亚热带近岸的广布种。如原生动物的夜光虫，枝角类的鸟喙尖头溞、诺氏僧帽溞，桡足类的亚强次真哲水蚤、克氏长角哲水蚤、小拟哲水蚤、锥形宽水蚤、驼背隆哲水蚤、长尾基齿哲水蚤、短尾基齿哲水蚤、丹氏纺锤水蚤、微刺哲水蚤、叉胸刺水蚤、奥氏胸刺水蚤，水母类的双生水母、球型侧腕水母、拟杯水蚤和两手筐水母，毛颚类的肥胖箭虫、凶形箭虫、圆囊箭虫，有尾类的长尾住囊虫、红住囊虫和海樽类的斑点纽鳃樽等。

（二）密度和分布变动分析

外伶仃礁区本底调查和跟踪调查浮游动物生物量及密度情况分别见表 5 - 180 和表 5 - 181。

表 5 - 180　外伶仃礁区本底调查浮游动物的生物量及密度

站位	生物量（mg/m³）	密度（个/m³）
S1	533.04	72.00
S2	125.00	76.66
S3	456.43	136.42
S4	130.00	119.23
S5（中心站）	512.73	162.27
S6（对比站）	53.57	47.15
平均	301.80	102.29

表 5 - 181　外伶仃礁区跟踪调查浮游动物的生物量及密度

站位	生物量（mg/m³）	密度（个/m³）
S1	80.00	421.50
S2	60.00	259.50
S3	120.00	803.50
S4	190.00	1 371.50
S5（中心站）	290.00	616.50
S1～S5 礁区平均	148.00	694.50
S6（对比站）	65.00	467.50

本底调查，浮游动物的生物量较高，密度一般，分布不均。最高生物量出现在 S1 号站，为 533.04 mg/m³；最低出现在 S6 号站，仅为 53.57 mg/m³。最高密度出现在 S5 号站，为 162.27 个/m³；最低出现在 S6 号站，为 47.15 个/m³。

跟踪调查，礁区采样站浮游动物生物量除个别站较低外，其余的都较高，但分布不均匀。S1～S5 号礁区站变化幅度为 60.00～290.00 mg/m³（表 5 - 181），平均生物量为 148.00 mg/m³；S6 号对照站的生物量为 65.00 mg/m³。在密度方面属于中上水平，S1～S5 号礁区站变化幅度为 259.50～1 371.50 个/m³，平均密度为 694.50 个/m³；S6 号对比站的密度为 467.50 个/m³。在整个调查区中，生物量最高为 290.00 mg/m³，出现在 S5 号中心站；其次为 190.00 mg/m³，出现在 S4 号站；最低为 60.00 mg/m³，出现在 S2 号站。最高密度为 1 371.50 个/m³，出现在 S4 号站；其次为 803.50 个/m³，出现在 S3 号站；最低密度为 259.50 个/m³，出现在 S2 号站。

（三）生物多样性及均匀度变动分析

本底调查，调查海域浮游动物的种类多样性指数平均为 2.825，均匀度平均为 0.728（表 5-182），属生物多样性指数及均匀度较高的海域，该结果与浮游植物的生物多样性指数和均匀度结果比较一致。这说明，调查水域生态环境良好，海水较清洁。

表 5-182　外伶仃礁区本底调查浮游动物的多样性指数及均匀度

项目	S1	S2	S3	S4	S5	S6	平均值
多样性指数	3.23	2.75	2.61	2.97	2.92	2.47	2.825
均匀度	0.73	0.68	0.70	0.61	0.85	0.80	0.728

跟踪调查，礁区各站位浮游动物的种数以及多样性指数和均匀度的情况为：S1～S5 号礁区站平均出现种数为 44 种；S6 号对比站出现种数为 37 种。多样性指数 S1～S5 号礁区站分布范围为 4.25～4.76，平均为 4.51，最高出现在 S5 号中心站，其次出现在 S3 号站，最低则出现在 S2 号采样站；S6 号对比站的多样性指数为 4.06。种类均匀度的分布趋势与多样性指数相似，S1～S5 号礁区站分布范围在 0.80～0.86，平均为 0.83，最高出现在 S3 号站，其次出现在 S1 号采样站，最低出现在 S4 号站；S6 号对比站的均匀度为 0.78。总的来说本海区浮游动物多样性指数及均匀度属于中上水平，说明本海区海水清洁，生态环境良好，适合浮游动物的生长（表 5-183）。

表 5-183　外伶仃礁区跟踪调查浮游动物的多样性指数及均匀度

站位	种数（种）	多样性指数	均匀度
S1	39	4.52	0.85
S2	37	4.25	0.81
S3	45	4.73	0.86
S4	42	4.31	0.80
S5（中心站）	57	4.76	0.82
S1～S5 礁区平均	44	4.51	0.83
S6（对比站）	37	4.06	0.78

（四）优势种变动分析

本底调查，浮游动物的优势种由丹氏纺锤水蚤、亚强次真哲水蚤、双生水母、亨生莹虾和肥胖箭虫等组成（表 5-184）。

跟踪调查，浮游动物的优势种是由枝角类的鸟喙尖头溞、诺氏僧帽溞，桡足类的锥形宽水蚤、亚强次真哲水蚤、驼背隆哲水蚤、小拟哲水蚤、微刺哲水蚤、叉胸刺水蚤，海樽类的斑点纽鳃樽和毛颚类的肥胖箭虫等所组成，其优势度在 0.02～0.16（表 5-185）。其中，鸟喙尖头溞、诺氏僧帽溞、锥形宽水蚤和亚强次真哲水蚤在调查区内的每一站位都占主要位置，斑点纽鳃樽、肥胖箭虫和驼背隆哲水蚤主要分布在 S1、S3、S4、S5 号中心站和 S6 号对比站，小拟哲水蚤和微刺哲水蚤主要分布在 S1、S3、S4 和 S5 号中心站，叉胸刺水蚤主要分布在 S2、S3、S4、S5 号中心站和 S6 号对比站。

表 5-184　外伶仃礁区本底调查浮游动物的优势种及优势度

优势种中文名称	学名	优势度
丹氏纺锤水蚤	*Acartia danae* Giesbrecht	0.26
肥胖箭虫	*Sagitta enflata* Grassi	0.10
亚强次真哲水蚤	*Subeucalanus subcrassus* Giesbrecht	0.06
亨生莹虾	*Lucifer hanseni* Nobili	0.05
双生水母	*Diphyes appendiculata* Eschs	0.03

表 5-185　外伶仃礁区跟踪调查浮游动物的优势种及优势度

优势种中文名称	学名	优势度
诺氏僧帽溞	*Evadn nordmanni* Loven	0.16
锥形宽水蚤	*Temora turbinata* Dana	0.12
鸟喙尖头溞	*Penilia avirostris* Dana	0.08
亚强次真哲水蚤	*Subeucalanus subcrassus* (Giesbrecht)	0.07
斑点纽鳃樽	*Ihlea punctata* (Forskål)	0.04
驼背隆哲水蚤	*Acrocalanus gibber* Giesbrecht	0.03
小拟哲水蚤	*Paracalanus parvus* (Claus)	0.02
微刺哲水蚤	*Canthocalanus pauper* (Giesbrecht)	0.02
叉胸刺水蚤	*Centropages furcatus* Dana	0.02
肥胖箭虫	*Sagitta enflata* Grassi	0.02

（五）礁区与对比区的比较

对比结果显示，本海区 6 个调查站中，S5 号中心站浮游动物密度比礁区 S1～S5 号站的平均值低，而高于 S6 号对比站；出现种类数和多样性指数方面，S5 号中心站都高于礁区 S1～S5 号站的平均值和 S6 号对比站（表 5-186）。

表 5-186　外伶仃礁区跟踪调查浮游动物礁区与对比区的比较

站位	密度（个/m³）	种数（种）	多样性指数
S1～S5 礁区平均	694.50	44	4.51
S5 号（中心站）	616.50	57	4.76
S6 号（对比站）	467.50	37	4.06

（六）跟踪调查与本底调查对比

跟踪调查与本底调查的结果对比显示（表 5 – 187），跟踪调查的浮游动物平均密度、出现种类数都高于本底调查。

表 5 – 187　外伶仃礁区浮游动物跟踪调查与本底调查的对比

调查航次	S1～S5 礁区平均密度（个/m³）	种数（种）
本底调查	113.32	71
跟踪调查	694.50	72

五、庙湾礁区

（一）种类组成变动分析

本底调查的浮游动物经初步鉴定有 14 个生物类群，共 67 种。其中，原生动物 1 种，水母类 19 种，翼足类 3 种，异足类 2 种，枝角类 2 种，介形类 1 种，桡足类 25 种，端足类 1 种，涟虫类 1 种，樱虾类 1 种，毛颚类 3 种，有尾类 2 种，海樽类 3 种和浮游幼虫类 13 种。出现的浮游动物以沿岸广布种为主，呈现出显著的热带-亚热带沿岸种群区系特征。例如，原生动物的夜光虫，水母类的双生水母、拟杯水母、球型侧腕水母、真瘤水母、两手筐水母，枝角类的鸟喙尖头溞、诺氏僧帽溞，桡足类的小拟哲水蚤、锥形宽水蚤、异尾宽水蚤、亚强次真哲水蚤、驼背隆哲水蚤、微刺哲水蚤、奥氏胸刺水蚤、丹氏纺锤水蚤、小纺锤水蚤，毛颚类的肥胖箭虫、圆囊箭虫、双斑箭虫和强壮箭虫等。

跟踪调查的浮游动物经初步鉴定有 9 个生物类群，共 68 种。其中，水母类 7 种，翼足类 3 种，枝角类 3 种，介形类 2 种，桡足类 30 种，磷虾类 1 种，樱虾类 4 种，毛颚类 7 种，浮游幼虫类 10 种。跟踪调查区为庙湾礁区附近海域，浮游动物种类组成多样，呈现明显的沿岸种群区系特征，多为亚热带沿岸的广布种，如水母类的双生水母，桡足类的小拟哲水蚤、锥形宽水蚤、亚强真哲水蚤、驼背隆哲水蚤、微驼背隆哲水蚤、普通波水蚤、丹氏纺锤水蚤，毛颚类的肥胖箭虫、狭长箭虫、强壮箭虫等。

（二）密度和分布变动分析

本底调查，各站浮游动物生物量除个别站较高外，其余的都较低，分布不均匀。S1～S5 号礁区站变化幅度为 25.00～395.00 mg/m³，平均生物量为 139.00 mg/m³；6 号对照站的生物量为 50.00 mg/m³。密度方面，本海域属于中等水平，S1～S5 号礁区站变化幅度为 92.00～370.00 个/m³，平均密度为 276.40 个/m³；S6 号对比站的密度为 147.00 个/m³。

在整个调查区中，生物量最高为 395.00 mg/m³，出现在 S5 号中心站；其次为 165.00 mg/m³，出现在 S1 号站；最低为 25.00 mg/m³，出现在 S3 号站。最高密度为 370.00 个/m³，出现在 S1 号站；其次为 345.00 个/m³，出现在 S2 号站；最低密度为 92.00 个/m³，出现在 S3 号站（表 5 - 188）。

表 5 - 188　庙湾礁区本底调查浮游动物的生物量及密度

站位	生物量（mg/m³）	密度（个/m³）
S1	165.00	370.00
S2	55.00	345.0
S3	25.00	92.00
S4	55.00	273.00
S5（中心站）	395.00	302.00
S1～S5 礁区平均	139.00	276.40
S6（对比站）	50.00	147.00

跟踪调查，各站浮游动物生物量属于中等水平，分布不均匀。S1～S5 号礁区站变化幅度为 400.00～445.00 mg/m³，平均生物量为 420.00 mg/m³；S6 号对比站的生物量为 335.00 mg/m³。在密度方面也属于较高水平，S1～S5 号礁区站变化幅度为 778.00～1 146.00 个/m³，平均密度为 957.60 个/m³；S6 号对比站的密度为 870.00 个/m³。在整个调查区中，生物量最高为 445.00 mg/m³，出现在 S5 号中心站；其次为 435.00 mg/m³，出现在 S3 号站；最低为 400.00 mg/m³，出现在 S1 号站。最高密度为 1 146.00 个/m³，出现在 S5 号中心站；其次为 991.50 个/m³，出现在 S2 号站；最低密度为 778.00 个/m³，出现在 S3 号站。（表 5 - 189）。

表 5 - 189　庙湾礁区跟踪调查浮游动物的生物量及密度

站位	生物量（mg/m³）	密度（个/m³）
S1	400.00	986.00
S2	415.00	991.50
S3	435.00	778.00
S4	405.00	886.50
S5（中心站）	445.00	1 146.00
S1～S5 礁区平均	420.00	957.60
S6（对比站）	335.00	870.00

（三）生物多样性及均匀度变动分析

本底调查，浮游动物 S1～S5 号礁区站平均出现种类为 32 种，S6 号对比站出现的种类为 36 种。种类多样性指数 S1～S5 礁区站分布范围为 3.05～4.29，平均为 3.73，最高出现在 S4 号站，其次出现在 S5 号中心站，最低出现在 S2 号站；S6 号对比站的种类多样性指数为 4.73。种类均匀度的分布趋势与多样性指数相似，S1～S5 礁区站分布范围在 0.66～0.82，平均为 0.75，最高出现在 S4 号站，其次出现在 S5 号中心站，最低出现在 S2 号站；S6 号对比站的均匀度为 0.92。总的来说，本海区浮游动物多样性指数及均匀度属于中上水平，说明本海区海水清洁，生态环境良好（表 5-190）。

表 5-190　庙湾礁区本底调查浮游动物的多样性指数及均匀度

站位	种数（种）	多样性指数	均匀度
S1	32	3.68	0.74
S2	25	3.05	0.66
S3	23	3.43	0.76
S4	38	4.29	0.82
S5（中心站）	40	4.22	0.79
S1～S5 礁区平均	32	3.73	0.75
S6（对比站）	36	4.73	0.92

跟踪调查，海区站位的浮游动物 S1～S5 号礁区站平均出现种类为 42 种，S6 号对比站出现的种类为 28 种。种类多样性指数 S1～S5 礁区站分布范围为 3.63～4.94，平均为 4.36，最高出现在 S5 号中心站，其次是 S4 号站，最低出现在 S3 号站；S6 号对比站的种类多样性指数为 4.27。种类均匀度的分布趋势与多样性指数相似，S1～S5 礁区站分布范围在 0.67～0.86，平均为 0.81，最高出现在 S6 号对比站，其次是 S5 号中心站，最低出现在 S3 号站；S6 号对比站的均匀度为 0.89（表 5-191）。

表 5-191　庙湾礁区跟踪调查浮游动物的多样性指数及均匀度

站位	种数（种）	多样性指数	均匀度
S1	33	4.34	0.86
S2	39	4.38	0.83
S3	43	3.63	0.67
S4	40	4.51	0.85
S5（中心站）	53	4.94	0.86
S1～S5 礁区平均	42	4.36	0.81
S6（对比站）	28	4.27	0.89

（四）优势种变动分析

本底调查（表 5-192），浮游动物的优势种由枝角类的诺氏僧帽溞，桡足类的锥形宽

水蚤、小拟哲水蚤，水母类的双生水母和毛颚类的肥胖箭虫等组成，其优势度在 0.02～
0.27。其中枝角类的诺氏僧帽溞和水母类的双生水母在每一采样站中都占主要位置，桡
足类的锥形宽水蚤主要分布在 S1、S2、S4 号站和 S5 号中心站，小拟哲水蚤分布在 S1、
S2、S4 号站及 S5 号中心站和 S6 号对比站，毛颚类的肥胖箭虫则主要分布在 S1、S2、S4
号站。

表 5 - 192　庙湾礁区本底调查浮游动物的优势种及优势度

优势种中文名称	拉丁文学名	优势度
锥形宽水蚤	*Temora turbinata* Dana	0.27
诺氏僧帽溞	*Evadne nordmanni* Loven	0.09
双生水母	*Diphyopsis chamissonii* Huxleg	0.06
小拟哲水蚤	*Paracalanus parvus* (Claus)	0.02
肥胖箭虫	*Sagitta enflata* Grassi	0.02

跟踪调查（表 5 - 193），浮游动物的优势种由桡足类的小拟哲水蚤、小哲水蚤、丹氏
纺锤水蚤、驼背隆哲水蚤、微刺哲水蚤，浮游幼虫类的桡足类幼虫、驼背隆哲水蚤、瘦
尾胸刺水蚤所组成，其优势度在 0.02～0.15。其中小拟哲水蚤、小哲水蚤在调查区各站
位都占首要位置，丹氏纺锤水蚤主要分布在 S4、S5、S6 号站，微刺哲水蚤主要分布在
S3、S4、S5 号站，瘦尾胸刺水蚤主要分布在 S1、S6 号站，桡足类幼虫主要分布在 S3、
S6 号站，驼背隆哲水蚤主要分布在 S1、S2 号站，瘦尾胸刺水蚤主要分布在 S6 号对比站。

表 5 - 193　庙湾礁区跟踪调查浮游动物的优势种及优势度

优势种中文名称	拉丁文学名	优势度
小拟哲水蚤	*Paracalanus parvus* (Claus)	0.15
小哲水蚤	*Nannocalanus minor* Claus	0.08
丹氏纺锤水蚤	*Acartia danae* Giesbrecht	0.06
微刺哲水蚤	*Canthocalanus pauper*	0.05
桡足类幼虫	Copepoda larva	0.05
驼背隆哲水蚤	*Acrocalanus gibber* Giesbrecht	0.03
瘦尾胸刺水蚤	*Centropages tenuiremis* Thompson & Scott	0.02

（五）礁区与对比区的比较

对比结果显示，本海区 6 个调查站中，浮游动物密度 S5 号中心站高于礁区 S1～S5
号站的平均值和 S6 号对比站；平均出现种类数和多样性指数，S5 号中心站都高于礁区
S1～S5 号站的平均值和 S6 号对比站（表 5 - 194）。

表 5-194 庙湾礁区跟踪调查浮游动物礁区与对比区的比较

站位	密度（个/m³）	种数（种）	多样性指数
S1～S5 礁区平均	957.60	42	4.36
S5（中心站）	1 146.00	53	4.94
S6（对比站）	870.00	28	4.27

（六）跟踪调查与本底调查对比

跟踪调查与本底调查的结果对比显示，跟踪调查礁区 S1～S5 号站浮游动物的平均密度和出现的种类数均高于本底调查（表 5-195）。

表 5-195 庙湾礁区浮游动物跟踪调查与本底调查的对比

调查航次	S1～S5 礁区平均密度（个/m³）	种数（种）
本底调查	276.40	67
跟踪调查	957.60	68

第六节 底栖生物变动分析

一、小万山礁区

（一）种类组成变动分析

本底调查，共鉴定出底栖生物 6 门 16 科 18 种。其中环节动物 6 科 7 种，占总种类数的 38.89%；螠虫动物 1 科 1 种，占总种类数的 5.56%；软体动物 4 科 4 种，占总种类数的 22.22%；节肢动物 2 科 3 种，占总种类数的 16.67%；棘皮动物 2 科 2 种，占总种类数的 11.11%；鱼类 1 科 1 种，占总种类数的 5.56%。

跟踪调查，共鉴定出底栖生物 7 门 17 科 19 种。其中环节动物 6 科 8 种，占总种类数的 42.11%；软体动物 5 科 5 种，占总种类数的 26.32%；节肢动物 2 科 2 种，占总种类数的 10.53%；棘皮动物、鱼类、纽形动物和螠虫动物各 1 科 1 种，各占总种类数的 5.26%。

（二）优势种变动分析

本底调查，花蜒蛇尾出现次数最多，在 5 个站出现，且出现数量也最多，因而花蜒蛇尾成为优势种，优势度为 0.142；其次为小头虫，在 4 个站出现，且出现数量也较多，优势度为 0.085；其他种都只在 1～3 个站出现，优势度介于 0.02～0.07 的种还有隆线强蟹、洼鄂倍棘蛇尾和背蚓虫；其他种类优势度在 0.02 以下。

跟踪调查，共获得底栖生物 19 种。其中，优势度在 0.02 以上的优势种有 5 种，按优势度由高到低分别为中华内卷齿蚕、洼鄂倍棘蛇尾、鳞腹沟虫、裸盲蟹和钻螺，这 5 种生物出现的站位数和个数范围分别为 2～4 站和 6～10 个，优势度范围为 0.032 8～0.109 3；其他 14 种出现的站位数和个数范围分别为 1～2 站和 1～3 个，优势度均小于 0.02。

（三）生物量和栖息密度变动分析

本底调查，底栖生物的总平均生物量为 44.92 g/m²，平均栖息密度为 78.33 个/m²。生物量的组成以鱼类为主，其次分别为节肢动物、软体动物、棘皮动物、环节动物和螠虫动物。鱼类的生物量为 32.07 g/m²，占总生物量的 71.39%，主要是鱼类的个体大所导致；节肢动物的生物量为 4.10 g/m²，占总生物量的 9.13%；第三位为软体动物，其生物量为 3.77 g/m²，占总生物量的 8.39%。栖息密度的组成以环节动物最大，占总栖息密度的 34.04%；其次为棘皮动物，占总栖息密度的 29.79%；第三位是节肢动物，占总栖息密度的 21.28%。其他详见表 5-196。

表 5-196　小万山礁区本底调查底栖生物平均生物量及栖息密度

项目	环节动物	软体动物	节肢动物	棘皮动物	螠虫动物	鱼类	合计
生物量（g/m²）	1.63	3.77	4.10	3.02	0.33	32.07	44.92
生物量比例（%）	3.64	8.39	9.13	6.72	0.74	71.39	100.00
栖息密度（个/m²）	26.67	8.33	16.67	23.33	1.67	1.67	78.33
栖息密度比例（%）	34.04	10.64	21.28	29.79	2.13	2.13	100.00

本底调查，调查区海域内各站位底栖生物的生物量差异较大，最高生物量出现在 S2 号站，其生物量为 202.40 g/m²；其次为 S4 号站，生物量为 25.00 g/m²；最低生物量出现在 S1 号站，生物量仅为 6.00 g/m²。栖息密度方面，最高也出现在 S2 号站，栖息密度为 120.00 个/m²；其次为 S4 号站，栖息密度为 90.00 个/m²；以 S1 号站为最低，栖息密度为 50.00 个/m²。其他详见表 5-197。

表 5-197　小万山礁区本底调查底栖生物生物量及栖息密度分布

站位	项目	环节动物	软体动物	节肢动物	棘皮动物	螠虫动物	鱼类	合计
S1	生物量（g/m²）	0.50	0.00	0.00	3.50	2.00	0.00	6.00
	栖息密度（个/m²）	10.00	0.00	0.00	30.00	10.00	0.00	50.00
S2	生物量（g/m²）	3.20	2.30	3.00	1.50	0.00	192.40	202.40
	栖息密度（个/m²）	60.00	10.00	30.00	10.00	0.00	10.00	120.00

（续）

站位	项目	环节动物	软体动物	节肢动物	棘皮动物	螠虫动物	鱼类	合计
S3	生物量（g/m²）	2.00	0.00	4.40	3.20	0.00	0.00	9.6
	栖息密度（个/m²）	30.00	0.00	30.00	20.00	0.00	0.00	80.00
S4	生物量（g/m²）	0.50	5.30	17.20	2.00	0.00	0.00	25.00
	栖息密度（个/m²）	10.00	20.00	40.00	20.00	0.00	0.00	90.00
S5（中心站）	生物量（g/m²）	1.60	15.00	0.00	3.00	0.00	0.00	19.60
	栖息密度（个/m²）	20.00	20.00	0.00	30.00	0.00	0.00	70.00
S6（对比站）	生物量（g/m²）	2.00	0.00	0.00	4.90	0.00	0.00	6.90
	栖息密度（个/m²）	30.00	0.00	0.00	30.00	0.00	0.00	60.00

跟踪调查，底栖生物的总平均生物量为 11.28 g/m²，平均栖息密度为 101.67 个/m²。生物量的组成以环节动物最高，生物量为 3.22 g/m²，占总生物量的 28.51%；其次为节肢动物、软体动物、棘皮动物和螠虫动物；纽形动物和鱼类生物量相对较低，均未超过总生物量的 3.00%。栖息密度的组成，也以环节动物最高，占总栖息密度的 45.90%；其次为软体动物、棘皮动物和节肢动物；纽形动物、螠虫动物和鱼类相对较少，均未超过总栖息密度的 5.00%。其他详见表 5-198。

表 5-198 小万山礁区跟踪调查底栖生物平均生物量及栖息密度

项目	环节动物	棘皮动物	节肢动物	纽形动物	软体动物	螠虫动物	鱼类	总计
生物量（g/m²）	3.22	1.83	2.78	0.25	2.38	0.58	0.23	11.28
生物量比例（%）	28.51	16.25	24.67	2.22	21.12	5.17	2.07	100.00
栖息密度（个/m²）	46.67	13.33	11.67	5.00	20.00	3.33	1.67	101.67
栖息密度比例（%）	45.90	13.11	11.48	4.92	19.67	3.28	1.64	100.00

跟踪调查，调查区海域内各站位底栖生物的生物量差异较大，最高生物量出现在 S3 号站，其生物量为 18.90 g/m²；其次为 S2 号站，生物量为 14.50 g/m²；最低生物量出现在 S4 号站，生物量仅为 5.70 g/m²。最高栖息密度出现在 S3 号站，栖息密度为 140.00 个/m²；其次为 S5 号站，栖息密度为 120.00 个/m²；以 S4 号站为最低，栖息密度为 60.00 个/m²。其他详见表 5-199。

表 5-199 小万山礁区跟踪调查底栖生物生物量及栖息密度分布

站位	项目	环节动物	棘皮动物	节肢动物	纽形动物	软体动物	螠虫动物	鱼类	总计
S1	生物量（g/m²）	1.30	0.80	5.30	0.00	0.00	0.00	1.40	8.80
	栖息密度（个/m²）	60.00	10.00	20.00	0.00	0.00	0.00	10.00	100.00
S2	生物量（g/m²）	7.60	2.90	4.00	0.00	0.00	0.00	0.00	14.50
	栖息密度（个/m²）	80.00	20.00	10.00	0.00	0.00	0.00	0.00	110.00

（续）

站位	项目	环节动物	棘皮动物	节肢动物	纽形动物	软体动物	蜮虫动物	鱼类	总计
S3	生物量（g/m²）	4.70	0.00	5.70	0.00	8.50	0.00	0.00	18.90
	栖息密度（个/m²）	70.00	0.00	20.00	0.00	50.00	0.00	0.00	140.00
S4	生物量（g/m²）	0.50	4.80	0.00	0.00	0.40	0.00	0.00	5.70
	栖息密度（个/m²）	20.00	30.00	0.00	0.00	10.00	0.00	0.00	60.00
S5（中心站）	生物量（g/m²）	4.60	2.50	0.00	0.70	2.70	0.00	0.00	10.50
	栖息密度（个/m²）	40.00	20.00	0.00	20.00	40.00	0.00	0.00	120.00
S6（对比站）	生物量（g/m²）	0.60	0.00	1.70	0.80	2.70	3.50	0.00	9.30
	栖息密度（个/m²）	10.00	0.00	20.00	10.00	20.00	20.00	0.00	80.00

（四）生物多样性及均匀度变动分析

本底调查（表5-200），本海区底栖生物多样性指数变化范围在1.905 6～3.188 7，平均为2.261；均匀度分布范围在0.916 5～0.968 4，整个海区均匀度的平均值为0.953 0。本底调查海区底栖生物多样性和均匀度较高。

表5-200　小万山礁区本底调查底栖生物多样性指数及均匀度

站位	种数（种）	多样性指数	均匀度
S1	4	1.921 9	0.961 0
S2	10	3.188 7	0.959 9
S3	4	1.905 6	0.952 8
S4	6	2.503 3	0.968 4
S5（中心站）	5	2.128 7	0.916 5
S6（对比站）	4	1.918 3	0.959 1
平均	5.50	2.261 0	0.953 0

跟踪调查（表5-201），本海区底栖生物多样性指数变化范围较大，在1.459 1～2.610 6，平均为2.238 6，多样性指数最高出现在S3号站，其次为S2号站；均匀度分布范围在0.920 6～0.969 0，整个海区均匀度的平均值为0.944 3。跟踪调查海区底栖生物多样性属于较高水平，均匀度属于高水平，从底栖生物多样性水平分析，该次调查时该水域属于轻度污染水平。

表5-201　小万山礁区跟踪调查底栖生物多样性指数及均匀度

站位	种数（种）	多样性指数	均匀度
S1	5	2.171 0	0.935 0
S2	6	2.481 7	0.960 1
S3	7	2.610 6	0.929 9
S4	3	1.459 1	0.920 6
S5（中心站）	6	2.459 1	0.951 3
S6（对比站）	5	2.250 0	0.969 0
平均	5.33	2.238 6	0.944 3

（五）跟踪调查与本底调查对比

跟踪调查的平均栖息密度为 101.67 个/m²，高于本底调查的 78.33 个/m²。比较 S5 号中心站两次调查结果，跟踪调查出现种类数 6 种，高于本底调查的 5 种；跟踪调查出现个数 12 个，高于本底调查出现个数 7 个。

二、竹洲-横洲礁区

（一）种类组成变动分析

春季本底定量调查，共鉴定出底栖生物 7 门 19 科 24 种。其中，环节动物 9 科 13 种，占总种类数的 54.17%；软体动物 3 科 3 种，占总种类数的 12.50%；节肢动物 1 科 2 种，占总种类数的 8.33%；棘皮动物 3 科 3 种，占总种类数的 12.50%；纽形动物、线虫动物和螠虫动物各 1 科 1 种，各占总种类数的 4.17%。

夏季本底定量调查，共鉴定出底栖生物 7 门 20 科 27 种。其中，环节动物 6 科 10 种，占总种类数的 37.04%；软体动物 6 科 8 种，占总种类数的 29.63%；节肢动物 3 科 4 种，占总种类数的 14.81%；棘皮动物 2 科 2 种，占总种类数的 7.41%；星虫动物 1 科 1 种，占总种类数的 3.70%；其他类（纽形动物和线虫动物）2 科 2 种，占总种类数的 7.41%。

秋季本底定量调查，共鉴定出底栖生物 4 门 18 科 25 种。其中，环节动物 8 科 12 种，占总种类数的 48%；软体动物 4 科 5 种，占总种类数的 20%；节肢动物 4 科 6 种，占总种类数的 24%；棘皮动物 2 科 2 种，占总种类数的 8%。

冬季本底定量调查，共鉴定出底栖生物 6 门 15 科 20 种。其中环节动物 8 科 11 种，占总种类数的 55.00%；软体动物 2 科 3 种，占总种类数的 15.00%；节肢动物 1 科 2 种，占总种类数的 10.00%；棘皮动物 2 科 2 种，占总种类数的 10.00%；纽形动物和螠虫动物各 1 科 1 种，各占总种类数的 5.00%。

春季跟踪定量调查，共鉴定出底栖生物 7 门 17 科 24 种。其中，环节动物 9 科 14 种，占总种类数的 58.33%；软体动物 3 科 3 种，占总种类数的 12.50%；节肢动物 1 科 1 种，占总种类数的 4.17%；棘皮动物 2 科 2 种，占总种类数的 8.33%；螠虫动物 1 科 1 种，占总种类数的 4.17%；线虫动物 1 科 1 种，占总种类数的 4.17%；纽形动物 2 科 2 种，占总种类数的 8.33%。

夏季跟踪定量调查，共鉴定出底栖生物 8 门 24 科 32 种。其中，环节动物 10 科 14 种，占总种类数的 43.75%；软体动物 6 科 7 种，占总种类数的 21.88%；节肢动物 4 科 5 种，占总种类数的 15.63%；棘皮动物 2 科 2 种，占总种类数的 6.25%；螠虫动物、星虫动物、线虫动物和纽形动物各 1 科 1 种，均各占总种类数的 3.13%。

秋季跟踪定量调查，共鉴定出底栖生物 7 门 23 科 27 种。其中，环节动物 8 科 10 种，占总种类数的 37.04%；软体动物 6 科 7 种，占总种类数的 25.93%；节肢动物 4 科 5 种，占总种类数的 18.52%；棘皮动物 2 科 2 种，占总种类数的 7.41%；螠虫动物、星虫动物和线虫动物各 1 科 1 种，均各占总种类数的 3.70%。

冬季跟踪定量调查，共鉴定出底栖生物 7 门 21 科 28 种。其中，环节动物 10 科 16 种，占总种类数的 57.14%；软体动物 3 科 3 种，占总种类数的 10.71%；节肢动物 2 科 3 种，占总种类数的 10.71%；棘皮动物 2 科 2 种，占总种类数的 7.14%；螠虫动物 2 科 2 种，占总种类数的 7.14%；其他类动物（包括纽形动物和线形动物）2 科 2 种，占总种类数的 7.14%。

（二）优势种变动分析

春季本底调查共获得底栖生物 24 种，优势度在 0.02 以上的优势种有 6 种，分别为持真节虫、洼鄂倍棘蛇尾、梳鳃虫、裸盲蟹、背蚓虫和西格织纹螺；其中持真节虫和洼鄂倍棘蛇尾出现数量较多，分别为 7 个和 5 个，出现站位分别为 3 站和 4 站；其他 4 种优势种出现站位数为 2～4 站，出现数量均为 4 个。其他 18 种生物的优势度均小于 0.02。

夏季本底调查共获得底栖生物 27 种，优势度在 0.02 以上的优势种有 4 种，分别为洼鄂倍棘蛇尾、裸盲蟹、持真节虫和假奈拟塔螺；其中洼鄂倍棘蛇尾和裸盲蟹出现数量较多，均为 6 个，出现站位分别为 6 站和 5 站；其他 2 种优势种在 2～4 站位出现，出现数量均为 4 个。其他 23 种生物优势度在 0.02 以下而不能成为优势种。

秋季本底调查共获得底栖生物 25 种，优势度在 0.02 以上的优势种有 7 种，分别为异须沙蚕、裸盲蟹、洼鄂倍棘蛇尾、毛盲蟹、梳鳃虫、持真节虫和美女白樱蛤；其中异须沙蚕和裸盲蟹出现数量相对较多，分别为 10 个和 9 个，出现站位均为 4 站；洼鄂倍棘蛇尾出现站位最多，为 5 站；其他 4 种优势种在 3～4 站出现，出现数量为 3～5 个。其他 18 种生物优势度在 0.02 以下而不能成为优势种。

冬季本底调查共获得底栖生物 20 种，优势度在 0.02 以上的优势种有 8 种，分别为裸盲蟹、洼鄂倍棘蛇尾、花蜓蛇尾、梳鳃虫、领襟松虫、背蚓虫、长吻沙蚕和不倒翁虫；其中裸盲蟹出现数量较多，为 6 个，出现站位为 4 站；其他 7 种优势种出现站位和出现数量范围分别为 3～4 站和 3～5 个。其他 12 种生物优势度在 0.02 以下而不能成为优势种。

春季跟踪调查共获得底栖生物 24 种，优势度在 0.02 以上的优势种有 7 种，分别为寡鳃齿吻沙蚕、裸盲蟹、条纹板刺蛇尾、持真节虫、洼鄂倍棘蛇尾、假奈拟塔螺和波纹巴非蛤；其中，寡鳃齿吻沙蚕出现数量和站位均最高，为 7 个和 4 站；其他 6 种优势种在 2～3 站位出现，出现数量为 3～7 个。其他 17 种生物优势度在 0.02 以下而不能成为优势种。

夏季跟踪调查共获得底栖生物 32 种，优势度在 0.02 以上的优势种有 7 种，分别为绒毛细足蟹、洼鄂倍棘蛇尾、宽突赤虾、异须沙蚕、单环棘螠、裸盲蟹和持真节虫；其中，绒毛细足蟹出现数量和站位均最高，为 12 个和 5 站；其他 6 种优势种在 3～5 站出现，出现数量为 4～9 个。其他 25 种生物优势度在 0.02 以下而不能成为优势种。

秋季跟踪调查共获得底栖生物 27 种，优势度在 0.02 以上的优势种有 9 种，分别为裸盲蟹、洼鄂倍棘蛇尾、毛盲蟹、绒毛细足蟹、梳鳃虫、西格织纹螺、单环棘螠、花蜓蛇尾和持真节虫；其中裸盲蟹出现数量和站位均最高，为 14 个和 6 站；其他 8 种优势种在 3～6 站位出现，出现数量为 5～11 个。其他 18 种生物优势度在 0.02 以下而不能成为优势种。

冬季跟踪调查共获得底栖生物 28 种，优势度在 0.02 以上的优势种有 4 种，分别为洼鄂倍棘蛇尾、梳鳃虫、花蜓蛇尾和异须沙蚕；其中洼鄂倍棘蛇尾出现数量和站位最多，为 9 个和 5 站；其他 3 种优势种出现站位和数量范围分别为 3～4 站和 4～6 个。其他 24 种生物优势度在 0.02 以下而不能成为优势种。

（三）生物量和栖息密度变动分析

本底调查各季度底栖生物生物量及栖息密度见表 5-202。

表 5-202　竹洲-横洲礁区本底调查各季底栖生物的生物量及栖息密度

调查时间	项目	环节动物	棘皮动物	节肢动物	纽虫动物	软体动物	线虫动物	星虫动物	螠虫动物	其他类	总计
春季	生物量（g/m²）	8.13	8.80	3.67	0.13	12.90	0.30	0.00	1.13	0.00	35.07
	栖息密度（个/m²）	103.33	36.67	16.67	3.33	33.33	3.33	0.00	3.33	0.00	200.00
夏季	生物量（g/m²）	6.60	5.30	6.10	0.00	28.23	0.00	2.33	0.00	0.80	49.37
	栖息密度（个/m²）	56.67	26.67	36.67	0.00	43.33	0.00	6.67	0.00	10.00	180.00
秋季	生物量（g/m²）	10.63	3.70	23.97	0.00	6.13	0.00	0.00	0.00	0.00	44.43
	栖息密度（个/m²）	100.00	23.33	60.00	0.00	33.33	0.00	0.00	0.00	0.00	216.67
冬季	生物量（g/m²）	5.07	5.17	4.03	0.13	4.23	0.00	0.00	6.10	0.00	24.73
	栖息密度（个/m²）	96.67	33.33	26.67	3.33	10.00	0.00	0.00	6.67	0.00	176.67

春季本底调查，底栖生物的总生物量为 35.07 g/m²，总栖息密度为 200.00 个/m²。生物量的组成以软体动物为主，其生物量为 12.90 g/m²，占总生物量的 36.78%；其次为棘皮动物、环节动物、节肢动物；出现的几类生物中，以纽虫动物的生物量最低，只有 0.13 g/m²，只占总生物量的 0.38%。栖息密度的组成，以环节动物为主，占总栖息密度的 51.67%；其次为棘皮动物、软体动物和节肢动物。

夏季本底调查，底栖生物的总生物量为 49.37 g/m²，总栖息密度为 180 个/m²。生物量的组成以软体动物为主，其生物量为 28.23 g/m²，占总生物量的 57.19%；其次为环节动物、节肢动物、棘皮动物和星虫动物；出现的几类生物中，以其他类（包括线虫动物和纽虫动物）的生物量最低，只有 0.80 g/m²，只占总生物量的 1.62%。栖息密度的组成，以环节动物为主，占总栖息密度的 31.48%；其次为软体动物、节肢动物、棘皮动物、星虫动物和其他类（包括线虫动物和纽虫动物）。

秋季本底调查，底栖生物的总生物量为 44.43 g/m²，总栖息密度为 216.67 个/m²。生物量的组成以节肢动物为主，其生物量为 23.97 g/m²，占总生物量的 53.94%；其次为环节动物、软体动物；最低的为棘皮动物；栖息密度的组成，以环节动物为主，占总栖息密度的 46.15%；其次为节肢动物、软体动物；最低的为棘皮动物。

冬季本底调查，底栖生物的总生物量为 24.73 g/m²，总栖息密度为 176.67 个/m²。生物量的组成以螠虫动物最高，其生物量为 6.10 g/m²，占总生物量 24.66%；其次为棘皮动物、环节动物、软体动物和节肢动物；出现的几类生物中，以纽虫动物的生物量最低，只有 0.13 g/m²，只占总生物量的 0.54%。栖息密度的组成，以环节动物为主，占总栖息密度的 54.72%；其次为棘皮动物、节肢动物和软体动物。

本底调查各季度、各站位底栖生物的生物量及栖息密度分布见表 5 - 203 至表 5 - 206。

表 5 - 203　竹洲-横洲礁区本底调查春季底栖生物的生物量及栖息密度分布

站位	项目	环节动物	棘皮动物	节肢动物	纽虫动物	软体动物	线虫动物	螠虫动物	总计
S1	生物量（g/m²）	4.00	0.00	3.80	0.00	20.60	1.82	6.80	37.02
	栖息密度（个/m²）	80.00	0.00	20.00	0.00	40.00	20.00	20.00	180.00
S2	生物量（g/m²）	16.00	7.40	0.00	0.80	7.40	0.00		31.60
	栖息密度（个/m²）	120.00	40.00	0.00	20.00	40.00	0.00		220.00
S3	生物量（g/m²）	10.40	0.00	7.40	0.00	6.20			24.00
	栖息密度（个/m²）	120.00	0.00	40.00	0.00	40.00			200.00
S4	生物量（g/m²）	6.00	17.60	7.80	0.00	34.20			65.60
	栖息密度（个/m²）	40.00	60.00	20.00	0.00	40.00			160.00
S5	生物量（g/m²）	5.80	15.20	0.00	0.00	0.00			21.00
	栖息密度（个/m²）	160.00	60.00	0.00	0.00	0.00			220.00
S6	生物量（g/m²）	6.60	12.60	3.00	0.00	9.00			31.20
	栖息密度（个/m²）	100.00	60.00	20.00	0.00	40.00			220.00

表 5 - 204　竹洲-横洲礁区本底调查夏季底栖生物的生物量及栖息密度分布

站位	项目	环节动物	棘皮动物	节肢动物	软体动物	星虫动物	其他类	总计
S1	生物量（g/m²）	4.20	6.00	1.20	0.00	14.00	1.00	26.40
	栖息密度（个/m²）	40.00	40.00	20.00	0.00	40.00	20.00	160.00
S2	生物量（g/m²）	15.40	5.00	3.80	46.20	0.00	0.00	70.40
	栖息密度（个/m²）	60.00	20.00	40.00	60.00	0.00	0.00	180.00

（续）

站位	项目	环节动物	棘皮动物	节肢动物	软体动物	星虫动物	其他类	总计
S3	生物量（g/m²）	0.80	9.80	15.40	0.00	0.00	0.00	26.00
	栖息密度（个/m²）	20.00	40.00	60.00	0.00	0.00	0.00	120.00
S4	生物量（g/m²）	10.60	3.80	6.60	71.40	0.00	0.60	93.00
	栖息密度（个/m²）	60.00	20.00	40.00	120.00	0.00	20.00	260.00
S5	生物量（g/m²）	2.00	4.20	4.20	18.20	0.00	3.20	31.80
	栖息密度（个/m²）	60.00	20.00	20.00	20.00	0.00	20.00	140.00
S6	生物量（g/m²）	6.60	3.00	5.40	33.60	0.00	0.00	48.60
	栖息密度（个/m²）	100.00	20.00	40.00	60.00	0.00	0.00	220.00

表 5 - 205　竹洲-横洲礁区本底调查秋季底栖生物的生物量及栖息密度分布

站位	项目	环节动物	棘皮动物	节肢动物	软体动物	总计
S1	生物量（g/m²）	4.20	1.80	19.00	2.80	27.80
	栖息密度（个/m²）	80.00	20.00	20.00	20.00	140.00
S2	生物量（g/m²）	2.40	12.40	5.00	0.00	19.80
	栖息密度（个/m²）	40.00	60.00	20.00	0.00	120.00
S3	生物量（g/m²）	11.20	0.00	54.80	11.80	77.80
	栖息密度（个/m²）	80.00	0.00	100.00	20.00	200.00
S4	生物量（g/m²）	20.00	2.80	29.60	4.80	57.20
	栖息密度（个/m²）	80.00	20.00	80.00	20.00	200.00
S5	生物量（g/m²）	17.40	2.60	18.20	10.80	49.00
	栖息密度（个/m²）	160.00	20.00	100.00	120.00	400.00
S6	生物量（g/m²）	8.60	2.60	17.20	6.60	35.00
	栖息密度（个/m²）	160.00	20.00	40.00	20.00	240.00

表 5 - 206　竹洲-横洲礁区本底调查冬季底栖生物的生物量及栖息密度分布

站位	项目	环节动物	棘皮动物	节肢动物	纽虫动物	软体动物	螠虫动物	总计
S1	生物量（g/m²）	2.80	2.40	9.80	0.00	20.20	0.00	35.20
	栖息密度（个/m²）	80.00	20.00	60.00	0.00	20.00	0.00	180.00
S2	生物量（g/m²）	5.20	3.00	0.00	0.00	0.00	0.00	8.20
	栖息密度（个/m²）	120.00	20.00	0.00	0.00	0.00	0.00	140.00
S3	生物量（g/m²）	2.80	0.00	1.40	0.00	0.00	0.00	4.20
	栖息密度（个/m²）	100.00	0.00	20.00	0.00	0.00	0.00	120.00
S4	生物量（g/m²）	1.80	7.40	5.40	0.00	0.00	21.60	36.20
	栖息密度（个/m²）	40.00	60.00	40.00	0.00	0.00	20.00	160.00
S5	生物量（g/m²）	5.40	7.00	0.00	0.00	5.20	15.00	32.60
	栖息密度（个/m²）	80.00	40.00	0.00	0.00	40.00	20.00	180.00
S6	生物量（g/m²）	12.40	11.20	7.60	0.80	0.00	0.00	32.00
	栖息密度（个/m²）	160.00	60.00	40.00	20.00	0.00	0.00	280.00

春季本底调查结果表明，调查区海域内各站位底栖生物的生物量差异较大，最高生物量出现在 S4 号站，生物量为 65.60 g/m²；其次为 S1 号站，生物量为 37.02 g/m²；最低生物量出现在 S5 号站，生物量仅为 21.00 g/m²。栖息密度方面，最高出现在 S6、S5 和 S2 号站，栖息密度均为 200.00 个/m²；以 S4 号站最低，栖息密度为 160.00 个/m²。

夏季本底调查结果表明，调查区海域内各站位底栖生物的生物量差异较大，最高生物量出现在 S4 号站，生物量为 93.00 g/m²；其次为 S2 号站，生物量为 70.40 g/m²；最低生物量出现在 S3 号站，生物量仅为 26.00 g/m²。栖息密度方面，最高出现在 S4 号站，栖息密度为 260.00 个/m²；其次为 S6 号站，栖息密度为 220.00 个/m²；以 S3 号站最低，栖息密度为 120.00 个/m²。

秋季本底调查结果表明，调查区海域内各站位底栖生物的生物量差异较大，最高生物量出现在 S3 号站，生物量为 77.80 g/m²；其次为 S4 号站，生物量为 57.20 g/m²；最低生物量出现在 S2 号站，生物量仅为 19.80 g/m²。栖息密度方面，最高出现在 S5 号站，栖息密度为 400.00 个/m²；其次为 S6 号站，栖息密度为 240.00 个/m²；以 S2 号站最低，栖息密度为 120.00 个/m²。

冬季本底调查结果表明，调查区海域内各站位底栖生物的生物量差异较大，最高生物量出现在 S4 号站，生物量为 36.20 g/m²；其次为 S1 号站，生物量为 35.20 g/m²；最低生物量出现在 S3 号站，生物量仅为 4.20 g/m²。栖息密度方面，最高出现在 S6 号站，栖息密度为 280.00 个/m²；其次为 S5 和 S1 号站，栖息密度为 180.00 个/m²；以 S3 号站最低，栖息密度为 120.00 个/m²。

跟踪调查各季度底栖生物的平均生物量及栖息密度见表 5 - 207。

表 5 - 207　竹洲-横洲礁区跟踪调查各季底栖生物的生物量及栖息密度

调查时间	项目	环节动物	棘皮动物	节肢动物	纽虫动物	软体动物	线虫动物	星虫动物	螠虫动物	其他类	总计
春季	生物量（g/m²）	12.60	8.67	15.77	0.13	57.67	0.60	0.00	1.13	0.00	96.57
	生物量比例（%）	13.05	8.97	16.33	0.14	59.72	0.62	0.00	1.17	0.00	100.00
	栖息密度（个/m²）	103.33	33.33	23.33	6.67	30.00	3.33	0.00	3.33	0.00	203.33
	栖息密度比例（%）	50.82	16.39	11.48	3.28	14.75	1.64	0.00	1.64	0.00	100.00
夏季	生物量（g/m²）	7.93	8.93	27.73	0.00	7.53	0.00	1.17	13.10	0.40	66.80
	生物量比例（%）	11.88	13.37	41.52	0.00	11.28	0.00	1.75	19.61	0.60	100.00
	栖息密度（个/m²）	110.00	33.33	90.00	0.00	30.00	0.00	3.33	23.33	10.00	300.00
	栖息密度比例（%）	36.67	11.11	30.00	0.00	10.00	0.00	1.11	7.78	3.33	100.00

（续）

调查时间	项目	环节动物	棘皮动物	节肢动物	纽虫动物	软体动物	线虫动物	星虫动物	蟥虫动物	其他类	总计
秋季	生物量（g/m²）	7.80	12.80	33.97	0.00	17.17	0.13	1.83	14.37	0.00	88.07
	生物量比例（%）	8.86	14.53	38.57	0.00	19.49	0.15	2.08	16.31	0.00	100.00
	栖息密度（个/m²）	90.00	53.33	116.67	0.00	53.33	3.33	3.33	23.33	0.00	343.33
	栖息密度比例（%）	26.21	15.53	33.98	0.00	15.53	0.97	0.97	6.80	0.00	100.00
冬季	生物量（g/m²）	9.97	7.20	2.40	0.00	5.47	0.00	0.00	9.87	0.60	35.37
	生物量比例（%）	28.18	20.36	6.79	0.00	15.46	0.00	0.00	27.90	1.70	100.00
	栖息密度（个/m²）	120.00	43.33	16.67	0.00	10.00	0.00	0.00	6.67	6.67	200.00
	栖息密度比例（%）	60.00	21.67	8.33	0.00	5.00	0.00	0.00	3.33	3.33	100.00

春季跟踪调查，底栖生物的总生物量为 96.57 g/m²，总栖息密度为203.33 个/m²。生物量的组成以软体动物为主，生物量为 57.67 g/m²，占总生物量的 59.72%；其次为节肢动物、环节动物和棘皮动物；其他 3 类生物量相对较低。栖息密度的组成，以环节动物为主，占总栖息密度的 50.82%；其次为棘皮动物、软体动物和节肢动物；其他 3 类相对较低。

夏季跟踪调查，底栖生物的总生物量为 66.80 g/m²，总栖息密度为300.00 个/m²。生物量的组成以节肢动物为主，生物量为 27.73 g/m²，占总生物量的 41.52%；其次为蟥虫动物、棘皮动物、环节动物、软体动物和星虫动物；其他类动物（包括纽虫动物和线虫动物）的生物量为最低，只有 0.40 g/m²，只占总生物量的 0.60%。栖息密度的组成，以环节动物为主，占总栖息密度的 36.67%；其次为节肢动物，占总栖息密度的 30.00%。

秋季跟踪调查，底栖生物的总生物量为 88.07 g/m²，总栖息密度为343.33 个/m²。生物量的组成以节肢动物为主，生物量为 33.97 g/m²，占总生物量的 38.57%；其次为软体动物、蟥虫动物、棘皮动物、环节动物和星虫动物；以线虫动物的生物量为最低，只有 0.13 g/m²，只占总生物量的 0.15%。栖息密度的组成以节肢动物和环节动物为主，分别占总栖息密度的 33.98% 和 26.21%；其次为软体动物、棘皮动物和蟥虫动物。

冬季跟踪调查，底栖生物的总生物量为 35.37 g/m²，总栖息密度为 200.00 个/m²。生物量的组成以环节动物最高，生物量为 9.97 g/m²，占总生物量的 28.18%；其次为蟥虫动物，生物量为 9.87 g/m²，占总生物量的 27.90%；出现的 6 类生物中，以其他类（包括纽虫动物和线虫动物）的生物量为最低，只有 0.60 g/m²，只占总生物量的 1.70%。栖息密度的组成，以环节动物为主，占总栖息密度的 60.00%；其次为棘皮动物，占总栖息密度的 21.67%。

跟踪底调查各季度、各站位底栖生物的生物量及栖息密度分布见表 5-208 至表 5-211。

表 5-208 竹洲-横洲礁区春季跟踪调查底栖生物的生物量及栖息密度分布

站位	项目	环节动物	棘皮动物	节肢动物	纽虫动物	软体动物	线虫动物	螠虫动物	总计
S1	生物量（g/m²）	0.60	3.20	12.40	0.40	39.20	3.60	0.00	59.40
	栖息密度（个/m²）	40.00	40.00	40.00	20.00	60.00	20.00		220.00
S2	生物量（g/m²）	10.60	0.00	0.00	0.00	4.00	0.00	0.00	14.60
	栖息密度（个/m²）	120.00	0.00	0.00	0.00	20.00	0.00	0.00	140.00
S3	生物量（g/m²）	2.60	0.00	74.40	0.40	12.00	0.00	0.00	89.40
	栖息密度（个/m²）	60.00	0.00	60.00	20.00	40.00	0.00	0.00	180.00
S4	生物量（g/m²）	47.40	10.80	7.80	0.00	290.80	0.00	0.00	356.80
	栖息密度（个/m²）	260.00	40.00	40.00	0.00	60.00	0.00	0.00	400.00
S5	生物量（g/m²）	13.40	25.40	0.00	0.00	0.00	0.00	0.00	38.80
	栖息密度（个/m²）	120.00	60.00	0.00	0.00	0.00	0.00	0.00	180.00
S6	生物量（g/m²）	1.00	12.60	0.00	0.00	0.00	0.00	6.80	20.40
	栖息密度（个/m²）	20.00	60.00	0.00	0.00	0.00	0.00	20.00	100.00

表 5-209 竹洲-横洲礁区夏季跟踪调查底栖生物的生物量及栖息密度分布

站位	项目	环节动物	棘皮动物	节肢动物	软体动物	星虫动物	螠虫动物	其他类	总计
S1	生物量（g/m²）	1.00	11.60	16.40	0.00	0.00	31.60	0.00	60.60
	栖息密度（个/m²）	60.00	60.00	80.00	0.00	0.00	20.00	0.00	220.00
S2	生物量（g/m²）	9.00	14.80	47.40	0.00	0.00	44.80	0.00	116.00
	栖息密度（个/m²）	100.00	40.00	160.00	0.00	0.00	100.00	0.00	400.00
S3	生物量（g/m²）	10.60	16.40	23.40	17.80	0.00	0.00	0.00	68.20
	栖息密度（个/m²）	100.00	40.00	80.00	60.00	0.00	0.00	0.00	280.00
S4	生物量（g/m²）	11.00	0.00	39.20	19.60	0.00	0.00	0.80	70.60
	栖息密度（个/m²）	140.00	0.00	120.00	40.00	0.00	0.00	20.00	320.00
S5	生物量（g/m²）	11.00	8.20	38.20	4.60	0.00	0.00	1.60	63.60
	栖息密度（个/m²）	120.00	40.00	80.00	40.00	0.00	0.00	40.00	320.00
S6	生物量（g/m²）	5.00	2.60	1.80	3.20	7.00	2.20	0.00	21.80
	栖息密度（个/m²）	140.00	20.00	20.00	40.00	20.00	20.00	0.00	260.00

表 5-210 竹洲-横洲礁区秋季跟踪调查底栖生物的生物量及栖息密度分布

站位	项目	环节动物	棘皮动物	节肢动物	软体动物	线虫动物	星虫动物	螠虫动物	总计
S1	生物量（g/m²）	4.60	16.60	41.80	0.00	0.00	0.00	33.40	96.40
	栖息密度（个/m²）	100.00	60.00	160.00	0.00	0.00	0.00	60.00	380.00
S2	生物量（g/m²）	2.20	11.40	16.40	8.80	0.00	0.00	35.80	74.60
	栖息密度（个/m²）	40.00	60.00	80.00	40.00	0.00	0.00	40.00	260.00
S3	生物量（g/m²）	17.40	16.40	27.40	36.80	0.00	0.00	0.00	98.00
	栖息密度（个/m²）	100.00	40.00	100.00	80.00	0.00	0.00	0.00	320.00
S4	生物量（g/m²）	12.40	8.80	57.60	36.40	0.80	0.00	0.00	116.00
	栖息密度（个/m²）	100.00	40.00	160.00	100.00	20.00	0.00	0.00	420.00

（续）

站位	项目	环节动物	棘皮动物	节肢动物	软体动物	线虫动物	星虫动物	螠虫动物	总计
S5	生物量（g/m²）	6.60	17.00	18.40	0.00	0.00	11.00	17.00	70.00
	栖息密度（个/m²）	100.00	80.00	80.00	0.00	0.00	20.00	40.00	320.00
S6	生物量（g/m²）	3.60	6.60	42.20	21.00	0.00	0.00	0.00	73.40
	栖息密度（个/m²）	100.00	40.00	120.00	100.00	0.00	0.00	0.00	360.00

表 5-211　竹洲-横洲礁区冬季跟踪调查底栖生物的生物量及栖息密度分布

站位	项目	环节动物	棘皮动物	节肢动物	软体动物	螠虫动物	其他类	总计
S1	生物量（g/m²）	4.80	3.00	3.20	28.20	0.00	2.80	42.00
	栖息密度（个/m²）	60.00	20.00	20.00	40.00	0.00	20.00	160.00
S2	生物量（g/m²）	8.60	6.80	0.00	0.00	0.00	0.00	15.40
	栖息密度（个/m²）	140.00	40.00	0.00	0.00	0.00	0.00	180.00
S3	生物量（g/m²）	3.40	0.00	1.60	0.00	0.00	0.00	5.00
	栖息密度（个/m²）	120.00	0.00	20.00	0.00	0.00	20.00	140.00
S4	生物量（g/m²）	5.00	12.60	5.00	4.60	44.20	0.00	71.40
	栖息密度（个/m²）	120.00	80.00	20.00	20.00	20.00	0.00	260.00
S5	生物量（g/m²）	17.20	7.60	1.40	0.00	15.00	0.00	41.20
	栖息密度（个/m²）	100.00	40.00	20.00	0.00	20.00	0.00	180.00
S6	生物量（g/m²）	20.80	13.20	3.20	0.00	0.00	0.00	37.20
	栖息密度（个/m²）	180.00	80.00	20.00	0.00	0.00	0.00	280.00

春季跟踪调查结果表明，调查区海域内各站位底栖生物的生物量差异较大，最高生物量出现在 S4 号站，生物量为 356.80 g/m²；其次为 S3 号站，生物量为 89.40 g/m²；最低生物量出现在 S2 号站，生物量仅为 14.60 g/m²。栖息密度方面，最高出现在 S4 号站，栖息密度为 400.00 个/m²；其次为 S1 号站，栖息密度为 220.00 个/m²；以 S6 号站为最低，栖息密度为 100.00 个/m²。

夏季跟踪调查结果表明，调查区海域内各站位底栖生物的生物量差异较大，最高生物量出现在 S2 号站，生物量为 116.00 g/m²；其次为 S4 号站，生物量为 70.60 g/m²；最低生物量出现在 S6 号站，生物量仅为 21.80 g/m²。栖息密度方面，最高出现在 S2 号站，栖息密度为 400.00 个/m²；其次为 S5 和 S4 号站，栖息密度均为 320.00 个/m²；以 S1 号站为最低，栖息密度为 220.00 个/m²。

秋季跟踪调查结果表明，调查区海域内各站位底栖生物的生物量差异较大，最高生物量出现在 S4 号站，生物量为 116.00 g/m²；其次为 S3 号站，生物量为 98.00 g/m²；最低生物量出现在 S5 号站，生物量仅为 70.00 g/m²。栖息密度方面，最高出现在 S4 号站，栖息密度为 420.00 个/m²；其次为 S1 号站，栖息密度为 380.00 个/m²；以 S2 号站为最低，栖息密度为 260.00 个/m²。

冬季跟踪调查结果表明，调查区海域内各站位底栖生物的生物量差异较大，最高生物量出现在 S4 号站，生物量为 71.40 g/m²；其次为 S1 号站，生物量为 42.00 g/m²；最低生物量出现在 S3 号站，生物量仅为 5.00 g/m²。栖息密度方面，最高出现在 S6 号站，栖息密度为 280.00 个/m²；其次为 S4 号站，栖息密度为 260.00 个/m²；以 S3 号站为最低，栖息密度为 140.00 个/m²。

（四）生物多样性及均匀度变动分析

竹洲-横洲礁区本底调查和跟踪调查各季度多样性指数及均匀度见表 5-212 和表 5-213。

表 5-212　竹洲-横洲礁区本底调查各季底栖生物的多样性指数及均匀度

站位	多样性指数				均匀度			
	春季	夏季	秋季	冬季	春季	夏季	秋季	冬季
S1	2.725 5	2.750 0	2.521 6	2.725 5	0.970 8	0.979 6	0.975 5	0.970 8
S2	2.914 0	2.947 7	2.251 6	2.521 6	0.971 3	0.982 6	0.969 7	0.975 5
S3	2.721 9	2.251 6	2.721 9	2.251 6	0.969 6	0.969 7	0.969 6	0.969 7
S4	2.750 0	3.392 7	3.121 9	2.750 0	0.979 6	0.980 7	0.984 9	0.979 6
S5	2.845 4	2.521 6	3.384 2	2.947 7	0.948 5	0.975 5	0.944 0	0.982 6
S6	2.663 5	2.845 4	2.585 0	2.842 4	0.948 8	0.948 5	0.920 8	0.947 5
平均	2.770 0	2.784 8	2.764 4	2.673 1	0.964 8	0.972 8	0.960 7	0.970 9

表 5-213　竹洲-横洲礁区跟踪调查各季底栖生物的多样性指数及均匀度

站位	多样性指数				均匀度			
	春季	夏季	秋季	冬季	春季	夏季	秋季	冬季
S1	2.845 4	2.845 4	3.076 1	2.750 0	0.948 5	0.948 5	0.970 4	0.979 6
S2	2.521 6	2.961 0	2.931 2	2.725 5	0.975 5	0.891 3	0.977 1	0.970 8
S3	2.750 0	3.235 9	3.202 8	2.750 0	0.979 6	0.974 1	0.964 1	0.979 6
S4	2.803 7	3.250 0	3.368 0	3.027 0	0.934 6	0.939 5	0.973 6	0.954 9
S5	2.725 5	3.327 8	3.500 0	2.947 7	0.970 8	0.962 0	0.976 3	0.982 6
S6	1.921 9	3.238 9	3.503 3	2.753 4	0.961 0	0.975 0	0.977 2	0.917 8
平均	2.594 7	3.143 2	3.263 6	2.825 6	0.961 6	0.948 4	0.973 1	0.964 2

春季本底调查结果显示，底栖生物多样性指数变化范围不大，在 2.663 5~2.914 0，平均为 2.770 0，多样性指数最高出现在 S2 号站；均匀度分布范围在 0.948 5~0.979 6，

整个海区均匀度的平均值为 0.964 8。本次调查均匀度和多样性均属较高水平，从多样性水平看属于轻度污染。

夏季本底调查结果显示，底栖生物多样性指数变化范围不大，在 2.251 6～3.392 7，平均为 2.784 8，多样性指数最高出现在 S4 号站；均匀度分布范围在 0.948 5～0.982 6，整个海区均匀度的平均值为 0.972 8。本次调查均匀度和多样性均属较高水平，从多样性水平看属于轻度污染。

秋季本底调查结果显示，底栖生物多样性指数变化范围不大，在 2.251 6～3.384 2，平均为 2.764 4，多样性指数最高出现在 S5 号站；均匀度分布范围在 0.920 8～0.984 9，整个海区均匀度的平均值为 0.960 7。本次调查均匀度和多样性均属较高水平，从多样性水平看属于轻度污染。

冬季本底调查结果显示，底栖生物多样性指数变化范围不大，在 2.251 6～2.947 7，平均为 2.673 1，多样性指数最高出现在 S5 号站；均匀度分布范围在 0.947 5～0.982 6，整个海区均匀度的平均值为 0.970 9。本次调查均匀度和多样性均属较高水平，从多样性水平看属于轻度污染。

春季跟踪调查结果显示，底栖生物多样性指数变化范围在 1.921 9～2.845 4，平均为 2.594 7，多样性指数最高出现在 S1 号站，其次为 S4 号站；均匀度分布范围在 0.934 6～0.979 6，整个海区均匀度的平均值为 0.961 6。本次调查均匀度较高，多样性属高水平，从多样性水平看属于轻度污染。

夏季跟踪调查结果显示，底栖生物多样性指数变化范围不大，在 2.845 4～3.327 8，平均为 3.143 2，多样性指数最高出现在 S5 号站，其次为 S6 号站；均匀度分布范围在 0.891 3～0.975 0，整个海区均匀度的平均值为 0.948 4。本次调查均匀度和多样性属高水平，从多样性水平看属于清洁水平。

秋季跟踪调查结果显示，底栖生物多样性指数变化范围不大，在 2.931 2～3.503 3，平均为 3.263 6，多样性指数最高出现在 S6 号站，其次为 S5 号站；均匀度分布范围在 0.964 1～0.977 2，整个海区均匀度的平均值为 0.973 1。本次调查均匀度和多样性属高水平，从多样性水平看属于清洁水平。

冬季跟踪调查结果显示，底栖生物多样性指数变化范围不大，在 2.725 5～3.027 0，平均为 2.825 6，多样性指数最高出现在 S4 号站，其次为 S5 号站；均匀度分布范围在 0.917 8～0.982 5，整个海区均匀度的平均值为 0.964 2。本次调查均匀度和多样性均属较高水平，从多样性水平看属于轻度污染。

（五）礁区与对比区的比较

跟踪调查各季度底栖生物礁区与对比区的比较数据见表 5 - 214。

表5-214 竹洲-横洲礁区跟踪调查底栖生物礁区和对比区的比较

调查时间	站位	生物量（g/m²）	栖息密度（个/m²）	种数（种）	多样性指数	均匀度
春季	S1～S3 对比区平均	54.47	180.00	7.00	2.705 7	0.967 8
	S4～S6 礁区平均	138.67	226.67	6.33	2.483 7	0.955 5
夏季	S1～S3 对比区平均	81.60	300.00	9.33	3.014 1	0.938 0
	S4～S6 礁区平均	52.00	300.00	10.67	3.272 2	0.958 8
秋季	S1～S3 对比区平均	89.67	320.00	9.00	3.070 0	0.970 5
	S4～S6 礁区平均	86.47	366.67	11.67	3.457 1	0.975 7
冬季	S1～S3 对比区平均	20.80	160.00	7.00	2.909 4	0.951 8
	S4～S6 礁区平均	49.93	240.00	8.33	2.741 8	0.976 7

春季底栖生物跟踪调查礁区与对比区的比较结果分析表明，生物量、栖息密度礁区均大于对比区；种数、多样性指数和均匀度礁区稍小于对比区，但相差不大。

夏季底栖生物跟踪调查礁区与对比区的比较结果分析表明，种数、多样性指数和均匀度礁区均大于对比区；栖息密度礁区与对比区持平；生物量礁区小于对比区，这主要是由于对比区出现蜌虫动物生物量较大引起。

秋季底栖生物跟踪调查礁区与对比区的比较结果分析表明，种数、栖息密度、多样性指数和均匀度礁区均大于对比区；生物量礁区略小于对比区，两者相差不大。

冬季底栖生物跟踪调查礁区与对比区的比较结果分析表明，生物量、栖息密度、种数以及均匀度礁区均大于对比区，只有多样性指数礁区稍小于对比区，但相差不大，且均属于轻度污染水平。

（六）跟踪调查与本底调查对比

春季底栖生物跟踪调查与本底调查结果对比表明，跟踪调查的总栖息密度和总生物量分别为203.33 个/m² 和96.57 g/m²，高于本底调查的200.00 个/m² 和35.07 g/m²，总栖息密度和总生物量跟踪调查分别是本底调查的1.02倍和2.75倍。

夏季底栖生物跟踪调查与本底调查结果对比表明，跟踪调查的总栖息密度和总生物量分别为300.00 个/m² 和66.80 g/m²，高于本底调查的180.00 个/m² 和49.37 g/m²，总栖息密度和总生物量跟踪调查分别是本底调查的1.67倍和1.35倍；同时，跟踪调查多样性指数为3.143 2，高于本底调查的2.784 8；跟踪调查出现生物为32种，也高于本底调查的27种。

秋季底栖生物跟踪调查与本底调查结果对比表明，跟踪调查的总栖息密度和总生物量分别为343.33 个/m² 和88.07 g/m²，高于本底调查的216.67 个/m² 和44.43 g/m²，总栖息密度和总生物量跟踪调查分别是本底调查的 1.58 倍和 1.98 倍；同时，跟踪调查多样性指数和均匀度为 3.263 6 和 0.973 1，也均高于本底调查的 2.764 4 和 0.960 7。

冬季底栖生物跟踪调查与本底调查结果对比表明，跟踪调查的总栖息密度和总生物量分别为 200 个/m² 和 35.37 g/m²，高于本底调查的 176.67 个/m² 和 24.73 g/m²，总栖息密度和总生物量跟踪调查分别是本底调查的 1.13 倍和 1.43 倍；同时，跟踪调查多样性指数为 2.825 6，也高于本底调查的 2.673 1。

三、东澳礁区

（一）种类组成变动分析

调查海域属亚热带水域，海水盐度的季节变化明显，丰水期盐度下降明显，枯水期盐度高而稳定，但底层水受淡水的影响较小，由此底栖生物种类组成以亚热带沿岸广布种为主。

本底调查（包括采泥及拖网），底栖生物共出现 7 门 49 科 73 种。其中，环节动物 10 科 10 种，占总种类数的 13.70%；蟹虫动物 1 科 2 种，占总种类数的 2.74%；软体动物 16 科 25 种，占总种类数的 34.25%；节肢动物 11 科 24 种，占总种类数的 32.88%；棘皮动物 3 科 3 种，占总种类数的 4.11%；半索动物 1 科 1 种，占总种类数的 1.37%；鱼类 7 科 8 种，占总种类数的 10.96%；。

跟踪调查，底栖生物共出现 6 门 30 科 37 种，其中，软体动物 13 科 19 种，占总种类数的 51.35%；环节动物 8 科 9 种，占总种类数的 24.32%；节肢动物和脊索动物各 3 科 3 种，各占总种类数的 8.11%；棘皮动物 2 科 2 种，占总种类数的 5.41%；蟹虫动物 1 科 1 种，占总种类数的 2.70%。

（二）优势种变动分析

跟踪调查，每一站出现种类相同的较多，以优势度大于 0.02 为标准，跟踪调查出现 5 个优势种，分别是不倒翁虫、西格织纹螺、波纹巴非蛤、刺足掘沙蟹、贪食鼓虾，优势度分别为 0.110、0.084、0.046、0.046 和 0.022 等。

（三）生物量和栖息密度变动分析

本底调查（表 5-215），调查海区内底栖生物的总生物量为 27.77 g/m²，总栖息密度为 130.00 个/m²。生物量的组成以软体动物为主，其次为其他动物（主要为鱼类）。软体动物的生物量为 14.63 g/m²，占总生物量的 52.68%；其他动物的生物量为 5.48 g/m²，占 19.73%；居第三的节肢动物生物量为 3.75 g/m²，占 13.50%。而栖息密度的组成以环节动物为主，占总栖息密度的 50.00％；其次为软体动物，占 30.77％。

表 5-215　东澳礁区本底调查底栖生物的平均生物量及栖息密度

项目	合计	环节动物	软体动物	节肢动物	棘皮动物	其他
生物量（g/m²）	27.77	3.73	14.63	3.75	0.18	5.48
生物量比例（%）	99.99	13.43	52.68	13.50	0.65	19.73
栖息密度（个/m³）	130.00	65.00	40.00	16.67	1.67	6.66
栖息密度比例（%）	99.99	50.00	30.77	12.82	1.28	5.12

本底调查，东澳岛人工鱼礁海域底栖生物的生物量相对较低，最高生物量出现在对比站（S6 号站），生物量为 50.10 g/m²；其次为人工鱼礁中心区（S5 号站），生物量为 36.60 g/m²；最低生物量出现在 S2 号站，其生物量在 10.00 g/m² 以下。栖息密度最高出现在 S3 号站，栖息密度为 180.00 个/m²；该站出现了较多的环节动物；其次是对比站（S6 号站）；最低出现在 S2 号站（表 5-216）。

表 5-216　东澳礁区本底调查底栖生物的生物量及栖息密度的分布

站位	项目	合计	环节动物	软体动物	节肢动物	棘皮动物	其他
S1	生物量（g/m²）	29.70	2.70	19.30	7.70	0.00	0.00
	栖息密度（个/m²）	140.00	70.00	50.00	20.00	0.00	0.00
S2	生物量（g/m²）	9.50	3.20	6.30	0.00	0.00	0.00
	栖息密度（个/m²）	80.00	60.00	20.00	0.00	0.00	0.00
S3	生物量（g/m²）	23.00	4.50	10.90	3.90	0.00	3.70
	栖息密度（个/m²）	180.00	100.00	20.00	30.00	0.00	30.00
S4	生物量（g/m²）	17.80	4.60	8.10	5.10	0.00	0.00
	栖息密度（个/m²）	130.00	60.00	40.00	30.00	0.00	0.00
S5（中心站）	生物量（g/m²）	36.60	3.90	0.00	2.40	1.10	29.20
	栖息密度（个/m²）	100.00	70.00	0.00	10.00	10.00	10.00
S6（对比站）	生物量（g/m²）	50.10	3.50	43.20	3.40	0.00	0.00
	栖息密度（个/m²）	150.00	30.00	110.00	10.00	0.00	0.00

跟踪调查，底栖生物的总生物量为 69.22 g/m²，总栖息密度为 265.00 个/m²。生物量的组成以软体动物为主，其次为节肢动物。软体类动物的生物量为 44.70 g/m²，占总生物量的 64.58％；节肢动物的生物量为 9.70 g/m²，占总生物量的 14.01％；接下来分别为环节动物、其他类和棘皮动物，其生物量分别为 6.43 g/m²、6.28 g/m² 和 2.10 g/m²。栖息密度的组成也以软体动物为主，占总栖息密度的 39.62％；其次为环节动物，占总栖息密度的 32.08％；再其次为节肢动物，占总栖息密度的 16.35％（表 5-217）。

跟踪调查，调查区海域内各站位底栖生物的生物量差异不大。最高生物量出现在中心站 S5 号站，生物量为 141.30 g/m²；其次为 S4 号站，生物量为 66.30 g/m²；最低生物量出现在 S2 号站，生物量为 41.10 g/m²。栖息密度方面，最高也出现在 S5 号中心站，栖息密度为 360.00 个/m²；其次为 S1、S3 号站，栖息密度均为 330.00 个/m²；以 S6 号站最低，栖息密度为 140.00 个/m²（表 5-218）。

表 5-217　东澳礁区跟踪调查底栖生物的平均生物量及栖息密度

项目	合计	环节动物	软体动物	节肢动物	棘皮动物	其他
生物量（g/m²）	69.22	6.43	44.70	9.70	2.10	6.28
生物量比例（%）	100.00	9.29	64.58	14.01	3.03	9.08
栖息密度（个/m²）	265.00	85.00	105.00	43.33	13.33	18.33
栖息密度比例（%）	100.00	32.08	39.62	16.35	5.03	6.92

表 5-218　东澳礁区跟踪调查底栖生物的生物量及栖息密度分布

站位	项目	合计	环节动物	软体动物	节肢动物	棘皮动物	其他
S1	生物量（g/m²）	61.00	4.10	38.60	7.80	2.70	7.80
	栖息密度（个/m²）	330.00	90.00	110.00	80.00	20.00	30.00
S2	生物量（g/m²）	41.10	6.10	30.30	2.60	2.10	0.00
	栖息密度（个/m²）	200.00	70.00	110.00	10.00	10.00	0.00
S3	生物量（g/m²）	56.20	1.20	21.70	15.60	1.80	15.90
	栖息密度（个/m²）	330.00	120.00	90.00	70.00	20.00	30.00
S4	生物量（g/m²）	66.30	9.80	32.90	20.80	0.30	2.50
	栖息密度（个/m²）	230.00	110.00	60.00	40.00	10.00	10.00
S5（中心站）	生物量（g/m²）	141.30	11.00	104.60	11.40	5.70	8.60
	栖息密度（个/m²）	360.00	90.00	160.00	60.00	20.00	30.00
S6（对比站）	生物量（g/m²）	49.40	6.40	40.10	0.00	0.00	2.90
	栖息密度（个/m²）	140.00	30.00	100.00	0.00	0.00	10.00

（四）生物多样性及均匀度变动分析

本底调查，东澳礁区内的底栖生物多样性指数平均为 2.902，均匀度为 0.948，属多样性及均匀度甚高的海域。这说明东澳礁区生态环境良好，海域基本未受污染（表 5-219）。

表 5-219　东澳海区本底调查底栖生物的多样性指数及均匀度

站位	种数（种）	多样性指数	均匀度
S1	11	3.366	0.973
S2	5	2.156	0.928
S3	9	3.015	0.951
S4	8	2.775	0.925
S5（中心站）	7	2.722	0.969
S6（对比站）	12	3.375	0.941
平均	9	2.902	0.948

跟踪调查，本海区采泥底栖生物多样性指数变化范围在 3.204～3.972，平均为 3.492；均匀度分布范围在 0.926～0.969，整个海区均匀度的平均值为 0.951。本海区底栖生物多样性和均匀度都较高（表 5-220）。

表 5-220　东澳礁区跟踪调查底栖生物的多样性指数及均匀度

站位	种数（种）	多样性指数	均匀度
S1	15	3.651	0.935
S2	11	3.204	0.926
S3	11	3.351	0.969
S4	12	3.446	0.961
S5（中心站）	18	3.972	0.953
S6（对比站）	11	3.325	0.961
平均	13	3.492	0.951

（五）跟踪调查与本底调查对比

跟踪调查底栖生物的总生物量（69.22 g/m²）高于本底调查（27.77 g/m²），跟踪调查的总栖息密度（265.00 个/m²）高于本底调查（130.0 个/m²）。

四、外伶仃礁区

（一）种类组成变动分析

本底调查，共鉴定出底栖生物 4 门 21 科 26 种。其中，环节动物 7 科 7 种，占总种类数的 26.92%；软体动物 10 科 14 种，占总种类数 53.85%；节肢动物 2 科 3 种，占总种类数 11.54%；棘皮动物 2 科 2 种，占总种类数 7.69%。

跟踪调查，底栖生物共出现 5 门 29 科 34 种，其中，软体动物 11 科 13 种，占总种类数的 38.24%；环节动物 7 科 9 种，占总种类数的 26.47%；节肢动物 8 科 9 种，各占总种类数的 26.47%；脊索动物 2 科 2 种，各占总种类数的 5.88%；棘皮动物 1 科 1 种，占总种类数的 2.94%。

（二）优势种变动分析

跟踪调查，每一站出现种类相同的较多，以优势度≥0.02 为标准，出现频率较高的为软体动物。软体动物出现次数较多的中国小铃螺成为优势种，且优势度最高，为 0.225；其次为方格皱纹蛤，优势度为 0.13；接下来是背蚓虫和梳鳃虫，优势度分别为 0.046 和 0.023。其他种类的优势度较低，小于 0.02，不能成为优势种。

（三）生物量和栖息密度变动分析

本底调查，底栖生物的总生物量为 83.86 g/m²，总栖息密度为 169.99 个/m²。生物量组成以软体动物为主，占总生物量的 91.07%；最低为棘皮动物，占 1.23%。栖息密度组成也以软体动物和环节动物为主，分别占总栖息密度的 60.79% 和 32.35%；棘皮动物最低，占 1.96%（表 5-221）。

表 5-221　外伶仃礁区本底调查底栖生物的平均生物量及栖息密度

项目	合计	环节动物	软体动物	节肢动物	棘皮动物
生物量（g/m²）	83.86	4.63	76.37	1.83	1.03
生物量比例（%）	100.00	5.52	91.07	2.18	1.23
栖息密度（个/m²）	169.99	55.00	103.33	8.33	3.33
栖息密度比例（%）	100.00	32.35	60.79	4.90	1.96

本底调查，调查海域底栖生物的最高生物量出现在 S4 号站，达 159.10 g/m²；最低生物量出现在 S5 号站，为 33.50 g/m²。最高生物量是最低生物量的 4.75 倍。最高栖息密度出现在 S3 号站，为 310.00 个/m²；最低出现在 S2 号站，为 40.00 个/m²（表 5-222）。

表 5-222　外伶仃礁区本底调查底栖生物的生物量及栖息密度分布

站位	项目	合计	环节动物	软体动物	节肢动物	棘皮动物
S1	生物量（g/m²）	49.50	0.20	49.30	0.00	0.00
	栖息密度（个/m²）	50.00	30.00	20.00	0.00	0.00
S2	生物量（g/m²）	54.10	0.10	54.00	0.00	0.00
	栖息密度（个/m²）	40.00	10.00	30.00	0.00	0.00
S3	生物量（g/m²）	102.80	0.10	96.50	0.00	6.2
	栖息密度（个/m²）	310.00	20.00	270.00	0.00	20.00
S4	生物量（g/m²）	159.10	2.20	156.90	0.00	0.00
	栖息密度（个/m²）	230.00	40.00	190.00	0.00	0.00
S5（中心站）	生物量（g/m²）	33.50	14.00	10.90	8.60	0.00
	栖息密度（个/m²）	270.00	170.00	70.00	30.00	0.00
S6（对比站）	生物量（g/m²）	104.20	11.20	90.60	2.40	0.00
	栖息密度（个/m²）	120.00	60.00	40.00	20.00	0.00

跟踪调查，底栖生物的总生物量为 123.65 g/m²，总栖息密度为268.33 个/m²。生物量组成以软体动物为主，占总生物量的 57.45%；最低为其他动物（鱼类），占总生物量的 1.25%。栖息密度组成也以软体动物和节肢动物为主，分别占总栖息密度的 67.08% 和 15.53%；其他动物（鱼类）最低，占总栖息密度的 1.86%（表 5-223）。

表 5-223　外伶仃礁区跟踪调查底栖生物的平均生物量及栖息密度

项目	合计	环节动物	软体动物	节肢动物	棘皮动物	其他
生物量（g/m²）	123.65	28.82	71.03	10.92	11.33	1.55
生物量比例（%）	100.00	23.31	57.45	8.83	9.17	1.25
栖息密度（个/m²）	268.33	30.00	180.00	41.67	11.67	5.00
栖息密度比例（%）	100.00	11.18	67.08	15.53	4.35	1.86

调查海域底栖生物的最高生物量出现在 S5 号站（中心站），达 192.17 g/m²；最低生物量出现在 S6 号站，为 80.20 g/m²。最高生物量是最低生物量的 2.40 倍。最高栖息密度出现在 S5 号站，为 520.00 个/m²，最低出现在 S1 号站，为 140.00 个/m²。最高栖息密度是最低栖息密度的 3.71 倍（表 5-224）。

表 5-224　外伶仃礁区跟踪调查底栖生物的生物量及栖息密度分布

站位	项目	合计	环节动物	软体动物	节肢动物	棘皮动物	其他
S1	生物量（g/m²）	94.10	7.40	68.40	18.30	0.00	0.00
	栖息密度（个/m²）	140.00	40.00	50.00	50.00	0.00	0.00
S2	生物量（g/m²）	84.00	1.90	52.10	6.50	23.30	0.20
	栖息密度（个/m²）	240.00	30.00	160.00	30.00	10.00	10.00
S3	生物量（g/m²）	106.80	0.30	80.50	6.80	19.20	0.00
	栖息密度（个/m²）	230.00	20.00	110.00	50.00	50.00	0.00
S4	生物量（g/m²）	184.60	2.50	147.50	0.00	25.50	9.10
	栖息密度（个/m²）	310.00	30.00	250.00	0.00	10.00	20.00
S5（中心站）	生物量（g/m²）	192.17	158.80	23.87	9.50	0.00	0.00
	栖息密度（个/m²）	520.00	30.00	470.00	20.00	0.00	0.00
S6（对比站）	生物量（g/m²）	80.20	2.00	53.80	24.40	0.00	0.00
	栖息密度（个/m²）	170.00	30.00	40.00	100.00	0.00	0.00

（四）生物多样性及均匀度变动分析

跟踪调查，本海区底栖生物多样性指数变化范围在 1.725～3.175（表 5-225），平均为 2.458；均匀度分布范围在 0.544～0.976，整个海区均匀度的平均值为 0.773。本海区底栖生物多样性和均匀度都较高。

表 5-225　外伶仃礁区跟踪调查底栖生物的多样性指数及均匀度

站位	种数（种）	多样性指数	均匀度
S1	9	3.093	0.976
S2	9	2.140	0.675
S3	9	2.839	0.896
S4	9	1.725	0.544

（续）

站位	种数（种）	多样性指数	均匀度
S5（中心站）	8	1.774	0.591
S6（对比站）	10	3.175	0.956
平均	9	2.458	0.773

（五）跟踪调查与本底调查对比

跟踪调查底栖生物的总生物量（123.65 g/m²）高于本底调查（83.86 g/m²），跟踪调查的总栖息密度（268.33 个/m²）高于本底调查（169.99 个/m²）。

五、庙湾礁区

（一）种类组成变动分析

本底调查，共鉴定出底栖生物 5 门 14 科 14 种。其中，环节动物 6 科 6 种，占总种类数的 42.86%；软体动物 1 科 1 种，占总种类数的 7.14%；节肢动物 5 科 5 种，占总种类数的 35.71%；棘皮动物 1 科 1 种，占总种类数的 7.14%；底栖鱼类 1 科 1 种，占总种类数的 7.14%。

跟踪调查，共鉴定出底栖生物 4 门 14 科 15 种。其中，环节动物 7 科 8 种，占总种数的 53.33%；节肢动物和软体动物各 3 科 3 种，各占总种类数的 20.00%；鱼类 1 科 1 种，占总种类数的 6.67%。

（二）优势种变动分析

本底调查，每一站出现种类相同的不多，总的数量也少。杂色伪沙蚕出现 2 次，数量相对较多，成为第一优势种，优势度为 0.06；异中索沙蚕和中国双眼钩虾也出现 2 次，成为第二优势种，优势度为 0.04；接下来是黑斑蠕鳞虫，优势度为 0.03。

跟踪调查，共获得底栖生物 15 种。其中，优势度在 0.02 以上的优势种有 3 种，按优势度由高到低分别为裸盲蟹、持真节虫和背蚓虫，这 3 种生物出现的站位数和个数范围分别为 2~4 站和 4~7 个，优势度范围为 0.033 3~0.116 7；其他 12 种出现的站位数和个数范围分别为 1~2 站和 1~3 个，优势度均小于 0.02。

（三）生物量和栖息密度变动分析

本底调查，底栖生物的总生物量为 2.72 g/m²，总栖息密度为 55.00 个/m²。生物量的组成以环节动物为主，其次为节肢动物。环节动物的生物量为 1.28 g/m²，占总生物量的 47.24%；节肢动物的生物量为 1.22 g/m²，占总生物量的 44.79%；第三位为棘皮动物，生物量为 0.10 g/m²，占总生物量的 3.68%；软体动物和其他动物（鱼类）生物量极少。栖息密度的组成则以环节动物为主，占总栖息密度的 54.55%；其次为节肢动物，占总栖息密度的 27.27%；软体动物、棘皮动物和其他类占总栖息密度的 6.06%，详见表 5-226。

表 5-226　庙湾礁区本底调查底栖生物的平均生物量及栖息密度

项目	合计	环节动物	软体动物	节肢动物	棘皮动物	其他
生物量（g/m²）	2.72	1.28	0.03	1.22	0.10	0.08
生物量比例（%）	100.00	47.24	1.23	44.79	3.68	3.07
栖息密度（个/m²）	55.00	30.00	3.33	15.00	3.33	3.33
栖息密度比例（%）	100.00	54.55	6.06	27.27	6.06	6.06

本底调查，调查区海域内各站位底栖生物的生物量差异不大。最高生物量出现在 S2 号站，生物量为 5.40 g/m²；其次为 S3 号站，生物量为 3.20 g/m²；最低生物量出现在 S6 号站，生物量仅为 1.20 g/m²。栖息密度方面，最高出现在 S2 号站，栖息密度均为 90.00 个/m²；其次为 S1 号站，栖息密度均为 80.00 个/m²；以 S3 号站为最低，栖息密度均为 30.00 个/m²（表 5-227）。

表 5-227　庙湾礁区本底调查底栖生物的生物量及栖息密度分布

站位	项目	合计	环节动物	软体动物	节肢动物	棘皮动物	其他
S1	生物量（g/m²）	2.00	0.70	0.00	1.10	0.20	0.00
	栖息密度（个/m²）	80.00	30.00	0.00	40.00	10.00	0.00
S2	生物量（g/m²）	5.40	1.80	0.00	3.60	0.00	0.00
	栖息密度（个/m²）	90.00	70.00	0.00	20.00	0.00	0.00
S3	生物量（g/m²）	3.20	2.20	0.00	1.00	0.00	0.00
	栖息密度（个/m²）	30.00	20.00	0.00	10.00	0.00	0.00
S4	生物量（g/m²）	1.60	0.10	0.00	0.70	0.40	0.40
	栖息密度（个/m²）	50.00	20.00	0.00	10.00	10.00	10.00
S5	生物量（g/m²）	2.90	2.80	0.10	0.00	0.00	0.00
	栖息密度（个/m²）	40.00	30.00	10.00	0.00	0.00	0.00
S6	生物量（g/m²）	1.20	0.10	0.10	0.90	0.00	0.10
	栖息密度（个/m²）	40.00	10.00	10.00	10.00	0.00	10.00

跟踪调查，底栖生物的总生物量为 7.53 g/m²，总栖息密度为 66.67 个/m²。生物量的组成以节肢动物最高，生物量为 3.23 g/m²，占总生物量的 42.92%；其次为环节动物、软体动物和其他（鱼类）。栖息密度的组成，以环节动物最高，占总栖息密度的 57.50%；其次为节肢动物、软体动物和鱼类；其他详见表 5-228。

表 5-228　庙湾礁区跟踪调查底栖生物的平均生物量及栖息密度

项目	环节动物	节肢动物	软体动物	鱼类	总计
生物量（g/m²）	2.32	3.23	1.20	0.78	7.53
生物量比例（%）	30.75	42.92	15.93	10.40	100.00
栖息密度（个/m²）	38.33	20.00	5.00	3.33	66.67
栖息密度比例（%）	57.50	30.00	7.50	5.00	100.00

跟踪调查，调查区海域内各站位底栖生物的生物量差异较大。最高生物量出现在 5 号站，生物量为 10.70 g/m²；其次为 S3 号站，生物量为 8.50 g/m²；最低生物量出现在 S6 号站，生物量仅为 5.10 g/m²。最高生物量是最低生物量的 2.10 倍。最高栖息密度出现在 S3 号站，栖息密度为 100.00 个/m²；其次为 S5 号站，栖息密度为 80.00 个/m²；以 S4 和 S2 号最低，栖息密度为 50.00 个/m²。最高栖息密度是最低栖息密度的 2.00 倍。其他详见表 5-229。

表 5-229　庙湾礁区跟踪调查底栖生物的生物量及栖息密度分布

站位	项目	环节动物	节肢动物	软体动物	鱼类	总计
S1	生物量（g/m²）	7.70	0.60	0.00	0.00	8.30
	栖息密度（个/m²）	50.00	10.00	0.00	0.00	60.00
S2	生物量（g/m²）	0.20	0.80	4.40	0.00	5.40
	栖息密度（个/m²）	20.00	10.00	20.00	0.00	50.00
S3	生物量（g/m²）	4.00	1.40	2.80	0.30	8.50
	栖息密度（个/m²）	70.00	10.00	10.00	10.00	100.00
S4	生物量（g/m²）	0.70	6.50	0.00	0.00	7.20
	栖息密度（个/m²）	20.00	30.00	0.00	0.00	50.00
S5（中心站）	生物量（g/m²）	0.90	5.40	0.00	4.40	10.70
	栖息密度（个/m²）	50.00	20.00	0.00	10.00	80.00
S6（对比站）	生物量（g/m²）	0.40	4.70	0.00	0.00	5.10
	栖息密度（个/m²）	20.00	40.00	0.00	0.00	60.00

（四）生物多样性及均匀度变动分析

本底调查，本海区采泥底栖生物多样性指数变化范围在 1.500～2.156（表 5-230），平均为 1.819；均匀度分布范围在 0.877～1.000，整个海区均匀度的平均值为 0.952。本海区底栖生物多样性不高，均匀度较高。

跟踪调查，本海区采泥底栖生物多样性指数变化范围较大，在 0.971 0～2.446 4，平均为 1.693 9，多样性指数最高出现在 S3 号站，其次为 S2 号站；均匀度分布范围在 0.920 6～0.971 0，整个海区均匀度的平均值为 0.945 4。跟踪调查海区底栖生物多样性属于较低水平，均匀度属于高水平（表 5-231）。

表 5-230　庙湾礁区本底调查底栖生物的多样性指数及均匀度

站位	种数（种）	多样性指数	均匀度
S1	5	2.156	0.929
S2	4	1.753	0.877
S3	3	1.585	1.000
S4	4	1.922	0.961
S5（中心站）	3	1.500	0.946
S6（对比站）	4	2.000	1.000
平均	4	1.819	0.952

表 5-231　庙湾礁区跟踪调查底栖生物的多样性指数及均匀度

站位	种数（种）	多样性指数	均匀度
S1	3	1.459 1	0.920 6
S2	4	1.921 9	0.961 0
S3	6	2.446 4	0.946 4
S4	2	0.971 0	0.971 0
S5（中心站）	4	1.905 6	0.952 8
S6（对比站）	3	1.459 1	0.920 6
平均	4	1.693 9	0.945 4

（五）跟踪调查与本底调查对比

跟踪调查的总栖息密度为 66.67 个/m²，高于本底调查的 55.00 个/m²；跟踪调查的总生物量为 7.53 g/m²，高于本底调查的 2.72 g/m²。比较 S5 号中心站两次调查结果：跟踪调查与本底调查出现的种数均为 4 种。

第七节　鱼卵和仔稚鱼变动分析

一、小万山礁区

（一）种类组成和数量分布变动分析

本底调查未采获鱼卵，采获仔稚鱼 37 尾，经鉴定隶属于 1 门 2 科 2 种。采获的鱼卵和仔稚鱼基本上属于沿岸浅海性鱼类，主要是羊鱼科和石首鱼科。

本底调查采获仔稚鱼 37 尾，其中条尾绯鲤 31 尾、白姑鱼 6 尾。

跟踪调查共采获鱼卵 45 枚、仔稚鱼 59 尾，经鉴定隶属于 1 门 8 科 12 种。采获的鱼卵和仔稚鱼基本上属于沿岸浅海性鱼类，主要是鳀科、狗母鱼科、龙头鱼科、大眼鲷科、羊鱼科、带鱼科、长鲳科、鲭科。

跟踪调查采获鱼卵 45 枚，分属 4 科 7 种，分别为狗母鱼科多齿蛇鲻 9 枚和花斑蛇鲻 6 枚和大头狗母鱼 4 枚、鳀科竹筴鱼 13 枚、带鱼科带鱼 7 枚和未定种 2 枚、鲭科鲬 4 枚。

跟踪调查采获仔稚鱼 59 尾，分属 5 科 5 种，为龙头鱼科龙头鱼 17 尾、鳀科丽叶鳀 13 尾、大眼鲷科短尾大眼鲷 13 尾、羊鱼科条尾绯鲤 10 尾、长鲳科刺鲳 6 尾。

（二）鱼卵密度变动分析

本底调查未采获鱼卵。

跟踪调查鱼卵采获数量范围为 5～12 枚/网，平均为 8 枚/网。其中鱼卵采获数量最高出现在 S1 号采样站，最低出现在 S3、S4 和 S6 号采样站；6 站密度变化范围为 $81 \times 10^{-3} \sim 194 \times 10^{-3}$ 枚/m^3，平均为 121×10^{-3} 枚/m^3（表 5-232）。

表 5-232　小万山礁区跟踪调查鱼卵的密度分布

站位	S1	S2	S3	S4	S5	S6	平均
数量（枚）	12	7	5	5	11	5	8
密度（×10^{-3}枚/m^3）	194	113	81	81	178	81	121

（三）仔稚鱼密度变动分析

本底调查仔稚鱼采获数量范围为 2～10 尾/网，平均为 6 尾/网。其中仔稚鱼采获数量最高出现在 S3 号采样站；最低出现在 S5 号采样站。6 站密度变化范围为 $32 \times 10^{-3} \sim 162 \times 10^{-3}$ 尾/m^3，平均为 100×10^{-3} 尾/m^3（表 5-233）。

表 5-233　小万山礁区本底调查仔稚鱼的密度分布

站位	S1	S2	S3	S4	S5	S6	平均
数量（尾）	8	5	10	4	2	8	6
密度（×10^{-3}尾/m^3）	130	81	162	65	32	130	100

跟踪调查仔稚鱼采获数量范围为 3～19 尾/网，平均为 10 尾/网。其中仔稚鱼采获数量最高出现在 S1 号采样站，最低出现在 S6 号采样站；6 站密度变化范围为 $49 \times 10^{-3} \sim 308 \times 10^{-3}$ 尾/m^3，平均为 159×10^{-3} 尾/m^3（表 5-234）。

表 5-234　小万山礁区跟踪调查仔稚鱼的密度分布

站　位	S1	S2	S3	S4	S5	S6	平均
数量（尾）	19	8	10	8	11	3	10
密度（×10⁻³尾/m³）	308	130	162	130	178	49	159

（四）跟踪调查与本底调查对比

与本底调查比较，跟踪调查的鱼卵和仔稚鱼总密度为 280×10^{-3} 枚（尾）/网；高于本底调查的 100×10^{-3} 枚（尾）/网，跟踪调查是本底调查的 2.80 倍。比较 S5 号中心站两次调查结果，鱼卵和仔稚鱼总密度跟踪调查为 356×10^{-3} 枚（尾）/网，是本底调查 $[32\times10^{-3}$ 枚（尾）/网] 的 11.13 倍。

二、竹洲-横洲礁区

（一）种类组成和数量分布变动分析

春季本底调查，共采获鱼卵 61 枚、仔稚鱼 25 尾，经鉴定隶属于 1 门 1 纲 5 目 9 科 11 种。采获的鱼卵和仔稚鱼基本上属于沿岸浅海性鱼类，主要是篮子鱼科、狗母鱼科、鲂鮄科、鲬科、鰕虎鱼科、天竺鲷科、鳀科、海鳗科、鲷科。本次调查采获鱼卵分属 6 科 7 种，分别为篮子鱼科黄斑篮子鱼 24 枚、狗母鱼科多齿蛇鲻 10 枚和花斑蛇鲻 9 枚、鲬科短吻鲬 7 枚、鰕虎鱼科长丝鰕虎鱼 4 枚、天竺鲷科中线天竺鲷 4 枚、鳀科鳀 3 枚。本次调查采获仔稚鱼 25 枚，分属 4 科 4 种，为鲂鮄科日本红娘鱼 11 枚、狗母鱼科长蛇鲻 8 枚、海鳗科海鳗 3 枚、鲷科二长棘鲷 3 枚。

夏季本底调查，共采获鱼卵 165 枚、仔稚鱼 11 尾，经鉴定隶属于 1 门 1 纲 6 目 10 科 12 种。采获的鱼卵和仔稚鱼基本上属于沿岸浅海性鱼类，主要是石首鱼科、狗母鱼科、篮子鱼科、鲹科、鳀科、鲬科、鲻科、鲀科、金线鱼科、马鲅科。本次调查采获鱼卵分属 8 科 10 种，分别为石首鱼科皮氏叫姑鱼 52 枚和白姑鱼 19 枚、狗母鱼科多齿蛇鲻 19 枚和花斑蛇鲻 16 枚、篮子鱼科黄斑篮子鱼 19 枚、鲹科丽叶鲹 18 枚、鳀科鳀 9 枚、鲬科短吻鲬 6 枚、金线鱼科金线鱼 4 枚、马鲅科四指马鲅 3 枚。本次调查采获仔稚鱼 11 尾，分属 2 科 2 种，为鲻科鲻 6 尾、鲀科棕斑腹刺鲀 5 尾。

秋季本底调查，共采获鱼卵 114 枚，未采获仔稚鱼，经鉴定隶属于 1 门 1 纲 3 目 8 科 9 种。采获的鱼卵基本上属于沿岸浅海性鱼类，主要是狗母鱼科、石首鱼科、鲬科、鳎科、鰕虎鱼科、带鱼科、金线鱼科和舌鳎科。本次调查采获鱼卵分属 8 科 9 种，分别为狗母鱼科多齿蛇鲻 21 枚和花斑蛇鲻 22 枚、石首鱼科白姑鱼 29 枚、鲬科短吻鲬 16 枚、鳎科卵鳀12枚、鰕虎鱼科拟矛尾鰕虎鱼8枚、带鱼科带鱼2枚、金线鱼科日本金线鱼2枚、舌鳎科半滑舌鳎2枚。

冬季本底调查，共采获鱼卵240枚、仔稚鱼11尾，经鉴定隶属于1门1纲1目9科11种。采获的鱼卵和仔稚鱼基本上属于沿岸浅海性鱼类，主要是石首鱼科、篮子鱼科、赤刀鱼科、天竺鲷科、鰕虎鱼科、鳎科、鰕虎鱼科、鲷科、带鱼科。本次调查采获鱼卵分属6科8种，分别为石首鱼科皮氏叫姑鱼76枚和白姑鱼14枚、篮子鱼科黄斑篮子鱼78枚、赤刀鱼科克氏棘赤刀鱼32枚、天竺鲷科中线天竺鲷27枚、鰕虎鱼科长丝鰕虎鱼7枚和矛尾鰕虎鱼4枚、带鱼科带鱼2枚。本次调查采获仔稚鱼11尾，分属3科3种，为鳎科短吻鳎5尾、鲂鮄科日本红娘鱼4尾、鲷科二长棘鲷2尾。

春季跟踪调查，共采获鱼卵483枚、仔稚鱼31尾，经鉴定隶属于1门1纲5目14科18种。采获的鱼卵和仔稚鱼基本上属于沿岸浅海性鱼类，主要是狗母鱼科、篮子鱼科、鰕虎鱼科、天竺鲷科、鳎科、鲲科、鲂鮄科、鲷科、赤刀鱼科、马鲅科、石首鱼科、金线鱼科、鲻科、带鱼科。本次调查采获鱼卵分属12科15种，分别为狗母鱼科多齿蛇鲻90枚和花斑蛇鲻67枚、篮子鱼科黄斑篮子鱼119枚、鰕虎鱼科长丝鰕虎鱼42枚和拟矛尾鰕虎鱼34枚及矛尾鰕虎鱼6枚、天竺鲷科中线天竺鲷44枚、鳎科短吻鳎30枚、鲲科鲲26枚、赤刀鱼科克氏棘赤刀鱼6枚、马鲅科六指马鲅5枚、石首鱼科白姑鱼4枚、金线鱼科金线鱼4枚、鲻科大鳞鳞鲻3枚、带鱼科带鱼3枚。本次调查采获仔稚鱼31尾，分属3科3种，为狗母鱼科长蛇鲻14尾、鲂鮄科日本红娘鱼10尾、鲷科二长棘鲷7尾。

夏季跟踪调查，共采获鱼卵297枚、仔稚鱼10尾，经鉴定隶属于1门1纲6目12科16种。采获的鱼卵和仔稚鱼基本上属于沿岸浅海性鱼类，主要是石首鱼科、狗母鱼科、篮子鱼科、鲹科、鳎科、天竺鲷科、马鲅科、金线鱼科、鲻科、鲲科、鲀科和鰕虎鱼科。本次调查采获鱼卵分属9科13种，分别为石首鱼科皮氏叫姑鱼77枚和白姑鱼27枚、狗母鱼科多齿蛇鲻47枚和花斑蛇鲻16枚、篮子鱼科黄斑篮子鱼40枚、鲹科丽叶鲹30枚、鳎科短吻鳎21枚、天竺鲷科中线天竺鲷10枚和宽条天竺鲷5枚、马鲅科四指马鲅10枚、金线鱼科金线鱼5枚和日本金线鱼5枚、鲲科鲲4枚。本次调查采获仔稚鱼10尾，分属3科3种，为鲻科鲻5尾、鲀科棕斑腹刺鲀4尾和鰕虎鱼科拟矛尾鰕虎鱼1尾。

秋季跟踪调查，共采获鱼卵204枚、未采获仔稚鱼，经鉴定隶属于1门1纲4目8科10种。采获的鱼卵基本上属于沿岸浅海性鱼类，主要是狗母鱼科、石首鱼科、带鱼科、鰕虎鱼科、鳀科、鳎科、舌鳎科和鲲科。本次调查采获鱼卵分属8科10种，分别为狗母鱼科多齿蛇鲻40枚和花斑蛇鲻38枚、石首鱼科白姑鱼43枚、带鱼科带鱼27枚和小带鱼5枚、鰕虎鱼科拟矛尾鰕虎鱼17枚、鳀科卵鳀14枚、鳎科短吻鳎9枚、舌鳎科半滑舌鳎6枚和鲲科鲲5枚。

冬季跟踪调查，共采获鱼卵 545 枚、仔稚鱼 30 尾，经鉴定隶属于 1 门 1 纲 3 目 11 科 13 种。采获的鱼卵和仔稚鱼基本上属于沿岸浅海性鱼类，主要是篮子鱼科、石首鱼科、赤刀鱼科、鰕虎鱼科、天竺鲷科、鲣科、鲾科、鳗鰕虎鱼科、鲷科、鲂鮄科、鲬科。本次调查采获鱼卵分属 7 科 9 种，分别为篮子鱼科黄斑篮子鱼 179 枚、石首鱼科皮氏叫姑鱼 128 枚和白姑鱼 24 枚、赤刀鱼科克氏棘赤刀鱼 66 枚、鰕虎鱼科长丝鰕虎鱼 45 枚和矛尾鰕虎鱼 11 枚、天竺鲷科中线天竺鲷 56 枚、鲣科鲣 27 枚、鳗鰕虎鱼科孔鰕虎鱼 9 枚。本次调查采获仔稚鱼 30 尾，分属 4 科 4 种，为鲾科短吻鲾 13 尾、鲷科二长棘鲷 9 尾、鲂鮄科日本红娘鱼 5 尾、鲬科鲬 3 尾。

（二）鱼卵密度变动分析

本底调查各季度鱼卵的密度分布见表 5 - 235。

表 5 - 235　竹洲-横洲礁区本底调查各季鱼卵的密度分布

站位	数量（枚）				密度（×10^{-3}枚/m^3）			
	春季	夏季	秋季	冬季	春季	夏季	秋季	冬季
S1	8	47	25	22	65	381	202	178
S2	11	23	19	36	89	186	154	292
S3	13	17	10	39	105	138	81	316
S4	15	31	12	51	121	251	97	413
S5	7	30	25	46	57	243	202	372
S6	7	17	23	46	57	138	186	372
平均	10	28	19	40	82	223	154	324

春季本底调查，鱼卵采获数量范围为 7～15 枚/网，平均为 10 枚/网。其中鱼卵采获数量最高出现在 S4 号站，最低出现在 S5 和 S6 号站。其余 3 站在 8～13 枚/网的范围变化。6 站密度变化范围为 57×10^{-3}～121×10^{-3}枚/m^3，平均为 82×10^{-3}枚/m^3。

夏季本底调查，鱼卵采获数量范围为 17～47 枚/网，平均为 28 枚/网。其中鱼卵采获数量最高出现在 S1 号站，最低出现在 S3 和 S6 号站。其余 3 站在 23～31 枚/网的范围变化。6 站密度变化范围为 138×10^{-3}～381×10^{-3}枚/m^3，平均为 223×10^{-3}枚/m^3。

秋季本底调查，鱼卵采获数量范围为 10～25 枚/网，平均为 19 枚/网。其中鱼卵采获数量最高出现在 S1 和 S5 号站，最低出现在 S3 号站。其余 3 站在 12～23 枚/网的范围变化。6 站密度变化范围为 81×10^{-3}～202×10^{-3}枚/m^3，平均为 154×10^{-3}枚/m^3。

冬季本底调查，鱼卵采获数量范围为 22~51 枚/网，平均为 40 枚/网。其中鱼卵采获数量最高出现在 S4 号站，最低出现在 S1 号站。其余 4 站在 36~46 枚/网的范围变化。6 站密度变化范围为 $178×10^{-3}~413×10^{-3}$ 枚/m^3，平均为 $324×10^{-3}$ 枚/m^3。

跟踪调查各季度鱼卵的密度分布见表 5 - 236。鱼卵和仔稚鱼调查滤水量为 123.47 m^3。

表 5 - 236 竹洲-横洲礁区跟踪调查各季鱼卵的密度分布

站位	数量（枚）				密度（$×10^{-3}$枚/m^3）			
	春季	夏季	秋季	冬季	春季	夏季	秋季	冬季
S1	27	30	24	53	219	243	194	429
S2	76	37	22	70	616	300	178	567
S3	52	15	26	74	421	121	211	599
S4	108	63	45	123	874	510	364	996
S5	128	91	51	91	1 036	737	413	737
S6	92	61	36	134	745	494	292	1 085
平均	81	50	34	91	652	401	275	736

春季跟踪调查，鱼卵采获数量范围为 27~128 枚/网，平均为 81 枚/网。其中鱼卵采获数量最高出现在 S5 号站，最低出现在 S1 号站。其余 4 站在 52~108 枚/网的范围变化。6 站密度变化范围为 $219×10^{-3}~1 036×10^{-3}$ 枚/m^3，平均为 $652×10^{-3}$ 枚/m^3。

夏季跟踪调查，鱼卵采获数量范围为 15~91 枚/网，平均为 50 枚/网。其中鱼卵采获数量最高出现在 S5 号站，最低出现在 S3 号站。其余 4 站在 30~63 枚/网的范围变化。6 站密度变化范围为 $121×10^{-3}~737×10^{-3}$ 枚/m^3，平均为 $401×10^{-3}$ 枚/m^3。

秋季跟踪调查，鱼卵采获数量范围为 22~51 枚/网，平均为 34 枚/网。其中鱼卵采获数量最高出现在 S5 号站，最低出现在 S2 号站。其余 4 站在 24~45 枚/网的范围变化。6 站密度变化范围为 $178×10^{-3}~413×10^{-3}$ 枚/m^3，平均为 $275×10^{-3}$ 枚/m^3。

冬季跟踪调查，鱼卵采获数量范围为 53~134 枚/网，平均为 91 枚/网。其中鱼卵采获数量最高出现在 S6 号站，最低出现在 S1 号站。其余 4 站在 70~123 枚/网的范围变化。6 站密度变化范围为 $429×10^{-3}~1 085×10^{-3}$ 枚/m^3，平均为 $736×10^{-3}$ 枚/m^3。

（三）仔稚鱼密度变动分析

本底调查各季度仔稚鱼的密度分布见表 5 - 237。

表 5 - 237　竹洲-横洲礁区本底调查各季仔稚鱼的密度分布

站位	数量（尾）				密度（×10⁻³尾/m³）			
	春季	夏季	秋季	冬季	春季	夏季	秋季	冬季
S1	3	2	0	0	24	16	0	0
S2	7	3	0	2	57	24	0	16
S3	3	2	0	1	24	16	0	8
S4	6	1	0	2	49	8	0	16
S5	4	1	0	3	32	8	0	24
S6	2	2	0	3	16	16	0	24
平均	4	2	0	2	34	15	0	15

春季本底调查，仔稚鱼采获数量范围为 2～7 尾/网，平均为 4 尾/网。其中仔稚鱼采获数量最高出现在 S2 号站，最低出现在 S6 号站。其余 4 站仔稚鱼变化范围在 3～6 尾/网。6 站密度变化范围为 $16 \times 10^{-3} \sim 57 \times 10^{-3}$ 尾/m³，平均为 34×10^{-3} 尾/m³。

夏季本底调查，仔稚鱼采获数量范围为 1～3 尾/网，平均为 2 尾/网。其中仔稚鱼采获数量最高出现在 S2 号站，最低出现在 S4 和 S5 号站。其余 3 站均为 2 尾/网。6 站密度变化范围为 $8 \times 10^{-3} \sim 24 \times 10^{-3}$ 尾/m³，平均为 15×10^{-3} 尾/m³。

秋季本底调查，未采获仔稚鱼。

冬季本底调查，仔稚鱼采获数量范围为 0～3 尾/网，平均为 2 尾/网。其中仔稚鱼采获数量最高出现在 S5 和 S6 号站，最低出现在 S1 号站。其余 3 站仔稚鱼采获数量范围在 1～2 尾/网。6 站密度变化范围为 $0 \times 10^{-3} \sim 24 \times 10^{-3}$ 尾/m³，平均为 15×10^{-3} 尾/m³。

跟踪调查各季仔稚鱼的密度分布见表 5 - 238。鱼卵和仔稚鱼调查滤水量为 123.47 m³。

表 5 - 238　竹洲-横洲礁区跟踪调查各季仔稚鱼的密度分布

站位	数量（尾）				密度（×10⁻³尾/m³）			
	春季	夏季	秋季	冬季	春季	夏季	秋季	冬季
S1	4	2	0	3	32	16	0	24
S2	5	1	0	8	40	8	0	65
S3	2	3	0	1	16	24	0	8
S4	10	1	0	4	81	8	0	32
S5	3	1	0	5	24	8	0	40
S6	7	2	0	9	57	16	0	73
平均	5	2	0	5	42	13	0	40

春季跟踪调查，仔稚鱼采获数量范围为 2～10 尾/网，平均为 5 尾/网。其中仔稚鱼采获数量最高出现在 S4 号站，最低出现在 S3 号站。其余 4 站仔稚鱼变化范围在 3～7 尾/网。6 站密度变化范围为 16×10^{-3}～81×10^{-3} 尾/m³，平均为 42×10^{-3} 尾/m³。

夏季跟踪调查，仔稚鱼采获数量范围为 1～3 尾/网，平均为 2 尾/网。其中仔稚鱼采获数量最高出现在 S3 号站，最低出现在 S2、S4 和 S5 号站。其余 2 站在 2 尾/网。6 站密度变化范围为 8×10^{-3}～24×10^{-3} 尾/m³，平均为 13×10^{-3} 尾/m³。

秋季跟踪调查，未采获仔稚鱼。

冬季跟踪调查，仔稚鱼采获数量范围为 1～9 尾/网，平均为 5.00 尾/网。其中仔稚鱼采获数量最高出现在 S6 号站，最低出现在 S3 号站。其余 4 站仔稚鱼采获数量范围在 3～8 尾/网。6 站密度变化范围为 8×10^{-3}～73×10^{-3} 尾/m³，平均为 40×10^{-3} 尾/m³。

（四）礁区与对比区比较

S4～S6 号站为礁区站，S1～S3 号站为对比站，礁区与对比区的主要参数有种数、出现数量和总密度，见表 5-239。

表 5-239　竹洲-横洲礁区跟踪调查鱼卵和仔稚鱼礁区与对比区的比较

项目	季节	S1～S3 对比区平均	S4～S6 礁区平均
种数（种）	春季	8	12
	夏季	7	9
	秋季	5	7
	冬季	8	9
出现数量［枚（尾）］	春季	55	116
	夏季	29	73
	秋季	24	44
	冬季	70	122
总密度［$\times10^{-3}$枚（尾）/m³］	春季	448	939
	夏季	238	591
	秋季	194	356
	冬季	564	988

春、夏、秋、冬 4 季跟踪调查，礁区的鱼卵和仔稚鱼出现种类数、出现数量均高于对比区，礁区的总密度分别是对比区总密度的 2.10 倍、2.48 倍、1.84 倍、1.25 倍。

（五）跟踪调查与本底调查的对比

春季鱼卵和仔稚鱼跟踪调查与本底调查的结果对比表明，跟踪调查的鱼卵和仔稚鱼总平

均采获数量为 86 枚（尾）/网，高于本底调查的 14 枚（尾）/网，即跟踪调查鱼卵和仔稚鱼总量是本底调查鱼卵和仔稚鱼总量的 6.14 倍。比较 S4～S6 号中心站，鱼卵和仔稚鱼总平均采获数量跟踪调查［116 枚（尾）/网］是本底调查［14 枚（尾）/网］的 8.29 倍。

夏季鱼卵和仔稚鱼跟踪调查与本底调查的结果对比表明，跟踪调查的鱼卵和仔稚鱼总平均采获数量为 51 枚（尾）/网，高于本底调查的 29 枚（尾）/网，即跟踪调查鱼卵和仔稚鱼总量是本底调查鱼卵和仔稚鱼总量的 1.76 倍。比较 S4～S6 号中心站，鱼卵和仔稚鱼总平均采获数量跟踪调查［73 枚（尾）/网］是本底调查［27 枚（尾）/网］的 2.70 倍。

秋季鱼卵和仔稚鱼跟踪调查与本底调查的结果对比表明，跟踪调查的鱼卵和仔稚鱼总平均采获数量为 34 枚（尾）/网，高于本底调查的 19 枚（尾）/网，即跟踪调查鱼卵和仔稚鱼总量是本底调查鱼卵和仔稚鱼总量的 1.80 倍。比较 S4～S6 号中心站，鱼卵和仔稚鱼总平均采获数量跟踪调查［44 枚（尾）/网］是本底调查［20 枚（尾）/网］的 2.2 倍。

冬季鱼卵和仔稚鱼跟踪调查与本底调查的结果对比表明，跟踪调查的鱼卵和仔稚鱼总平均采获数量为 96 枚（尾）/网，高于本底调查的 42 枚（尾）/网，即跟踪调查鱼卵和仔稚鱼总量是本底调查鱼卵和仔稚鱼总量的 2.29 倍。比较 S4～S6 号中心站，鱼卵和仔稚鱼总平均采获数量跟踪调查［122 枚（尾）/网］是本底调查［50 枚（尾）/网］的 2.44 倍。

三、东澳礁区

（一）种类组成和数量分布变动分析

本底调查，共采获鱼卵 282 枚，仔稚鱼 15 尾。平均采获数量鱼卵为 47 枚/网，仔稚鱼为 3 尾/网。以 S1、S3、S5 和 S6 号站采获数量较多。本礁区采到较多鱼卵，主要是前鳞骨鲻鱼卵数量较多。出现种类共有鳀科、犀鳕、前鳞骨鲻、多鳞鱚、石首鱼科、细鳞鲥、鲷科、鰤科和未定种等。

跟踪调查，共采获鱼卵 522 枚、仔稚鱼 52 尾，经鉴定隶属于 15 种。采获的鱼卵和仔稚鱼基本上属于沿岸浅海性鱼类，主要有棱鳀属、鰕虎鱼科、天竺鲷科、石首鱼科、鰤科、鲷科等。

跟踪调查 522 枚鱼卵中出现数量最多的是鰕虎鱼科 208 枚，占采获鱼卵总数的 39.85%；其次是鰤科 98 枚，占采获鱼卵总数的 18.77%；鲷科 86 枚，占采获鱼卵总数的 16.48%；石首鱼科、鳀科、天竺鲷科及未定种共 130 枚，合占采获鱼卵总数的 24.90%。

跟踪调查出现仔稚鱼数 52 尾，分别是矛尾鰕虎鱼 19 尾、康氏小公鱼 10 尾、短吻鰤 7 尾、中线天竺鲷 5 尾、鲻属 4 尾、二长棘鲷 3 尾、白姑鱼及宽线天竺鲷各 2 尾。

（二）鱼卵密度变动分析

本底调查，整个调查海区鱼卵采获数量范围为 21～64 枚/网，平均为 47 枚/网。其中鱼卵采获数量最高出现在中心站 S5 号站，为 64 枚/网；对比站 S6 号站为 54 枚/网；其余 4 个采样站在 21～62 枚/网（表 5-240）。

表 5-240　东澳礁区本底调查鱼卵的数量分布

站位	S1	S2	S3	S4	S5（中心站）	S6（对比站）	平均
鱼卵（枚/网）	53	21	62	28	64	54	47

跟踪调查，整个调查海区鱼卵采获数量范围为 58～122 枚/网，平均为 87 枚/网。其中鱼卵采获数量最高出现在中心站 S5 号站，为 122 枚/网；其次 S1 号站，为 116 枚/网；对比站 S6 号站为 60 枚/网；其余 3 站在 58～94 枚/网（表 5-241）。

表 5-241　东澳礁区跟踪调查鱼卵的数量分布

站位	S1	S2	S3	S4	S5（中心站）	S6（对比站）	平均
鱼卵（枚/网）	116	72	94	58	122	60	87

（三）仔稚鱼密度变动分析

本底调查，整个调查海区仔稚鱼采获数量范围为 0～5 尾/网，平均为 3 尾/网。其中仔稚鱼采获数量最高出现在 S4 号站，为 5 尾/网；最低出现 S2 号站，为 0 尾/网；其余 4 站在 2～3 尾/网的范围变化（表 5-242）。

表 5-242　东澳礁区本底调查仔稚鱼的数量分布

站位	S1	S2	S3	S4	S5（中心站）	S6（对比站）	平均
仔稚鱼（尾/网）	2	0	2	5	3	3	3

跟踪调查，整个调查海区仔稚鱼采获数量范围为 2～21 尾/网，平均为 9 尾/网。其中仔稚鱼采获数量最高出现在 S5 号站，为 21 尾/网；最低出现在 S6 号站，为 2 尾/网；其余 4 站在 3～12 尾/网的范围变化（表 5-243）。

表 5-243　东澳礁区跟踪调查仔稚鱼的数量分布

站位	S1	S2	S3	S4	S5（中心站）	S6（对比站）	平均
仔稚鱼（尾/网）	12	3	4	10	21	2	9

（四）跟踪调查与本底调查对比

与本底调查比较，跟踪调查的鱼卵采获数量（87 枚/网）高于本底调查（47 枚/网），跟踪调查的仔稚鱼采获数量（9 尾/网）高于本底调查（3 尾/网）。

四、外伶仃礁区

（一）种类组成和数量分布变动分析

本底调查共采获鱼卵 1 785 枚，仔稚鱼 63 尾；经鉴定隶属于 15 科 16 种。

在本底调查采获的 1 785 枚鱼卵中，出现数量最多的是鲾属，为 812 枚，占采获鱼卵总数的 45.49%；其次为舌鳎科，有 357 枚，占采获鱼卵总数的 20.00%。其余依次是康氏小公鱼 345 枚，占采获鱼卵总数的 19.33%；小沙丁鱼 231 枚，占采获鱼卵总数的 12.94%；中颌棱鳀 27 枚，占采获鱼卵总数的 1.51%；鳗鲡目、多齿蛇鲻各 5 枚，各占采获鱼卵总数的 0.28%；鲥科 3 枚，占采获鱼卵总数的 0.17%。

在本底调查采获的 63 尾仔稚鱼中，出现最多的是小沙丁鱼，为 22 尾，占采获仔稚鱼总数的 34.92%；其次为日本金线鱼 8 尾，占采获仔稚鱼总数的 12.70%；鲹科 6 尾，占采获仔稚鱼总数的 9.50%；多鳞鱚、鲾属、石首鱼科各 4 尾，各占采获仔稚鱼总数的 6.35%；油魣、细鳞鲥、鲺各 3 尾，各占采获仔稚鱼总数的 4.76%；康氏小公鱼、鲥科、带鱼各 2 尾，各占采获仔稚鱼总数的 3.17%。

跟踪调查共采获 2 304 枚鱼卵和 95 尾仔稚鱼，经鉴定隶属于 11 科 15 个种类。

在跟踪调查采获的 2 304 枚鱼卵中，出现数量最多的是虾虎鱼科，有 684 枚，占采获鱼卵总数的 29.69%；其次是鲱科，有 478 枚，占采获鱼卵总数的 20.75%；之后依次为鲾科 448 枚，占采获鱼卵总数的 19.44%；鳀科 362 枚，占采获鱼卵总数的 15.71%；天竺鲷科 118 枚，占采获鱼卵总数的 5.12%；鲥科 58 枚，占采获鱼卵总数的 2.52%；舌鳎科 52 枚，占采获鱼卵总数的 2.26%；蛇鲻等其他鱼卵共占 4.52%。

在跟踪调查采获的 95 尾仔稚鱼中，出现最多的是鳀科，有 32 尾，占采获仔稚鱼总数的 33.68%；其次是虾虎鱼科，有 18 尾，占采获仔稚鱼总数的 18.95%；之后依次为石首鱼 15 尾，占采获仔稚鱼总数的 15.79%；小沙丁鱼 13 尾，占采获仔稚鱼总数的 13.68%；鲾科 7 尾，占采获仔稚鱼总数的 7.37%；鲥科 5 尾，占采获仔稚鱼总数的 5.26%；其他仔稚鱼共占采获仔稚鱼总数的 5.27%。

（二）鱼卵密度变动分析

本底调查，在所调查的 6 个站位中，从采获数量上看，S2、S4 和 S5 号站采获的鱼卵较多，S3、S6 号站两站次之，S1 号站采获的鱼卵相对较少（表 5 - 244）。

跟踪调查，整个调查海区鱼卵采获数量范围为 136～848 枚/网，平均为 384 枚/网。其中鱼卵采获数量最高出现在中心站 S5 号站，为 848 枚/网；其次是 S2 号站，为 422 枚/网；对比站 S6 号站为 136 枚/网。其余 3 站在 230～404 枚/网（表 5 - 245）。

表 5 - 244　外伶仃礁区本底调查鱼卵的种类和数量

站位	种数（种）	个体数（枚）
S1	5	98
S2	6	383
S3	5	238
S4	5	267
S5（中心站）	4	670
S6（对比站）	5	129
平均	5	298

表 5 - 245　外伶仃礁区跟踪调查鱼卵的数量分布

站位	S1	S2	S3	S4	S5（中心站）	S6（对比站）	平均
数量（枚）	230	422	264	404	848	136	384

（三）仔稚鱼密度变动分析

本底调查，S2、S3、S4 号站三站采获的仔稚鱼较多，S1、S6 号站两站次之，S5 号站相对较少（表 5 - 246）。

表 5 - 246　外伶仃礁区本底调查仔稚鱼的种类和数量

站位	种数（种）	个体数（尾）
S1	5	7
S2	5	12
S3	6	14
S4	9	18
S5（中心站）	3	4
S6（对比站）	3	8
平均	5	11

跟踪调查，整个调查海区仔稚鱼采获数量范围为 11～23 尾/网，平均为 16 尾/网。其中仔稚鱼采获数量最高出现在 S3 号站，为 23 尾/网；最低出现在 S6 和 S1 号站，为 11 尾/网；其余 4 站在 14～20 尾/网的范围变化（表 5 - 247）。

表 5 - 247　外伶仃礁区跟踪调查仔稚鱼的数量分布

站位	S1	S2	S3	S4	S5（中心站）	S6（对比站）	平均
数量（尾）	11	20	23	14	16	11	16

（四）跟踪调查与本底调查对比

与本底调查比较，跟踪调查的鱼卵采获数量（384 枚/网）高于本底调查（298 枚/网），跟踪调查的仔稚鱼采获数量（16 尾/网）高于本底调查（11 尾/网）。

五、庙湾礁区

（一）种类组成和数量分布变动分析

本底调查共采获鱼卵 51 枚、仔稚鱼 12 尾，经鉴定隶属于 6 科 7 种。采获的鱼卵和仔稚鱼基本上属于沿岸浅海性鱼类，主要是鳀科、鰕虎鱼科、鲾科、天竺鲷科、鲹科等。

在本底调查采获的 51 枚鱼卵中，出现数量最多的是鲾科 29 枚，占采获鱼卵总数的 56.86％；其次是鲹科、鳎科和鰕虎鱼科各 5 枚，各占采获鱼卵总数的 9.80％；狗母鱼科 4 枚，占采获鱼卵总数的 7.84％；天竺鲷科 3 枚，占采获鱼卵总数的 5.88％。

本底调查出现仔稚鱼数量不多，共有 12 尾，分别是鲾科 5 尾、拟矛尾鰕虎鱼 3 尾、鳎科及中线天竺鲷各 2 尾。

跟踪调查共采获鱼卵 94 枚、仔稚鱼 33 尾，经鉴定隶属于 7 科 10 种。采获的鱼卵和仔稚鱼基本上属于沿岸浅海性鱼类，主要是狗母鱼科、鲹科、龙头鱼科、长鲳科、带鱼科、大眼鲷科和鲭科。

跟踪调查采获的鱼卵分属 6 科 8 种，分别为狗母鱼科花斑蛇鲻 20 枚和大头狗母鱼 19 枚及多齿蛇鲻 10 枚、鲹科竹筴鱼 18 枚、龙头鱼科龙头鱼 10 枚、带鱼科带鱼 7 枚、鲭科鲐 5 枚、大眼鲷科短尾大眼鲷 5 枚

跟踪调查采获的仔稚鱼分属 3 科 3 种，为龙头鱼科龙头鱼 13 尾、鲹科丽叶鲹 11 尾、长鲳科刺鲳 9 尾。

（二）鱼卵密度变动分析

本底调查鱼卵采获数量范围为 2～16 枚/网，平均为 9 枚/网。其中鱼卵采获数量最高出现在 S3 号站，为 16 枚/网；其次是 S1 号站，为 13 枚/网；对比站 S6 号站为 9 枚/网。密度变化范围为 $16 \times 10^{-3} \sim 130 \times 10^{-3}$ 枚/m³，平均为 69×10^{-3} 枚/m³（表 5－248）。

跟踪调查，整个调查海区鱼卵采获数量范围为 5～46 枚/网，平均为 16 枚/网。其中鱼卵采获数量最高出现在 S2 号站，最低出现在 S4 号站。6 站密度变化范围为 $81 \times 10^{-3} \sim 745 \times 10^{-3}$ 枚/m³，平均为 254×10^{-3} 枚/m³（表 5－249）。

表 5-248 庙湾礁区本底调查鱼卵的密度分布

站位	S1	S2	S3	S4	S5（中心站）	S6（对比站）	平均
数量（枚）	13	3	16	2	8	9	9
密度（$\times 10^{-3}$枚/m³）	105	24	130	16	65	73	69

表 5-249 庙湾礁区跟踪调查鱼卵的密度分布

站位	S1	S2	S3	S4	S5（中心站）	S6（对比站）	平均
数量（枚）	16	46	6	5	9	12	16
密度（$\times 10^{-3}$枚/m³）	259	745	97	81	146	194	254

（三）仔稚鱼密度变动分析

本底调查，整个调查海区仔稚鱼采获数量范围为 0～5 尾/网，平均为 2 尾/网。其中仔稚鱼采获数量最高出现在 S3 号站，为 5 尾/网；其次是 S1 和 S6 号站站，为 3 尾/网；S2、S4 号站未发现鱼卵。密度变化范围为 0～40$\times 10^{-3}$尾/m³，平均为 16$\times 10^{-3}$尾/m³（表 5-250）。

表 5-250 庙湾礁区本底调查仔稚鱼的密度分布

站位	S1	S2	S3	S4	S5（中心站）	S6（对比站）	平均
数量（尾）	3	0	5	0	1	3	2
密度（$\times 10^{-3}$尾/m³）	24	0	40	0	8	24	16

跟踪调查，整个调查海区仔稚鱼采获数量范围为 2～10 尾/网，平均为 6 尾/网。其中仔稚鱼采获数量最高出现在 S5 号站，最低出现在 S3 和 S4 号站。6 站密度变化范围为 32$\times 10^{-3}$～162$\times 10^{-3}$尾/m³，平均为 89$\times 10^{-3}$尾/m³（表 5-251）。

表 5-251 庙湾礁区跟踪调查仔稚鱼的密度分布

站位	S1	S2	S3	S4	S5（中心站）	S6（对比站）	平均
数量（尾）	5	7	2	2	10	7	6
密度（$\times 10^{-3}$尾/m³）	81	113	32	32	162	113	89

（四）跟踪调查与本底调查对比

与本底调查比较，跟踪调查的整个调查海区鱼卵和仔稚鱼总平均采获密度为 343$\times 10^{-3}$枚

（尾）/m³，高于本底调查的 85×10^{-3} 枚（尾）/m³，跟踪调查是本底调查的 4.04 倍。比较 S5 号中心站两次调查结果，鱼卵和仔稚鱼总采获密度跟踪调查为 308×10^{-3} 枚（尾）/m³，是本底调查 $[73 \times 10^{-3}$ 枚（尾）/m³$]$ 的 4.22 倍。

第八节　附着生物增殖效果评估

一、竹洲-横洲礁区

附着生物是人工鱼礁渔业对象的主要饵料生物，又是人工鱼礁集鱼、诱鱼最主要的生物环境因子之一。无论是以木材、塑料、水泥、钢铁，还是以煤渣、混凝土等为材料构成的人工鱼礁，在投放入水后，其本身作为一种附着基质，藻类、贝类等附着生物开始在其表面着生。鱼礁周围的底栖生物、浮游生物和礁体表面的附着生物的种类、数量和分布都会随着时间的推移而演替。因此，附着生物的种类和数量的变动直接影响人工鱼礁的生态效应。投放人工鱼礁后应该进行海洋环境因子、礁体的附着生物、礁区渔获量和渔获种类的跟踪调查，从而对人工鱼礁的生态效益和经济效益进行评估，为人工鱼礁的建设和管理提供科学依据。

竹洲-横洲礁区附着生物采样的情况见表 5-252 和图 5-33 至图 5-35。

表 5-252　竹洲-横洲礁区附着生物

站位	调查季节	覆盖度（%）	主要附着生物
AR1	秋季	80	珊瑚、华美盘管虫、双纹须蚶、马氏珠母贝、网纹藤壶
	春季	90	珊瑚、海百合、海鞘、网纹藤壶、贻贝、紫海胆、苔藓虫、海笔
AR2	秋季	90	网纹藤壶、马氏珠母贝、双纹须蚶、紫海胆、皱瘤海鞘
	春季	95	珊瑚、网纹藤壶、海百合、海鞘、紫海胆
AR3	秋季	30	网纹藤壶、马氏珠母贝、华美盘管虫、海鞘、侧花海葵
	春季	95	网纹藤壶、海百合、海鞘、华美盘管虫、苔藓虫
AR4	秋季	35	网纹藤壶、马氏珠母贝、华美盘管虫、珠母爱尔螺、底栖短桨蟹、蛇尾
	春季	95	网纹藤壶、海百合、苔藓虫、海笔、珊瑚
NR1	秋季	100	网纹藤壶、马氏珠母贝、华美盘管虫、皱瘤海鞘、菲律宾偏顶蛤、珊瑚
	春季	100	网纹藤壶、海百合、苔藓虫、海笔、珊瑚、紫海胆、海星
NR2	秋季	100	网纹藤壶、马氏珠母贝、华美盘管虫、皱瘤海鞘、珊瑚、翡翠贻贝、双带核螺、秀丽织纹螺、锈斑蟳
	春季	100	网纹藤壶、海百合、苔藓虫、海笔、珊瑚、紫海胆

图 5-33 礁体附着生物样品采样

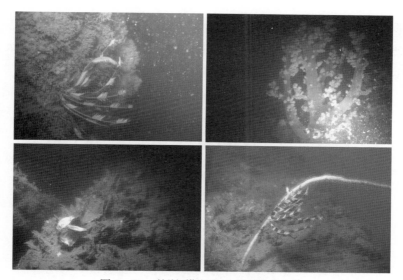

图 5-34 竹洲-横洲礁区表面附着生物

图 5-35 竹洲-横洲天然岛礁附着生物

秋季人工鱼礁礁体附着生物种类主要包括网纹藤壶、马氏珠母贝、紫海胆、皱瘤海鞘、珊瑚、苔藓虫，各站位主要种类组成基本相同，覆盖度变化范围为 35%～90%。AR1、AR2 站投放时间早于 AR3、AR4 站，覆盖率相对较高。天然礁表面全部被附着生物所覆盖，主要附着生物种类与人工鱼礁基本相同。

春季人工鱼礁礁体附着生物种类主要包括网纹藤壶、海百合、珊瑚、海笔、海鞘、紫海胆、苔藓虫，各站位主要种类组成基本相同，覆盖度变化范围为 90%～95%。天然礁表面全部被附着生物所覆盖，主要附着生物种类与人工鱼礁基本相同。

二、外伶仃礁区

1. 潜水观察结果

外伶仃礁区的礁体为钢筋混凝土结构，潜水观测发现礁体表面生长了大量包括珊瑚在内的附着生物（图 5-36），覆盖率达 90%以上。

图 5-36　外伶仃礁区附着生物

2. 附着生物种类组成

外伶仃礁区附着生物的定量调查，共鉴定出附着生物 5 门 17 科 20 种。其中，腔肠动物 7 科 9 种，占总种类数的 45.00%；节肢动物 3 科 4 种，占总种类数的 20.00%；棘皮动物 3 科 3 种，占总种类数的 15.00%；软体动物和脊索动物各 2 科 2 种，各占总种类数的 10.00%。

3. 优势种和优势度

2016 年 5 月，3 个站位（S1～S3）的附着生物定量调查共出现 20 种生物。优势度在 0.02 以上的优势种有 7 种，分别为三角藤壶、皱瘤海鞘、棒锥螺、侧扁软柳珊瑚、红巨藤壶、白灯芯柳珊瑚和甲虫螺。这 7 种生物出现站位数和数量范围分别为 2～3 站和 3～14 个，优势度范围为 0.030 3～0.212 1；其他 13 种生物出现站位数和数量范围分别为 1 站和 1～2 个，优势度均小于 0.02。

4. 生物量及栖息密度

附着生物总生物量为 774.75 g/m²（表 5 - 253），总栖息密度为 183.33 个/m²。在附着生物的生物量百分组成中，腔肠动物生物量占较大优势，为 388.47 g/m²，占总生物量的 50.14%；其次为节肢动物和软体动物，分别占总生物量的 17.82% 和 15.51%；其他 2 类生物的生物量相对较低，均未超过总生物量的 9.00%。栖息密度的类群组成方面，以节肢动物最高，为 55.56 个/m²，占总栖息密度的 30.30%；其次分别为腔肠动物、软体动物、脊索动物、棘皮动物，占总栖息密度的 4.55%～24.24%。

表 5 - 253　外伶仃礁区附着生物生物量及栖息密度

类别	腔肠动物	软体动物	脊索动物	节肢动物	棘皮动物	总计
生物量（g/m²）	388.47	120.17	68.11	138.06	59.94	774.75
生物量百分比（%）	50.14	15.51	8.79	17.82	7.74	100.00
栖息密度（个/m²）	44.44	38.89	36.11	55.56	8.33	183.33
栖息密度百分比（%）	24.24	21.21	19.70	30.30	4.55	100.00

5. 生物量及栖息密度比较

3 个站位（S1～S3）定量采样，生物量以 S2 号站位为最高，生物量为 1 121.08 g/m²；其次是 S1 号站，生物量为 732.50 g/m²；以 S3 号站最低，生物量为 470.67 g/m²。栖息密度以 S2 站最高，栖息密度为 233.33 个/m²；其次是 S3 号站，栖息密度为 166.67 个/m²；以 S1 站最低，栖息密度为 150.00 个/m²。各采样站位的生物量及栖息密度的组成情况见表 5 - 254。

表 5 - 254　外伶仃礁区附着生物生物量和栖息密度的分布

站位号	项目	腔肠动物	软体动物	脊索动物	节肢动物	棘皮动物	总计
S1	生物量（g/m²）	388.33	75.42	31.50	62.17	175.08	732.50
	栖息密度（个/m²）	50.00	25.00	16.67	41.67	16.67	150.00
S2	生物量（g/m²）	649.42	154.75	92.33	224.58	0.00	1 121.08
	栖息密度（个/m²）	66.67	41.67	50.00	75.00	0.00	233.33
S3	生物量（g/m²）	127.67	130.33	80.50	127.42	4.75	470.67
	栖息密度（个/m²）	16.67	50.00	41.67	50.00	8.33	166.67

6. 生物多样性指数和均匀度

本调查海区附着生物多样性指数和均匀度见表 5 - 255，多样性指数的变化范围不大，在

2.466 0～3.440 8，平均为 3.048 6；均匀度的变化范围为 0.878 4～0.936 3，平均为 0.914 8。

表 5-255　外伶仃礁区附着生物多样性指数及均匀度

站位号	种数（种）	多样性指数	均匀度
S1	11	3.239 1	0.936 3
S2	13	3.440 8	0.929 8
S3	7	2.466 0	0.878 4
平均值	10.33	3.048 6	0.914 8

第九节　生物聚集效果评估

一、竹洲-横洲礁区

在竹洲-横洲礁区进行了潜水观测，在鱼礁礁体周边及内部共发现鱼类 6 种。其中秋季共发现鱼类两种，观察期间共发现 3 个群次的雀鲷鱼群，还发现一群小鱼，由于运动速度太快未辨清种类；春季共发现鱼类 5 种，其中三线矶鲈 3 个群次，卵形鲳鲹一个群次，横带九棘鲈 3 尾，金钱鱼 2 尾，石斑鱼 1 尾。礁区分布鱼类与邻近天然岛礁鱼类种类相同，具体调查情况见表 5-256 和图 5-37 至图 5-38。

表 5-256　竹洲-横洲礁区与天然岛礁鱼类

站位	调查季节	鱼类分布	主要种类及数量
AR1	秋季	礁体外围	一群小鱼，速度快未看清种类
	春季	礁体内部	三线矶鲈一群；石斑鱼 1 尾
AR2	秋季	礁体周边及内部	未发现鱼群活动
	春季	礁体周边及内部	三线矶鲈一群、金钱鱼 1 尾、横带九棘鲈 1 尾
AR3	秋季	礁体内部	成群雀鲷
	春季	—	未发现鱼群活动
AR4	秋季	—	未发现鱼群活动
	春季	—	未发现鱼群活动
NR1	秋季	礁石周边	成群雀鲷
	春季	礁石周边	小群卵形鲳鲹、1 尾金钱鱼
NR2	秋季	礁石周边	成群雀鲷
	春季	礁石周边	成群三线矶鲈、2 尾横带九棘鲈

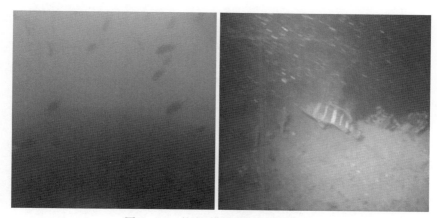

图 5-37　竹洲-横洲礁区周围的鱼类

图 5-38　竹洲-横洲天然岛礁周围的鱼类

二、外伶仃礁区

外伶仃礁区潜水调查时间与建成礁区的时间相隔较久,附着生物较多,尤其是长满了珊瑚等腔肠动物,水质较为混浊。在潜水人下水拍摄视频时,由于扰动较大,导致视野不够清晰和游泳生物被惊吓而逃离。潜水观察到的游泳生物较少,但在视频中发现了虾、蟹、海星和礁栖性鱼类等游泳生物(图 5-39),这表明该礁区的生态环境较为适宜生物的生存,可为生物提供保护,使生物在此繁衍和栖息。另外,从附着生物的效果来看,该礁区附着较多的珊瑚(棘穗软珊瑚、柳珊瑚等,图 5-36)等,表明投放的人工鱼礁有较强的生物诱集功能。

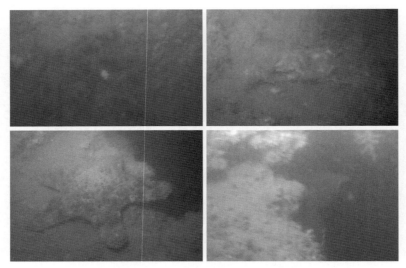

图 5 - 39　外伶仃礁区的礁栖性生物

第十节　渔业资源增殖效果评估

一、小万山礁区

（一）本底调查结果

1. 虾拖船调查结果

（1）礁区虾拖网的渔获量及资源密度　表 5 - 257 和表 5 - 258 将虾拖网在礁区捕获的游泳生物各种类的渔获量及生物量资源密度由大到小进行了排列。

表 5 - 257　小万山礁区本底调查礁区虾拖网中游泳生物各类型渔获统计及资源密度

类型	渔获种数（种）	渔获量（kg）	生物量资源密度（kg/km²）	渔获数量（尾）	数量资源密度（尾/km²）	种数百分比（%）	生物量百分比（%）	数量百分比（%）
虾蛄类	3	0.861 0	290.564 3	42	14 173.9	9.68	34.51	22.46
蟹类	8	0.732 0	247.030 2	62	20 923.3	25.81	29.34	33.16
鱼类	15	0.655 1	221.078 6	62	20 923.3	48.39	26.26	33.16
虾类	3	0.195 8	66.077 2	16	5 399.6	9.68	7.85	8.56
头足类	2	0.051 0	17.211 1	5	1 687.4	6.45	2.04	2.67
总计	31	2.494 9	841.961 4	187	63 107.5	100.00	100.00	100.00

表5-258　小万山礁区本底调查礁区虾拖网中游泳生物各品种渔获统计及资源密度

种类	渔获量（kg）	生物量资源密度（kg/km²）	渔获数量（尾）	数量资源密度（尾/km²）	平均体重（g/尾）
口虾蛄	0.491 0	165.699 2	26	8 774.3	18.9
黑斑口虾蛄	0.246 0	83.018 4	11	3 712.2	22.4
红星梭子蟹	0.204 0	68.844 5	5	1 687.4	40.8
红狼牙鰕虎鱼	0.187 0	63.107 5	7	2 362.3	26.7
刀额新对虾	0.182 0	61.420 1	11	3 712.2	16.5
远海梭子蟹	0.174 0	58.720 3	1	337.5	174.0
直额蟳	0.137 0	46.233 8	24	8 099.4	5.7
大鳞舌鳎	0.135 0	45.558 9	6	2 024.8	22.5
长叉口虾蛄	0.124 0	41.846 7	5	1 687.4	24.8
隆线强蟹	0.092 0	31.047 5	12	4 049.7	7.7
日本关公蟹	0.064 0	21.598 3	8	2 699.8	8.0
竹䇲鱼	0.064 0	21.598 3	4	1 349.9	16.0
白姑鱼	0.041 0	13.836 4	6	2 024.8	6.8
黄斑篮子鱼	0.040 0	13.498 9	12	4 049.7	3.3
褐斑栉鳞鳎	0.038 0	12.824 0	3	1 012.4	12.7
田乡枪乌贼	0.037 0	12.486 5	4	1 349.9	9.3
黄斑篮子鱼	0.031 0	10.461 7	6	2 024.8	5.2
短尾大眼鲷	0.029 6	9.989 2	4	1 349.9	7.4
变态蟳	0.027 0	9.111 8	8	2 699.8	3.4
矛尾鰕虎鱼	0.023 0	7.761 9	6	2 024.8	3.8
孔鰕虎鱼	0.021 0	7.086 9	2	674.9	10.5
香港蟳	0.019 0	6.412 0	2	674.9	9.5
中线天竺鲷	0.017 0	5.737 0	2	674.9	8.5
阿氏强蟹	0.015 0	5.062 1	2	674.9	7.5
曼氏无针乌贼	0.014 0	4.724 6	1	337.5	14.0
巨石斑鱼	0.013 0	4.387 1	1	337.5	13.0
石鲽	0.008 2	2.767 3	1	337.5	8.2
亨氏仿对虾	0.007 4	2.497 3	2	674.9	3.7
宽突赤虾	0.006 4	2.159 8	3	1 012.4	2.1
李氏鮨	0.005 2	1.754 9	1	337.5	5.2
蓝海龙	0.002 1	0.708 7	1	337.5	2.1

本底调查，礁区虾拖网渔获游泳生物种类共31种，总渔获量为2.494 9 kg，总渔获数量为187尾，总生物量资源密度为841.961 4 kg/km²，总数量资源密度为63 107.5尾/km²。各类型的渔获量及生物量资源密度由大到小分别为虾蛄类、蟹类、鱼类、虾类和头足类，各类型的渔获数量及数量资源密度由大到小分别为蟹类、鱼类、虾蛄类、虾类和头足类。

游泳生物中单种渔获量及生物量资源密度最高的是口虾蛄，渔获数量及数量资源密度最高的是口虾蛄。

本底调查，礁区虾拖网渔获底栖贝类共 7 种，总渔获量为 1.196 6 kg，总生物量资源密度为 403.820 2 kg/km²，总渔获数量为 253 个，总数量资源密度为 85 380.7 个/km²。底栖贝类中单种渔获量及生物量资源密度最高的是棒锥螺，单种渔获数量及数量资源密度最高的是假奈拟塔螺（表 5 - 259）。

表 5 - 259　小万山礁区本底调查礁区虾拖网中底栖贝类渔获统计及资源密度

种类	渔获量 （kg）	生物量资源密度 （kg/km²）	渔获数量 （个）	数量资源密度 （个/km²）	平均体重 （g/个）
棒锥螺	0.640 0	215.982 7	92	31 047.5	7.0
假奈拟塔螺	0.224 0	75.594 0	128	43 196.5	1.8
浅缝骨螺	0.124 0	41.846 7	8	2 699.8	15.5
网纹扭螺	0.124 0	41.846 7	4	1 349.9	31.0
文雅蛙螺	0.048 0	16.198 7	8	2 699.8	6.0
西格织纹螺	0.025 6	8.639 3	12	4 049.7	2.1
毛蚶	0.011 0	3.712 2	1	337.5	11.0
总计	1.196 6	403.820 2	253	85 380.7	—

（2）对比区虾拖网的渔获量及资源密度　表 5 - 260 和表 5 - 261 将虾拖网在对比区捕获的游泳生物各种类的渔获量及生物量资源密度由大到小进行了排列。

表 5 - 260　小万山礁区本底调查对比区虾拖网中游泳生物各类型渔获统计及资源密度

类型	渔获种数 （种）	渔获量 （kg）	生物量资源密度 （kg/km²）	渔获数量 （尾）	数量资源密度 （尾/km²）	种数百分比 （%）	生物量百分比 （%）	数量百分比 （%）
蟹类	9	1.034 1	338.405 7	49	16 035.1	30.00	44.97	29.88
虾蛄类	3	0.451 0	147.588 2	24	7 853.9	10.00	19.61	14.63
鱼类	10	0.420 2	137.509 0	35	11 453.6	33.33	18.27	21.34
虾类	5	0.347 3	113.652 7	53	17 344.1	16.67	15.10	32.32
头足类	3	0.047 0	15.380 6	3	981.7	10.00	2.04	1.83
总计	30	2.299 6	752.536 2	164	53 668.4	100.00	100.00	100.00

表 5 - 261　小万山礁区本底调查对比区虾拖网中游泳生物各品种渔获统计及资源密度

种类	渔获量 （kg）	生物量资源密度 （kg/km²）	渔获数量 （尾）	数量资源密度 （尾/km²）	平均体重 （g/尾）
红星梭子蟹	0.380 0	124.353 7	7	2 290.7	54.3
锈斑蟳	0.238 0	77.884 7	2	654.5	119.0
香港蟳	0.232 0	75.921 2	17	5 563.2	13.6
刀额新对虾	0.228 0	74.612 2	20	6 544.9	11.4
断脊口虾蛄	0.190 0	62.176 8	12	3 927.0	15.8
黑斑口虾蛄	0.159 0	52.032 2	8	2 618.0	19.9
大鳞舌鳎	0.138 0	45.160 0	5	1 636.2	27.6
长叉口虾蛄	0.102 0	33.379 1	4	1 309.0	25.5

（续）

种类	渔获量 （kg）	生物量资源密度 （kg/km²）	渔获数量 （尾）	数量资源密度 （尾/km²）	平均体重 （g/尾）
孔鰕虎鱼	0.100 0	32.724 7	6	1 963.5	16.7
皮氏叫姑鱼	0.084 0	27.488 7	3	981.7	28.0
直额蟳	0.066 0	21.598 3	7	2 290.7	9.4
亨氏仿对虾	0.062 0	20.289 3	8	2 618.0	7.8
白姑鱼	0.052 0	17.016 8	10	3 272.5	5.2
疾进蟳	0.052 0	17.016 8	10	3 272.5	5.2
贪食鼓虾	0.049 0	16.035 1	20	6 544.9	2.5
日本蟳	0.027 0	8.835 7	1	327.2	27.0
杜氏枪乌贼	0.019 0	6.217 7	1	327.2	19.0
隆线强蟹	0.018 0	5.890 4	1	327.2	18.0
曼氏无针乌贼	0.016 0	5.235 9	1	327.2	16.0
六带石斑	0.014 0	4.581 5	1	327.2	14.0
变态蟳	0.012 0	3.927 0	3	981.7	4.0
拟矛尾鰕虎鱼	0.012 0	3.927 0	4	1 309.0	3.0
田乡枪乌贼	0.012 0	3.927 0	1	327.2	12.0
日本关公蟹	0.009 1	2.977 9	1	327.2	9.1
矛尾鰕虎鱼	0.008 6	2.814 3	1	327.2	8.6
黄斑篮子鱼	0.007 9	2.585 2	3	981.7	2.6
细巧仿对虾	0.006 5	2.127 1	4	1 309.0	1.6
大牙细棘鰕虎鱼	0.002 7	0.883 6	1	327.2	2.7
宽突赤虾	0.001 8	0.589 0	1	327.2	1.8
中线天竺鲷	0.001 0	0.327 2	1	327.2	1.0

　　本底调查，对比区虾拖网渔获游泳生物种类共 30 种，总渔获量为 2.299 6 kg，总渔获数量为 164 尾，总生物量资源密度为 752.536 2 kg/km²，总数量资源密度为 53 668.4 尾/km²。各类型的渔获量及生物量资源密度由大到小分别为蟹类、虾蛄类、鱼类、虾类和头足类，各类型的渔获数量及数量资源密度由大到小分别为虾类、蟹类、鱼类、虾蛄类和头足类。

　　游泳生物中单种渔获量及生物量资源密度最高的是红星梭子蟹，渔获数量及数量资源密度最高的是刀额新对虾和贪食鼓虾。

　　本底调查，对比区虾拖网渔获底栖贝类共 8 种，总渔获量为 1.568 1 kg，总生物量资源密度为 513.155 3 kg/km²，总渔获数量为 220 个，总数量资源密度为 71 994.2 个/km²。底栖贝类中单种渔获量及生物量资源密度最高的是棒锥螺，单种渔获数量及数量资源密度最高的是棒锥螺。

表 5-262　小万山礁区本底调查对比区虾拖网中底栖贝类渔获统计及资源密度

种类	渔获量 （kg）	生物量资源密度 （kg/km²）	渔获数量 （个）	数量资源密度 （个/km²）	平均体重 （g/个）
棒锥螺	0.728 0	238.235 5	120	39 269.6	6.1
文雅蛙螺	0.368 0	120.426 7	40	13 089.9	9.2
白龙骨乐飞螺	0.192 0	62.831 3	16	5 235.9	12.0
假奈拟塔螺	0.144 0	47.123 5	32	10 471.9	4.5
毛蚶	0.048 0	15.707 8	8	2 618.0	6.0
方斑东风螺	0.040 0	13.089 9	1	327.2	40.0
网纹扭螺	0.040 0	13.089 9	2	654.5	20.0
乳头真玉螺	0.008 1	2.650 7	1	327.2	8.1
总计	1.568 1	513.155 3	220	71 994.2	—

2. 流刺网调查结果

（1）礁区流刺网的渔获量及渔获率　表 5-263 和表 5-264 将流刺网在礁区捕获的游泳生物各种类的渔获量及渔获率由大到小进行了排列。

表 5-263　小万山礁区本底调查礁区流刺网中游泳生物各类型的渔获量及渔获率

类型	渔获种数 （种）	渔获量 （kg）	渔获率 [kg/(hm²·h)]	渔获数量 （尾）	数量渔获率 [尾/(hm²·h)]	种数百分比 （%）	生物量百分比 （%）	数量百分比 （%）
蟹类	9	14.792 0	12.503 8	245	207.1	34.62	45.09	37.40
鱼类	11	12.025 0	10.164 8	150	126.8	42.31	36.65	22.90
虾蛄类	3	5.595 0	4.729 5	245	207.1	11.54	17.05	37.40
虾类	3	0.395 0	0.333 9	15	12.7	11.54	1.20	2.29
总计	26	32.807 0	27.732 0	655	553.7	100.00	100.00	100.00

表 5-264　小万山礁区本底调查礁区流刺网中游泳生物各品种的渔获量及渔获率

种类	渔获量 （kg）	渔获率 [kg/(hm²·h)]	渔获数量 （尾）	数量渔获率 [尾/(hm²·h)]	平均体重 （g/尾）
红星梭子蟹	10.100 0	8.537 6	180	152.2	56.1
断脊口虾蛄	3.620 0	3.060 0	150	126.8	24.1
海鳗	3.415 0	2.886 7	10	8.5	341.5
皮氏叫姑鱼	2.915 0	2.464 1	55	46.5	53.0
大鳞舌鳎	1.745 0	1.475 1	30	25.4	58.2
口虾蛄	1.490 0	1.259 5	75	63.4	19.9
大鳞鳞鲬	1.365 0	1.153 8	5	4.2	273.0
绵蟹	1.245 0	1.052 4	5	4.2	249.0
银牙鰔	1.230 0	1.039 7	10	8.5	123.0
锈斑蟳	0.970 0	0.819 9	10	8.5	97.0

（续）

种类	渔获量 （kg）	渔获率 [kg/(hm²·h)]	渔获数量 （尾）	数量渔获率 [尾/(hm²·h)]	平均体重 （g/尾）
远海梭子蟹	0.735 0	0.621 3	5	4.2	147.0
三疣梭子蟹	0.580 0	0.490 3	5	4.2	116.0
隆线强蟹	0.575 0	0.486 1	25	21.1	23.0
鳗鲇	0.545 0	0.460 7	5	4.2	109.0
长叉口虾蛄	0.485 0	0.410 0	20	16.9	24.3
逍遥馒头蟹	0.450 0	0.380 4	5	4.2	90.0
孔鰕虎鱼	0.345 0	0.291 6	10	8.5	34.5
锦绣龙虾	0.260 0	0.219 8	5	4.2	52.0
棘头梅童鱼	0.175 0	0.147 9	5	4.2	35.0
中华小沙丁鱼	0.175 0	0.147 9	5	4.2	35.0
香港蟳	0.115 0	0.097 2	5	4.2	23.0
刀额新对虾	0.110 0	0.093 0	5	4.2	22.0
白姑鱼	0.070 0	0.059 2	10	8.5	7.0
中线天竺鲷	0.045 0	0.038 0	5	4.2	9.0
鹰爪虾	0.025 0	0.021 1	5	4.2	5.0
双斑蟳	0.021 5	0.018 2	5	4.2	4.3

本底调查，礁区流刺网渔获游泳生物种类共 26 种，总渔获量为 32.807 0 kg，总渔获数量为 655 尾，总渔获率为 27.732 0 kg/(hm²·h)，总数量渔获率为 553.7 尾/(hm²·h)。各类型的渔获量及渔获率由大到小分别为蟹类、鱼类、虾蛄类和虾类，各类型的渔获数量及数量渔获率由大到小分别为蟹类、虾蛄类、鱼类和虾类。

游泳生物中单种渔获量及渔获率最高的是红星梭子蟹，渔获数量及数量渔获率最高的是红星梭子蟹。

（2）对比区流刺网的渔获量及渔获率　表 5-265 和表 5-266 将流刺网在对比区捕获的游泳生物各种类的渔获量及渔获率由大到小进行了排列。

表 5-265　小万山礁区本底调查对比区流刺网中游泳生物各类型的渔获量及渔获率

类型	渔获种数 （种）	渔获量 （kg）	渔获率 [kg/(hm²·h)]	渔获数量 （尾）	数量渔获率 [尾/(hm²·h)]	种数百分比 （%）	生物量百分比 （%）	数量百分比 （%）
蟹类	3	16.012 5	12.317 3	190	146.2	25.00	60.24	35.19
虾蛄类	4	7.225 0	5.557 7	280	215.4	33.33	27.18	51.85
鱼类	5	3.344 5	2.572 7	70	53.8	41.67	12.58	12.96
总计	12	26.582 0	20.447 7	540	415.4	100.00	100.00	100.00

表5-266　小万山礁区本底调查对比区流刺网中游泳生物各品种的渔获量及渔获率

种类	渔获量 （kg）	渔获率 [kg/(hm²·h)]	渔获数量 （尾）	数量渔获率 [尾/(hm²·h)]	平均体重 （g/尾）
红星梭子蟹	15.740 0	12.107 7	180	138.5	87.4
断脊口虾蛄	4.030 0	3.100 0	165	126.9	24.4
口虾蛄	1.500 0	1.153 8	65	50.0	23.1
皮氏叫姑鱼	1.290 0	0.992 3	20	15.4	64.5
大鳞舌鳎	1.100 0	0.846 2	10	7.7	110.0
棘突猛虾蛄	0.970 0	0.746 2	25	19.2	38.8
中华小沙丁鱼	0.775 0	0.596 2	30	23.1	25.8
长叉口虾蛄	0.725 0	0.557 7	25	19.2	29.0
圆形鳞斑蟹	0.240 0	0.184 6	5	3.8	48.0
红狼牙鰕虎鱼	0.135 0	0.103 8	5	3.8	27.0
鹿斑鲾	0.044 5	0.034 2	5	3.8	8.9
隆线强蟹	0.032 5	0.025 0	5	3.8	6.5

本底调查，对比区流刺网渔获游泳生物种类共12种，总渔获量为26.582 0 kg，总渔获数量为540尾，总渔获率为20.447 7 kg/(hm²·h)，总数量渔获率为415.4尾/(hm²·h)。各类型的渔获量及渔获率由大到小分别为蟹类、虾蛄类和鱼类，各类型的渔获数量及数量渔获率由大到小分别为虾蛄类、蟹类和鱼类。

游泳生物中单种渔获量及渔获率最高的是红星梭子蟹，渔获数量及数量渔获率最高的是红星梭子蟹。

（二）跟踪调查结果

1. 虾拖网调查结果

（1）礁区虾拖网的渔获量及资源密度　表5-267至表5-269将虾拖网在礁区捕获的游泳生物各种类的渔获量及生物量资源密度由大到小进行了排列。

表5-267　小万山礁区跟踪调查礁区虾拖网中游泳生物各类型渔获统计及资源密度

类型	渔获种数 （种）	渔获量 （kg）	生物量资源密度 （kg/km²）	渔获数量 （尾）	数量资源密度 （尾/km²）	种数百分比 （%）	生物量百分比 （%）	数量百分比 （%）
鱼类	22	1.549 0	1 874.270 2	139	168 188.2	53.66	39.77	40.52
虾类	6	1.198 0	1 449.564 7	73	88 329.1	14.63	30.76	21.28
蟹类	8	0.734 0	888.130 6	103	124 628.7	19.51	18.84	30.03
虾蛄类	5	0.414 0	500.934 7	28	33 879.6	12.20	10.63	8.16
总计	41	3.895 0	4 712.900 3	343	415 025.6	100.00	100.00	100.00

表 5 - 268　小万山礁区跟踪调查礁区虾拖网中游泳生物各品种渔获统计及资源密度

种类	渔获量 （kg）	生物量资源密度 （kg/km²）	渔获数量 （尾）	数量资源密度 （尾/km²）	平均体重 （g/尾）
近缘新对虾	1.100 0	1 330.986 0	64	77 439.2	17.2
中线天竺鲷	0.308 0	372.676 1	68	82 279.1	4.5
猛虾蛄	0.281 0	340.006 4	8	9 679.9	35.1
鲕	0.233 0	281.927 0	2	2 420.0	116.5
锐齿蟳	0.230 0	278.297 1	20	24 199.7	11.5
直额蟳	0.220 0	266.197 2	48	58 079.4	4.6
斑点鸡笼鲳	0.211 0	255.307 3	1	1 210.0	211.0
大头白姑鱼	0.206 0	249.257 4	20	24 199.7	10.3
三疣梭子蟹	0.202 0	244.417 4	1	1 210.0	202.0
棕斑腹刺鲀	0.120 0	145.198 5	2	2 420.0	60.0
皮氏叫姑鱼	0.106 0	128.258 6	3	3 630.0	35.3
棘头梅童鱼	0.069 0	83.489 1	1	1 210.0	69.0
口虾蛄	0.053 0	64.129 3	6	7 259.9	8.8
矛尾鰕虎鱼	0.047 0	56.869 4	16	19 359.8	2.9
疾进蟳	0.046 0	55.659 4	22	26 619.7	2.1
长叉口虾蛄	0.045 0	54.449 4	1	1 210.0	45.0
李氏鲌	0.044 0	53.239 4	3	3 630.0	14.7
墨吉对虾	0.040 0	48.399 5	1	1 210.0	40.0
孔鰕虎鱼	0.036 0	43.559 5	2	2 420.0	18.0
半滑舌鳎	0.034 0	41.139 6	1	1 210.0	34.0
断脊口虾蛄	0.032 0	38.719 6	12	14 519.8	2.7
长毛对虾	0.030 0	36.299 6	2	2 420.0	15.0
毒鲉	0.029 0	35.089 6	2	2 420.0	14.5
香港蟳	0.026 0	31.459 7	6	7 259.9	4.3
杜氏叫姑鱼	0.018 0	21.779 8	2	2 420.0	9.0
丽叶鲹	0.016 0	19.359 8	1	1 210.0	16.0
周氏新对虾	0.016 0	19.359 8	2	2 420.0	8.0
乳香鱼	0.014 0	16.939 8	1	1 210.0	14.0
斑鳍白姑鱼	0.012 0	14.519 8	1	1 210.0	12.0
纤羊舌鲆	0.010 0	12.099 9	4	4 839.9	2.5
发光鲷	0.009 0	10.889 9	3	3 630.0	3.0
亨氏仿对虾	0.009 0	10.889 9	2	2 420.0	4.5
鹿斑鲾	0.009 0	10.889 9	2	2 420.0	4.5
卵鳎	0.007 0	8.469 9	1	1 210.0	7.0
细条天竺鱼	0.007 0	8.469 9	2	2 420.0	3.5
秀丽长方蟹	0.006 0	7.259 9	4	4 839.9	1.5

（续）

种类	渔获量 （kg）	生物量资源密度 （kg/km²）	渔获数量 （尾）	数量资源密度 （尾/km²）	平均体重 （g/尾）
拟矛尾鰕虎鱼	0.004 0	4.839 9	1	1 210.0	4.0
脊条褶虾蛄	0.003 0	3.630 0	1	1 210.0	3.0
太阳强蟹	0.003 0	3.630 0	1	1 210.0	3.0
细巧仿对虾	0.003 0	3.630 0	2	2 420.0	1.5
矛形梭子蟹	0.001 0	1.210 0	1	1 210.0	1.0

跟踪调查，珠海小万山礁区虾拖网渔获游泳生物种类共 41 种，总渔获量为 3.895 0 kg，总渔获数量为 343 尾，总生物量资源密度为 4 712.900 3 kg/km²，总数量资源密度为 415 025.6 尾/km²。各类型的渔获量及生物量资源密度由大到小分别为鱼类、虾类、蟹类和虾蛄类，各类型的渔获数量及数量资源密度由大到小分别为鱼类、蟹类、虾类和虾蛄类。

游泳生物中单种渔获量及生物量资源密度最高的是近缘新对虾，渔获数量及数量资源密度最高的是中线天竺鲷。

跟踪调查，礁区虾拖网渔获底栖贝类共 12 种，总渔获量为 0.568 0 kg，总生物量资源密度为 687.272 7 kg/km²，总渔获数量为 164 个，总数量资源密度为 198 437.9 个/km²。底栖贝类中单种渔获量及生物量资源密度最高的是棒锥螺，单种渔获数量及数量资源密度最高的是假奈拟塔螺。

表 5-269　小万山礁区跟踪调查礁区虾拖网中底栖贝类渔获统计及资源密度

种类	渔获量 （kg）	生物量资源密度 （kg/km²）	渔获数量 （个）	数量资源密度 （个/km²）	平均体重 （g/个）
棒锥螺	0.136 0	164.558 3	34	41 139.6	4.0
假奈拟塔螺	0.104 0	125.838 7	68	82 279.1	1.5
文雅蛙螺	0.086 0	104.058 9	3	3 630.0	28.7
白龙骨乐飞螺	0.082 0	99.219 0	36	43 559.5	2.3
浅缝骨螺	0.079 0	95.589 0	7	8 469.9	11.3
网纹扭螺	0.021 0	25.409 7	3	3 630.0	7.0
镶边鸟蛤	0.015 0	18.149 8	1	1 210.0	15.0
波纹巴非蛤	0.014 0	16.939 8	2	2 420.0	7.0
乳玉螺	0.010 0	12.099 9	3	3 630.0	3.3
黄短口螺	0.007 0	8.469 9	2	2 420.0	3.5
西格织纹螺	0.007 0	8.469 9	3	3 630.0	2.3
爪哇拟塔螺	0.007 0	8.469 9	2	2 420.0	3.5
总计	0.568 0	687.272 7	164	198 437.9	—

（2）对比区虾拖网的渔获量及资源密度　表 5-270 至表 5-272 将虾拖网在对比区捕

获的游泳生物各种类的渔获量及生物量资源密度由大到小进行了排列。

跟踪调查，对比区虾拖网渔获游泳生物种类共 31 种，总渔获量为 1.298 7 kg，总渔获数量为 142 尾，总生物量资源密度为 1 649.980 9 kg/km²，总数量资源密度为 180 409.1 尾/km²。各类型的渔获量及生物量资源密度由大到小分别为鱼类、蟹类、虾类和虾蛄类，各类型的渔获数量及数量资源密度由大到小分别为鱼类、蟹类、虾类和虾蛄类。

表 5 - 270　小万山礁区跟踪调查对比区虾拖网中游泳生物各类型渔获统计及资源密度

类型	渔获种数 （种）	渔获量 （kg）	生物量资源密度 （kg/km²）	渔获数量 （尾）	数量资源密度 （尾/km²）	种数百分比 （%）	生物量百分比 （%）	数量百分比 （%）
鱼类	17	0.429 9	546.182 2	53	67 335.8	54.84	33.10	37.32
蟹类	7	0.417 9	530.936 3	51	64 794.8	22.58	32.18	35.92
虾类	4	0.256 9	326.388 0	29	36 844.1	12.90	19.78	20.42
虾蛄类	3	0.194 0	246.474 4	9	11 434.4	9.68	14.94	6.34
总计	31	1.298 7	1 649.980 9	142	180 409.1	100.00	100.00	100.00

游泳生物中单种渔获量及生物量资源密度最高的是远海梭子蟹，渔获数量及数量资源密度最高的是疾进蚂。

表 5 - 271　小万山礁区跟踪调查对比区虾拖网中游泳生物各品种渔获统计及资源密度

种类	渔获量 （kg）	生物量资源密度 （kg/km²）	渔获数量 （尾）	数量资源密度 （尾/km²）	平均体重 （g/尾）
远海梭子蟹	0.209 0	265.531 7	1	1 270.5	209.0
近缘新对虾	0.140 0	177.868 1	9	11 434.4	15.6
猛虾蛄	0.109 0	138.483 0	3	3 811.5	36.3
大鳞鳞鲬	0.106 0	134.671 6	2	2 541.0	53.0
周氏新对虾	0.101 0	128.319 1	16	20 327.8	6.3
锐齿蚂	0.095 0	120.696 2	7	8 893.4	13.6
长叉口虾蛄	0.077 0	97.827 5	4	5 081.9	19.3
棘头梅童鱼	0.062 0	78.770 2	4	5 081.9	15.5
疾进蚂	0.054 0	68.606 3	29	36 844.1	1.9
棕斑腹刺鲀	0.049 0	62.253 8	1	1 270.5	49.0
直额蚂	0.038 0	48.278 5	9	11 434.4	4.2
凤鲚	0.034 0	43.196 5	2	2 541.0	17.0
二线天竺鲷	0.033 0	41.926 1	12	15 245.8	2.8
矛尾鰕虎鱼	0.030 0	38.114 6	12	15 245.8	2.5
拟矛尾鰕虎鱼	0.029 0	36.844 1	5	6 352.4	5.8
亨氏仿对虾	0.015 0	19.057 0	2	2 541.0	7.5
大头白姑鱼	0.014 0	17.786 8	2	2 541.0	7.0
孔鰕虎鱼	0.014 0	17.786 8	1	1 270.5	14.0

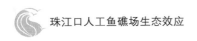
（续）

种类	渔获量 （kg）	生物量资源密度 （kg/km²）	渔获数量 （尾）	数量资源密度 （尾/km²）	平均体重 （g/尾）
李氏鲔	0.011 0	13.975 4	1	1 270.5	11.0
红星梭子蟹	0.010 0	12.704 9	1	1 270.5	10.0
半滑舌鳎	0.009 0	11.434 4	2	2 541.0	4.5
斑鳍白姑鱼	0.008 0	10.163 9	1	1 270.5	8.0
带鱼	0.008 0	10.163 9	4	5 081.9	2.0
口虾蛄	0.008 0	10.163 9	2	2 541.0	4.0
隆线强蟹	0.008 0	10.163 9	2	2 541.0	4.0
日本金线鱼	0.008 0	10.163 9	1	1 270.5	8.0
乳香鱼	0.008 0	10.163 9	1	1 270.5	8.0
卵鳎	0.004 1	5.209 0	1	1 270.5	4.1
秀丽长方蟹	0.003 9	4.954 9	2	2 541.0	2.0
纤羊舌鲆	0.002 8	3.557 4	1	1 270.5	2.8
细巧仿对虾	0.000 9	1.143 4	2	2 541.0	0.5

跟踪调查，对比区虾拖网渔获底栖贝类共7种（表5-272），总渔获量为0.183 1 kg，总生物量资源密度为232.626 1 kg/km²，总渔获数量为85个，总数量资源密度为107 991.4个/km²。底栖贝类中单种渔获量及生物量资源密度最高的是假奈拟塔螺，单种渔获数量及数量资源密度最高的是假奈拟塔螺。

表5-272　小万山礁区跟踪调查对比区虾拖网中底栖贝类渔获统计及资源密度

种类	渔获量 （kg）	生物量资源密度 （kg/km²）	渔获数量 （个）	数量资源密度 （个/km²）	平均体重 （g/个）
假奈拟塔螺	0.051 0	64.794 8	36	45 737.5	1.4
白龙骨乐飞螺	0.043 0	54.630 9	19	24 139.2	2.3
西格织纹螺	0.025 0	31.762 2	16	20 327.8	1.6
文雅蛙螺	0.018 0	22.868 8	1	1 270.5	18.0
习见蛙螺	0.016 0	20.327 8	1	1 270.5	16.0
泥螺	0.015 0	19.057 3	2	2 541.0	7.5
乳玉螺	0.011 3	14.356 5	2	2 541.0	5.7
光电螺	0.003 8	4.827 8	8	10 163.9	0.5
总计	0.183 1	232.626 1	85	107 991.4	—

2. 流刺网调查结果

（1）礁区流刺网的渔获量及渔获率　表5-273和表5-274将流刺网在礁区捕获的游泳生物各种类的渔获量及渔获率由大到小进行了排列。

跟踪调查，珠海小万山礁区流刺网渔获游泳生物种类共14种，总渔获量为4.457 0 kg，总渔获数量为88尾，总渔获率为14.508 5 kg/（hm²·h），总数量渔获率为286.5尾/（hm²·h）。

各类型的渔获量及渔获率由大到小分别为鱼类、虾蛄类，各类型的渔获数量及数量渔获率由大到小分别为鱼类、虾蛄类。

表 5-273　小万山礁区跟踪调查礁区流刺网中游泳生物各类型的渔获量及渔获率

类型	渔获种数（种）	渔获量（kg）	渔获率[kg/(hm²·h)]	渔获数量（尾）	数量渔获率[尾/(hm²·h)]	种数百分比（%）	生物量百分比（%）	数量百分比（%）
鱼类	13	4.237 0	13.792 3	82	266.9	92.86	95.06	93.18
虾蛄类	1	0.220 0	0.716 1	6	19.5	7.14	4.94	6.82
总计	14	4.457 0	14.508 5	88	286.5	100.00	100.00	100.00

游泳生物中单种渔获量及渔获率最高的是截尾白姑鱼，渔获数量及数量渔获率最高的是截尾白姑鱼。

表 5-274　小万山礁区跟踪调查礁区流刺网中游泳生物各品种的渔获量及渔获率

种类	渔获量（kg）	渔获率[kg/(hm²·h)]	渔获数量（尾）	数量渔获率[尾/(hm²·h)]	平均体重（g/尾）
截尾白姑鱼	1.996 0	6.497 4	36	117.2	55.4
长蛇鲻	0.434 0	1.412 8	6	19.5	72.3
浅色黄姑鱼	0.410 0	1.334 6	6	19.5	68.3
鲕	0.283 0	0.921 2	1	3.3	283.0
断脊口虾蛄	0.220 0	0.716 1	6	19.5	36.7
黄鳍鲷	0.199 0	0.647 8	1	3.3	199.0
杜氏叫姑鱼	0.172 0	0.559 9	24	78.1	7.2
少牙斑鲆	0.162 0	0.527 3	1	3.3	162.0
大鳞舌鳎	0.156 0	0.507 8	1	3.3	156.0
棕斑腹刺鲀	0.122 0	0.397 1	1	3.3	122.0
小黄鱼	0.116 0	0.377 6	1	3.3	116.0
六指马鲅	0.104 0	0.338 5	2	6.5	52.0
皮氏叫姑鱼	0.067 0	0.218 1	1	3.3	67.0
中华小沙丁鱼	0.016 0	0.052 1	1	3.3	16.0

（2）对比区流刺网的渔获量及渔获率　表 5-275 和表 5-276 将流刺网在对比区捕获的游泳生物各种类的渔获量及渔获率由大到小进行了排列。

跟踪调查，对比区流刺网渔获游泳生物种类共 11 种，均为鱼类，总渔获量为 2.420 0 kg，总渔获数量为 41 尾，总渔获率为 7.002 3 kg/(hm²·h)，总数量渔获率为 118.6 尾/(hm²·h)。

表 5-275　小万山礁区跟踪调查对比区流刺网中游泳生物各类型的渔获量及渔获率

类型	渔获种数（种）	渔获量（kg）	渔获率[kg/(hm²·h)]	渔获数量（尾）	数量渔获率[尾/(hm²·h)]	种数百分比（%）	生物量百分比（%）	数量百分比（%）
鱼类	11	2.420 0	7.002 3	41	118.6	100.00	100.00	100.00
总计	11	2.420 0	7.002 3	41	118.6	100.00	100.00	100.00

游泳生物中单种渔获量及渔获率最高的是羽鳃鲐，渔获数量及数量渔获率最高的是金色小沙丁鱼。

表 5-276　小万山礁区跟踪调查对比区流刺网中游泳生物各品种的渔获量及渔获率

种类	渔获量（kg）	渔获率[kg/(hm²·h)]	渔获数量（尾）	数量渔获率[尾/(hm²·h)]	平均体重（g/尾）
羽鳃鲐	0.950 0	2.748 8	7	20.3	135.7
金色小沙丁鱼	0.721 0	2.086 2	15	43.4	48.1
长蛇鲻	0.186 0	0.538 2	2	5.8	93.0
黄鲫	0.147 0	0.425 3	5	14.5	29.4
勒氏笛鲷	0.141 0	0.408 0	1	2.9	141.0
带纹条鳎	0.084 0	0.243 1	1	2.9	84.0
金带拟羊鱼	0.069 0	0.199 7	1	2.9	69.0
蓝圆鲹	0.045 0	0.130 2	1	2.9	45.0
截尾白姑鱼	0.042 0	0.121 6	6	17.4	7.0
二长棘鲷	0.024 0	0.069 4	1	2.9	24.0
印度鳓	0.011 0	0.031 8	1	2.9	11.0

（三）渔业资源增殖效果评估

1. 虾拖网调查

（1）游泳生物　虾拖网跟踪调查，礁区游泳生物的渔获种数是同期对比区调查的 1.32 倍（表 5-277），是本底调查的 1.32 倍。

虾拖网跟踪调查，礁区游泳生物的生物量资源密度是同期对比区调查的 2.86 倍，是本底调查的 5.60 倍，表明建礁后游泳生物生物量资源密度比建礁前有显著升高。

虾拖网跟踪调查，礁区游泳生物的数量资源密度是同期对比区调查的 2.30 倍，是本底调查的 6.58 倍，表明建礁后游泳生物数量资源密度比建礁前有显著升高。

表 5-277　小万山礁区虾拖网调查游泳生物渔获情况统计

项目	种数（种）		生物量资源密度（kg/km²）		数量资源密度（尾/km²）	
	礁区	对比区	礁区	对比区	礁区	对比区
本底调查	31	30	841.961 4	752.536 2	63 107.5	53 668.4
跟踪调查	41	31	4 712.900 3	1 649.980 9	415 025.6	180 409.1

（2）贝类　虾拖网跟踪调查，礁区底栖贝类的渔获种数是同期对比区调查的 1.50 倍（表 5-278），是本底调查的 1.71 倍，表明建礁后底栖贝类种数比建礁前有显著升高。

虾拖网跟踪调查，礁区底栖贝类的生物量资源密度是同期对比区调查的 2.95 倍，是本底调查的 1.70 倍，表明建礁后底栖贝类生物量资源密度比建礁前有显著升高。

虾拖网跟踪调查，礁区底栖贝类的数量资源密度是同期对比区调查的 1.84 倍，是本底调查的 2.32 倍，表明建礁后底栖贝类数量资源密度比建礁前有显著升高。

表 5-278 小万山礁区虾拖网调查底栖贝类渔获情况统计

项目	种数（种）		生物量资源密度（kg/km²）		数量资源密度（尾/km²）	
	礁区	对比区	礁区	对比区	礁区	对比区
本底调查	7	8	403.820 2	513.155 3	85 380.7	71 994.2
跟踪调查	12	8	687.272 7	232.626 1	198 437.9	107 991.4

2. 流刺网调查

流刺网跟踪调查，礁区游泳生物的渔获种数是同期对比区调查的 1.27 倍（表 5-279），是本底调查的和 0.54 倍。

流刺网跟踪调查，礁区游泳生物的生物量资源密度是同期对比区调查的 2.07 倍，是本底调查的 0.52 倍，表明建礁后游泳生物生物量资源密度比建礁前有所下降。

流刺网跟踪调查，礁区游泳生物的数量资源密度是同期对比区调查的 2.42 倍，是本底调查的 0.52 倍，表明建礁后游泳生物数量资源密度比建礁前有所下降。

表 5-279 小万山礁区流刺网调查游泳生物渔获情况统计

项目	种数（种）		渔获率［kg/(hm²·h)］		数量渔获率［尾/(hm²·h)］	
	礁区	对比区	礁区	对比区	礁区	对比区
本底调查	26	12	27.732 0	20.447 7	553.7	415.4
跟踪调查	14	11	14.508 5	7.002 3	286.5	118.6

二、竹洲-横洲礁区

（一）本底调查结果

1. 礁区的渔获量及资源密度

各季度本底调查礁区渔获统计及资源密度见表 5-280 和表 5-281。

表 5-280 竹洲-横州礁区本底调查礁区渔获统计

类型	渔获种数（种）				渔获量（kg）				渔获数量（尾）			
	春季	夏季	秋季	冬季	春季	夏季	秋季	冬季	春季	夏季	秋季	冬季
鱼类	5	27	16	10	0.184	2.938	0.422	0.347	23	209	20	14
虾类	5	8	3	4	0.055	0.232	0.026	0.041	23	29	25	18
蟹类	5	9	9	4	0.299	0.764	0.841	0.252	29	84	139	27
虾蛄类	4	4	3	4	0.400	1.068	0.302	0.450	17	40	30	22
头足类	3	1	1	0	0.052	0.121	0.015	0.000	5	4	1	0
贝类	7	16	11	5	0.152	2.090	2.646	0.182	91	669	1 182	125
总计	29	65	43	27	1.142	7.213	4.252	1.272	188	1 035	1 397	206

表5-281　竹洲-横洲礁区各季本底调查礁区渔获资源密度

类型	生物量资源密度（kg/km²）				数量资源密度（尾/km²）			
	春季	夏季	秋季	冬季	春季	夏季	秋季	冬季
鱼类	234.881	3 728.128	440.937	428.298	27 634.6	266 675.1	20 877.8	16 997.0
虾类	66.330	303.969	26.942	48.931	28 339.8	36 180.1	25 697.2	21 587.4
蟹类	372.992	1 015.311	846.331	307.845	36 141.0	111 004.6	139 308.1	33 125.0
虾蛄类	501.278	1 435.297	305.989	551.215	21 312.1	53 471.1	30 655.9	27 019.1
头足类	63.179	150.928	16.098	0.000	6 112.2	5 021.3	1 073.2	0.0
贝类	188.722	2 656.507	2 646.062	218.574	113 433.7	834 483.7	1 187 323.7	148 838.7
总计	1 427.382	9 290.141	4 282.359	1 554.863	232 973.4	1 306 835.9	1 404 935.9	247 567.2

渔业资源春季本底调查，礁区渔获渔业资源种类共29种，总渔获量为1.142 kg，总渔获数量为188尾，总生物量资源密度为1 427.382 kg/km²，总数量资源密度为232 973.4尾/km²。各类型的渔获量及生物量资源密度由大到小分别为虾蛄类、蟹类、鱼类、贝类、虾类、头足类。

渔业资源夏季本底调查，礁区渔获渔业资源种类共65种，总渔获量为7.213 kg，总渔获数量为1 035尾，总生物量资源密度为9 290.141 kg/km²，总数量资源密度为1 306 835.9尾/km²。各类型的渔获量及生物量资源密度由大到小分别为鱼类、贝类、虾蛄类、蟹类、虾类、头足类。

渔业资源秋季本底调查，礁区渔获渔业资源种类共43种，总渔获量为4.252 kg，总渔获数量为1 397尾，总生物量资源密度为4 282.359 kg/km²，总数量资源密度为1 404 935.9尾/km²。各类型的渔获量及生物量资源密度由大到小分别为贝类、蟹类、鱼类、虾蛄类、虾类、头足类。

渔业资源冬季本底调查，礁区渔获渔业资源种类共27种，总渔获量为1.272 kg，总渔获数量为206尾，总生物量资源密度为1 554.863 kg/km²，总数量资源密度为247 567.2尾/km²。各类型的渔获量及生物量资源密度由大到小分别为虾蛄类、鱼类、蟹类、贝类、虾类，没有渔获到头足类。

2. 对比区的渔获量及资源密度

各季度本底调查对比区渔获统计及资源密度见表5-282和表5-283。

渔业资源春季本底调查，对比区内渔获渔业资源种类共42种，总渔获量为1.509 kg，总渔获数量为671尾，总生物量资源密度为1 708.209 kg/km²，总数量资源密度为759 455.8尾/km²。各类型的渔获量及生物量资源密度由大到小分别为贝类、蟹类、鱼类、虾类、虾蛄类、头足类。

渔业资源夏季本底调查，对比区内渔获渔业资源种类共60种，总渔获量为6.788 kg，总渔获数量为2 393尾，总生物量资源密度为7 268.349 kg/km²，总数量资源密度为

$2\ 567\ 853.0$ 尾/km^2。各类型的渔获量及生物量资源密度由大到小分别为贝类、鱼类、蟹类、虾蛄类、虾类、头足类。

表 5-282 竹洲-横洲礁区本底调查对比区渔获统计

类型	渔获种数（种）				渔获量（kg）				渔获数量（尾）			
	春季	夏季	秋季	冬季	春季	夏季	秋季	冬季	春季	夏季	秋季	冬季
鱼类	9	16	11	13	0.171	1.185	0.686	0.361	49	157	25	59
虾类	5	8	3	6	0.158	0.268	0.042	0.117	69	73	11	39
蟹类	10	11	6	5	0.181	0.812	0.383	0.164	31	101	21	26
虾蛄类	1	5	3	4	0.089	0.509	0.678	0.319	9	39	35	26
头足类	2	2	4	2	0.046	0.198	0.166	0.041	5	7	8	2
贝类	15	18	8	11	0.864	3.816	1.981	0.790	508	2 016	817	474
总计	42	60	35	41	1.509	6.788	3.936	1.793	671	2 393	917	626

表 5-283 竹洲-横洲礁区本底调查对比区渔获资源密度

类型	生物量资源密度（kg/km^2）				数量资源密度（尾/km^2）			
	春季	夏季	秋季	冬季	春季	夏季	秋季	冬季
鱼类	184.241	1 265.575	623.021	411.307	54 510.1	168 408.0	23 337.8	68 327.2
虾类	181.735	287.388	41.916	135.213	79 287.2	78 132.7	10 555.0	44 512.4
蟹类	209.329	878.871	391.010	189.953	36 446.1	108 385.7	20 546.3	29 436.4
虾蛄类	98.294	554.411	636.672	362.385	10 359.8	42 184.3	32 423.4	29 436.4
头足类	51.322	212.307	146.508	47.589	5 553.9	7 662.9	7 005.2	2 248.6
贝类	983.288	4 069.797	1 955.359	898.146	573 298.7	2 163 079.4	799 093.5	542 837.7
总计	1 708.209	7 268.349	3 794.486	2 044.593	759 455.8	2 567 853.0	892 691.2	716 798.7

渔业资源秋季本底调查，对比区内渔获渔业资源种类共 35 种，总渔获量为 3.936 kg，总渔获数量为 917 尾，总生物量资源密度为 3 794.486 kg/km^2，总数量资源密度为 892 691.2 尾/km^2。各类型的渔获量及生物量资源密度由大到小分别为贝类、虾蛄类、鱼类、蟹类、头足类、虾类。

渔业资源冬季本底调查，对比区内渔获渔业资源种类共 41 种，总渔获量为 1.793 kg，总渔获数量为 626 尾，总生物量资源密度为 2 044.593 kg/km^2，总数量资源密度为 716 798.7 尾/km^2。各类型的渔获量及生物量资源密度由大到小分别为贝类、鱼类、虾蛄类、蟹类、虾类、头足类。

（二）跟踪调查结果

1. 礁区的渔获量及资源密度

各季度跟踪调查礁区渔获统计及资源密度见表 5-284 和表 5-285。

表 5-284　竹洲-横洲礁区跟踪调查礁区渔获统计

类型	渔获种数（种）				渔获量（kg）				渔获数量（尾）			
	春季	夏季	秋季	冬季	春季	夏季	秋季	冬季	春季	夏季	秋季	冬季
鱼类	32	35	31	16	4.291	6.097	15.898	3.273	771	302	706	1 113
虾类	10	10	9	5	2.519	6.265	0.95	0.963	1 122	653	186	480
蟹类	11	18	15	12	5.061	6.438	3.517	0.845	1 002	333	432	320
虾蛄类	5	7	4	2	4.623	5.173	2.783	2.197	287	389	174	174
头足类	2	4	2	2	0.039	0.783	0.278	0.064	3	27	19	12
贝类	13	20	14	10	5.871	2.457	1.783	1.181	4 669	695	912	1 100
总计	73	94	75	47	22.404	27.213	25.209	8.523	7 854	2 399	2 429	3 199

表 5-285　竹洲-横洲礁区跟踪调查礁区渔获资源密度

类型	生物量资源密度（kg/km²）				数量资源密度（尾/km²）			
	春季	夏季	秋季	冬季	春季	夏季	秋季	冬季
鱼类	1 923.808	2 630.449	6 905.332	1 450.134	346 194.0	131 656.7	305 537.3	494 687.0
虾类	1 131.045	2 728.189	404.920	435.216	508 013.4	284 607.8	79 355.8	216 913.3
蟹类	2 285.276	2 814.158	1 524.195	375.936	453 197.0	144 728.2	186 404.8	142 715.1
虾蛄类	2 058.834	2 254.347	1 190.914	977.132	127 935.8	170 111.1	74 476.8	77 757.0
头足类	17.733	334.431	119.224	27.990	1 356.2	11 536.3	8 116.5	5 289.4
贝类	2 655.943	1 076.551	760.837	524.929	2 122 382.2	304 427.7	388 282.5	488 940.5
总计	10 072.638	11 838.125	10 905.422	3 791.337	3 559 078.6	1 047 067.8	1 042 173.6	1 426 302.2

　　渔业资源春季跟踪调查，礁区渔获渔业资源种类共 73 种，总渔获量为 22.404 kg，总渔获数量为 7 854 尾，总生物量资源密度为 10 072.638 kg/km²，总数量资源密度为 3 559 078.6 尾/km²。各类型的渔获量及生物量资源密度由大到小分别为贝类、蟹类、虾蛄类、鱼类、虾类、头足类。

　　渔业资源夏季跟踪调查，礁区渔获渔业资源种类共 94 种，总渔获量为 27.213 kg，总渔获数量为 2 399 尾，总生物量资源密度为 11 838.125 kg/km²，总数量资源密度为 1 047 067.8 尾/km²。各类型的渔获量及生物量资源密度由大到小分别为蟹类、虾类、鱼类、虾蛄类、贝类、头足类。

　　渔业资源秋季跟踪调查，礁区渔获渔业资源种类共 75 种，总渔获量为 25.209 kg，总渔获数量为 2 429 尾，总生物量资源密度为 10 905.422 kg/km²，总数量资源密度为 1 042 173.6 尾/km²。各类型的渔获量及生物量资源密度由大到小分别为鱼类、蟹类、虾蛄类、贝类、虾类、头足类。

　　渔业资源冬季跟踪调查，礁区渔获渔业资源种类共 47 种，总渔获量为 8.523 kg，总渔获数量为 3 199 尾，总生物量资源密度为 3 791.337 kg/km²，总数量资源密度为 1 426 302.2 尾/km²。各类型的渔获量及生物量资源密度由大到小分别为鱼类、虾蛄类、贝类、虾类、蟹类、头足类。

2. 对比区的渔获量及资源密度

各季度跟踪调查对比区渔获统计及资源密度见表 5-286 和表 5-287。

表 5-286　竹洲-横洲礁区跟踪调查对比区渔获统计

类型	渔获种数（种）				渔获量（kg）				渔获数量（尾）			
	春季	夏季	秋季	冬季	春季	夏季	秋季	冬季	春季	夏季	秋季	冬季
鱼类	26	34	31	15	2.947	4.531	4.674	2.109	367	332	468	871
虾类	8	6	5	3	1.207	2.751	2.193	0.918	505	379	203	260
蟹类	9	14	10	8	3.602	2.273	3.033	0.565	597	273	308	489
虾蛄类	2	5	3	3	0.921	2.772	0.467	1.353	74	147	21	214
头足类	1	5	1	3	0.028	0.573	0.272	0.066	8	20	8	22
贝类	11	11	12	7	1.574	1.633	0.961	2.257	1 354	608	524	1 453
总渔获	57	75	62	39	10.279	14.533	11.600	7.268	2 905	1 759	1 532	3 309

表 5-287　竹洲-横洲礁区跟踪调查对比区渔获资源密度

类型	生物量资源密度（kg/km²）				数量资源密度（尾/km²）			
	春季	夏季	秋季	冬季	春季	夏季	秋季	冬季
鱼类	1 301.763	1 970.759	2 054.543	905.813	162 066.1	145 001.8	205 540.8	374 702.4
虾类	532.707	1 194.210	948.272	390.467	222 159.8	164 821.7	88 627.4	111 947.2
蟹类	1 584.040	996.401	1 329.692	242.460	32 348.7	119 588.5	135 167.8	213 885.2
虾蛄类	402.380	1 202.314	202.934	568.631	262 660.5	63 898.1	9 180.4	92 837.6
头足类	12.518	250.683	115.758	27.992	3 526.2	8 709.2	3 404.7	9 607.0
贝类	689.228	711.016	411.750	949.827	590 950.0	265 745.4	223 187.2	621 296.6
总计	4 522.635	6 325.383	5 062.950	3 085.189	1 273 711.5	767 764.6	665 108.2	1 424 276.1

渔业资源春季跟踪调查，对比区内渔获渔业资源种类共 57 种，总渔获量为 10.279 kg，总渔获数量为 2 905 尾，总生物量资源密度为 4 522.635 kg/km²，总数量资源密度为 1 273 711.5 尾/km²。各类型的渔获量及生物量资源密度由大到小分别为蟹类、鱼类、贝类、虾类、虾蛄类、头足类。

渔业资源夏季跟踪调查，对比区内渔获渔业资源种类共 75 种，总渔获量为 14.533 kg，总渔获数量为 1 759 尾，总生物量资源密度为 6 325.383 kg/km²，总数量资源密度为 767 764.6 尾/km²。各类型的渔获量及生物量资源密度由大到小分别为鱼类、虾蛄类、虾类、蟹类、贝类、头足类。

渔业资源秋季跟踪调查，对比区内渔获渔业资源种类共 62 种，总渔获量为 11.600 kg，总渔获数量为 1 532 尾，总生物量资源密度为 5 062.950 kg/km²，总数量资源密度为 665 108.2 尾/km²。各类型的渔获量及生物量资源密度由大到小分别为鱼类、蟹类、虾类、贝类、虾蛄类、头足类。

渔业资源冬季跟踪调查，对比区内渔获渔业资源种类共 39 种，总渔获量为 7.268 kg，总渔获数量为 3 309 尾，总生物量资源密度为 3 085.189 kg/km²，总数量资源密度为 1 424 276.1 尾/km²。各类型的渔获量及生物量资源密度由大到小分别为贝类、鱼类、虾蛄类、虾类、蟹类、头足类。

（三）渔业资源增殖效果评估

各季度本底和跟踪调查，礁区和对比区渔获统计对比见表 5 - 288 和表 5 - 289。

表 5 - 288　竹洲-横洲礁区各季度礁区本底和跟踪调查渔获统计

项目		种数（种）	生物量资源密度（kg/km²）	数量资源密度（尾/km²）
春季	本底	29	1 427.382	232 973.4
	跟踪	73	10 072.638	3 559 078.6
夏季	本底	65	9 290.141	1 306 835.9
	跟踪	94	11 838.125	1 047 067.8
秋季	本底	43	4 282.359	1 404 935.9
	跟踪	75	10 905.422	1 042 173.6
冬季	本底	27	1 554.863	247 567.2
	跟踪	47	3 791.337	1 426 302.2

表 5 - 289　竹洲-横洲礁区各季度对比区本底和跟踪调查渔获统计

项目		种数（种）	生物量资源密度（kg/km²）	数量资源密度（尾/km²）
春季	本底	42	1 708.209	759 455.8
	跟踪	57	4 522.635	1 273 711.5
夏季	本底	60	7 268.349	2 567 853.0
	跟踪	75	6 325.383	767 764.6
秋季	本底	35	3 794.486	892 691.2
	跟踪	62	5 062.950	665 108.2
冬季	本底	41	2 044.593	716 798.7
	跟踪	39	3 085.189	1 424 276.1

春季跟踪调查，礁区渔业资源的渔获种数是同期对比区调查的 1.28 倍，是同期本底调查的 2.52 倍；礁区渔业资源的生物量资源密度是同期对比区调查的 2.23 倍，是同期本底调查的 7.06 倍，表明建礁后渔业资源生物量资源密度比建礁前有显著升高；礁区渔业资源的数量资源密度是同期对比区调查的 2.79 倍，是同期本底调查的 15.28 倍，表明建礁后渔业资源数量资源密度比建礁前有显著升高。

夏季跟踪调查，礁区渔业资源的渔获种数是同期对比区调查的 1.25 倍，是同期本底调查的 1.45 倍；礁区渔业资源的生物量资源密度是同期对比区调查的 1.87 倍，是同期本底调查的 1.27 倍，表明建礁后渔业资源生物量资源密度比建礁前有所升高；礁区渔业资源的数量资源密度是同期对比区调查的 1.36 倍，是同期本底调查的 0.80 倍，表明建礁后渔业资源数量资源密度比建礁前未见增加。

秋季跟踪调查，礁区渔业资源的渔获种数是同期对比区调查的 1.21 倍，是同期本底调查的 1.74 倍；礁区渔业资源的生物量资源密度是同期对比区调查的 2.15 倍，是同期本底调查的 2.55 倍，表明建礁后渔业资源生物量资源密度比建礁前有显著升高；礁区渔业资源的数量资源密度是同期对比区调查的 1.57 倍，是同期本底调查的 0.74 倍，表明建礁后渔业资源数量资源密度比建礁前未见增加。

冬季跟踪调查，礁区渔业资源的渔获种数是同期对比区调查的 1.21 倍，是同期本底调查的 1.74 倍；礁区渔业资源的生物量资源密度是同期对比区调查的 1.23 倍，是同期本底调查的 2.44 倍，表明建礁后渔业资源生物量资源密度比建礁前有显著升高；礁区渔业资源的数量资源密度是同期对比区调查的 1.00 倍，是同期本底调查的 5.76 倍，表明建礁后渔业资源数量资源密度比建礁前有显著升高。

三、东澳礁区

（一）本底调查结果

1. 虾拖船调查结果

（1）礁区虾拖网的渔获量及资源密度 表 5-290 至表 5-292 将虾拖网在礁区捕获的游泳生物各种类的渔获量及生物量资源密度由大到小进行了排列。

东澳礁区虾拖网渔获游泳生物共 10 种，总渔获量为 0.275 0 kg，总渔获数量为 28 尾，总生物量资源密度为 164.986 8 kg/km²，总数量资源密度为 16 798.7 尾/km²。各类型的渔获量及生物量资源密度由大到小分别为虾蛄类、虾类、蟹类和鱼类，各类型的渔获数量及数量资源密度由大到小分别为虾蛄类、蟹类、鱼类和虾类。

表 5-290 东澳礁区本底调查礁区虾拖网中游泳生物各类型渔获统计及资源密度

类型	渔获种数（种）	渔获量（kg）	生物量资源密度（kg/km²）	渔获数量（尾）	数量资源密度（尾/km²）	种数百分比（%）	生物量百分比（%）	数量百分比（%）
虾蛄类	2	0.201 0	120.590 4	9	5 399.6	20.00	73.09	32.14
虾类	2	0.036 0	21.598 3	3	1 799.9	20.00	13.09	10.71
蟹类	2	0.022 0	13.198 9	8	4 799.6	20.00	8.00	28.57
鱼类	4	0.016 0	9.599 2	8	4 799.6	40.00	5.82	28.57
总计	10	0.275 0	164.986 8	28	16 798.7	100.00	100.00	100.00

游泳生物中单种渔获量及生物量资源密度最高的是棘突猛虾蛄，渔获数量及数量资源密度最高的是棘突猛虾蛄和双斑蟳。

表5-291　东澳礁区本底调查礁区虾拖网中游泳生物各品种渔获统计及资源密度

种类	渔获量 （kg）	生物量资源密度 （kg/km²）	渔获数量 （尾）	数量资源密度 （尾/km²）	平均体重 （g/尾）
棘突猛虾蛄	0.160 0	95.992 3	7	4 199.7	22.9
长叉口虾蛄	0.041 0	24.598 0	2	1 199.9	20.5
中型新对虾	0.031 0	18.598 5	1	600.0	31.0
双斑蟳	0.017 0	10.199 2	7	4 199.7	2.4
拟矛尾鰕虎鱼	0.006 0	3.599 7	2	1 199.9	3.0
亨氏仿对虾	0.005 0	2.999 8	2	1 199.9	2.5
矛尾鰕虎鱼	0.005 0	2.999 8	2	1 199.9	2.5
直额蟳	0.005 0	2.999 8	1	600.0	5.0
中线天竺鲷	0.003 0	1.799 9	3	1 799.9	1.0
叫姑鱼	0.002 0	1.199 9	1	600.0	2.0

礁区虾拖网渔获底栖贝类共 3 种，总渔获量为 0.028 0 kg/，总生物量资源密度为 16.798 7 kg/km²，总渔获数量为 8 个，总数量资源密度为 4 799.6 个/km²。底栖贝类中单种渔获量及生物量资源密度最高的是浅缝骨螺，单种渔获数量及数量资源密度最高的是浅缝骨螺。

表5-292　东澳礁区本底调查礁区虾拖网中底栖贝类渔获统计及资源密度

种类	渔获量 （kg）	生物量资源密度 （kg/km²）	渔获数量 （个）	数量资源密度 （个/km²）	平均体重 （g/个）
浅缝骨螺	0.013 0	7.799 4	4	2 399.8	3.3
棒锥螺	0.011 0	6.599 5	3	1 799.9	3.7
毛蚶	0.004 0	2.399 8	1	600.0	4.0
总计	0.028 0	16.798 7	8	4 799.6	—

（2）对比区虾拖网的渔获量及资源密度　表5-293 至表5-295 将虾拖网在对比区捕获的游泳生物各种类的渔获量及生物量资源密度由大到小进行了排列。

对比区虾拖网渔获游泳生物共 13 种，总渔获量为 0.321 0 kg，总渔获数量为 32 尾，总生物量资源密度为 192.584 6 kg/km²，总数量资源密度为 19 198.5 尾/km²。各种类的渔获量及生物量资源密度由大到小分别为鱼类、蟹类、虾蛄类和虾类，各类型的渔获数量及数量资源密度由大到小分别为虾蛄类、鱼类、蟹类和虾类。

表5-293　东澳礁区本底调查对比区虾拖网中游泳生物各类型渔获统计及资源密度

类型	渔获种数 （种）	渔获量 （kg）	生物量资源密度 （kg/km²）	渔获数量 （尾）	数量资源密度 （尾/km²）	种数百分比 （%）	生物量百分比 （%）	数量百分比 （%）
鱼类	5	0.101 5	60.895 1	8	4 799.6	38.46	31.62	25.00
蟹类	3	0.092 0	55.195 6	7	4 199.7	23.08	28.66	21.88
虾蛄类	2	0.073 5	44.096 5	10	5 999.5	15.38	22.90	31.25
虾类	3	0.054 0	32.397 4	7	4 199.7	23.08	16.82	21.88
总计	13	0.321 0	192.584 6	32	19 198.5	100.00	100.00	100.00

游泳生物中单种渔获量及生物量资源密度最高的是棘突猛虾蛄，渔获数量及数量资源密度最高的是棘突猛虾蛄。

表 5-294 东澳礁区本底调查对比区虾拖网中游泳生物各品种渔获统计及资源密度

种类	渔获量（kg）	生物量资源密度（kg/km²）	渔获数量（尾）	数量资源密度（尾/km²）	平均体重（g/尾）
棘突猛虾蛄	0.070 0	41.996 6	8	4 799.6	8.8
锈斑蟳	0.063 0	37.797 0	4	2 399.8	15.8
大鳞舌鳎	0.053 0	31.797 5	1	600.0	53.0
长毛对虾	0.045 0	26.997 8	1	600.0	45.0
疾进蟳	0.026 0	15.598 8	2	1 199.9	13.0
叫姑鱼	0.023 0	13.798 9	3	1 799.9	7.7
孔鰕虎鱼	0.013 0	7.799 4	1	600.0	13.0
矛尾鰕虎鱼	0.011 0	6.599 5	2	1 199.9	5.5
贪食鼓虾	0.005 0	2.999 8	5	2 999.8	1.0
刀额新对虾	0.004 0	2.399 8	1	600.0	4.0
长叉口虾蛄	0.003 5	2.099 8	2	1 199.9	1.8
隆线强蟹	0.003 0	1.799 9	1	600.0	3.0
中线天竺鲷	0.001 5	0.899 9	1	600.0	1.5

对比区虾拖网渔获底栖贝类共 2 种，总渔获量为 0.088 0 kg，总生物量资源密度为 52.795 8 kg/km²，总渔获数量为 14 个，总数量资源密度为 8 399.3 个/km²。底栖贝类中单种渔获量及生物量资源密度最高的是棒锥螺，单种渔获数量及数量资源密度最高的是棒锥螺。

表 5-295 东澳礁区本底调查对比区虾拖网中底栖贝类渔获统计及资源密度

种类	渔获量（kg）	生物量资源密度（kg/km²）	渔获数量（个）	数量资源密度（个/km²）	平均体重（g/个）
棒锥螺	0.070 0	41.996 6	9	5 399.6	7.8
浅缝骨螺	0.018 0	10.799 1	5	2 999.8	3.6
总计	0.088 0	52.795 8	14	8 399.3	—

2. 流刺网调查结果

（1）礁区流刺网的渔获量及渔获率 表 5-296 和表 5-297 将流刺网在礁区捕获的游泳生物各种类的渔获量及渔获率由大到小进行了排列。

东澳礁区流刺网渔获游泳生物共 22 种，总渔获量为 13.616 0 kg，总渔获数量为 206 尾，总渔获率为 22.358 0 kg/(hm²·h)，总数量渔获率为 338.3 尾/(hm²·h)。各类型的渔获量及渔获率由大到小分别为鱼类、虾蛄类和蟹类，各类型的渔获数量及数量渔获率由大到小分别为鱼类、虾蛄类和蟹类。

表5-296　东澳礁区本底调查礁区流刺网中游泳生物各类型的渔获量及渔获率

类型	渔获种数（种）	渔获量（kg）	渔获率[kg/(hm²·h)]	渔获数量（尾）	数量渔获率[尾/(hm²·h)]	种数百分比（%）	生物量百分比（%）	数量百分比（%）
鱼类	19	10.516 0	17.267 7	121	198.7	86.36	77.23	58.74
虾蛄类	2	2.550 0	4.187 2	84	137.9	9.09	18.73	40.78
蟹类	1	0.550 0	0.903 1	1	1.6	4.55	4.04	0.49
总计	22	13.616 0	22.358 0	206	338.3	100.00	100.00	100.00

游泳生物中单种渔获量及渔获率最高的是鮸状黄姑鱼，渔获数量及数量渔获率最高的是棘突猛虾蛄。

表5-297　东澳礁区本底调查礁区流刺网中游泳生物各品种的渔获量及渔获率

种类	渔获量（kg）	渔获率[kg/(hm²·h)]	渔获数量（尾）	数量渔获率[尾/(hm²·h)]	平均体重（g/尾）
鮸状黄姑鱼	5.350 0	8.784 9	54	88.7	99.1
棘突猛虾蛄	2.000 0	3.284 1	56	92.0	35.7
叫姑鱼	1.000 0	1.642 0	14	23.0	71.4
六指马鲅	0.650 0	1.067 3	15	24.6	43.3
日本金线鱼	0.650 0	1.067 3	9	14.8	72.2
海鳗	0.550 0	0.903 1	2	3.3	275.0
三疣梭子蟹	0.550 0	0.903 1	1	1.6	550.0
长叉口虾蛄	0.550 0	0.903 1	28	46.0	19.6
大鳞舌鳎	0.500 0	0.821 0	5	8.2	100.0
杂食豆齿鳗	0.450 0	0.738 9	1	1.6	450.0
云纹石斑鱼	0.350 0	0.574 7	1	1.6	350.0
截尾白姑鱼	0.200 0	0.328 4	4	6.6	50.0
银牙鰔	0.140 0	0.229 9	1	1.6	140.0
黑姑鱼	0.120 0	0.197 0	1	1.6	120.0
棕斑腹刺鲀	0.120 0	0.197 0	1	1.6	120.0
花斑短鳍蓑鲉	0.100 0	0.164 2	1	1.6	100.0
赤鼻棱鳀	0.091 0	0.149 4	6	9.9	15.2
龙头鱼	0.075 0	0.123 2	1	1.6	75.0
黑边豆娘鱼	0.060 0	0.098 5	1	1.6	60.0
短吻鲾	0.045 0	0.073 9	2	3.3	22.5
黄斑篮子鱼	0.035 0	0.057 5	1	1.6	35.0
五带豆娘鱼	0.030 0	0.049 3	1	1.6	30.0

（2）对比区流刺网的渔获量及渔获率　表5-298和表5-299将流刺网在对比区捕获的游泳生物各种类的渔获量及渔获率由大到小进行了排列。

对比区流刺网渔获游泳生物共31种，总渔获量为18.193 0 kg，总渔获数量为150

尾，总渔获率为 12.891 9 kg/(hm² · h)，总数量渔获率为 106.3 尾/(hm² · h)。各类型的渔获量及渔获率由大到小分别为鱼类、龙虾类（因龙虾个体较大，区别于其他虾类，此处予以单独列出）和虾类（不含龙虾，下同），各类型的渔获数量及数量渔获率由大到小分别为鱼类、龙虾类和虾类。

表 5 - 298　东澳礁区本底调查对比区流刺网中游泳生物各类型的渔获量及渔获率

类型	渔获种数（种）	渔获量（kg）	渔获率[kg/(hm² · h)]	渔获数量（尾）	数量渔获率[尾/(hm² · h)]	种数百分比（%）	生物量百分比（%）	数量百分比（%）
鱼类	28	14.985 0	10.618 6	134	95.0	90.32	82.37	89.33
龙虾类	1	3.000 0	2.125 9	12	8.5	3.23	16.49	8.00
虾类	2	0.208 0	0.147 4	4	2.8	6.45	1.14	2.67
总计	31	18.193 0	12.891 9	150	106.3	100.00	100.00	100.00

游泳生物中单种渔获量及渔获率最高的是美蝴蝶鱼，渔获数量及数量渔获率最高的是截尾白姑鱼。

表 5 - 299　东澳礁区本底调查对比区流刺网中游泳生物各品种的渔获量及渔获率

种类	渔获量（kg）	渔获率[kg/(hm² · h)]	渔获数量（尾）	数量渔获率[尾/(hm² · h)]	平均体重（g/尾）
美蝴蝶鱼	3.400 0	2.409 3	22	15.6	154.5
中国龙虾	3.000 0	2.125 9	12	8.5	250.0
截尾白姑鱼	2.800 0	1.984 1	39	27.6	71.8
星点东方鲀	1.500 0	1.062 9	9	6.4	166.7
平鲷	1.100 0	0.779 5	5	3.5	220.0
须拟鲉	0.900 0	0.637 8	8	5.7	112.5
细刺鱼	0.750 0	0.531 5	11	7.8	68.2
斜纹胡椒鲷	0.750 0	0.531 5	6	4.3	125.0
斑点鸡笼鲳	0.500 0	0.354 3	1	0.7	500.0
印度副绯鲤	0.470 0	0.333 0	1	0.7	470.0
黄鳍鲷	0.370 0	0.262 2	1	0.7	370.0
黄斑篮子鱼	0.290 0	0.205 5	2	1.4	145.0
细鳞紫鱼	0.285 0	0.202 0	1	0.7	285.0
杂斑狗母鱼	0.250 0	0.177 2	2	1.4	125.0
画眉笛鲷	0.230 0	0.163 0	1	0.7	230.0
褐菖鲉	0.216 0	0.153 1	4	2.8	54.0
肩环刺盖鱼	0.170 0	0.120 5	1	0.7	170.0
日本瞳鲬	0.170 0	0.120 5	1	0.7	170.0
勒氏笛鲷	0.140 0	0.099 2	1	0.7	140.0
长毛对虾	0.140 0	0.099 2	3	2.1	46.7
红双棘	0.120 0	0.085 0	1	0.7	120.0

（续）

种类	渔获量 （kg）	渔获率 [kg/(hm²·h)]	渔获数量 （尾）	数量渔获率 [尾/(hm²·h)]	平均体重 （g/尾）
中华单角鲀	0.120 0	0.085 0	1	0.7	120.0
静鳂	0.110 0	0.077 9	7	5.0	15.7
云纹石斑鱼	0.075 0	0.053 1	1	0.7	75.0
墨吉对虾	0.068 0	0.048 2	1	0.7	68.0
马夫鱼	0.060 0	0.042 5	1	0.7	60.0
黄鲈	0.057 0	0.040 4	1	0.7	57.0
双带天竺鲷	0.056 0	0.039 7	2	1.4	28.0
多鳞鳠	0.037 0	0.026 2	1	0.7	37.0
黑边单鳍鱼	0.030 0	0.021 3	2	1.4	15.0
小牙鲾	0.029 0	0.020 5	1	0.7	29.0

（二）跟踪调查结果

1. 虾拖船调查结果

（1）礁区虾拖网的渔获量及资源密度　表 5-300 至表 5-302 将虾拖网在礁区捕获的游泳生物各种类的渔获量及生物量资源密度由大到小进行了排列。

表 5-300　东澳礁区跟踪调查礁区虾拖网中游泳生物各类型渔获统计及资源密度

类型	渔获种数 （种）	渔获量 （kg）	生物量资源密度 （kg/km²）	渔获数量 （尾）	数量资源密度 （尾/km²）	种数百分比 （%）	生物量百分比 （%）	数量百分比 （%）
鱼类	11	0.752 0	668.391 0	50	44 440.9	40.74	53.95	52.08
虾蛄类	3	0.315 0	279.977 6	13	11 554.6	11.11	22.60	13.54
蟹类	6	0.188 0	167.097 7	14	12 443.4	22.22	13.49	14.58
头足类	2	0.081 0	71.994 2	7	6 221.7	7.41	5.81	7.29
虾类	5	0.058 0	51.551 4	12	10 665.8	18.52	4.16	12.50
总计	27	1.394 0	1 239.012 0	96	85 326.5	100.00	100.00	100.00

表 5-301　东澳礁区跟踪调查礁区虾拖网中游泳生物各品种渔获统计及资源密度

种类	渔获量 （kg）	生物量资源密度 （kg/km²）	渔获数量 （尾）	数量资源密度 （尾/km²）	平均体重 （g/尾）
龙头鱼	0.189 0	167.986 6	2	1 777.6	94.5
口虾蛄	0.140 0	124.434 5	6	5 332.9	23.3
短棘银鲈	0.129 0	114.657 5	7	6 221.7	18.4
黄斑篮子鱼	0.105 0	93.325 9	3	2 666.5	35.0
拟矛尾鰕虎鱼	0.101 0	89.770 6	16	14 221.1	6.3
断脊口虾蛄	0.100 0	88.881 8	5	4 444.1	20.0

（续）

种类	渔获量 （kg）	生物量资源密度 （kg/km²）	渔获数量 （尾）	数量资源密度 （尾/km²）	平均体重 （g/尾）
短吻鲾	0.077 0	68.439 0	8	7 110.5	9.6
杜氏枪乌贼	0.075 0	66.661 3	6	5 332.9	12.5
长叉口虾蛄	0.075 0	66.661 3	2	1 777.6	37.5
阿氏强蟹	0.068 0	60.439 6	3	2 666.5	22.7
卵鲾	0.064 0	56.884 3	5	4 444.1	12.8
锈斑蟳	0.062 0	55.106 7	1	888.8	62.0
叫姑鱼	0.041 0	36.441 5	2	1 777.6	20.5
周氏新对虾	0.030 0	26.664 5	2	1 777.6	15.0
变态蟳	0.025 0	22.220 4	5	4 444.1	5.0
黑尾吻鳗	0.015 0	13.332 3	1	888.8	15.0
大鳞舌鳎	0.013 0	11.554 6	1	888.8	13.0
隆线强蟹	0.013 0	11.554 6	1	888.8	13.0
疾进蟳	0.012 0	10.665 8	3	2 666.5	4.0
矛尾鰕虎鱼	0.010 0	8.888 2	4	3 555.3	2.5
贪食鼓虾	0.010 0	8.888 2	4	3 555.3	2.5
直额蟳	0.008 0	7.110 5	1	888.8	8.0
中线天竺鲷	0.008 0	7.110 5	1	888.8	8.0
柏氏四盘耳乌贼	0.006 0	5.332 9	1	888.8	6.0
宽突赤虾	0.006 0	5.332 9	1	888.8	6.0
细巧仿对虾	0.006 0	5.332 9	4	3 555.3	1.5
鹰爪虾	0.006 0	5.332 9	1	888.8	6.0

表 5-302　东澳礁区跟踪调查礁区虾拖网中底栖贝类渔获统计及资源密度

种类	渔获量 （kg）	生物量资源密度 （kg/km²）	渔获数量 （个）	数量资源密度 （个/km²）	平均体重 （g/个）
棒锥螺	0.160 0	142.210 8	28	24 886.9	5.7
假奈拟塔螺	0.128 0	113.768 7	104	92 437.0	1.2
西格织纹螺	0.024 0	21.331 6	12	10 665.8	2.0
犊纹芋螺	0.016 0	14.221 1	1	888.8	16.0
浅缝骨螺	0.016 0	14.221 1	4	3 555.3	4.0
白龙骨乐飞螺	0.012 0	10.665 8	8	7 110.5	1.5
方斑东风螺	0.001 0	0.888 8	1	888.8	1.0
双层笋螺	0.001 0	0.888 8	4	3 555.3	0.3
总计	0.358 0	318.196 8	162	143 988.5	—

　　跟踪调查，礁区虾拖网渔获游泳生物种类共27种，总渔获量为1.394 0 kg，总渔获数量为96尾，总生物量资源密度为1 239.012 0 kg/km²，总数量资源密度为85 326.5 尾/km²。

各类型的渔获量及生物量资源密度由大到小分别为鱼类、虾蛄类、蟹类、头足类和虾类，各类型的渔获数量及数量资源密度由大到小分别为鱼类、蟹类、虾蛄类、虾类和头足类。

游泳生物中单种渔获量及生物量资源密度最高的是龙头鱼，渔获数量及数量资源密度最高的是拟矛尾鰕虎鱼。

跟踪调查，礁区虾拖网渔获底栖贝类共 8 种，总渔获量为 0.358 0 kg，总生物量资源密度为 318.196 8 kg/km²，总渔获数量为 162 个，总数量资源密度为 143 988.5 个/km²。底栖贝类中单种渔获量及生物量资源密度最高的是棒锥螺，单种渔获数量及数量资源密度最高的是假奈拟塔螺。

（2）对比区虾拖网的渔获量及资源密度　表 5-303 至表 5-305 将虾拖网在对比区捕获的游泳生物各种类的渔获量及生物量资源密度由大到小进行了排列。

跟踪调查，对比区虾拖网渔获游泳生物种类共 19 种，总渔获量为 0.634 0 kg，总渔获数量为 50 尾，总生物量资源密度为 507.159 4 kg/km²，总数量资源密度为 39 996.8 尾/km²。各种类的渔获量及生物量资源密度由大到小分别为鱼类、虾蛄类、蟹类、虾类和头足类，各类型的渔获数量及数量资源密度由大到小分别为蟹类、鱼类、虾蛄类、虾类和头足类。

表 5-303　东澳礁区跟踪调查对比区虾拖网中游泳生物各类型渔获统计及资源密度

类型	渔获种数（种）	渔获量（kg）	生物量资源密度（kg/km²）	渔获数量（尾）	数量资源密度（尾/km²）	种数百分比（%）	生物量百分比（%）	数量百分比（%）
鱼类	10	0.198 0	158.387 3	14	11 199.1	52.63	31.23	28.00
虾蛄类	2	0.185 0	147.988 2	13	10 399.2	10.53	29.18	26.00
蟹类	4	0.118 0	94.392 4	15	11 999.0	21.05	18.61	30.00
虾类	2	0.090 0	71.994 2	5	3 999.7	10.53	14.20	10.00
头足类	1	0.043 0	34.397 2	3	2 399.8	5.26	6.78	6.00
总计	19	0.634 0	507.159 4	50	39 996.8	100.00	100.00	100.00

游泳生物中单种渔获量及生物量资源密度最高的是口虾蛄，渔获数量及数量资源密度最高的是直额鲟。

表 5-304　东澳礁区跟踪调查对比区虾拖网中游泳生物各品种渔获统计及资源密度

种类	渔获量（kg）	生物量资源密度（kg/km²）	渔获数量（尾）	数量资源密度（尾/km²）	平均体重（g/尾）
口虾蛄	0.135 0	107.991 4	5	3 999.7	27.0
直额鲟	0.080 0	63.994 9	9	7 199.4	8.9
叫姑鱼	0.060 0	47.996 2	5	3 999.7	12.0
断脊口虾蛄	0.050 0	39.996 8	8	6 399.5	6.3
近缘新对虾	0.045 0	35.997 1	3	2 399.8	15.0
周氏新对虾	0.045 0	35.997 1	2	1 599.9	22.5
银牙鰔	0.044 0	35.197 2	1	799.9	44.0

（续）

种类	渔获量 （kg）	生物量资源密度 （kg/km²）	渔获数量 （尾）	数量资源密度 （尾/km²）	平均体重 （g/尾）
杜氏枪乌贼	0.043 0	34.397 2	3	2 399.8	14.3
白姑鱼	0.030 0	23.998 1	1	799.9	30.0
短棘银鲈	0.023 0	18.398 5	1	799.9	23.0
疾进蟳	0.020 0	15.998 7	4	3 199.7	5.0
大鳞舌鳎	0.016 0	12.799 0	1	799.9	16.0
隆线强蟹	0.014 0	11.199 1	1	799.9	14.0
中线天竺鲷	0.008 9	7.119 4	1	799.9	8.9
短吻鲾	0.007 0	5.599 6	1	799.9	7.0
拟矛尾鰕虎鱼	0.005 0	3.999 7	1	799.9	5.0
刺足掘沙蟹	0.004 0	3.199 7	1	799.9	4.0
鹿斑鲾	0.002 1	1.679 9	1	799.9	2.1
矛尾鰕虎鱼	0.002 0	1.599 9	1	799.9	2.0

　　跟踪调查，对比区虾拖网渔获底栖贝类共5种，总渔获量为0.190 0 kg，总生物量资源密度为151.987 8 kg/km²，总渔获数量为77个，总数量资源密度为61 595.1个/km²。底栖贝类中单种渔获量及生物量资源密度最高的是浅缝骨螺，单种渔获数量及数量资源密度最高的是假奈拟塔螺。

表5-305　东澳礁区跟踪调查对比区虾拖网中底栖贝类渔获统计及资源密度

种类	渔获量 （kg）	生物量资源密度 （kg/km²）	渔获数量 （个）	数量资源密度 （个/km²）	平均体重 （g/个）
浅缝骨螺	0.099 0	79.193 7	9	7 199.4	11.0
假奈拟塔螺	0.058 0	46.396 3	52	41 596.7	1.1
西格织纹螺	0.020 0	15.998 7	10	7 999.4	2.0
白龙骨乐飞螺	0.010 0	7.999 4	5	3 999.7	2.0
毛蚶	0.003 0	2.399 8	1	799.9	3.0
总计	0.190 0	151.987 8	77	61 595.1	—

2. 流刺网调查结果

（1）礁区流刺网的渔获量及渔获率　表5-306和表5-307将流刺网在礁区捕获的游泳生物各种类的渔获量及渔获率由大到小进行了排列。

　　跟踪调查，礁区流刺网渔获游泳生物种类共有34种，总渔获量为9.629 0 kg，总渔获数量为276尾，总渔获率为10.270 9 kg/（hm²·h），总数量渔获率为294.4尾/（hm²·h）。各类型的渔获量及渔获率由大到小分别为鱼类、虾蛄类、蟹类和虾类，各类型的渔获数量及数量渔获率由大到小分别为鱼类、虾蛄类、蟹类和虾类。

表 5-306　东澳礁区跟踪调查礁区流刺网中游泳生物各类型的渔获量及渔获率

类型	渔获种数 （种）	渔获量 （kg）	渔获率 [kg/(hm²·h)]	渔获数量 （尾）	数量渔获率 [尾/(hm²·h)]	种数百分比 （%）	生物量百分比 （%）	数量百分比 （%）
鱼类	19	7.790 0	8.309 3	154	164.3	55.88	80.90	55.80
虾蛄类	4	1.058 0	1.128 5	61	65.1	11.76	10.99	22.10
蟹类	9	0.749 0	0.798 9	59	62.9	26.47	7.78	21.38
虾类	2	0.032 0	0.034 1	2	2.1	5.88	0.33	0.72
总计	34	9.629 0	10.270 9	276	294.4	100.00	100.00	100.00

　　游泳生物中单种渔获量及渔获率最高的是大鳞舌鳎，渔获数量及数量渔获率最高的也是大鳞舌鳎。

表 5-307　东澳礁区跟踪调查礁区流刺网中游泳生物各品种的渔获量及渔获率

种类	渔获量 （kg）	渔获率 [kg/(hm²·h)]	渔获数量 （尾）	数量渔获率 [尾/(hm²·h)]	平均体重 （g/尾）
大鳞舌鳎	2.593 0	2.765 9	41	43.7	63.2
白姑鱼	1.682 0	1.794 1	28	29.9	60.1
叫姑鱼	1.046 0	1.115 7	19	20.3	55.1
海鳗	0.907 0	0.967 5	1	1.1	907.0
鲥	0.713 0	0.760 5	4	4.3	178.3
断脊口虾蛄	0.490 0	0.522 7	26	27.7	18.8
口虾蛄	0.275 0	0.293 3	24	25.6	11.5
绵蟹	0.248 0	0.264 5	1	1.1	248.0
棘突猛虾蛄	0.203 0	0.216 5	7	7.5	29.0
直额蟳	0.182 0	0.194 1	23	24.5	7.9
晶莹蟳	0.147 0	0.156 8	9	9.6	16.3
鮸状黄姑鱼	0.129 0	0.137 6	1	1.1	129.0
阿氏强蟹	0.121 0	0.129 1	30	32.0	4.0
大甲鲹	0.105 0	0.112 0	1	1.1	105.0
秀丽长方蟹	0.098 0	0.104 5	13	13.9	7.5
长叉口虾蛄	0.090 0	0.096 0	4	4.3	22.5
鹿斑鲾	0.080 0	0.085 3	13	13.9	6.2
铅点东方鲀	0.070 0	0.074 7	1	1.1	70.0
中线天竺鲷	0.070 0	0.074 7	5	5.3	14.0
多齿蛇鲻	0.060 0	0.064 0	2	2.1	30.0
孔鰕虎鱼	0.055 0	0.058 7	2	2.1	27.5
黄斑篮子鱼	0.038 0	0.040 5	1	1.1	38.0
勒氏短须石首鱼	0.036 0	0.038 4	1	1.1	36.0
褐菖鲉	0.030 0	0.032 0	1	1.1	30.0

（续）

种类	渔获量 （kg）	渔获率 [kg/(hm²·h)]	渔获数量 （尾）	数量渔获率 [尾/(hm²·h)]	平均体重 （g/尾）
短吻鳎	0.027 0	0.028 8	1	1.1	27.0
隆线强蟹	0.025 0	0.026 7	3	3.2	8.3
疣鲉	0.024 0	0.025 6	1	1.1	24.0
七刺栗壳蟹	0.020 0	0.021 3	3	3.2	6.7
鹰爪虾	0.019 0	0.020 3	1	1.1	19.0
疾进蟳	0.017 0	0.018 1	5	5.3	3.4
周氏新对虾	0.013 0	0.013 9	1	1.1	13.0
疣面关公蟹	0.008 0	0.008 5	1	1.1	8.0
矛形梭子蟹	0.004 0	0.004 3	1	1.1	4.0
拟矛尾鰕虎鱼	0.004 0	0.004 3	1	1.1	4.0

（2）对比区流刺网的渔获量及渔获率　表5-308和表5-309将流刺网在对比区捕获的游泳生物各种类的渔获量及渔获率由大到小进行了排列。

跟踪调查，对比区流刺网渔获游泳生物共有25种，总渔获量为4.291 0 kg，总渔获数量为174尾，总渔获率为4.577 1 kg/(hm²·h)，总数量渔获率为185.6尾/(hm²·h)。各类型的渔获量及渔获率由大到小分别为鱼类、虾蛄类和蟹类，各类型的渔获数量及数量渔获率由大到小分别为鱼类、虾蛄类和蟹类。

表5-308　东澳礁区跟踪调查对比区流刺网中游泳生物各类型的渔获量及渔获率

类型	渔获种数 （种）	渔获量 （kg）	渔获率 [kg/(hm²·h)]	渔获数量 （尾）	数量渔获率 [尾/(hm²·h)]	种数百分比 （%）	生物量百分比 （%）	数量百分比 （%）
鱼类	15	2.608 0	2.781 9	97	103.5	60.00	60.78	55.75
虾蛄类	3	1.103 0	1.176 5	54	57.6	12.00	25.70	31.03
蟹类	7	0.580 0	0.618 7	23	24.5	28.00	13.52	13.22
总计	25	4.291 0	4.577 1	174	185.6	100.00	100.00	100.00

游泳生物中单种渔获量及渔获率最高的是叫姑鱼，渔获数量及数量渔获率最高的是口虾蛄。

表5-309　东澳礁区跟踪调查对比区流刺网中游泳生物各品种的渔获量及渔获率

种类	渔获量 （kg）	渔获率 [kg/(hm²·h)]	渔获数量 （尾）	数量渔获率 [尾/(hm²·h)]	平均体重 （g/尾）
叫姑鱼	1.037 0	1.106 1	22	23.5	47.1
口虾蛄	0.684 0	0.729 6	33	35.2	20.7
大鳞舌鳎	0.640 0	0.682 7	10	10.7	64.0
绵蟹	0.440 0	0.469 3	1	1.1	440.0
断脊口虾蛄	0.350 0	0.373 3	19	20.3	18.4
银牙鳒	0.229 0	0.244 3	2	2.1	114.5

（续）

种类	渔获量 (kg)	渔获率 [kg/(hm²·h)]	渔获数量 (尾)	数量渔获率 [尾/(hm²·h)]	平均体重 (g/尾)
白姑鱼	0.149 0	0.158 9	3	3.2	49.7
截尾白姑鱼	0.129 0	0.137 6	2	2.1	64.5
阿氏强蟹	0.108 0	0.115 2	29	30.9	3.7
直额蟳	0.104 0	0.110 9	14	14.9	7.4
褐菖鲉	0.081 0	0.086 4	2	2.1	40.5
鹿斑鲾	0.072 0	0.076 8	12	12.8	6.0
棘突猛虾蛄	0.069 0	0.073 6	2	2.1	34.5
多齿蛇鲻	0.052 0	0.055 5	1	1.1	52.0
疣鲉	0.028 0	0.029 9	1	1.1	28.0
中线天竺鲷	0.024 0	0.025 6	2	2.1	12.0
康氏小公鱼	0.020 0	0.021 3	8	8.5	2.5
宽条天竺鱼	0.020 0	0.021 3	1	1.1	20.0
七刺栗壳蟹	0.020 0	0.021 3	4	4.3	5.0
孔鰕虎鱼	0.015 0	0.016 0	1	1.1	15.0
光辉圆扇蟹	0.005 0	0.005 3	1	1.1	5.0
隆线强蟹	0.005 0	0.005 3	1	1.1	5.0
二长棘鲷	0.004 0	0.004 3	1	1.1	4.0
缺刻矶蟹	0.003 0	0.003 2	1	1.1	3.0
秀丽长方蟹	0.003 0	0.003 2	1	1.1	3.0

（三）渔业资源增殖效果评估

1. 虾拖网调查

（1）游泳生物　虾拖网跟踪调查，礁区游泳生物的渔获种数是同期对比区调查的1.42倍（表5-310），是本底调查的2.70倍。

虾拖网跟踪调查，礁区游泳生物的生物量资源密度是同期对比区调查的2.44倍，是本底调查的7.51倍，表明建礁后游泳生物生物量资源密度比建礁前有升高。

虾拖网跟踪调查，礁区游泳生物的数量资源密度是同期对比区调查的2.13倍，是本底调查的5.08倍，表明建礁后游泳生物数量资源密度比建礁前有升高。

表5-310　东澳礁区虾拖网调查游泳生物渔获情况统计

项目	种数（种）		生物量资源密度（kg/km²）		数量资源密度（尾/km²）	
	礁区	对比区	礁区	对比区	礁区	对比区
本底调查	10	13	164.986 8	192.584 6	16 798.7	19 198.5
跟踪调查	27	19	1 239.012 0	507.159 4	85 326.5	39 996.8

（2）贝类 虾拖网跟踪调查，礁区底栖贝类的渔获种数是同期对比区调查的 1.60 倍，是本底调查的 2.67 倍（表 5-311），表明建礁后礁区底栖贝类种数比建礁前有明显升高。

虾拖网跟踪调查，礁区底栖贝类的生物量资源密度是同期对比区调查的 2.09 倍，是本底调查的 18.94 倍，表明建礁后礁区底栖贝类生物量资源密度有明显升高。

虾拖网跟踪调查，礁区底栖贝类的数量资源密度是同期对比区调查的 2.34 倍，是本底调查的 30.00 倍，表明建礁后礁区底栖贝类生物量资源密度有明显升高。

表 5-311 东澳礁区虾拖网调查底栖贝类渔获情况统计

项目	种数（种）		生物量资源密度（kg/km²）		数量资源密度（尾/km²）	
	礁区	对比区	礁区	对比区	礁区	对比区
本底调查	3	2	16.798 7	52.795 8	4 799.6	8 399.3
跟踪调查	8	5	318.196 8	151.987 8	143 988.5	61 595.1

2. 流刺网调查

流刺网跟踪调查，礁区游泳生物的渔获种数是同期对比区调查的 1.36 倍（表 5-312），是本底调查的 1.55 倍。

流刺网跟踪调查，礁区游泳生物的生物量资源密度是同期对比区调查的 2.24 倍，是本底调查的 0.46 倍，表明建礁后游泳生物生物量资源密度比建礁前有所降低。

流刺网跟踪调查，礁区游泳生物的数量资源密度是同期对比区调查的 1.59 倍，是本底调查的 0.87 倍，表明建礁后礁区游泳生物数量资源密度比建礁前有所降低。

表 5-312 东澳礁区流刺网调查游泳生物渔获情况统计

项目	种数（种）		渔获率［kg/(hm²·h)］		数量渔获率［尾/(hm²·h)］	
	礁区	对比区	礁区	对比区	礁区	对比区
本底调查	22	31	22.358 0	12.891 9	338.3	106.3
跟踪调查	34	25	10.270 9	4.577 1	294.4	185.6

四、外伶仃礁区

（一）本底调查结果

1. 虾拖网调查结果

（1）礁区虾拖网的渔获量及资源密度 表 5-313 至表 5-315 将虾拖网在礁区捕获的游泳生物各种类的渔获量及生物量资源密度由大到小进行了排列。

礁区虾拖网渔获游泳生物共 23 种，总渔获量为 3.040 0 kg，总渔获数量为 78 尾，总生物量资源密度为 2 431.805 5 kg/km²，总数量资源密度为 62 395.0 尾/km²。各类型的渔获量及生物量资源密度由大到小分别为鱼类、蟹类、虾蛄类和虾类，各类型的渔获数量及数量资源密度由大到小分别为蟹类、鱼类、虾蛄类和虾类。

表 5-313　外伶仃礁区本底调查礁区虾拖网中游泳生物各类型渔获统计及资源密度

类型	渔获种数（种）	渔获量（kg）	生物量资源密度（kg/km²）	渔获数量（尾）	数量资源密度（尾/km²）	种数百分比（%）	生物量百分比（%）	数量百分比（%）
鱼类	9	2.123 0	1 698.264 1	18	14 398.8	39.13	69.84	23.08
蟹类	7	0.719 0	575.154 0	45	35 997.1	30.43	23.65	57.69
虾蛄类	3	0.184 0	147.188 2	11	8 799.3	13.04	6.05	14.10
虾类	4	0.014 0	11.199 1	4	3 199.7	17.39	0.46	5.13
总计	23	3.040 0	2 431.805 5	78	62 395.0	100.00	100.00	100.00

游泳生物中单种渔获量及生物量资源密度最高的是斑点鸡笼鲳，渔获数量及数量资源密度最高的是直额蟳。

表 5-314　外伶仃礁区本底调查礁区虾拖网中游泳生物各品种渔获统计及资源密度

种类	渔获量（kg）	生物量资源密度（kg/km²）	渔获数量（尾）	数量资源密度（尾/km²）	平均体重（g/尾）
斑点鸡笼鲳	1.725 0	1 379.889 6	2	1 599.9	862.5
三疣梭子蟹	0.490 0	391.968 6	2	1 599.9	245.0
大鳞舌鳎	0.212 0	169.586 4	4	3 199.7	53.0
直额蟳	0.175 0	139.988 8	20	15 998.7	8.8
大鳞鳞鲬	0.086 0	68.794 5	1	799.9	86.0
断脊口虾蛄	0.066 0	52.795 8	7	5 599.6	9.4
口虾蛄	0.062 0	49.596 0	3	2 399.8	20.7
棘突猛虾蛄	0.056 0	44.796 4	1	799.9	56.0
四线天竺鲷	0.036 0	28.797 7	3	2 399.8	12.0
青缨鲆	0.026 0	20.798 3	3	2 399.8	8.7
卵鳎	0.022 0	17.598 6	2	1 599.9	11.0
远海梭子蟹	0.020 0	15.998 7	17	13 598.9	1.2
拟矛尾鰕虎鱼	0.012 0	9.599 2	1	799.9	12.0
武士蟳	0.012 0	9.599 2	3	2 399.8	4.0
阿氏强蟹	0.008 0	6.399 5	1	799.9	8.0
隆线强蟹	0.008 0	6.399 5	1	799.9	8.0
锈斑蟳	0.006 0	4.799 6	1	799.9	6.0
硬壳赤虾	0.006 0	4.799 6	1	799.9	6.0
脊尾白虾	0.003 0	2.399 8	1	799.9	3.0
中华管鞭虾	0.003 0	2.399 8	1	799.9	3.0
丽叶鲹	0.002 0	1.599 9	1	799.9	2.0
矛尾鰕虎鱼	0.002 0	1.599 9	1	799.9	2.0
细巧仿对虾	0.002 0	1.599 9	1	799.9	2.0

礁区虾拖网共渔获底栖贝类5种，总渔获量为0.063 0 kg，总生物量资源密度为50.396 0 kg/km²，总渔获数量为6个，总数量资源密度为4 799.6个/km²。底栖贝类中单种渔获量及生物量资源密度最高的是黄短口螺，单种渔获数量及数量资源密度最高的是衣硬篮蛤。

表5-315　外伶仃礁区本底调查礁区虾拖网中底栖贝类渔获统计及资源密度

种类	渔获量（kg）	生物量资源密度（kg/km²）	渔获数量（个）	数量资源密度（个/km²）	平均体重（g/个）
黄短口螺	0.024 0	19.198 5	1	799.9	24.0
褶牡蛎	0.013 0	10.399 2	1	799.9	13.0
浅缝骨螺	0.012 0	9.599 2	1	799.9	12.0
衣硬篮蛤	0.011 0	8.799 3	2	1 599.9	5.5
淡黄笔螺	0.003 0	2.399 8	1	799.9	3.0
总计	0.063 0	50.396 0	6	4 799.6	—

（2）对比区虾拖网的渔获量及资源密度　表5-316至表5-318将虾拖网在对比区捕获的游泳生物各种类的渔获量及生物量资源密度由大到小进行了排列。

对比区虾拖网渔获游泳生物共18种，总渔获量为1.414 0 kg，总渔获数量为153尾，总生物量资源密度为848.332 1 kg/km²，总数量资源密度为91 792.7尾/km²。各种类的渔获量及生物量资源密度由大到小分别为鱼类、蟹类、虾类和虾蛄类，各类型的渔获数量及数量资源密度由大到小分别为鱼类、蟹类、虾类和虾蛄类。

表5-316　外伶仃礁区本底调查对比区虾拖网中游泳生物各类型渔获统计及资源密度

类型	渔获种数（种）	渔获量（kg）	生物量资源密度（kg/km²）	渔获数量（尾）	数量资源密度（尾/km²）	种数百分比（%）	生物量百分比（%）	数量百分比（%）
鱼类	9	1.000 0	599.952 0	70	41 996.6	50.00	70.72	45.75
蟹类	4	0.331 0	198.584 1	65	38 996.9	22.22	23.41	42.48
虾类	3	0.045 0	26.997 8	14	8 399.3	16.67	3.18	9.15
虾蛄类	2	0.038 0	22.798 2	4	2 399.8	11.11	2.69	2.61
总计	18	1.414 0	848.332 1	153	91 792.7	100.00	100.00	100.00

游泳生物中单种渔获量及生物量资源密度最高的是黄斑篮子鱼，渔获数量及数量资源密度最高的是直额蚪。

表5-317　外伶仃礁区本底调查对比区虾拖网中游泳生物各品种渔获统计及资源密度

种类	渔获量（kg）	生物量资源密度（kg/km²）	渔获数量（尾）	数量资源密度（尾/km²）	平均体重（g/尾）
黄斑篮子鱼	0.660 0	395.968 3	51	30 597.6	12.9
直额蚪	0.300 0	179.985 6	56	33 597.3	5.4
大鳞舌鳎	0.182 0	109.191 3	2	1 199.9	91.0

（续）

种类	渔获量 （kg）	生物量资源密度 （kg/km²）	渔获数量 （尾）	数量资源密度 （尾/km²）	平均体重 （g/尾）
棕斑腹刺鲀	0.066 0	39.596 8	1	600.0	66.0
矛尾鰕虎鱼	0.030 0	17.998 6	9	5 399.6	3.3
须赤虾	0.028 0	16.798 7	8	4 799.6	3.5
孔鰕虎鱼	0.026 0	15.598 8	1	600.0	26.0
断脊口虾蛄	0.023 0	13.798 9	3	1 799.9	7.7
双斑蟳	0.018 0	10.799 1	5	2 999.8	3.6
棘突猛虾蛄	0.015 0	8.999 3	1	600.0	15.0
青缨鲆	0.012 0	7.199 4	3	1 799.9	4.0
疣鲉	0.012 0	7.199 4	1	600.0	12.0
中华管鞭虾	0.012 0	7.199 4	2	1 199.9	6.0
刺足掘沙蟹	0.010 0	5.999 5	3	1 799.9	3.3
白姑鱼	0.008 0	4.799 6	1	600.0	8.0
细巧仿对虾	0.005 0	2.999 8	4	2 399.8	1.3
四线天竺鲷	0.004 0	2.399 8	1	600.0	4.0
阿氏强蟹	0.003 0	1.799 9	1	600.0	3.0

对比区虾拖网共渔获底栖贝类 5 种，总渔获量为 0.200 0 kg，总生物量资源密度为 119.990 4 kg/km²，总渔获数量为 34 个，总数量资源密度为 20 398.4 个/km²。底栖贝类中单种渔获量及生物量资源密度最高的是衣硬篮蛤，单种渔获数量及数量资源密度最高的是衣硬篮蛤。

表5-318　外伶仃礁区本底调查对比区虾拖网中底栖贝类渔获统计及资源密度

种类	渔获量 （kg）	生物量资源密度 （kg/km²）	渔获数量 （个）	数量资源密度 （个/km²）	平均体重 （g/个）
衣硬篮蛤	0.101 0	60.595 2	21	12 599.0	4.8
习见蛙螺	0.073 0	43.796 5	2	1 199.9	36.5
淡黄笔螺	0.023 0	13.798 9	9	5 399.6	2.6
褶牡蛎	0.002 0	1.199 9	1	600.0	2.0
浅缝骨螺	0.001 0	0.600 0	1	600.0	1.0
总计	0.200 0	119.990 4	34	20 398.4	—

2. 流刺网调查结果

（1）礁区流刺网的渔获量及渔获率　表5-319 和表5-320 将流刺网在礁区捕获的游泳生物各种类的渔获量及渔获率由大到小进行了排列。

礁区流刺网渔获游泳生物共 23 种，总渔获量为 5.351 0 kg，总渔获数量为 146 尾，总渔获率为 5.351 0 kg/（hm²·h），总数量渔获率为 146.0 尾/（hm²·h）。各类型的渔获量及渔获率由大到小分别为鱼类、蟹类、虾蛄类和虾类，各类型的渔获数量及数量渔获率由大到小分别为鱼类、虾类、虾蛄类和蟹类。

表 5-319 外伶仃礁区本底调查礁区流刺网中游泳生物各类型的渔获量及渔获率

类型	渔获种数（种）	渔获量（kg）	渔获率[kg/(hm²·h)]	渔获数量（尾）	数量渔获率[尾/(hm²·h)]	种数百分比（%）	生物量百分比（%）	数量百分比（%）
鱼类	13	2.568 0	2.568 0	93	93.0	56.52	47.99	63.70
蟹类	5	1.721 0	1.721 0	10	10.0	21.74	32.16	6.85
虾蛄类	3	0.652 0	0.652 0	21	21.0	13.04	12.18	14.38
虾类	2	0.410 0	0.410 0	22	22.0	8.70	7.66	15.07
总计	23	5.351 0	5.351 0	146	146.0	100.00	100.00	100.00

游泳生物中单种渔获量及渔获率最高的是三疣梭子蟹，渔获数量及数量渔获率最高的是叫姑鱼。

表 5-320 外伶仃礁区本底调查礁区流刺网中游泳生物各品种的渔获量及渔获率

种类	渔获量（kg）	渔获率[kg/(hm²·h)]	渔获数量（尾）	数量渔获率[尾/(hm²·h)]	平均体重（g/尾）
三疣梭子蟹	1.020 0	1.020 0	4	4.0	255.0
叫姑鱼	0.795 0	0.795 0	41	41.0	19.4
大鳞舌鳎	0.628 0	0.628 0	32	32.0	19.6
刀额新对虾	0.400 0	0.400 0	21	21.0	19.0
棕斑腹刺鲀	0.390 0	0.390 0	5	5.0	78.0
绵蟹	0.320 0	0.320 0	2	2.0	160.0
口虾蛄	0.260 0	0.260 0	8	8.0	32.5
长叉口虾蛄	0.260 0	0.260 0	7	7.0	37.1
锈斑蟳	0.255 0	0.255 0	2	2.0	127.5
鲬	0.242 0	0.242 0	2	2.0	121.0
棕斑腹刺鲀	0.160 0	0.160 0	1	1.0	160.0
断脊口虾蛄	0.132 0	0.132 0	6	6.0	22.0
龙头鱼	0.119 0	0.119 0	2	2.0	59.5
红星梭子蟹	0.100 0	0.100 0	1	1.0	100.0
白姑鱼	0.046 0	0.046 0	2	2.0	23.0
孔鰕虎鱼	0.038 0	0.038 0	1	1.0	38.0
卵鳎	0.036 0	0.036 0	3	3.0	12.0
黄斑篮子鱼	0.034 0	0.034 0	1	1.0	34.0
平鲷	0.034 0	0.034 0	1	1.0	34.0
短尾突吻鳗	0.028 0	0.028 0	1	1.0	28.0
直额蟳	0.026 0	0.026 0	1	1.0	26.0
金线鱼	0.018 0	0.018 0	1	1.0	18.0
须赤虾	0.010 0	0.010 0	1	1.0	10.0

（2）对比区流刺网的渔获量及渔获率 表 5-321 和表 5-322 将流刺网在对比区捕获

的游泳生物各种类的渔获量及渔获率由大到小进行了排列。

对比区流刺网渔获游泳生物共 19 种，总渔获量为 3.004 0 kg，总渔获数量为 75 尾，总渔获率为 7.510 0 kg/(hm² · h)，总数量渔获率为 187.5 尾/(hm² · h)。各类型的渔获量及渔获率由大到小分别为鱼类、蟹类、虾蛄类和虾类，各类型的渔获数量及数量渔获率由大到小分别为鱼类、虾蛄类、虾类和蟹类。

表 5 - 321　外伶仃礁区本底调查对比区流刺网中游泳生物各类型的渔获量及渔获率

类型	渔获种数 （种）	渔获量 （kg）	渔获率 [kg/(hm² · h)]	渔获数量 （尾）	数量渔获率 [尾/(hm² · h)]	种数百分比 （%）	生物量百分比 （%）	数量百分比 （%）
鱼类	10	1.562 0	3.905 0	46	115.0	52.63	52.00	61.33
蟹类	2	0.860 0	2.150 0	3	7.5	10.53	28.63	4.00
虾蛄类	4	0.445 0	1.112 5	15	37.5	21.05	14.81	20.00
虾类	3	0.137 0	0.342 5	11	27.5	15.79	4.56	14.67
总计	19	3.004 0	7.510 0	75	187.5	100.00	100.00	100.00

游泳生物中单种渔获量及渔获率最高的是锈斑蟳，渔获数量及数量渔获率最高的是黄斑篮子鱼。

表 5 - 322　外伶仃礁区本底调查对比区流刺网中游泳生物各品种的渔获量及渔获率

种类	渔获量 （kg）	渔获率 [kg/(hm² · h)]	渔获数量 （尾）	数量渔获率 [尾/(hm² · h)]	平均体重 （g/尾）
锈斑蟳	0.600 0	1.500 0	2	5.0	300.0
黄斑篮子鱼	0.400 0	1.000 0	16	40.0	25.0
叫姑鱼	0.380 0	0.950 0	15	37.5	25.3
艾氏蛇鳗	0.270 0	0.675 0	1	2.5	270.0
逍遥馒头蟹	0.260 0	0.650 0	1	2.5	260.0
口虾蛄	0.175 0	0.437 5	6	15.0	29.2
棕斑腹刺鲀	0.173 0	0.432 5	2	5.0	86.5
长叉口虾蛄	0.170 0	0.425 0	5	12.5	34.0
大鳞舌鳎	0.160 0	0.400 0	4	10.0	40.0
刀额新对虾	0.105 0	0.262 5	7	17.5	15.0
龙头鱼	0.096 0	0.240 0	2	5.0	48.0
断脊口虾蛄	0.070 0	0.175 0	3	7.5	23.3
六指马鲅	0.039 0	0.097 5	3	7.5	13.0
棘突猛虾蛄	0.030 0	0.075 0	1	2.5	30.0
周氏新对虾	0.026 0	0.065 0	3	7.5	8.7
白姑鱼	0.016 0	0.040 0	1	2.5	16.0
疣鲉	0.016 0	0.040 0	1	2.5	16.0
四线天竺鲷	0.012 0	0.030 0	1	2.5	12.0
须赤虾	0.006 0	0.015 0	1	2.5	6.0

（二）跟踪调查结果

1. 虾拖船调查结果

（1）礁区虾拖网的渔获量及资源密度　表5-323和表5-324将虾拖网在礁区捕获的游泳生物各种类的渔获量及生物量资源密度由大到小进行了排列。

跟踪调查，礁区虾拖网渔获游泳生物种类共29种，总渔获量为5.693 6 kg，总渔获数量为232尾，总生物量资源密度为3 003.710 9 kg/km²，总数量资源密度为122 393.7尾/km²。各类型的渔获量及生物量资源密度由大到小分别为鱼类、蟹类、虾蛄类、头足类和虾类，各类型的渔获数量及数量资源密度由大到小分别为蟹类、鱼类、虾蛄类、虾类和头足类。

表5-323　外伶仃礁区跟踪调查礁区虾拖网中游泳生物各类型渔获统计及资源密度

类型	渔获种数（种）	渔获量（kg）	生物量资源密度（kg/km²）	渔获数量（尾）	数量资源密度（尾/km²）	种数百分比（%）	生物量百分比（%）	数量百分比（%）
鱼类	10	3.992 5	2 106.280 0	91	48 007.9	34.48	70.12	39.22
蟹类	10	1.390 7	733.676 5	111	58 559.1	34.48	24.43	47.84
虾蛄类	3	0.221 0	116.590 6	15	7 913.4	10.34	3.88	6.47
头足类	1	0.060 0	31.653 5	2	1 055.1	3.45	1.05	0.86
虾类	5	0.029 4	15.510 2	13	6 858.3	17.24	0.52	5.60
总计	29	5.693 6	3 003.710 9	232	122 393.7	100.00	100.00	100.00

游泳生物中单种渔获量及生物量资源密度最高的是斑点鸡笼鲳，渔获数量及数量资源密度最高的是黄斑篮子鱼。

表5-324　外伶仃礁区跟踪调查礁区虾拖网中游泳生物各品种渔获统计及资源密度

种类	渔获量（kg）	生物量资源密度（kg/km²）	渔获数量（尾）	数量资源密度（尾/km²）	平均体重（g/尾）
斑点鸡笼鲳	2.600 0	1 371.653 8	3	1 582.7	866.7
黄斑篮子鱼	0.720 0	379.842 6	66	34 818.9	10.9
三疣梭子蟹	0.560 0	295.433 1	2	1 055.1	280.0
大鳞舌鳎	0.420 0	221.574 8	8	4 220.5	52.5
直额蟳	0.420 0	221.574 8	58	30 598.4	7.2
锈斑蟳	0.175 0	92.322 9	6	3 165.4	29.2
大鳞鳞鲬	0.167 0	88.102 4	2	1 055.1	83.5
口虾蛄	0.118 0	62.252 0	4	2 110.2	29.5
日本蟳	0.105 0	55.393 7	4	2 110.2	26.3
断脊口虾蛄	0.090 0	47.480 3	9	4 748.0	10.0
杜氏枪乌贼	0.060 0	31.653 5	2	1 055.1	30.0
远海梭子蟹	0.058 0	30.598 4	20	10 551.2	2.9

（续）

种类	渔获量 （kg）	生物量资源密度 （kg/km²）	渔获数量 （尾）	数量资源密度 （尾/km²）	平均体重 （g/尾）
卵鳎	0.042 0	22.157 5	4	2 110.2	10.5
变态蟳	0.028 0	14.771 7	9	4 748.0	3.1
隆线强蟹	0.025 0	13.189 0	3	1 582.7	8.3
斑鳍白姑鱼	0.019 0	10.023 6	1	527.6	19.0
阿氏强蟹	0.015 0	7.913 4	3	1 582.7	5.0
尖刺糙虾蛄	0.013 0	6.858 3	2	1 055.1	6.5
周氏新对虾	0.013 0	6.858 3	1	527.6	13.0
丽叶鲹	0.009 0	4.748 0	2	1 055.1	4.5
中线天竺鲷	0.007 8	4.115 0	2	1 055.1	3.9
矛尾鰕虎鱼	0.007 0	3.692 9	2	1 055.1	3.5
宽突赤虾	0.005 8	3.059 8	2	1 055.1	2.9
细巧仿对虾	0.005 0	2.637 8	8	4 220.5	0.6
中华管鞭虾	0.005 0	2.637 8	1	527.6	5.0
绒毛细足蟹	0.003 2	1.688 2	4	2 110.2	0.8
刺足掘沙蟹	0.001 5	0.791 3	2	1 055.1	0.8
脊尾白虾	0.000 6	0.316 5	1	527.6	0.6
鹿斑鲾	0.000 7	0.369 3	1	527.6	0.7

跟踪调查，礁区虾拖网渔获底栖贝类共 4 种（表 5 - 325），总渔获量为 0.122 0 kg，总生物量资源密度为 64.362 2 kg/km²，总渔获数量为 10 个，总数量资源密度为 5 275.6 个/km²。底栖贝类中单种渔获量及生物量资源密度最高的是黄短口螺，单种渔获数量及数量资源密度最高的是衣硬篮蛤。

表 5 - 325　外伶仃礁区跟踪调查礁区虾拖网中底栖贝类渔获统计及资源密度

种类	渔获量 （kg）	生物量资源密度 （kg/km²）	渔获数量 （个）	数量资源密度 （个/km²）	平均体重 （g/个）
黄短口螺	0.054 0	28.488 2	2	1 055.1	27.0
浅缝骨螺	0.036 0	18.992 1	3	1 582.7	12.0
衣硬篮蛤	0.020 0	10.551 2	4	2 110.2	5.0
美叶雪蛤	0.012 0	6.330 7	1	527.6	12.0
总计	0.122 0	64.362 2	10	5 275.6	—

（2）对比区虾拖网的渔获量及资源密度　表 5 - 326 至表 5 - 328 将虾拖网在对比区捕获的游泳生物各种类的渔获量及生物量资源密度由大到小进行了排列。

跟踪调查，对比区虾拖网渔获游泳生物种类共 18 种，总渔获量为 1.484 1 kg，总渔获数量为 162 尾，总生物量资源密度为 692.610 1 kg/km²，总数量资源密度为 75 603.3 尾/km²。各种类的渔获量及生物量资源密度由大到小分别为鱼类、蟹类、虾类和虾蛄类，各类型的渔获数量及数量资源密度由大到小分别为鱼类、蟹类、虾类和虾蛄类。

表5-326　外伶仃礁区跟踪调查对比区虾拖网中游泳生物各类型渔获统计及资源密度

类型	渔获种数（种）	渔获量（kg）	生物量资源密度（kg/km²）	渔获数量（尾）	数量资源密度（尾/km²）	种数百分比（%）	生物量百分比（%）	数量百分比（%）
鱼类	8	1.038 3	484.561 1	72	33 601.5	44.44	69.96	44.44
蟹类	4	0.355 2	165.767 2	69	32 201.4	22.22	23.93	42.59
虾类	4	0.049 1	22.914 3	16	7 467.0	22.22	3.31	9.88
虾蛄类	2	0.041 5	19.367 5	5	2 333.4	11.11	2.80	3.09
总计	18	1.484 1	692.610 1	162	75 603.3	100.00	100.00	100.00

游泳生物中单种渔获量及生物量资源密度最高的是黄斑篮子鱼，渔获数量及数量资源密度最高的是直额蟳。

表5-327　外伶仃礁区跟踪调查对比区虾拖网中游泳生物各品种渔获统计及资源密度

种类	渔获量（kg）	生物量资源密度（kg/km²）	渔获数量（尾）	数量资源密度（尾/km²）	平均体重（g/尾）
黄斑篮子鱼	0.680 0	317.347 1	58	27 067.8	11.7
直额蟳	0.320 0	149.339 8	60	28 001.2	5.3
大鳞舌鳎	0.300 0	140.006 1	3	1 400.1	100.0
宽突赤虾	0.048 1	22.447 6	13	6 066.9	3.7
断脊口虾蛄	0.035 0	16.334 0	4	1 866.7	8.8
变态蟳	0.034 0	15.867 4	6	2 800.1	5.7
日本䲢	0.027 0	12.600 5	1	466.7	27.0
中线天竺鲷	0.020 0	9.333 7	4	1 866.7	5.0
斑鳍白姑鱼	0.007 6	3.546 8	1	466.7	7.6
口虾蛄	0.006 5	3.033 5	1	466.7	6.5
矛尾鰕虎鱼	0.001 8	0.840 0	2	933.4	0.9
阿氏强蟹	0.000 5	0.233 3	1	466.7	0.5
鹿斑鲾	0.000 6	0.280 0	2	933.4	0.3
绒毛细足蟹	0.000 7	0.326 7	2	933.4	0.4
贪食鼓虾	0.000 5	0.233 3	1	466.7	0.5
细条天竺鱼	0.001 3	0.606 7	1	466.7	1.3
脊尾白虾	0.000 2	0.093 3	1	466.7	0.2
细巧仿对虾	0.000 3	0.140 0	1	466.7	0.3

跟踪调查，底栖贝类总渔获量为0.219 0 kg，总生物量资源密度为102.204 4 kg/km²，总渔获数量为32个，总数量资源密度为14 934.0个/km²。底栖贝类中单种渔获量及生物量资源密度最高的是衣硬篮蛤，单种渔获数量及数量资源密度最高的是衣硬篮蛤。

表 5-328　外伶仃礁区跟踪调查对比区虾拖网中底栖贝类渔获统计及资源密度

种类	渔获量 （kg）	生物量资源密度 （kg/km²）	渔获数量 （个）	数量资源密度 （个/km²）	平均体重 （g/个）
衣硬篮蛤	0.114 0	53.202 3	23	10 733.8	5.0
习见蛙螺	0.070 0	32.668 1	2	933.4	35.0
浅缝骨螺	0.028 0	13.067 2	3	1 400.1	9.3
西格织纹螺	0.004 0	1.866 7	3	1 400.1	1.3
美叶雪蛤	0.003 0	1.400 1	1	466.7	3.0
总计	0.219 0	102.204 4	32	14 934.0	—

2. 流刺网调查结果

（1）礁区流刺网的渔获量及渔获率　跟踪调查，礁区流刺网渔获游泳生物种类共24 种（表 5-329），总渔获量为 39.641 0 kg，总渔获数量为 1 006 尾，总渔获率为106.777 1 kg/(hm²·h)，总数量渔获率为 2 709.8 尾/(hm²·h)。各类型的渔获量及渔获率由大到小分别为鱼类、虾类、蟹类、头足类和虾蛄类，各类型的渔获数量及数量渔获率由大到小分别为鱼类、虾类、头足类、虾蛄类和蟹类。

表 5-329　外伶仃礁区跟踪调查礁区流刺网中游泳生物各类型的渔获量及渔获率

类型	渔获种数 （种）	渔获量 （kg）	渔获率 [kg/(hm²·h)]	渔获数量 （尾）	数量渔获率 [尾/(hm²·h)]	种数百分比 （%）	生物量百分比 （%）	数量百分比 （%）
鱼类	13	32.386 0	87.235 0	754	2 031.0	54.17	81.70	74.95
虾类	3	2.729 0	7.350 8	166	447.1	12.50	6.88	16.50
蟹类	4	1.889 0	5.088 2	11	29.6	16.67	4.77	1.09
头足类	1	1.830 0	4.929 3	48	129.3	4.17	4.62	4.77
虾蛄类	3	0.807 0	2.173 7	27	72.7	12.50	2.04	2.68
总计	24	39.641 0	106.777 1	1 006	2 709.8	100.00	100.00	100.00

游泳生物中单种渔获量及渔获率最高的是叫姑鱼，渔获数量及数量渔获率最高的是叫姑鱼（表 5-330）。

表 5-330　外伶仃礁区跟踪调查礁区流刺网中游泳生物各品种的渔获量及渔获率

种类	渔获量 （kg）	渔获率 [kg/(hm²·h)]	渔获数量 （尾）	数量渔获率 [尾/(hm²·h)]	平均体重 （g/尾）
叫姑鱼	22.632 0	60.961 6	504	1 357.6	44.9
大鳞舌鳎	2.970 0	8.000 0	78	210.1	38.1
白姑鱼	2.232 0	6.012 1	96	258.6	23.3
近缘新对虾	2.196 0	5.915 2	147	396.0	14.9
杜氏枪乌贼	1.830 0	4.929 3	48	129.3	38.1
黄姑鱼	1.803 0	4.856 6	27	72.7	66.8
三疣梭子蟹	0.945 0	2.545 5	3	8.1	315.0

（续）

种类	渔获量 （kg）	渔获率 [kg/(hm² · h)]	渔获数量 （尾）	数量渔获率 [尾/(hm² · h)]	平均体重 （g/尾）
龙头鱼	0.714 0	1.923 2	9	24.2	79.3
棕斑腹刺鲀	0.660 0	1.777 8	9	24.2	73.3
红星梭子蟹	0.615 0	1.656 6	6	16.2	102.5
刀额新对虾	0.483 0	1.301 0	15	40.4	32.2
口虾蛄	0.426 0	1.147 5	15	40.4	28.4
大鳞鳞鲬	0.312 0	0.840 4	6	16.2	52.0
黄斑篮子鱼	0.294 0	0.791 9	9	24.2	32.7
黄带副绯鲤	0.279 0	0.751 5	3	8.1	93.0
长叉口虾蛄	0.255 0	0.686 9	6	16.2	42.5
六指马鲅	0.201 0	0.541 4	3	8.1	67.0
变态蟳	0.191 0	0.514 5	1	2.7	191.0
逍遥馒头蟹	0.138 0	0.371 7	1	2.7	138.0
断脊口虾蛄	0.126 0	0.339 4	6	16.2	21.0
平鲷	0.126 0	0.339 4	3	8.1	42.0
卵鳎	0.084 0	0.226 3	6	16.2	14.0
何氏鳐	0.079 0	0.212 8	1	2.7	79.0
宽突赤虾	0.050 0	0.134 7	4	10.8	12.5

（2）对比区流刺网的渔获量及渔获率　表 5-331 和表 5-332 将流刺网在对比区捕获的游泳生物各种类的渔获量及渔获率由大到小进行了排列。

跟踪调查，对比区流刺网渔获游泳生物种类共 22 种，总渔获量为 21.918 0 kg，总渔获数量为 385 尾，总渔获率为 59.038 4 kg/(hm² · h)，总数量渔获率为 1 037.0 尾/(hm² · h)。各类型的渔获量及渔获率由大到小分别为鱼类、虾类、头足类、蟹类和虾蛄类，各类型的渔获数量及数量渔获率由大到小分别为鱼类、虾类、虾蛄类、蟹类和头足类。

表 5-331　外伶仃礁区跟踪调查对比区流刺网中游泳生物各类型的渔获量及渔获率

类型	渔获种数 （种）	渔获量 （kg）	渔获率 [kg/(hm² · h)]	渔获数量 （尾）	数量渔获率 [尾/(hm² · h)]	种数百分比 （%）	生物量百分比 （%）	数量百分比 （%）
鱼类	13	17.492 0	47.116 5	251	676.1	59.09	79.81	65.19
虾类	3	2.171 0	5.847 8	118	317.8	13.64	9.91	30.65
头足类	1	1.200 0	3.232 3	1	2.7	4.55	5.47	0.26
蟹类	1	0.655 0	1.764 3	3	8.1	4.55	2.99	0.78
虾蛄类	4	0.400 0	1.077 4	12	32.3	18.18	1.82	3.12
总计	22	21.918 0	59.038 4	385	1 037.0	100.00	100.00	100.00

游泳生物中单种渔获量及渔获率最高的是叫姑鱼，渔获数量及数量渔获率最高的是叫姑鱼。

表 5 - 332　外伶仃礁区跟踪调查对比区流刺网中游泳生物各品种的渔获量及渔获率

种类	渔获量 （kg）	渔获率 [kg/(hm²·h)]	渔获数量 （尾）	数量渔获率 [尾/(hm²·h)]	平均体重 （g/尾）
叫姑鱼	10.736 0	28.918 5	176	474.1	61.0
白姑鱼	5.504 0	14.825 6	48	129.3	114.7
近缘新对虾	1.520 0	4.094 3	96	258.6	15.8
真蛸	1.200 0	3.232 3	1	2.7	1 200.0
三疣梭子蟹	0.655 0	1.764 3	3	8.1	218.3
刀额新对虾	0.636 0	1.713 1	20	53.9	31.8
大鳞舌鳎	0.490 0	1.319 9	9	24.2	54.4
黄姑鱼	0.251 0	0.676 1	2	5.4	125.5
多鳞鱚	0.135 0	0.363 6	2	5.4	67.5
棘突猛虾蛄	0.125 0	0.336 7	4	10.8	31.3
口虾蛄	0.115 0	0.309 8	3	8.1	38.3
大鳞鳞鲬	0.102 0	0.274 7	2	5.4	51.0
断脊口虾蛄	0.085 0	0.229 0	3	8.1	28.3
短带鱼	0.075 0	0.202 0	1	2.7	75.0
长叉口虾蛄	0.075 0	0.202 0	2	5.4	37.5
六指马鲅	0.053 0	0.142 8	3	8.1	17.7
细鳞鲗	0.040 0	0.107 7	1	2.7	40.0
中线天竺鲷	0.038 0	0.102 4	3	8.1	12.7
短棘银鲈	0.027 0	0.072 7	1	2.7	27.0
红狼牙鰕虎鱼	0.025 0	0.067 3	1	2.7	25.0
褐斑三线舌鳎	0.016 0	0.043 1	2	5.4	8.0
宽突赤虾	0.015 0	0.040 4	2	5.4	7.5

（三）渔业资源增殖效果评估

1. 虾拖网调查

（1）游泳生物　外伶仃礁区虾拖网调查游泳生物渔获情况见表 5 - 333。

表 5 - 333　外伶仃礁区虾拖网调查游泳生物渔获情况统计

项目	种数（种）		生物量资源密度（kg/km²）		数量资源密度（尾/km²）	
	礁区	对比区	礁区	对比区	礁区	对比区
本底调查	23	18	2 431.805 5	848.332 1	62 395.0	91 792.7
跟踪调查	29	18	3 003.710 9	692.610 1	122 393.7	75 603.3

虾拖网跟踪调查，礁区游泳生物的渔获种数是同期对比区调查的 1.61 倍，是本底调查的 1.26 倍。

虾拖网跟踪调查，礁区游泳生物的生物量资源密度是同期对比区调查的 4.34 倍，是本底调查的 1.24 倍，表明建礁后游泳生物生物量资源密度比建礁前高。

虾拖网跟踪调查，礁区游泳生物的数量资源密度是同期对比区调查的 1.62 倍，是本底调查的 1.96 倍，表明建礁后游泳生物数量资源密度比建礁前高。

（2）贝类　外伶仃礁区虾拖网调查底栖贝类渔获情况见表 5－334。

虾拖网跟踪调查，礁区底栖贝类的渔获种数与同期对比区调查的差别不大，与本底调查的也差别不大。

虾拖网跟踪调查礁区底栖贝类的生物量资源密度是本底调查的 1.28 倍，表明建礁后礁区底栖贝类生物量资源密度有升高。

虾拖网跟踪调查，礁区底栖贝类的数量资源密度是本底调查的 1.10 倍，表明建礁后礁区底栖贝类生物量资源密度有升高。

表 5－334　外伶仃礁区虾拖网调查底栖贝类渔获情况统计

项目	种数（种）		生物量资源密度（kg/km²）		数量资源密度（尾/km²）	
	礁区	对比区	礁区	对比区	礁区	对比区
本底调查	5	5	50.396 0	119.990 4	4 799.6	20 398.4
跟踪调查	4	5	64.362 2	102.204 4	5 275.6	14 934.0

2. 流刺网调查

流刺网跟踪调查，礁区游泳生物的渔获种数是同期对比区调查的 1.09 倍（表 5－335），是本底调查的 1.04 倍。

表 5－335　外伶仃礁区流刺网调查游泳生物渔获情况统计

项目	种数（种）		渔获率［kg/(hm²·h)］		数量渔获率［尾/(hm²·h)］	
	礁区	对比区	礁区	对比区	礁区	对比区
本底调查	23	19	5.351 0	7.510 0	146.0	187.5
跟踪调查	24	22	106.777 1	59.038 4	2 709.8	1 037.0

流刺网跟踪调查，礁区游泳生物的生物量资源密度是同期对比区调查的 1.81 倍，是本底调查的 19.95 倍，表明建礁后游泳生物生物量资源密度比建礁前有明显升高。

流刺网跟踪调查，礁区游泳生物的数量资源密度是同期对比区调查的 2.61 倍，是本底调查的 18.56 倍，表明建礁后礁区游泳生物数量资源密度比建礁前有明显升高。

五、庙湾礁区

（一）本底调查结果

1. 虾拖船调查结果

（1）礁区虾拖网的渔获量及资源密度　表 5－336 和表 5－337 将虾拖网在礁区捕获的

游泳生物各种类的渔获量及生物量资源密度由大到小进行了排列。

本底调查，礁区虾拖网渔获游泳生物种类共9种，总渔获量为0.2500 kg，总渔获数量为20尾，总生物量资源密度为91.9232 kg/km²，总数量资源密度为7353.9尾/km²。各类型的渔获量及生物量资源密度由大到小分别为鱼类、虾类、头足类和蟹类，各类型的渔获数量及数量资源密度由大到小分别为虾类、蟹类、鱼类和头足类。

表5-336　庙湾礁区本底调查礁区虾拖网中游泳生物各类型渔获统计及资源密度

类型	渔获种数（种）	渔获量（kg）	生物量资源密度（kg/km²）	渔获数量（尾）	数量资源密度（尾/km²）	种数百分比（%）	生物量百分比（%）	数量百分比（%）
鱼类	4	0.1562	57.4336	5	1838.5	44.44	62.48	25.00
虾类	3	0.0650	23.9000	8	2941.5	33.33	26.00	40.00
头足类	1	0.0230	8.4569	1	367.7	11.11	9.20	5.00
蟹类	1	0.0058	2.1326	6	2206.2	11.11	2.32	30.00
总计	9	0.2500	91.9232	20	7353.9	100.00	100.00	100.00

游泳生物中单种渔获量及生物量资源密度最高的是圆鳞斑鲆，渔获数量及数量资源密度最高的是宽突赤虾和矛形梭子蟹。

表5-337　庙湾礁区本底调查礁区虾拖网中游泳生物各品种渔获统计及资源密度

种类	渔获量（kg）	生物量资源密度（kg/km²）	渔获数量（尾）	数量资源密度（尾/km²）	平均体重（g/尾）
圆鳞斑鲆	0.0660	24.2677	2	735.4	33.0
多齿蛇鲻	0.0600	22.0616	1	367.7	60.0
斑节对虾	0.0430	15.8108	1	367.7	43.0
中线天竺鲷	0.0300	11.0308	1	367.7	30.0
杜氏枪乌贼	0.0230	8.4569	1	367.7	23.0
宽突赤虾	0.0120	4.4123	6	2206.2	2.0
中华管鞭虾	0.0100	3.6769	1	367.7	10.0
矛形梭子蟹	0.0058	2.1326	6	2206.2	1.0
李氏鲔	0.0002	0.0735	1	367.7	0.2

（2）对比区虾拖网的渔获量及资源密度　表5-338和表5-339将虾拖网在对比区捕获的游泳生物各种类的渔获量及生物量资源密度由大到小进行了排列。

本底调查，对比区虾拖网渔获游泳生物种类共8种，总渔获量为0.1294 kg，总渔获数量为11尾，总生物量资源密度为56.0758 kg/km²，总数量资源密度为4766.9尾/km²。各类型的渔获量及生物量资源密度由大到小分别为鱼类、虾类和蟹类，各类型的渔获数量及数量资源密度由大到小分别为蟹类、鱼类和虾类。

表5-338　庙湾礁区本底调查对比区虾拖网中游泳生物各类型渔获统计及资源密度

类型	渔获种数 （种）	渔获量 （kg）	生物量资源密度 （kg/km²）	渔获数量 （尾）	数量资源密度 （尾/km²）	种数百分比 （%）	生物量百分比 （%）	数量百分比 （%）
鱼类	2	0.113 0	48.968 8	3	1 300.1	25.00	87.33	27.27
蟹类	5	0.015 9	6.890 3	7	3 033.5	62.50	12.29	63.64
虾类	1	0.000 5	0.216 7	1	433.4	12.50	0.39	9.09
总计	8	0.129 4	56.075 8	11	4 766.9	100.00	100.00	100.00

　　游泳生物中单种渔获量及生物量资源密度最高的是圆鳞斑鲆，渔获数量及数量资源密度最高的是中线天竺鲷、矛形梭子蟹和刺足掘沙蟹。

表5-339　庙湾礁区本底调查对比区虾拖网中游泳生物各品种渔获统计及资源密度

种类	渔获量 （kg）	生物量资源密度 （kg/km²）	渔获数量 （尾）	数量资源密度 （尾/km²）	平均体重 （g/尾）
圆鳞斑鲆	0.092 0	39.868 4	1	433.4	92.0
中线天竺鲷	0.021 0	9.100 4	2	866.7	10.5
矛形梭子蟹	0.007 0	3.033 5	2	866.7	3.5
阿氏强蟹	0.005 0	2.166 8	1	433.4	5.0
刺足掘沙蟹	0.002 2	0.953 4	2	866.7	1.1
变态蟳	0.001 0	0.433 4	1	433.4	1.0
脊尾白虾	0.000 5	0.216 7	1	433.4	0.5
中华毛刺蟹	0.000 7	0.303 3	1	433.4	0.7

　　本底调查，对比区虾拖网渔获底栖贝类衣硬篮蛤1种（表5-340），渔获量为0.004 5 kg，总生物量资源密度为1.950 1 kg/km²，总渔获数量为1个，总数量资源密度为433.4个/km²。

表5-340　庙湾礁区本底调查对比区虾拖网中底栖贝类渔获统计及资源密度

种类	渔获量 （kg）	生物量资源密度 （kg/km²）	渔获数量 （个）	数量资源密度 （个/km²）	平均体重 （g/个）
衣硬篮蛤	0.004 5	1.950 1	1	433.4	4.5
总计	0.004 5	1.950 1	1	433.4	—

2. 流刺网调查结果

　　（1）礁区流刺网的渔获量及渔获率　表5-341和表5-342将流刺网在礁区捕获的游泳生物各种类的渔获量及渔获率由大到小进行了排列。

　　本底调查，礁区流刺网渔获游泳生物种类共17种，总渔获量为12.444 0 kg，总渔获数量为62尾，总渔获率为12.345 2 kg/（hm²·h），总数量渔获率为61.5尾/（hm²·h）。各类型的渔获量及渔获率由大到小分别为鱼类、蟹类和头足类，各类型的渔获数量及数量渔获率由大到小分别为鱼类、蟹类和头足类。

表5-341 庙湾礁区本底调查礁区流刺网中游泳生物各类型的渔获量及渔获率

类型	渔获种数 （种）	渔获量 （kg）	渔获率 [kg/(hm²·h)]	渔获数量 （尾）	数量渔获率 [尾/(hm²·h)]	种数百分比 （%）	生物量百分比 （%）	数量百分比 （%）
鱼类	14	9.651 0	9.574 4	53	52.6	82.35	77.56	85.48
蟹类	2	2.288 0	2.269 8	7	6.9	11.76	18.39	11.29
头足类	1	0.505 0	0.501 0	2	2.0	5.88	4.06	3.23
总计	17	12.444 0	12.345 2	62	61.5	100.00	100.00	100.00

游泳生物中单种渔获量及渔获率最高的是黄鳍马面鲀，渔获数量及数量渔获率最高的是黄斑篮子鱼。

表5-342 庙湾礁区本底调查礁区流刺网中游泳生物各品种的渔获量及渔获率

种类	渔获量 （kg）	渔获率 [kg/(hm²·h)]	渔获数量 （尾）	数量渔获率 [尾/(hm²·h)]	平均体重 （g/尾）
黄鳍马面鲀	2.500 0	2.480 2	7	6.9	357.1
斑点鸡笼鲳	2.000 0	1.984 1	2	2.0	1 000.0
锈斑蟳	1.900 0	1.884 9	5	5.0	380.0
单棘豹鲂鮄	1.490 0	1.478 2	5	5.0	298.0
黄鳍鲷	0.730 0	0.724 2	2	2.0	365.0
棕斑腹刺鲀	0.684 0	0.678 6	1	1.0	684.0
黄斑篮子鱼	0.600 0	0.595 2	13	12.9	46.2
蓝圆鲹	0.537 0	0.532 7	9	8.9	59.7
目乌贼	0.505 0	0.501 0	2	2.0	252.5
何氏鳐	0.420 0	0.416 7	1	1.0	420.0
绵蟹	0.388 0	0.384 9	2	2.0	194.0
二长棘鲷	0.197 0	0.195 4	4	4.0	49.3
五带豆娘鱼	0.165 0	0.163 7	4	4.0	41.3
黄带副绯鲤	0.124 0	0.123 0	1	1.0	124.0
长蛇鲻	0.118 0	0.117 1	1	1.0	118.0
斑鳍光鳃鱼	0.062 0	0.061 5	2	2.0	31.0
细纹鳍	0.024 0	0.023 8	1	1.0	24.0

（2）对比区流刺网的渔获量及渔获率　表5-343和表5-344将流刺网在对比区捕获的游泳生物各种类的渔获量及渔获率由大到小进行了排列。

本底调查，礁区流刺网渔获游泳生物种类共19种，总渔获量为4.457 0 kg，总渔获数量为59尾，总渔获率为4.421 6 kg/(hm²·h)，总数量渔获率为58.5尾/(hm²·h)。各类型的渔获量及渔获率由大到小分别为鱼类、蟹类和虾蛄类，各类型的渔获数量及数量渔获率由大到小分别为鱼类、蟹类和虾蛄类。

表 5-343　庙湾礁区本底调查对比区流刺网中游泳生物各类型的渔获量及渔获率

类型	渔获种数 （种）	渔获量 （kg）	渔获率 [kg/(hm²·h)]	渔获数量 （尾）	数量渔获率 [尾/(hm²·h)]	种数百分比 （%）	生物量百分比 （%）	数量百分比 （%）
鱼类	13	3.290 0	3.263 9	46	45.6	68.42	73.82	77.97
蟹类	5	0.938 0	0.930 6	9	8.9	26.32	21.05	15.25
虾蛄类	1	0.229 0	0.227 2	4	4.0	5.26	5.14	6.78
总计	19	4.457 0	4.421 6	59	58.5	100.00	100.00	100.00

游泳生物中单种渔获量及渔获率最高的是短吻鲾，渔获数量及数量渔获率最高的也是短吻鲾。

表 5-344　庙湾礁区本底调查对比区流刺网中游泳生物各品种的渔获量及渔获率

种类	渔获量 （kg）	渔获率 [kg/(hm²·h)]	渔获数量 （尾）	数量渔获率 [尾/(hm²·h)]	平均体重 （g/尾）
短吻鲾	0.878 0	0.871 0	12	11.9	73.2
蓝圆鲹	0.491 0	0.487 1	8	7.9	61.4
绵蟹	0.450 0	0.446 4	3	3.0	150.0
长蛇鲻	0.443 0	0.439 5	6	6.0	73.8
褐斑三线舌鳎	0.310 0	0.307 5	3	3.0	103.3
羽鳃鲐	0.244 0	0.242 1	2	2.0	122.0
棘突猛虾蛄	0.229 0	0.227 2	4	4.0	57.3
逍遥馒头蟹	0.217 0	0.215 3	2	2.0	108.5
黄斑篮子鱼	0.184 0	0.182 5	1	1.0	184.0
白姑鱼	0.182 0	0.180 6	2	2.0	91.0
鯻	0.152 0	0.150 8	2	2.0	76.0
棕斑腹刺鲀	0.142 0	0.140 9	1	1.0	142.0
强壮菱蟹	0.131 0	0.130 0	2	2.0	65.5
双刺静蟹	0.118 0	0.117 1	1	1.0	118.0
细纹鲾	0.107 0	0.106 2	6	6.0	17.8
多齿蛇鲻	0.074 0	0.073 4	1	1.0	74.0
二长棘鲷	0.044 0	0.043 7	1	1.0	44.0
短尾大眼鲷	0.039 0	0.038 7	1	1.0	39.0
红斑斗蟹	0.022 0	0.021 8	1	1.0	22.0

（二）跟踪调查结果

1. 虾拖网调查结果

（1）礁区虾拖网的渔获量及资源密度　表 5-345 至表 5-347 将虾拖网在礁区捕获的游泳生物各种类的渔获量及生物量资源密度由大到小进行了排列。

跟踪调查，庙湾礁区虾拖网渔获游泳生物种类共 22 种，总渔获量为 1.905 3 kg，总渔获数量为 346 尾，总生物量资源密度为 2 420.658 1 kg/km²，总数量资源密度为

439 588.4尾/km²。各类型的渔获量及生物量资源密度由大到小分别为鱼类、虾类、蟹类、虾蛄类和头足类，各类型的渔获数量及数量资源密度由大到小分别为鱼类、蟹类、虾类、虾蛄类和头足类。

表5-345 庙湾礁区跟踪调查礁区虾拖网中游泳生物各类型渔获统计及资源密度

类型	渔获种数 （种）	渔获量 （kg）	生物量资源密度 （kg/km²）	渔获数量 （尾）	数量资源密度 （尾/km²）	种数百分比 （%）	生物量百分比 （%）	数量百分比 （%）
鱼类	13	1.423 7	1 808.791 8	151	191 843.5	59.09	74.72	43.64
虾类	2	0.253 0	321.433 1	61	77 499.7	9.09	13.28	17.63
蟹类	5	0.176 6	224.367 9	132	167 704.2	22.73	9.27	38.15
虾蛄类	1	0.038 0	48.278 5	1	1 270.5	4.55	1.99	0.29
头足类	1	0.014 0	17.786 8	1	1 270.5	4.55	0.73	0.29
总计	22	1.905 3	2 420.658 1	346	439 588.4	100.00	100.00	100.00

游泳生物中单种渔获量及生物量资源密度最高的是中线天竺鲷，渔获数量及数量资源密度最高的是矛形梭子蟹。

表5-346 庙湾礁区跟踪调查礁区虾拖网中游泳生物各品种渔获统计及资源密度

种类	渔获量 （kg）	生物量资源密度 （kg/km²）	渔获数量 （尾）	数量资源密度 （尾/km²）	平均体重 （g/尾）
中线天竺鲷	0.440 0	559.014 1	88	111 802.8	5.0
少牙斑鲆	0.356 0	452.293 2	14	17 786.8	25.4
卵鳎	0.224 0	284.589 0	26	33 032.7	8.6
宽突赤虾	0.148 0	188.032 0	60	76 229.2	2.5
矛形梭子蟹	0.148 0	188.032 0	120	152 458.4	1.2
李氏鲔	0.134 0	170.245 1	8	10 163.9	16.8
斑节对虾	0.105 0	133.401 1	1	1 270.5	105.0
大鳞舌鳎	0.070 0	88.934 1	1	1 270.5	70.0
孔鰕虎鱼	0.045 0	57.171 9	2	2 541.0	22.5
斑鳍天竺鲷	0.040 0	50.819 5	1	1 270.5	40.0
猛虾蛄	0.038 0	48.278 5	1	1 270.5	38.0
尖尾鳗	0.035 0	44.467 0	1	1 270.5	35.0
黄斑篮子鱼	0.028 0	35.573 6	1	1 270.5	28.0
半滑舌鳎	0.023 0	29.221 2	1	1 270.5	23.0
纤羊舌鲆	0.022 0	27.950 7	6	7 622.9	3.7
短蛸	0.014 0	17.786 8	1	1 270.5	14.0
秀丽长方蟹	0.013 0	16.516 3	6	7 622.9	2.2
直额蟳	0.010 0	12.704 9	3	3 811.5	3.3
长丝鰕虎鱼	0.005 2	6.606 5	1	1 270.5	5.2
七刺栗壳蟹	0.004 2	5.336 0	2	2 541.0	2.1
矛尾鰕虎鱼	0.001 5	1.905 7	1	1 270.5	1.5
斜方玉蟹	0.001 4	1.778 7	1	1 270.5	1.4

跟踪调查，礁区虾拖网渔获底栖贝类共9种（表5-347），总渔获量为0.322 7 kg，总生物量资源密度为409.986 0 kg/km²，总渔获数量为59个，总数量资源密度为74 958.7个/km²。底栖贝类中单种渔获量及生物量资源密度最高的是楔异篮蛤，单种渔获数量及数量资源密度最高的也是楔异篮蛤。

表5-347 庙湾礁区跟踪调查礁区虾拖网中底栖贝类渔获统计及资源密度

种类	渔获量 （kg）	生物量资源密度 （kg/km²）	渔获数量 （个）	数量资源密度 （个/km²）	平均体重 （g/个）
楔异篮蛤	0.162 0	205.818 8	36	45 737.5	4.5
习见蛙螺	0.049 0	62.253 8	2	2 541.0	24.5
网纹扭螺	0.040 0	50.819 5	9	11 434.4	4.4
长肋日月贝	0.032 0	40.655 6	1	1 270.5	32.0
毛蚶	0.016 0	20.327 8	3	3 811.5	5.3
镶边鸟蛤	0.011 0	13.975 4	1	1 270.5	11.0
美叶雪蛤	0.008 0	10.163 9	4	5 081.9	2.0
西格织纹螺	0.003 2	4.065 6	2	2 541.0	1.6
橡子织纹螺	0.001 5	1.905 7	1	1 270.5	1.5
总计	0.322 7	409.986 0	59	74 958.7	—

（2）对比区虾拖网的渔获量及资源密度 表5-348至表5-350将虾拖网在对比区捕获的游泳生物各种类的渔获量及生物量资源密度由大到小进行了排列。

跟踪调查，对比区虾拖网渔获游泳生物种类共18种，总渔获量为0.769 5 kg，总渔获数量为78尾，总生物量资源密度为1 029.094 1 kg/km²，总数量资源密度为104 313.6尾/km²。各类型的渔获量及生物量资源密度由大到小分别为鱼类、虾蛄类、虾类、头足类和蟹类，各类型的渔获数量及数量资源密度由大到小分别为鱼类、蟹类、虾类、头足类和虾蛄类。

表5-348 庙湾礁区跟踪调查对比区虾拖网中游泳生物各类型渔获统计及资源密度

类型	渔获种数 （种）	渔获量 （kg）	生物量资源密度 （kg/km²）	渔获数量 （尾）	数量资源密度 （尾/km²）	种数百分比 （%）	生物量百分比 （%）	数量百分比 （%）
鱼类	7	0.569 0	760.954 6	33	44 132.7	38.89	73.94	42.31
虾蛄类	2	0.082 0	109.663 1	3	4 012.1	11.11	10.66	3.85
虾类	2	0.044 5	59.512 3	17	22 735.0	11.11	5.78	21.79
头足类	2	0.038 0	50.819 5	5	6 686.8	11.11	4.94	6.41
蟹类	5	0.036 0	48.144 8	20	26 747.1	27.78	4.68	25.64
总计	18	0.769 5	1 029.094 1	78	104 313.6	100.00	100.00	100.00

游泳生物中单种渔获量及生物量资源密度最高的是鲻，渔获数量及数量资源密度最高的是宽突赤虾。

表 5-349　庙湾礁区跟踪调查对比区虾拖网中游泳生物各品种渔获统计及资源密度

种类	渔获量 （kg）	生物量资源密度 （kg/km²）	渔获数量 （尾）	数量资源密度 （尾/km²）	平均体重 （g/尾）
鲕	0.214 0	286.193 8	1	1 337.4	214.0
李氏鲕	0.118 0	157.807 8	10	13 373.5	11.8
云纹石斑鱼	0.079 0	105.651 0	1	1 337.4	79.0
少牙斑鲆	0.064 0	85.590 7	4	5 349.4	16.0
双带天竺鲷	0.063 0	84.253 3	11	14 710.9	5.7
断脊口虾蛄	0.048 0	64.193 0	2	2 674.7	24.0
宽突赤虾	0.043 0	57.506 2	15	20 060.3	2.9
猛虾蛄	0.034 0	45.470 0	1	1 337.4	34.0
杜氏枪乌贼	0.033 0	44.132 7	4	5 349.4	8.3
卵鳎	0.026 0	34.771 2	3	4 012.1	8.7
矛形梭子蟹	0.019 0	25.409 7	11	14 710.9	1.7
秀丽长方蟹	0.009 0	12.036 2	5	6 686.8	1.8
田乡枪乌贼	0.005 0	6.686 8	1	1 337.4	5.0
纤羊舌鲆	0.005 0	6.686 8	3	4 012.1	1.7
斜方玉蟹	0.003 0	4.012 1	1	1 337.4	3.0
直额蟳	0.003 0	4.012 1	2	2 674.7	1.5
七刺栗壳蟹	0.002 0	2.674 7	1	1 337.4	2.0
细巧仿对虾	0.001 5	2.006 0	2	2 674.7	0.8

　　跟踪调查，对比区虾拖网渔获底栖贝类共 5 种（表 5-350），总渔获量为 0.121 5 kg，总生物量资源密度为 162.488 5 kg/km²，总渔获数量为 31 个，总数量资源密度为 41 458.0 个/km²。底栖贝类中单种渔获量及生物量资源密度最高的是楔异篮蛤，单种渔获数量及数量资源密度最高的也是楔异篮蛤。

表 5-350　庙湾礁区跟踪调查对比区虾拖网中底栖贝类渔获统计及资源密度

种类	渔获量 （kg）	生物量资源密度 （kg/km²）	渔获数量 （个）	数量资源密度 （个/km²）	平均体重 （g/个）
楔异篮蛤	0.080 0	106.988 3	18	24 072.4	4.4
文雅蛙螺	0.019 0	25.409 7	1	1 337.4	19.0
网纹扭螺	0.012 0	16.048 3	4	5 349.4	3.0
美叶雪蛤	0.009 0	12.036 2	6	8 024.1	1.5
西格织纹螺	0.001 5	2.006 0	2	2 674.7	0.8
总计	0.121 5	162.488 5	31	41 458.0	—

2. 流刺网调查结果

（1）礁区流刺网的渔获量及渔获率　表 5-351 和表 5-352 将流刺网在礁区捕获的游泳生物各种类的渔获量及渔获率由大到小进行了排列。

　　跟踪调查，庙湾礁区流刺网渔获游泳生物种类共 19 种，总渔获量为 2.401 0 kg，总渔获数量为 52 尾，总渔获率为 3.031 6 kg/(hm² · h)，总数量渔获率为 65.7 尾/(hm² · h)。各类型的渔获量及渔获率由大到小分别为鱼类、蟹类、虾蛄类，各类型的渔获数量及数量渔获率由大到小分别为鱼类、虾蛄类和蟹类。

表 5 - 351　庙湾礁区跟踪调查礁区流刺网中游泳生物各类型的渔获量及渔获率

类型	渔获种数 （种）	渔获量 （kg）	渔获率 [kg/(hm² · h)]	渔获数量 （尾）	数量渔获率 [尾/(hm² · h)]	种数百分比 （%）	生物量百分比 （%）	数量百分比 （%）
鱼类	17	2.026 0	2.558 1	48	60.6	89.47	84.38	92.31
蟹类	1	0.237 0	0.299 2	1	1.3	5.26	9.87	1.92
虾蛄类	1	0.138 0	0.174 2	3	3.8	5.26	5.75	5.77
总计	19	2.401 0	3.031 6	52	65.7	100.00	100.00	100.00

游泳生物中单种渔获量及渔获率最高的是金色小沙丁鱼，渔获数量及数量渔获率最高的也是金色小沙丁鱼。

表 5 - 352　庙湾礁区跟踪调查礁区流刺网中游泳生物各品种的渔获量及渔获率

种类	渔获量 （kg）	渔获率 [kg/(hm² · h)]	渔获数量 （尾）	数量渔获率 [尾/(hm² · h)]	平均体重 （g/尾）
金色小沙丁鱼	0.573 0	0.723 5	10	12.6	57.3
美人虾	0.237 0	0.299 2	1	1.3	237.0
日本金线鱼	0.232 0	0.292 9	5	6.3	46.4
斑鳍白姑鱼	0.218 0	0.275 3	2	2.5	109.0
二长棘鲷	0.212 0	0.267 7	6	7.6	35.3
黄斑篮子鱼	0.149 0	0.188 1	4	5.1	37.3
猛虾蛄	0.138 0	0.174 2	3	3.8	46.0
六指马鲅	0.104 0	0.131 3	2	2.5	52.0
鲕	0.103 0	0.130 1	3	3.8	34.3
斑头舌鳎	0.067 0	0.084 6	1	1.3	67.0
蓝圆鲹	0.055 0	0.069 4	2	2.5	27.5
列牙鰔	0.052 0	0.065 7	2	2.5	26.0
单棘豹鲂鮄	0.049 0	0.061 9	1	1.3	49.0
黄带鲱鲤	0.049 0	0.061 9	1	1.3	49.0
丝背细鳞鲀	0.048 0	0.060 6	4	5.1	12.0
长棘银鲈	0.041 0	0.051 8	1	1.3	41.0
鲔	0.031 0	0.039 1	2	2.5	15.5
半滑舌鳎	0.029 0	0.036 6	1	1.3	29.0
双带天竺鲷	0.014 0	0.017 7	1	1.3	14.0

（2）对比区流刺网的渔获量及渔获率　表 5 - 353 和表 5 - 354 将流刺网在对比区捕获的游泳生物各种类的渔获量及渔获率由大到小进行了排列。

跟踪调查，对比区流刺网渔获游泳生物种类共 3 种，均为鱼类，总渔获量为 1.201 0 kg，总渔获数量为 18 尾，总渔获率为 3.127 6 kg/(hm² · h)，总数量渔获率为 46.9 尾/(hm² · h)。

表 5 - 353　庙湾礁区跟踪调查对比区流刺网中游泳生物各类型的渔获量及渔获率

类型	渔获种数（种）	渔获量（kg）	渔获率[kg/(hm² · h)]	渔获数量（尾）	数量渔获率[尾/(hm² · h)]	种数百分比（%）	生物量百分比（%）	数量百分比（%）
鱼类	3	1.201 0	3.127 6	18	46.9	100.00	100.00	100.00
总计	3	1.201 0	3.127 6	18	46.9	100.00	100.00	100.00

游泳生物中单种渔获量及渔获率最高的是金色小沙丁鱼，渔获数量及数量渔获率最高的也是金色小沙丁鱼。

表 5 - 354　庙湾礁区跟踪调查对比区流刺网中游泳生物各品种的渔获量及渔获率

种类	渔获量（kg）	渔获率[kg/(hm² · h)]	渔获数量（尾）	数量渔获率[尾/(hm² · h)]	平均体重（g/尾）
金色小沙丁鱼	0.693 0	1.804 7	14	36.5	49.5
羽鳃鲐	0.334 0	0.869 8	2	5.2	167.0
长蛇鲻	0.174 0	0.453 1	2	5.2	87.0

（三）渔业资源增殖效果评估

1. 虾拖网调查

（1）游泳生物　虾拖网跟踪调查，礁区游泳生物的渔获种数是同期对比区调查的 1.22 倍（表 5 - 355），是本底调查的 2.44 倍。

虾拖网跟踪调查，礁区游泳生物的生物量资源密度是同期对比区调查的 2.35 倍，是本底调查的 26.33 倍，表明建礁后游泳生物生物量资源密度比建礁前有显著升高。

虾拖网跟踪调查，礁区游泳生物的数量资源密度是同期对比区调查的 4.21 倍，是本底调查的 59.78 倍，表明建礁后游泳生物数量资源密度比建礁前有显著升高。

表 5 - 355　庙湾礁区虾拖网调查游泳生物渔获情况统计

项目	种数（种）		生物量资源密度（kg/km²）		数量资源密度（尾/km²）	
	礁区	对比区	礁区	对比区	礁区	对比区
本底调查	9	8	91.923 2	56.075 8	7 353.9	4 766.9
跟踪调查	22	18	2 420.658 1	1 029.094 1	439 588.4	104 313.6

（2）贝类　虾拖网跟踪调查，礁区底栖贝类的渔获种数是同期对比区调查的 1.80 倍（表 5 - 356）。

虾拖网跟踪调查，礁区底栖贝类的生物量资源密度是同期对比区调查的 2.52 倍，表明礁区底栖贝类生物量资源密度比对比区有显著升高。

虾拖网跟踪调查，礁区底栖贝类的数量资源密度是同期对比区调查的 1.81 倍，表明礁区底栖贝类数量资源密度比对比区有显著升高。

表5-356　庙湾礁区虾拖网调查底栖贝类渔获情况统计

项目	种数（种）		生物量资源密度（kg/km²）		数量资源密度（尾/km²）	
	礁区	对比区	礁区	对比区	礁区	对比区
本底调查	—	1	—	1.950 1	—	433.4
跟踪调查	9	5	409.986 0	162.488 5	74 958.7	41 458.0

2. 流刺网调查

流刺网跟踪调查，礁区游泳生物的渔获种数是同期对比区调查的 6.33 倍（表 5-357），是本底调查的和 1.12 倍。

流刺网跟踪调查，礁区游泳生物的生物量资源密度是同期对比区调查的 0.97 倍，是本底调查的 0.25 倍，表明建礁后游泳生物生物量资源密度比建礁前有所下降，这与跟踪调查渔获个体较小有关。

流刺网跟踪调查，礁区游泳生物的数量资源密度是同期对比区调查的 1.40 倍，是本底调查的 1.07 倍，表明建礁后礁区游泳生物数量资源密度比建礁前所提升。

表5-357　庙湾礁区流刺网调查游泳生物渔获情况统计

项目	种数（种）		渔获率［kg/(hm²·h)］		数量渔获率［尾/(hm²·h)］	
	礁区	对比区	礁区	对比区	礁区	对比区
本底调查	17	19	12.345 2	4.421 6	61.5	58.5
跟踪调查	19	3	3.031 6	3.127 6	65.7	46.9

第十一节　生态系统服务功能价值与生态能值评估

一、珠海万山海域

1. 生态系统服务价值分析

2007—2012 年珠海市万山海域生态系统服务价值见表 5-358。珠海市总生态系统服务价值从 2007 年的 767 336 万元上升为 1 053 039 万元，总体呈明显上升趋势。珠海市万山区供给服务主要包含万山区海域所提供的鱼虾贝等海产品的价值和海藻、贝壳等能作为工业原料和制作工艺品的原料等，近年来虽然总的海洋捕捞和养殖产量呈下降趋势，但其价值和所占比例均在一定程度上有所上升，这可能与近年来海鲜价格上涨有关。调节服务在总服务价值中所占比例呈显著下降趋势，其价值从 147 479 万元下降为 39 411 万元，而其所占比例从 19.22% 降低到 3.74%。文化服务中收入的绝大部分为旅游收入，其所占比例和价值近几年一直呈上升趋势。

表 5 - 358　2007—2012 年珠海万山海域生态系统服务价值

年份	总生态系统服务价值（万元）	单位面积服务价值（万元/km²）	食品供给服务		原材料供给服务		调节服务		文化服务	
			价值（万元）	所占比例（%）	价值（元）	所占比例（%）	价值（万元）	所占比例（%）	价值（万元）	所占比例（%）
2007	767 336	240	9 088	1.18	646	0.08	147 479	19.22	610 122	79.51
2008	770 982	241	5 710	0.74	760	0.10	111 867	14.51	652 645	84.65
2009	858 831	268	8 665	1.01	748	0.09	138 132	16.08	711 286	82.82
2010	1 098 916	343	16 390	1.49	391	0.04	159 706	14.53	922 429	83.94
2011	1 010 769	316	8 665	0.86	608	0.06	63 806	6.31	937 691	92.77
2012	1 053 044	329	24 753	2.35	1 012	0.10	39 411	3.74	987 867	93.81

2. 生态能值变动分析

综合珠海万山海域的渔业产量、海藻产量、旅游收入、初级生产力、底栖生物量等，将具体数据代入生态系统服务功能评估模型中，得到珠海万山海域的生态系统服务功能评估结果。

珠海万山区总生态系统能值价值从 2007 年的 1.04×10^{22} sej 上升至 2012 年的 1.93×10^{22} sej，总体呈上升趋势（表 5 - 359）。食品供给服务能值价值呈变动趋势，2008 年珠海万山区海域食品供给的能值价值和比例均最低，而 2012 年生态系统能值价值和所占比例最高。万山海域的原材料供给服务的能值价值波动也较大，其最高能值价值为 2008 年的 1.30×10^{19} sej，最低能值价值为 2010 年的 6.88×10^{18} sej。万山海域能值服务价值及所占比例呈下降趋势，其所占比例从 2007 年的 5.45% 下降至 2012 年的 0.77%。而万山海域的文化服务能值价值及所占比例均呈上升趋势。

表 5 - 359　2007—2012 年珠海万山海域生态系统能值价值

年份	总生态系统服务价值（sej）	单位面积能值价值（sej/km²）	食品供给服务		原材料供给服务		调节服务		文化服务	
			能值价值（sej）	所占比例（%）	能值价值（sej）	所占比例（%）	能值价值（sej）	所占比例（%）	能值价值（sej）	所占比例（%）
2007	1.04×10^{22}	3.25×10^{18}	1.44×10^{20}	1.38	1.02×10^{19}	0.10	5.66×10^{20}	5.45	9.67×10^{21}	93.07
2008	1.17×10^{22}	3.66×10^{18}	9.78×10^{19}	0.83	1.30×10^{19}	0.11	4.28×10^{20}	3.65	1.12×10^{22}	95.40
2009	1.30×10^{22}	4.07×10^{18}	1.51×10^{20}	1.16	1.30×10^{19}	0.10	5.28×10^{20}	4.05	1.23×10^{22}	94.69
2010	1.71×10^{22}	5.35×10^{18}	2.88×10^{20}	1.68	6.88×10^{18}	0.04	6.13×10^{20}	3.58	1.62×10^{22}	94.70
2011	1.77×10^{22}	5.53×10^{18}	1.60×10^{20}	0.90	1.12×10^{19}	0.06	2.45×10^{20}	1.38	1.73×10^{22}	97.65
2012	1.93×10^{22}	6.03×10^{18}	4.67×10^{20}	2.42	1.91×10^{19}	0.10	1.48×10^{20}	0.77	1.87×10^{22}	96.72

二、竹洲-横洲礁区海域

为了进一步评估人工鱼礁建设的生态效果，运用生态系统服务价值及能值评估模型，对竹洲-横洲礁区开展了生态系统服务价值及能值评估，结果表明：与珠海万山海域相比，竹洲-横洲礁区海域生态系统单位面积服务价值从329万元/km² 上升至571.37万元/km²（表5-360），其能值价值也相应上升，且人工鱼礁构建后供给服务和调节服务价值所占比例也有较大幅度的上升。这说明，人工鱼礁构建后，改变了区域海洋生态系统服务的结构，提高了海洋生态系统的价值，对于修复和恢复珠江口海域具有重要的意义。

表5-360　2012年竹洲-横洲礁区海域生态系统服务价值及能值价值

服务类型	分项	单位面积服务价值（万元/km²）	所占比例（%）	单位面积能值价值（sej/km²）	所占比例（%）
供给服务	食品供给	32.50	5.69	6.1×10^{17}	6.65
	原材料供给	6.17	1.08	1.2×10^{17}	1.26
调节服务	气候调节	76.74	13.43	2.6×10^{16}	0.28
	空气质量调节	13.27	2.32	1.7×10^{16}	0.18
	水质净化调节	8.23	1.44	2.4×10^{17}	2.60
	有害生物与疾病生物调节控制	2.44	0.43	4.6×10^{16}	0.50
文化服务	知识扩展服务	1.50	0.26	3.4×10^{16}	0.37
	旅游	430.09	75.27	8.1×10^{18}	88.15
	渔业工业等	0.44	0.08	0.00	0.00
	合计	571.37	100.00	9.21×10^{18}	100.00

三、结论

（1）货币价值与生态能值价值都能够对生态系统服务价值的趋势进行描述　生态系统服务价值的货币价值能够对生态系统的多样性进行评价，能值服务价值将能流、物质流、价值流联系在一起，可以形象地评估生态系统的价值结构和变化趋势。珠海万山海域的食品供给、原材料供给等供给服务价值的年际波动比较大，这可能与年际天然资源量的波动有关；调节服务的价值虽然有所上升，但所占比例呈逐渐下降趋势；文化服务价值所占比例呈上升趋势，且上升趋势显著（图5-40）。

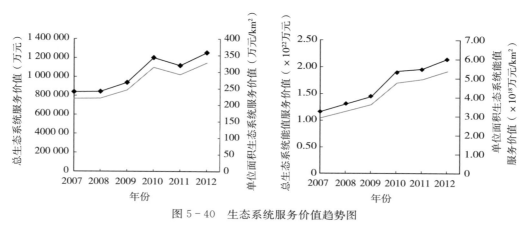

图5-40　生态系统服务价值趋势图

（2）货币价值与生态能值价值所显示的生态系统结构有所不同，生态能值更能客观地评价生态系统功能　货币表示的生态系统服务价值和生态能值价值都可以客观地对生态系统的结构和功能进行评估。货币价值更多地注重商品的市场价值，以及大部分物品与商品之间的关系，通过这些关系折算成为货币价值，而能值价值更注重服务所产生的能值及其长期的影响。

（3）人工鱼礁对于修复近海生态系统、恢复近海生物资源具有重要意义　人工鱼礁是人为地为水生生物提供的庇护所、索饵场、产卵场等场所，对于修复近海受损的海洋生态系统、恢复近海渔业资源有着重要的意义。秦传新等（2012）运用生态系统服务价值评估法对深圳大亚湾杨梅坑人工鱼礁区建礁前后的生态系统服务价值进行了评估，结果表明，礁区建设后改善了礁区及其周边的海洋生态环境、提高了区域生物资源量。本研究利用生态系统服务功能及生态能值法开展的评估结果也表明了同样的结果。

参 考 文 献

陈盼，陈秋菊，郭盛才，2014. 珠海市湿地资源保护管理现状及其对策研究 [J]. 林业调查规划，39
    （1）：48－51.

陈丕茂，袁华荣，秦传新，等，2013. 珠海万山游钓休闲渔业区建设可行性研究 [R]. 广州：中国水产
    科学研究院南海水产研究所.

陈丕茂，秦传新，舒黎明，等，2014. 珠江口人工水下构筑生物栖息地修复重建技术研究与示范研究报
    告 [R]. 广州：中国水产科学研究院南海水产研究所.

陈丕茂，2012. 珠海桂山风电项目海域使用海洋环境调查报告 [R]. 广州：中国水产科学研究院南海水
    产研究所.

陈翔峰，侯健，穆振军，等，2011. 海洋污损生物变化及附着规律研究 [J]. 材料开发与运用，26（1）：
    24－28.

陈勇，刘晓丹，吴晓郁，等，2006a. 不同结构模型礁对徐氏平鲉幼鱼的诱集效果 [J]. 大连水产学院学
    报，21（2）：154－157.

陈勇，吴晓郁，邵丽萍，等，2006b. 模型礁对幼鲍、幼海胆行为的影响 [J]. 大连水产学院学报，21
    （4）：361－365.

陈仲新，张新时，2000. 中国生态系统效益的价值 [J]. 科学通报，45（1）：17－22.

崔勇，关长涛，万荣，等，2010. 海珍品人工增殖礁模型对刺参聚集效果影响的研究 [J]. 渔业科学进
    展，31（2）：109－113.

崔勇，关长涛，万荣，等，2011. 布设间距对人工鱼礁流场效应影响的数值模拟 [J]. 海洋湖沼通报
    （2）：59－65.

邓济通，黄远东，姜剑伟，等，2013. 布设间距对三棱柱形人工鱼礁绕流影响的数值模拟 [J]. 水资源
    与水工程学报，24（2）：98－102.

付东伟，栾曙光，张瑞瑾，等，2012. 人工鱼礁开口比和迎流面形状对流场效应影响的双因素方差分析
    [J]. 大连海洋大学学报，27（3）：274－278.

高潮，毛鸿飞，余报楚，等，2012. 基于 Fluent 对人工鱼礁稳定性的研究 [J]. 山西建筑，38（10）：
    257－259.

广东省统计局，2013. 广东省统计年鉴 [M]. 北京：中国统计出版社.

国家统计局，2008. 1985—2012 年人民币兑主要货币平均汇率统计 [M]. 北京：中国统计出版社.

何大仁，丁云，1995. 鱼礁模型对赤点石斑鱼的诱集效果 [J]. 台湾海峡，14（4）：394－398.

何大仁，施养明，1995. 鱼礁模型对黑鲷的诱集效果 [J]. 厦门大学学报（自然科学版），34（4）：
    653－658.

何文荣，黄远东，黄黎明，等，2013. 金字塔型人工鱼礁绕流的三维 CFD 模拟研究 [J]. 水资源与水工
    程学报，24（5）：71－76.

黄远东，赵树夫，姜剑伟，等，2012. 多孔方型人工鱼礁绕流的数值模拟研究［J］. 水资源与水工程学报，23（5）：15-18.

黄梓荣，梁小芸，曾嘉，2006. 人工鱼礁材料生物附着效果的初步研究［J］. 南方水产，2（1）：34-38.

黄宗国，蔡如星，许由焰，1982. 平潭附着生物生态研究［J］. 台湾海峡，1（1）：87-92.

黄宗国，郑成兴，李传燕，等，1990. 大亚湾海洋生态文集（Ⅱ）［M］. 北京：海洋出版社：478-488.

贾晓平，陈丕茂，唐振朝，等，2011. 人工鱼礁关键技术研究与示范［M］. 北京：海洋出版社：99-124.

江艳娥，陈丕茂，林昭进，等，2013. 不同材料人工鱼礁生物诱集效果的比较［J］. 应用海洋学学报，32（3）：424-428.

蒋万祥，赖子尼，庞世勋，等，2010. 珠江口叶绿素 a 时空分布及初级生产力［J］. 生态与农村环境学报，26（2）：132-136.

角田俊平，山沢忠夫，米山升，1981. 关于高松市近岸水域人工鱼礁的集鱼效果［J］. 国外水产，3：36-39.

蓝盛芳，钦佩，2001. 生态系统的能值分析［J］. 应用生态学报，12（1）：129-131.

李传燕，黄宗国，郑成兴，等，1996. 湄洲湾附着生物与油污染生态学研究［J］. 台湾海峡，15（4）：387-393.

李珺，林军，章守宇，2010. 方形人工鱼礁通透性及其对礁体周围流场影响的数值试验［J］. 上海海洋大学学报，19（6）：836-840.

李辉权，陈应华，陈丕茂，等，2002. 珠海东澳人工鱼礁区本底调查报告［R］. 广州：广东省海洋与渔业环境监测中心，中国水产科学研究院南海水产研究所.

李辉权，陈应华，陈丕茂，等，2006. 珠海外伶仃人工鱼礁区本底调查报告［R］. 广州：广东省海洋与渔业环境监测中心，中国水产科学研究院南海水产研究所.

李辉权，陈应华，陈丕茂，等，2009a. 珠海竹洲人工鱼礁区本底调查报告［R］. 广州：广东省海洋与渔业环境监测中心，中国水产科学研究院南海水产研究所.

李辉权，陈应华，陈丕茂，等，2009b. 珠海东澳人工鱼礁区跟踪调查报告［R］. 广州：广东省海洋与渔业环境监测中心，中国水产科学研究院南海水产研究所.

李辉权，陈应华，陈丕茂，等，2009c. 珠海外伶仃人工鱼礁区跟踪调查报告［R］. 广州：广东省海洋与渔业环境监测中心，中国水产科学研究院南海水产研究所.

李辉权，陈应华，陈丕茂，等，2009d. 珠海庙湾人工鱼礁区本底调查报告［R］. 广州：广东省海洋与渔业环境监测中心，中国水产科学研究院南海水产研究所.

李辉权，洪洁漳，陈丕茂，等，2010. 珠海小万山礁区本底调查报告［R］. 广州：广东省海洋与渔业环境监测中心，中国水产科学研究院南海水产研究所.

李辉权，洪洁漳，陈丕茂，等，2011a. 珠海竹洲人工鱼礁跟踪调查报告［R］. 广州：广东省海洋与渔业环境监测中心，中国水产科学研究院南海水产研究所.

李辉权，洪洁漳，陈丕茂，等，2011b. 珠海大蜘洲人工鱼礁本底调查报告［R］. 广州：广东省海洋与渔业环境监测中心，中国水产科学研究院南海水产研究所.

李辉权，洪洁漳，陈丕茂，等，2013a. 珠海小万山礁区跟踪调查报告［R］. 广州：广东省海洋与渔业环境监测中心，中国水产科学研究院南海水产研究所.

李辉权，洪洁漳，陈丕茂，等，2013b. 珠海庙湾人工鱼礁跟踪调查报告［R］. 广州：广东省海洋与渔业环境监测中心，中国水产科学研究院南海水产研究所.

李睿倩，孟范平，2012. 填海造地导致海湾生态系统服务损失的能值评估——以套子湾为例［J］. 生态学报，32（18）：5825 – 5835.

李文华，2008. 生态系统服务功能价值评估的理论、方法与应用［M］. 北京：中国人民大学出版社.

李晓磊，栾曙光，陈勇，等，2013. 立方体人工鱼礁背涡流的三维涡结构［J］. 大连海洋大学学报，27（6）：572 – 577.

李真真，公丕海，关长涛，等，2017. 不同水泥类型混凝土人工鱼礁的生物附着效果［J］. 渔业科学进展，38（5）：57 – 63.

李真真，2016. 不同材料人工鱼礁溶出物质对礁体附着生物的影响研究［D］. 上海：上海海洋大学.

林超，桂福坤，2013. 不同光色下人工鱼礁模型对褐菖鲉和日本黄姑鱼诱集效果试验［J］. 渔业现代化，40（2）：66 – 70，75.

林军，章守宇，叶灵娜，等，2013. 基于流场数值仿真的人工鱼礁组合优化研究［J］. 水产学报，37（7）：1023 – 1031.

刘洪生，马翔，章守宇，等，2009. 人工鱼礁流场风洞试验与数值模拟对比验证［J］. 中国水产科学，16（3）：365 – 371.

刘同渝，2003. 人工鱼礁的流态效应［J］. 水产科技，6：43 – 44.

潘灵芝，林军，章守宇，2005. 铅直二维定常流中人工鱼礁流场效应的数值试验［J］. 上海水产大学学报，14（4）：407 – 412.

秦传新，陈丕茂，贾晓平，等，2012. 深圳市周边海域海洋生态系统服务功能及价值的变迁［J］. 武汉大学学报（理学版）（1）：54 – 60.

秦传新，陈丕茂，贾晓平，2011. 人工鱼礁构建对海洋生态系统服务价值的影响——以深圳杨梅坑人工鱼礁区为例［J］. 应用生态学报，22（8）：2160 – 2166.

秦传新，董双林，王芳，等，2009. 能值理论在我国北方刺参（*Apostichopus japonicus*）养殖池塘的环境可持续性分析中的应用［J］. 武汉大学学报（理学版），55（3）：319 – 323.

秦鹏，黄浩辉，李春梅，2013. 珠江口海域热带气旋气候特征及最大风速计算［J］. 气象研究与应用，34（2）：26 – 30.

史红卫，2006. 正方体人工鱼礁模型试验与礁体设计［D］. 青岛：中国海洋大学.

宋星宇，刘华雪，黄良民，等，2010. 南海北部夏季基础生物生产力分布特征及影响因素［J］. 生态学报，30（23）：6409 – 6417.

唐衍力，王磊，梁振林，等，2007. 方型人工鱼礁水动力性能试验研究［J］. 中国海洋大学学报，37（5）：713 – 716.

唐衍力，房元勇，梁振林，等，2009. 不同形状和材料的鱼礁模型对短蛸诱集效果的初步研究［J］. 中国海洋大学学报：自然科学版，39（1）：43 – 46.

陶峰，唐振朝，陈丕茂，等，2009. 方型对角中连式礁体与方型对角板隔式礁体的稳定性［J］. 中国水产科学，16（5）：773 – 780.

田方，唐衍力，唐曼，等，2012. 几种鱼礁模型对真鲷诱集效果的研究 [J]. 海洋科学，36（11）：
　　85-89.

王宏，陈丕茂，李辉权，等，2008. 澄海莱芜人工鱼礁集鱼效果初步评价 [J]. 南方水产，4（6）：
　　63-69.

王淼，章守宇，王伟定，等，2010. 人工鱼礁的矩形间隙对黑鲷幼鱼聚集效果的影响 [J]. 水产学报，34
　　（11）：1762-1768.

吴静，张硕，孙满昌，等，2004. 不同结构的人工鱼礁模型对牙鲆的诱集效果初探 [J]. 海洋渔业，26
　　（4）：271-276.

吴子岳，孙满昌，汤威，2003. 十字型人工鱼礁礁体的水动力计算 [J]. 海洋水产研究，24（4）：
　　32-35.

虞聪达，俞存银，严世强，2004. 人工船礁铺设模式优选方法研究 [J]. 海洋与湖沼，35（4）：
　　299-305.

曾地刚，蔡如星，黄宗国，等，1999. 东海污损生物群落研究——种类组成和分布 [J]. 东海海洋，17
　　（1）：48-55.

张汉华，梁超愉，吴进锋，等，2003. 大鹏湾深水网箱养殖区的污损生物研究 [J]. 中国水产科学，10
　　（5）：414-418.

张俊波，梁振林，黄六一，等，2011. 不同材料、形状和空隙的人工参礁对刺参诱集效果的试验研究
　　[J]. 中国水产科学，18（4）：899-907.

张硕，孙满昌，陈勇，2008a. 不同高度混凝土模型礁背涡流特性的定量研究 [J]. 大连水产学院学报，
　　23（4）：278-282.

张硕，孙满昌，陈勇，2008b. 人工鱼礁模型对大泷六线鱼和许氏平鲉幼鱼个体的诱集效果 [J]. 大连水
　　产学院学报，23（1）：13-19.

张伟，李纯厚，贾晓平，等，2010. 大亚湾混凝土鱼礁和铁制鱼礁附着生物生态特征 [J]. 海洋环境科
　　学，29（4）：509-512.

张伟，李纯厚，贾晓平，等，2015. 大亚湾混凝土鱼礁和铁质鱼礁附着生物群落结构的季节变化 [J]. 南
　　方水产科学，11（1）：9-17.

赵晟，李梦娜，吴常文，2015. 舟山海域生态系统服务能值价值评估 [J]. 生态学报，35（3）：678-
　　685.

郑延璇，关长涛，宋协法，等，2012. 星体形人工鱼礁流场效应的数值模拟 [J]. 农业工程学报，28
　　（19）：185-193.

中国水产科学研究院南海水产研究所，2008. 高栏岛海洋生态与渔业资源调查报告 [R]. 广州：中国水
　　产科学研究院南海水产研究所.

钟术求，孙满昌，章守宇，等，2006. 钢制四方台型人工鱼礁礁体设计及稳定性研究 [J]. 海洋渔业，28
　　（3）：234-240.

周艳波，蔡文贵，陈海刚，等，2010a. 不同人工鱼礁模型对花尾胡椒鲷的诱集效应 [J]. 热带海洋学报
　　（3）：103-107.

周艳波，蔡文贵，陈海刚，等，2010b. 3种光照条件下六面锥型罩式人工鱼礁模型对花尾胡椒鲷的诱集

效果［J］. 南方水产（1）：1-6.

周艳波，蔡文贵，陈海刚，等，2011a. 不同人工鱼礁模型对褐菖鲉的诱集效应［J］. 广东农业科学（2）：8-10，33.

周艳波，蔡文贵，陈海刚，等，2011b. 10 种人工鱼礁模型对黑鲷幼鱼的诱集效果［J］. 水产学报，35（5）：711-718.

周艳波，蔡文贵，陈海刚，等，2012. 试验水槽中多种人工鱼礁模型组合对紫红笛鲷幼鱼的诱集效果［J］. 台湾海峡，21（2）：231-237.

安永义幅，乃万俊文，日向野純也，等，1989. 並型人工鱼礁における环境変動と鱼群生態［J］. 水産工学研究所研究報告（10）：1-35.

安永義暢，1984. 小型環流水槽によるマダイ幼魚の走流行動の觀察［J］. 水工研報告（5）：1-23.

安永義暢，日向野純也，1985. 2/3の海産魚の走流性 n に関する基礎的考察［J］. 水工研報告（6）：17-26.

安永義暢，1987. 魚礁に対する魚の反応［J］. 海洋科学，19（3）：147-151

安永義暢，日向野純也，1991. 魚礁への魚類の蝟集と物理・化學環境との関系に関する行動実験［J］. 水工研技報（13）：1-13.

北川大二，1991. 岩手県沿岸の人工魚礁における魚礁密度とエゾイソアイナメの漁獲との関係［J］. 水産工学，27（1）：13-17.

高木儀昌，森口朗彦，伊藤靖，2002. 山口県における高層魚礁の調査結果［J］. 水産工学研究所技報，24：31-42.

黒木敏郎，佐藤修，尾崎晃，1964. 魚礁構造の物理学的研究 I ［R］. 日本：北海道水産部研究報告書：1-19.

今井義弘，高谷義幸，1998. 回流水槽による北海道西南沿岸の魚類の行動觀察［J］. 北水試験報（52）：9-16.

鈴木連雄，本田陽一，1992. 3 次元物体背后の発生する湧昇渦に関する研究［C］. 海岸工学论文集，39（3）：901-905.

森口朗彦，高木儀昌，2003. 魚群探知機による魚礁効果調査に関する新たな手法の提案［J］. 水産工學研究所技報（25）：7-13.

田中慣，柿原皓，川上英雄，1985. 魚礁漁場における魚類生態に関する研究 II，出埼人工魚礁における魚類分布［J］. 水産土木，22（1）：1-8.

田中慣，1987. 魚礁漁場にぉける魚類生態に関する研究 III，計量魚探による人工魚礁附近の魚群分布調査［J］. 水産土木，24（1）：1-6.

小川良徳，1966. 人工魚礁に對する魚群行動の實験的研究（I～VI）［J］. 東海水研報，45：107-163.

小川良徳，1967. 人工魚礁に對する魚群行動の實験的研究-7-模型魚礁の大きさと魚群反 A［J］. 日本水産学会誌，33（9）：801-811.

小島隆人，余座和征，添田秀男，1994. 水槽驗による人工魚礁の鉛直的な蝟集効果の推定［J］. 日本大學農獸医學部學術研究報告，51：84-92.

野添学，大桥行三，藤原正幸，2000. 鉛直 2 次定常流場に設置された垂直型構造物にょる植物ァヲンクトンとた営养盐の变化预测に关すゐ数值实验 [J]. Fisheries Engineering, 36 (3): 253 - 259.

影山芳郎, 大阪英雄, 山田英己, 等, 1980. 水槽实验による多孔立方体鱼礁モデル周りの可视化 [J]. 水産土木, 17 (1): 1 - 10.

宇都宫正, 1957. 魚礁に関する研究 [J]. 山口縣内海水産試驗場業績, 9 (1): 41 - 51.

中村充, 1979. 流環境から見ゐ人工礁漁场 [J]. 水産土木, 15 (2): 5 - 12.

佐久田博司, 佐久田昌昭, 渡边浩一郎, 等, 1981. 人工沉设鱼礁模型に门关する基础研究 [J]. 水産土木. 18 (1): 7 - 19.

佐藤修, 1984. 人工鱼礁 [M]. 东京: 恒星社厚生阁: 26 - 17, 38 - 42.

Brandt - Williams S L, 2002. Folio NO. 4 - Emergy of Florida Agriculture. Handbook of Emergy Evaluation: A Compendium of Data for Emergy Computation Issued in a Series of Folios [J]. Gainesville: Center for Environmental Policy, Environmental Engineering Sciences, University of Florida.

Brown M T, Ulgiati S, 1999. Emergy evaluation of natural capital and biosphere services [J]. AMBIO, 28: 1 - 25.

Brown M T, Ulgiati S, 2004. Energy quality, emergy, and transformity: H. T. Odum's contributions to quantifying and understanding systems [J]. Ecological Modelling, 178: 201 - 213.

Callow M E A, 1984. World - wide survey of fouling on non - toxic and there anti - fouling, 6th internation congress on Marine Corrosion and Fouling (Marine Biology) [J]. 325 - 346.

Costanza R, 1995. Economic growth, carrying capacity, and the environment [J]. Ecological Economics, 15: 89 - 90.

Costanza R, O'Neill R V, 1996. Introduction: ecological economics and sustainability [J]. Ecological Apllication, 6: 975 - 977.

Costanza R, 2000. Social goals and the valuation of ecosystem services [J]. Eosystems, 3 (1): 4 - 10.

Fitzhardinge R C, Bailey B J H, 1989. Coloniazation of artificial reef materials by corals and other sessile organisms [J]. BullMarSci, 44 (2): 567 - 579.

Gradinger R, Friedrieh C, Spindler M, 1999. Abundance biomass and compositional the sea ice biota of the Greenland Sea pack ice [J]. Deep Sea Res. Ⅱ (46): 1457 - 1472.

Jørgensen S E, Nielsen S N, Mejer H, 1995. Emergy, environ, energy and ecological modelling [J]. Ecological Modelling, 77: 99 - 109.

Jørgensen S E, 2010. Ecosystem services, sustainability and thermodynamic indicators [J]. Ecological Complexity, 7: 311 - 313.

Jr C J, Niederlehner B R, 1994. Estimating the effects of toxicants on ecosystem services [J]. Environmental Health Perspectives, 102: 936 - 939.

Kim J Q, M Itzutani N, Iwata K, 1995. Experimental study on the local scour and embedment of fish reef by wave action in shallow water depth [C]. Tokyo: Proceedings, International Conference on Ecological System Enhancement Technology for Aquatic Environments. Japan International Marine Science and Technology Federation: 168 - 173.

Kontogianni A, Luck G W, Skourtos M, 2010. Valuing ecosystem services on the basis of service - providing units: A potential approach to address the 'endpoint problem' and improve stated preference methods [J]. Ecological Economics, 69: 1479 - 1487.

Menon N R, Nair N B, 1971. Ecology of fouling bryozons in Cochin waters [J]. Marine Biology, 8 (4): 280 - 307.

Miao Zhen - qing, Xie Yong - he, 2007. Effects of water - depth on hydrodynamic force of artificial reef [J]. Journal of Hydrodynamics, 19 (3): 372 - 377.

Millennium Ecosystem Assessment (MA), 2005. Ecosystems and Human Well - Being: Synthesis [R]. Washington DC: Island Press.

Nozais C, Gosselin M, Michel C, et al, 2001. Abundance biomass composition and grazing impact of the sea - ice meiofauna in the North Water northen Baffin Bay [J]. Mar. Eco. Progr. Ser. (217): 235 - 250.

Odum H T, Arding J E, 1991. Emergy Analysis Shrimp Mariculture Ecuador [M]. Gainesville: University of Florida Press.

Odum H T, 1998. Emergy Evaluation [C] //International Workshop on Advances in Energy Studies: Energy flows in Ecology and Economy. Italy: Porto Venere.

Odum H T, 2001. Emergy Evaluation of Salmon Pen Culture [M]. Gainesville: University of Florida Press.

Sarukhán J, Whyte A, Board M A, 2005. Ecosystems and Human Well - being [M]. Washington DC: The World Resources Institute.

Seaman W J, 2000. Artificial reef evaluation: with application to natural marine habitats [M]. USA: CRC press: 5 - 6.

Shao K, Chen L, 1992. Evaluating the effectiveness of the coal ash artificial reefs at Wan - Linorthern if Taiwan [J]. Journal of the Fisheries Society of Taiwan, 19 (4): 239 - 250.

Spieler R E, Gilliam D S, Sherman R L, 2001. Artificial substrate and coral reef restoration: what do we need to know to know what we need [J]. Bulletin of Marine Science, 69 (2): 1013 - 1030.

Ulgiati S, Odum H T, Bastianoni S, 1994. Emergy use, environmental loading and sustainability: An emergy analysis of Italy [J]. Ecological Modelling, 73: 215 - 268.

作者简介

陈丕茂　男，研究员，中国水产科学研究院南海水产研究所，资源养护与海洋牧场研究室副主任（主持工作），上海海洋大学、大连海洋大学、浙江海洋大学兼职硕士研究生导师。兼任农业农村部南海渔业资源环境科学观测实验站站长、广东省海洋休闲渔业工程技术研究中心主任、中国水产科学研究院海洋牧场技术重点实验室主任。从事海洋牧场、人工鱼礁、增殖放流和渔业生态安全等研究工作。主持各级科研课题 110 多项，获得各级科技奖励 20 项（次），发表论文 160 余篇，出版专著 9 部、参编专著 25 部，获国家授权发明专利 16 项、实用新型专利 78 项，制定技术标准 7 项，参与起草海洋牧场相关管理法规 3 项。